Innovations In Gasoline Engine Technology

가솔린 엔진 기술의 혁신

저자 소개

•박우영 서울과학기술대학교 일반대학원 공학박사
현 서정대학교 스마트자동차과 교수

가솔린 엔진 기술의 혁신

초 판 인 쇄 | 2024년 11월 10일
초 판 발 행 | 2024년 11월 20일

저 자 | 박우영
발 행 인 | 조규백
발 행 처 | **도서출판 구민사**
(07293) 서울특별시 영등포구 문래북로 116, 604호(문래동 3가 46, 트리플렉스)
전 화 | (02) 701-7421
팩 스 | (02) 3273-9642
홈페이지 | www.kuhminsa.co.kr
신고번호 | 제2012-000055호 (1980년 2월 4일)
I S B N | 979-11-6875-386-0 [93550]

값 28,000원

머 리 말

1876년 독일의 니콜라우스 아우구스트 오토는(N. A. Otto) 단기통 4행정 압축 점화방식의 3마력용 엔진을 개발하였고 이 엔진의 사이클은 150년이 지난 오늘날에도 내연엔진의 기본 사이클로 이용되고 있다. 그러나 내연엔진은 현재 자동차기술의 급속한 진보발전과 산업사회의 변화에 대응하여 최근 들어서는 과학분야의 첨단기술이 응집되어 전자기술과 신 재료가 채택되어 눈부신 기술의 진보가 이루어지고 있다.

본서는 이러한 급속히 발전하는 내연엔진의 내용을 알기 쉽게 구분하여 이해하기 쉽도록 다음과 같이 수록하였다.

part 01. 자동차용 열 엔진의 정의, 내연엔진의 분류 그리고 4행정 엔진과 2행정 엔진의 작동원리를 기술하였다.

part 02. 엔진 본체의 부분별 구조와 특성을 기술하였다.

part 03. 윤활장치의 구조와 특성을 기술하였다.

part 04. 냉각장치의 구조와 작용에 대하여 기술하였다.

part 05. 흡·배기장치 및 배출가스에 대하여 기술하였다.

part 06. 연료와 가솔린 연료장치에 대하여 기술하였다.

part 07. 가솔린 전자제어 원리 및 종류 및 센서에 대하여 기술하였다.

part 08. 가솔린 점화장치에 대하여 기술하였다.

이러한 본 도서는 자동차용 내연엔진을 전공으로 공부하려는 공학도에게 길잡이가 되도록 체계적으로 집필하려고 노력하였으며, 혹시 오류가 있다면 여러분들의 기탄없는 조언을 바라며, 선배 제현의 지도편달 부탁드릴 뿐이다.

끝으로 이 책이 발간하기까지 바쁘신 중에도 도와주시고 노력하여 주신 여러분들께 이 지면을 통하여 마음으로 고마움을 대신하며, 도서출판 **구민사** 조규백 대표님과 임직원 여러분께 감사의 마음을 표하는 바이다.

차 례

CHAPTER 07 가솔린 전자제어 271

CHAPTER

01 자동차용 엔진의 개요

CONTENTS

- 자동차용 엔진의 종류
- 자동차용 엔진의 분류
- 엔진 사이클의 종류
- 행정체적과 마력
- 엔진의 효율 및 성능곡선과 연료소비율
- 엔진의 작동

엔진(engine)이란 동작유체를 공급하여 연소·폭발시켜 동작유체가 팽창하는 힘을 크랭크축의 회전력(torque)으로 바꾸어 출력을 얻는 장치로써 열기관이라 한다. 즉, 열기관은 열에너지를 기계적 에너지로 전환할 수 있는 장치이다. 동작유체는 고온·고압의 상태로 된 후 팽창하면서 일을 하고, 그 일을 끝내면 압력과 온도가 낮아진다. 엔진이 지속적인 일을 하도록 하기 위해서는 동작유체를 다시 고온·고압의 상태로 순환적 변화를 주어야 한다.

표 열기관의 분류

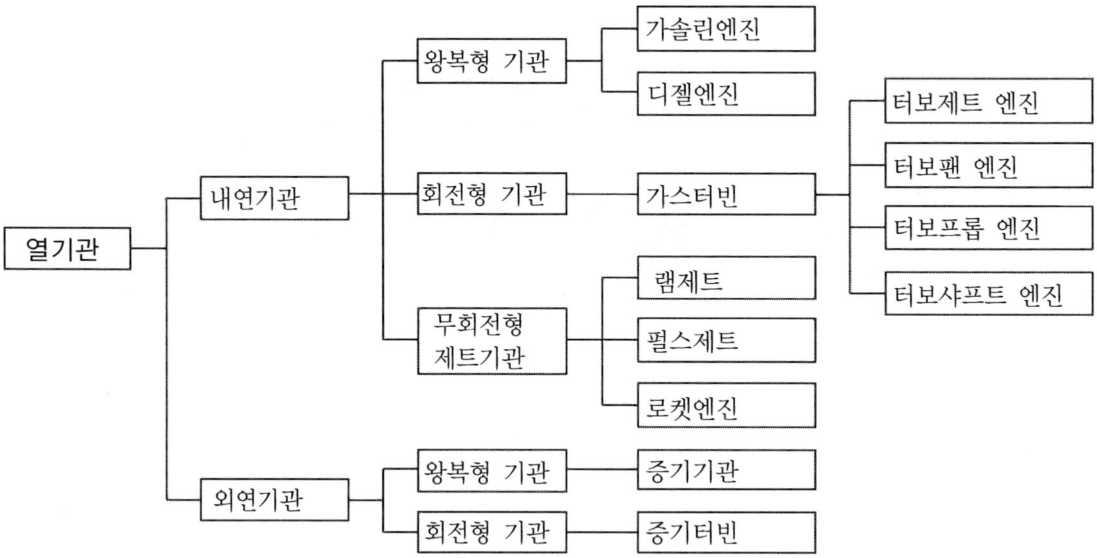

1 자동차용 엔진의 종류

1.1. 가솔린엔진(gasoline engine)

프랑스의 드로샤가 1862년에 원리를 제안하고, 1876년 독일의 오토가 처음으로 실용적인 가스엔진을 제작한 이후 다방면에 사용되기 시작했다. 가스엔진의 원리와 가솔린엔진의 원리는 몇 가지 기구가 다른 것을 제외하면 거의 동일하다. 이후 1885년 독일의 다임러와 마이바흐가 최초의 자동차를 만들어내는데, 거의 비슷한 시기에 가솔린자동차를 만든 칼 벤츠도 역시 독자적인 가솔린엔진 제작에 성공하여, 1886년에는 가솔린엔진을 원동기로 하는 최초의 자동차를 만들어 시험주행에 성공하였다.

가솔린엔진은 가솔린(휘발유)과 공기를 혼합하여 연소실에서 압축하고, 점화플러그의 불꽃점화에 의하여 연소되어 동력을 얻는 엔진으로 디젤엔진에 비해 착화성이 좋고, 발화온도가 낮아 낮은 압축비에도 구동이 가능하여 디젤엔진에 비해서 진동이 적고, 차량은 안락하지만, 압축비가 낮아 연비 및 열효율이 낮고, 점화수단으로 점화플러그를 사용하기 때문에, 전기계통이 복잡하고 고장율 역시 높다. 또한 연료의 발화점이 낮아, 연료 취급에 주의를 해야 한다.

1.2. GDI엔진(gasoline direct injection engine)

GDI엔진은 가솔린을 실린더에 직접분사하는 엔진으로 고성능 연료 분사기를 통해 실린더에 직접 연료를 분사시켜, 즉각 공기와 혼합시키기 때문에 연료분사 시점에서 폭발행정과 정확히 일치가 되어 고출력과 연비가 향상되고, 동급 배기량 수준에서 GDI엔진은 마력과 토크가 크다.

하지만 엔진 내부에 따라 인젝션 공간을 만들어야하기 때문에 구조가 복잡해지고 또한 압력비를 올려 폭발력을 키우는 원리이기 때문에 일반 엔진에 비해 소음과 진동이 크고, 실린더 내부에 연소 찌꺼기와 카본 슬러지 퇴적물이 생겨 감소되거나 연비가 나빠지므로 관리를 해주지 않으면 수명이 일반엔진에 비해 짧아진다는 단점이 있다.

1.3. LPG엔진(liquefied petroleum gas engine)

LPG엔진은 석유나 천연가스를 정제하는 과정에서 얻어지는 프로판과 부탄가스를 상온에서 고압으로 가압한 액화석유가스를 연료로 사용하는 엔진으로 고압 용기에 들어있는 LPG를 기화기(mixer)를 통해 엔진에 흡입시킨다.

가솔린엔진에 비해 연소실이나 윤활유의 오염이 적어, 엔진의 수명이 길고, 배기가스 속 유해 가스의 함량이 적다. 높은 옥탄가로 인해 노킹발생이 적어지고, 기화가 쉬워 연소가 균일하며 소음이 적다. 하지만 연료탱크를 고압용기로 만들어야 하기 때문에, 차량의 무게가 증가하고, 증발잠열(혼합기의 온도가 강하가 되면 기화기 결빙이 발생해 서리나 얼음의 형태가 생김)로 인해, 겨울철 시동에 문제가 생겨 곤란한 상황이 생기기 쉽다. 또한, LPG 취급이 어렵고, 베이퍼라이저 내의 타르를 자주 배출시켜줘야 하고, 연료가 기체 상태여서 제적효율이 저하하고, 출력은 가솔린엔진에 비해 저하한다.

1.4. LPI엔진(liquid propane injection system engine)

LPI엔진은 LPG를 연료펌프로 고압의 액상으로 유지하면서 엔진의 흡기 매니폴드에 있는 인젝터를 이용하여 전자적인 신호에 따라 액체 상태로 각 실린더로 분사되면서 연소가 일어난다. 각 실린더 별 제어가 가능하기 때문에 엔진의 성능이 더욱 최적화된다. 이 차이로 인해 연비성능이 획기적으로 개선되고, 겨울철에 시동이 잘 안 걸리는 문제도 해결이 된다.

1.5. CNG엔진(compressed natural gas engine)

천연가스를 원료로 하는 엔진으로 주로 압축 천연가스(CNG)를 사용하기 때문에 CNG엔진 이라고도 한다. 기체 상태인 압축 천연가스를 원료로 하기 때문에, 매연이나 미세먼지가 전혀 없고 소음발생도 절반 수준으로 적다.

천연가스(NG : natural gas)는 가스전에서 직접 채취한 상태에서 바로 사용할 수 있는 가스에너지이며, 연료인 천연가스는 고압(200kgf/cm^2)으로 압축되어 가스용기에 저장되며, 압축된 가스는 용기로부터 연료 배관을 거쳐 감압밸브에서 사용압력으로 감압된 후, 공기와 혼합되어 엔진 내부로 공급한다.

1.6. 디젤엔진(diesel engine)

디젤엔진은 독일의 기술자 루돌프 디젤(rudolf diesel)이 1892년에 발명한 내연엔진이다. 열효율이 높아 주로 대형자동차, 철도차량, 건설기계, 농업용 기계, 선박 등의 엔진에 이용된다. 디젤엔진은 고온의 압축된 공기에 연료(경유)를 분사해서 자연 발화시키는 압축착화방식을 이용한다.

1.7. 하이브리드 엔진(hybrid engine)

가솔린이나 디젤 같은 액체연료를 사용하는 엔진에 전기모터를 이용한 구동방식인 엔진이다. 가속할 때에는 엔진이 가동하고 전기모터가 보조동력으로 작동하기에 가속성을 증가시키고, 정차 시에는 두 엔진이 멈춰, 공회전으로 인한 낭비 연료가 없고, 연료 효율이 좋고 출발과 저속주행 시에는 전기모터만 가동이 되어서 소음이 없다.

2 자동차용 엔진의 분류

2.1. 열기관의 분류

2.1.1. 내연기관(internal combustion engine)

내연기관(內燃機關)은 엔진 내부에서 연소가 이루어지며 혼합기 자체가 함유하고 있는 화학적 에너지를 스파크 점화, 압축착화, 또는 연속점화에 의해 열에너지로 바꾸어 그 연소가스가 팽창할 때의 일을 직접 이용한 엔진이다. 내연기관의 기본 사이클은 오토 사이클(otto cycle), 디젤 사이클(diesel cycle), 사바테 사이클(sabatte cycle), 브레이튼 사이클(brayton cycle)에 해당된다.

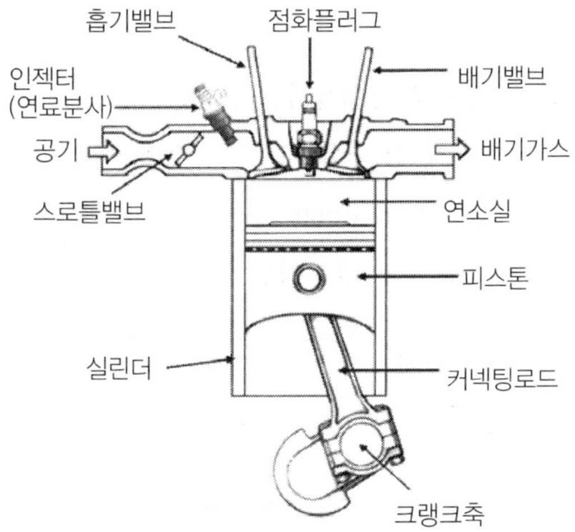

(a) 가솔린엔진

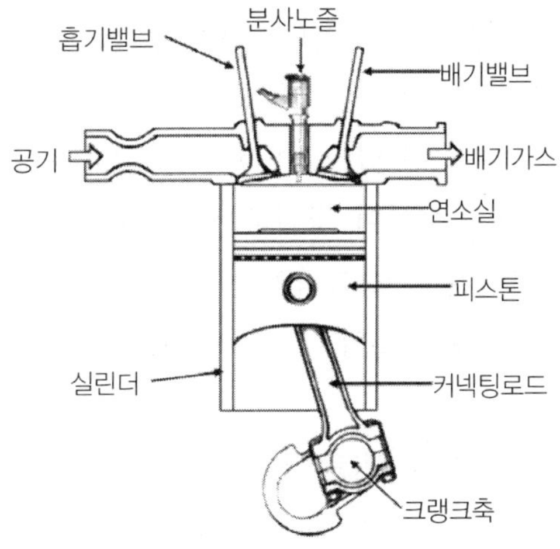

(b) 디젤엔진

그림 1. 내연기관

2.1.2. 외연기관(external combustion engine)

외연기관(外燃機關)은 연료의 연소를 밀폐된 공간(실린더) 밖에서 행하는 것으로 증기기관이 대표적이며 외부에서 연소가 이루어지므로 석탄, 나무 등 고체연료의 사용이 가능하여 사용연료의 범위가 넓다. 그리고 증기터빈과 현재 개발 중인 스티어링(sterling) 엔진이 외연 기관에 속한다.

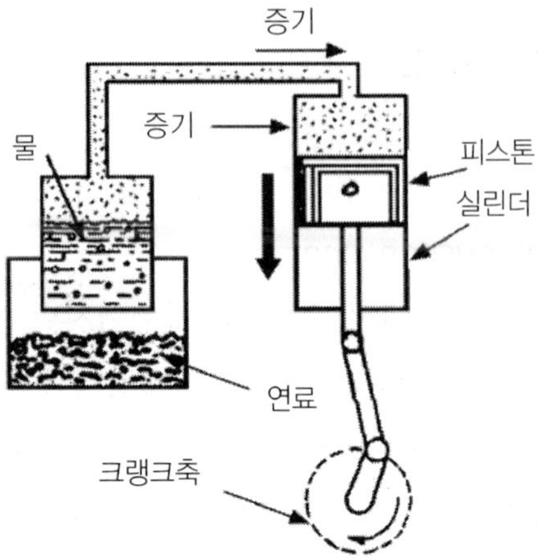

그림 2. 외연기관

2.2. 행정과 사이클에 의한 분류

왕복형 엔진에서 행정과 사이클에 의해서 엔진을 분류하면 4행정 및 2행정 사이클 엔진으로 구분할 수 있다. 여기서 행정(stroke)이란 피스톤이 상사점(TDC : top dead center, 피스톤이 상승하여 정지하는 지점)과 하사점(BDC : bottom dead center, 피스톤이 하강하여 정지한 지점)까지의 움직이는 거리를 말하고, 사이클(cycle)이란 피스톤이 상・하 왕복운동을 통해 흡입, 압축, 폭발, 배기의 4행정의 전 과정을 완료하는 것을 말한다.

2.2.1. 4행정 사이클 엔진(4stroke cycle engine)

4행정 사이클 엔진은 피스톤이 흡입, 압축, 폭발, 배기의 4행정을 수행하면서 엔진은 1사이클을 완료하고, 크랭크축은 2회전(크랭크각 720°)하게 된다.

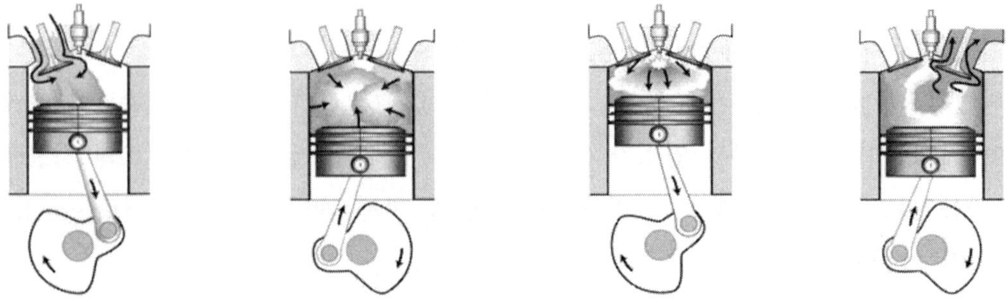

(a) 흡입행정　(b) 압축행정　(c) 폭발행정　(d) 배기행정

그림 3. 4행정 사이클 엔진의 작동과정

2.2.2. 2행정 사이클 엔진(2stroke cycle engine)

2행정 사이클 엔진은 1880년 영국의 클라크(D. clerk)에 의해 고안되었으며, 2행정 사이클 엔진은 피스톤이 상승행정을 하는 동안 압축과 흡입을 완료하고, 하강행정을 하는 동안 폭발과 배기 및 소기를 동시에 시행하여 1사이클을 완료하는 엔진이다. 즉, 크랭크축 1회전(크랭크각 360°)에 피스톤이 2행정을 완료하므로 1회전 당 엔진출력이 4행정보다 높다.

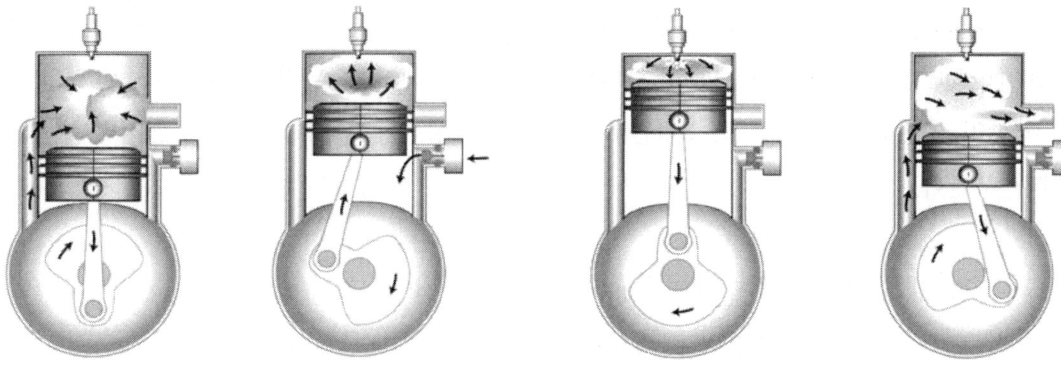

(a) 상승행정(소기, 압축, 흡입) (b) 하강행정(폭발, 배기, 소기)

그림 4. 2행정 사이클 엔진의 작동과정

2.3. 점화방식에 의한 분류

점화방식에 의해 분류하면 스파크 점화와 압축 착화엔진으로 분류하며 또한 소구 적열 방식의 세미 디젤엔진도 있다.

[1] 스파크 점화식 엔진(SI엔진, spark ignition type engine)

연료와 공기의 혼합기를 압축하여 점화플러그에서 높은 압력의 전기불꽃을 방전시켜 점화하여 연소시키는 방식이며, 가솔린엔진, LPG엔진, LPI엔진, CNG엔진의 점화방식이다.

[2] 압축 착화식 엔진(CI엔진, compression ignition type engine)

이 엔진은 순수한 공기만을 흡입하고 피스톤으로 높은 온도와 높은 압력으로 압축한 후 고압 연료펌프에서 보내준 높은 압력의 연료(경유)를 인젝터에서 미세한 안개모양으로 분사시켜 자기 착화시키는 방식이며, 디젤엔진, 커먼레일엔진의 점화방식이다.

[3] 소구 점화(hot bulb)방식

저급연료(석유등)를 사용하는 엔진으로 디젤엔진과 같이 공기만을 흡입 후 가열플러그를 두어 가열된 플러그에 연료를 분사하여 연소시키는 방식으로 세미 디젤엔진이라고도 한다. 디젤엔진보다는 분사압력이 낮다.

2.4. 행정과 내경에 의한 분류

피스톤의 행정과 실린더의 내경에 의해 실린더 크기가 결정되고 엔진의 출력이나 배기량이 정해진다. 행정과 내경비는 피스톤의 행정과 실린더의 내경과의 비로서 엔진의 성능이 동일한 배기량이라도 행정과 내경비의 크기에 의해서 좌우된다. 행정과 내경의 비가 1.0 이상인 엔진을 장행정엔진, 1.0인 엔진을 정방 행정엔진, 1.0 이하인 엔진을 단행정엔진이라 부른다.

[1] 장행정 엔진(언더스퀘어 엔진, under square engine)

장행정 엔진은 행정과 내경비(L(행정)/D(내경) 〉 1.0)가 1.0 이상인 엔진으로서 피스톤의 행정이 실린더 내경보다 큰 엔진이며. 엔진의 회전속도가 느리고 회전력(torque)이 크며, 실린더 벽에 가해지는 피스톤 측압(piston thrust, 피스톤이 실린더 벽에 가하는 압력)이 작은 특징이 있다. 또한, 피스톤의 행정이 실린더 내경보다 크기 때문에 내구성과 유연성이 있는게 장점이지만 엔진의 높이가 높아지는 것이 단점이라 할 수 있다.

그러나 배기가스 중 유해 성분인 탄화수소의 배출량이 적어 배기가스 대책으로 유리한 점이 있다. 속도보다는 힘을 필요로 하는 저속형 엔진에 주로 사용된다.

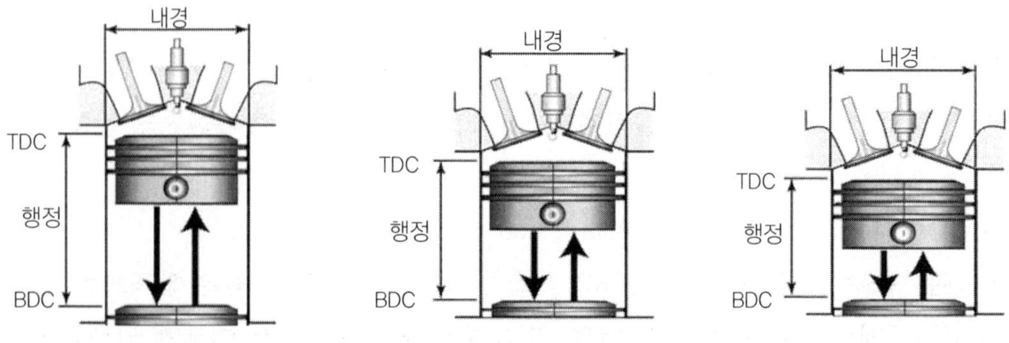

(a) 장행정 엔진　　(b) 정방행정 엔진　　(c) 단행정 엔진

그림 5. 행정과 내경에 따른 엔진구분

[2] 정방행정 엔진(스퀘어 엔진, square engine)

정방행정 엔진은 행정·내경비가 같은(L/D = 1.0) 엔진으로서 피스톤의 행정과 실린더 내경 크기가 동일하여. 엔진의 회전속도 및 회전력이 장행정엔진과 단행정엔진의 중간 정도이다.

[3] 단행정 엔진(오버스퀘어 엔진, over square engine)

단행정 엔진은 행정·내경비가 1.0 이하인(L/D < 1.0) 엔진으로서 피스톤의 행정이 실린더 내경보다 작아서 엔진의 피스톤의 평균속도를 높이지 않고 회전속도를 빠르게 할 수 있고, 단위 실린더 체적당 엔진의 출력을 크게 할 수 있으며, 엔진의 높이가 낮고, 흡·배기밸브의 지름을 크게 할 수 있어 효율을 증대시키는 장점이 있지만, 회전력이 작으며, 실린더에 가해지는 측압이 크고, 엔진의 길이가 길어진다. 내경이 크기 때문에 폭발압력이 높아 베어링에 가해지는 하중이 크며. 표면적이 크게 되어 탄화수소의 배출량이 많아지는 단점이 있다.

2.5. 냉각방식에 의한 분류

[1] 수냉식 엔진(water cooling engine)

수냉식 엔진은 열용량이 공기보다 큰 물을 사용하여 엔진을 냉각하는 방식이다. 또한, 엔진이 물로 감싸여 있기 때문에, 엔진에서 발생하는 소음이 물로 인해 억제되어 공랭식 엔진에 비해 조용하고 항상 최적의 수온을 유지할 수 있어 난방유지가 우수하다.

그림 6. 공랭식 엔진

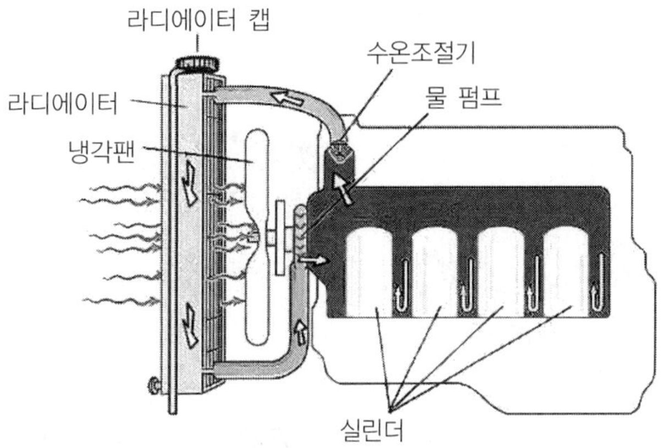

그림 7. 수냉식 엔진

[2] 공냉식 엔진(water cooling engine)

공냉식 엔진은 엔진을 대기 중의 공기로 직접 냉각하는 방식으로 실린더와 실린더헤드에 냉각핀이 장착되어있어 냉각수가 필요 없고, 구조가 간단하고 무게가 가볍고 유지관리가 쉽다.

2.6. 실린더 수와 배열에 의한 분류

[1] 단기통 엔진(single cylinder)

2륜 자동차, 농기계용 경운기, 발동기 그리고 소형 컴프레서 등에 사용되고 있다.

[2] 3기통 직렬형 엔진(3cylinder straight engine)

3개의 실린더를 일렬 수직으로 배열한 엔진으로 일반적으로 1000cc 이하의 경차에 사용되고 있다.

[3] 4기통 직렬형 엔진(4cylinder straight engine)

4개의 실린더가 일렬 수직으로 배열한 엔진이다.

[4] 6기통 직렬형 엔진(6cylinder straight engine)

6개의 실린더가 일렬로 수직 배열한 엔진이다.

[5] 6기통 V형 엔진(6cylinder V-type engine)

3기통 직렬형 엔진 두개를 90° (혹은 120°)로 V형으로 설치한 엔진이다.

(a) 직렬형 (b) V형 (c) 성형 (e) 수평 대향형

그림 8. 각종 실린더 배열의 종류

[6] 8기통 직렬형 엔진(8cylinder straight engine)

8개의 실린더가 일렬로 수직 배열한 엔진이다.

[7] V-8기통 엔진(V-8 cylinder engine)

4기통 직렬형 엔진 두개를 90° 로 V형으로 설치하였으며 1개의 크랭크샤프트 핀 저널에 2개의 커넥팅로드가 설치된다.

[8] 성형 기관(radial engine)

별모양으로 실린더가 배치되었다 하여 성형엔진이라고 하는데 방사선 상으로 배열되었다. 크랭크샤프트 핀도 하나고 샤프트도 하나로 항공기에 사용되고 있다.

[9] 수평 대향형 기관(horizontally opposed engine)

피스톤을 수평면에 있게 한 것으로 보통 자동차 바닥 밑에 설치되는 엔진으로 사용되기도 한다.

2.7. 캠축 및 밸브배열에 의한 분류

[1] I-헤드형 엔진(I-head type engine)

흡・배기밸브가 실린더헤드에 설치되어 있는 형식으로 밸브의 캠축이 실린더헤드 위에 설치되어 있는 형식이라 하여 OHC(over head cam shaft)엔진이라고도 한다.

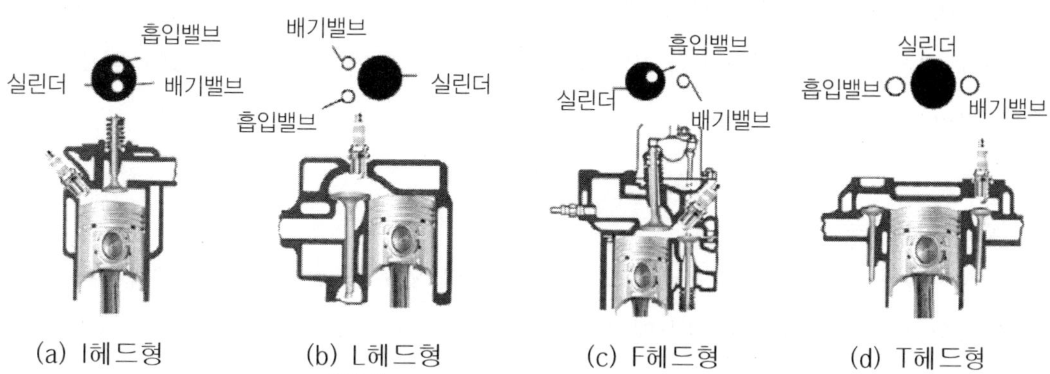

그림 9. 밸브배열에 의한 분류

[2] L-헤드형 엔진(L-head type engine)

흡·배기밸브 모두가 실린더블록 옆 부분에 설치되어 있는 형식으로 SV(side valve)형이라 고도 부른다.

[3] F-헤드형 엔진(F-head type engine)

흡입밸브는 실린더헤드에 배기밸브는 실린더블록 옆 부분에 설치되어 있는 형식이다.

[4] T-헤드형 엔진(T-head type engine)

실린더를 중심으로 양쪽으로 설치되어 T형식을 이루고 있다.

[5] OHC형 엔진(over head camshaft type engine)

OHC형 엔진은 밸브 및 캠축이 실린더헤드에 설치된 것으로 캠이 로커암을 움직여 밸브를 개폐하는 방식(rocker arm type)과 캠이 밸브를 직접 개폐하는 방식(direct open type)이 있다. 캠축이 1개인 방식을 SOHC(single over head camshaft), 2개인 방식을 DOHC(double over head camshaft)형이라 한다.

3 엔진 사이클의 종류

P-V선도(pressure-volume diagram) 또는 인디케이드(지압) 선도(indicator diagram)라고도 하며, 하나의 직각 좌표의 세로축에 압력(P), 가로축에 비체적(V)을 표시하고 유체의 변화에 따른 실린더 내의 P와 V와의 관계를 그려 나가는 것으로, 열이 일로 변화하는 과정을 알아보는 데 편리하다.

3.1. 오토 사이클(otto cycle)

오토 사이클은 정적 사이클이라고도 하며 공기와 연료를 혼합기체로 압축하여 점화원에 의해 연소하므로 가솔린이나 가스엔진의 이론 사이클로 2개의 단열과정과 2개의 정적과정으로 이루어진다.

[1] 오토 사이클의 P−V 선도

1−2과정 : 압축과정(Q = 0 : 단열압축)

2−3과정 : 연소과정(V = C : 정적연소)

3−4과정 : 팽창과정(Q = 0 : 단열팽창)

4−1과정 : 배기과정(V = C : 정적배기)

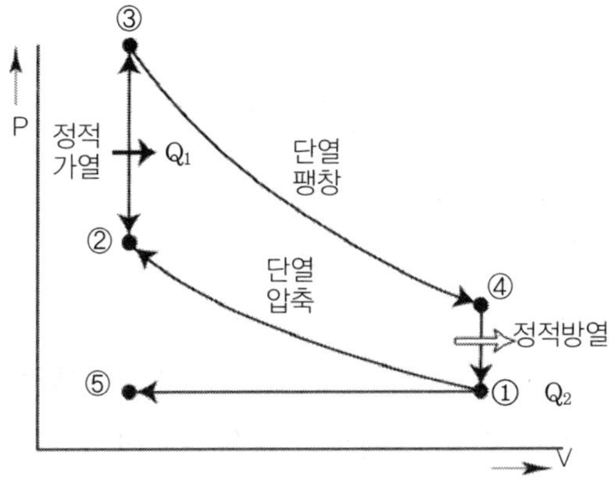

그림 10. 오토 사이클의 P−V 선도

[2] 오토 사이클의 열효율

- 공급열량(Q_1) = $GC_v(T_3 - T_2)$

- 방출열량(Q_2) = $GC_v(T_4 - T_1)$

Cv : 등적비열, T : 절대온도(1, 2, 3, 4점의 절대온도)

- 이론적 열효율(η_0) = $\dfrac{\text{일로변한 에너지}}{\text{공급에너지}} = \dfrac{Q_1 - Q_2}{Q_1} = 1 - \dfrac{T_4 - T_1}{T_3 - T_2}$

- 오토사이클의 열효율(η_0) = $1 - \left(\dfrac{1}{\epsilon}\right)^{k-1}$

ε : 압축비, k : 비열비

3.2. 디젤 사이클(diesel cycle)

디젤 사이클은 정압 사이클이라고 하며 열효율을 증가시킬 목적으로 공기만을 압축한 후 연료를 분사시키며 압축 공기온도가 400~600℃의 고온이 되었을 때 연료를 분사하고 자연 착화시켜 연소하며 2개의 단열과정과 1개의 정압(등압)과정 1개의 정적(등적)과정으로 사이클을 이룬다.

[1] 디젤 사이클의 P-V 선도

1-2과정 : 단열 압축과정($PV^K = C$: 단열압축)

2-3과정 : 정압과정($P_2 = P_3$ = 일정 : 정압연소)

3-4과정 : 단열 팽창과정($PV^K = C$: 단열팽창)

4-1과정 : 배기과정($V_4 = V_1$ = 일정 : 정적 배기)

공기가 실린더 내에 흡입되어 1→2까지 단열압축하고 2에서 연료를 분사하여 2→3 정압연소시켜 3에서 연소가 끝나고 3→4까지 단열팽창하여 4→1까지 정적하에서 배기한다.

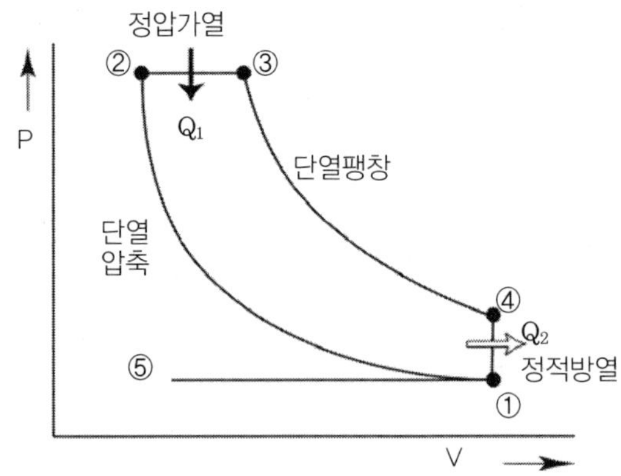

그림 11. 디젤사이클의 P-V선도

[2] 디젤 사이클의 효율

- 공급열량(Q_1) = $C_P(T_3 - T_2)$

- 방출열량(Q_2) = $C_V(T_4 - T_1)$

C_P : 등압비열, C_V : 등적비열, T : 절대온도(1, 2, 3, 4점의 절대온도)

- 이론적 효율(η_d) = $\frac{\text{일로변한 에너지}}{\text{공급 에너지}} = \frac{Q_1 - Q_2}{Q_1}$

- 디젤 사이클의 열효율(η_d) = $1 - (\frac{1}{\epsilon})k-1 \bullet \frac{\sigma^{K-1}}{K(\sigma - 1)}$

ε : 압축비, σ : 단절비(정압 팽창비), K : 비열비

3.3. 사바테 사이클(sabathe cycle)

사바테 사이클은 정적 사이클과 정압 사이클을 합성시킨 사이클로 복합사이클 또는 고속 디젤 사이클이라고도 한다. 이 사이클은 연료의 일부는 정적하에서 연소하고 나머지는 정압하에서 연소한다.

[1] 사바테 사이클의 P-V 상태

1-2과정 : 압축과정(Q = 0 : 단열압축)
2-3과정 : 연소과정(V = C : 정적연소)
3-4과정 : 연소과정(P = C : 정압연소)
4-5과정 : 팽창과정(Q = 0 : 단열팽창)
5-1과정 : 배기과정(V = C : 정적배기)

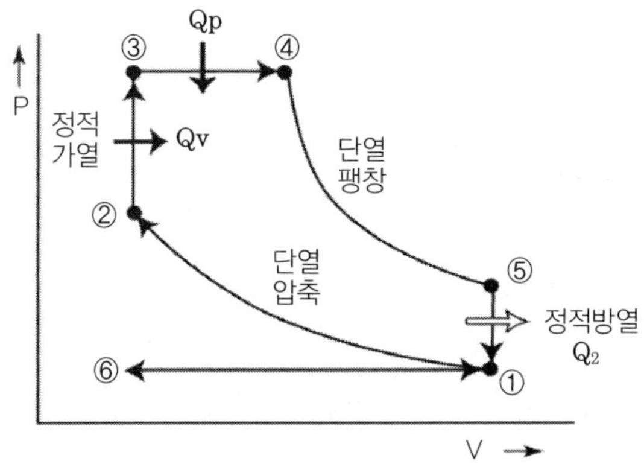

그림 12. 사바테 사이클의 P-V선도

[2] 사바테 사이클의 열효율

- 공급열량

$$Q_1 = Q_1' + Q_2',\ Q_1' = Q_v(T_3 - T_2),\ Q_1'' = Q_p(T_4 - T_3)$$

- 방출열량 $Q_2 = C_v(T_5 - T_1)$

$$\therefore \text{이론 열효율}(\eta_s) = \frac{\text{일로변한 에너지}}{\text{공급에너지}} = \frac{Q_1 - Q_2}{Q_1}$$

- 사바테 사이클의 열효율$(\eta_s) = 1 - \left(\frac{1}{\epsilon}\right)^{k-1} \frac{\sigma^k \rho - 1}{(\rho - 1) + k\rho(\sigma - 1)}$

ε : 압축비, k : 비열비, σ : 체절비(단절비), ρ : 압력비

3.4. 각 사이클의 효율 비교

① 압축비가 높아지면 오토, 디젤, 사바데 사이클 효율은 높아진다.

② 압축비가 동일할 때 폭발비가 증가할수록, 단절비가 낮을수록 효율은 높아진다(압축비가 동일할 때 : 오토 〉 사바테 〉 디젤 사이클).

③ 최고 온도와 압력에 비해 비교하면 디젤 〉 사바테 〉 오토사이클이다.

④ 실제 사이클의 효율은 가솔린의 압축비가 낮으므로 사바테 〉 디젤 〉 오토사이클의 순서가 된다.

4 행정체적과 마력

4.1. 행정체적(stroke volume)

행정체적은 실린더체적이라고도 하고 자동차의 엔진 크기를 표현하는 데는 배기량으로 표시되며, 배기량은 엔진의 성능과 밀접한 관계가 있다. 실린더 내경을 D(cm), 피스톤의 상사점에서 하사점간의 거리를 행정거리를 L(cm)이라 하면 배기량은 다음 식으로 표현된다.

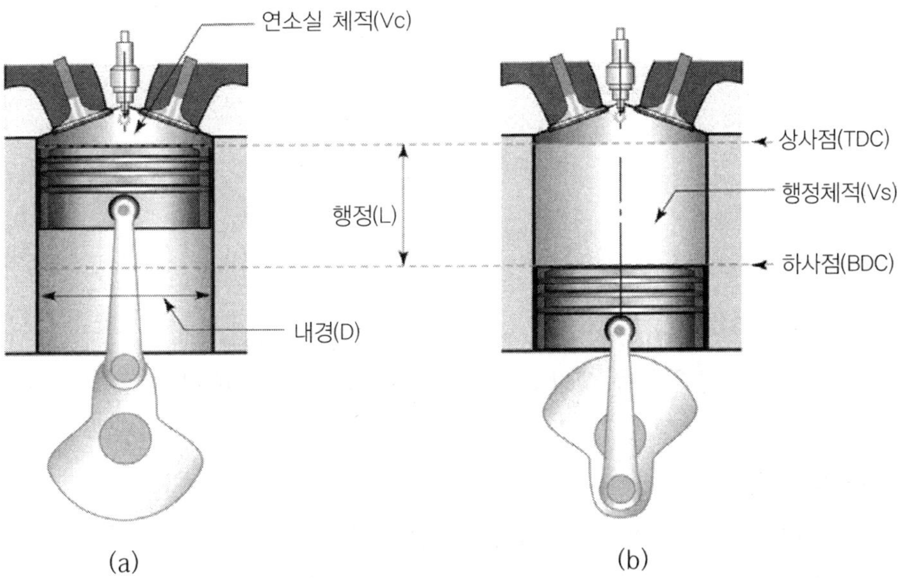

그림 13. 행정체적과 연소실 체적

- 1기통일 때 실린더 배기량(V_s) = $\frac{\pi}{4}D^2L$[cc]

- 총 배기량(V_t) = $\frac{\pi}{4}D^2L \times Z$[cc]

  D : 내경[cm], L : 행정거리[cm], Z : 실린더 수[기통]

- 1분당 배기량(V_m) = $\frac{\pi}{4}D^2L \times N \times R$[cc]

  엔진회전수 : N[rpm], 2행정 엔진 : R, 4행정 엔진 : $\frac{R}{2}$

4.2. 압축비(compression ratio)

실린더 체적과 연소실 체적의 비는 엔진성능에 큰 영향을 미치며 피스톤이 실린더 하사점에 있을 때 실린더 체적과 피스톤이 상사점에 있을 때 연소실 체적과의 비를 압축비라 한다.

$$\varepsilon = \frac{V_t}{V_s} = \frac{V_s + V_c}{V_c} = 1 + \frac{V_s}{V_c}$$

$$V_s = V_c(\varepsilon - 1)$$

$$V_c = \frac{V_s}{\epsilon - 1}$$

ε : 압축비, V_s : 행정체적[cc]
V_t : 실린더 총 체적[cc], V_c : 연소실 체적[cc]

4.3. 엔진의 마력

엔진의 마력(HP : horse power)은 엔진의 힘을 나타내는 단위로 말 한 마리가 1초 동안에 75kgf의 무게를 1m 만큼 끄는 일의 양을 말한다.

1HP = 75[kgf · m/s] = 736[W : 와트] = 632.3[kcal/h]

그림 14. 마력의 정의

[1] 지시마력(IHP : indicated horse power)

실린더 내에서 연료가 연소하여 실제 발생한 마력으로 힘을 지압계로 측정하여 지압선도로 나타내어 계산한 마력이며 지시마력 또는 도시마력이라고 한다. 지시마력을 IHP라고 하면 다음 식으로 유도된다.

$$IHP = \frac{P_{mi} \times A \times L \times N \times Z \times R}{75 \times 60} = \frac{P \times V \times N \times Z \times R}{4,500} \text{ [PS]}$$

P_{mi} : 지시평균 유효압력[kgf/cm²]
A : 실린더 단면적[cm²]
L : 행정거리[cm]
V : 배기량[cc]
Z : 실린더 수(기통)
N : 엔진회전수[rpm]
2사이클인 경우 = R
4사이클인 경우 = $\frac{R}{2}$

[2] 제동마력(BHP : brake horse power)

제동마력은 정미마력, 축마력이라고도 하며 지시마력에서 기계적 손실을 뺀 마력을 말한다.

$$BHP = \frac{2\pi NT}{75 \times 60} = \frac{NT}{716.5} \text{ [PS]}$$

$$T = 716.5 \times \frac{BHP}{N}$$

$$BHP = IHP - FPS\text{[PS]}$$

$$BHP = \eta_m \times IHP\text{[PS]}$$

T : 회전력[kgf · m], FHP : 마찰마력[PS]
N : 회전수[rpm], η_m : 기계효율[%]

[3] 마찰마력(FHP : friction horse power)

마찰이란 피스톤이 왕복 운동할 때 피스톤 링이 실린더 벽에 마찰하여 발생하는 마찰력을 말한다. 엔진에서 발생된 동력 중 실제 사용되는 동력은 30~40% 정도에 불과하며 마찰손실은 약 10%를 차지하며 나머지는 배기손실과 기타 손실이 된다.

$$FHP = IHP - BHP$$

IHP : 지시마력, BHP : 제동마력, FHP : 마찰마력

$$FHP = \frac{F_r \times Z \times N \times S}{75} = \frac{F \times S}{75} [PS]$$

F : 총 마찰력[kgf]
F_r : 링 1개당 마찰력[kgf]
N : 실린더 수[기통]
Z : 실린더 당 링의 수[개]
S : 피스톤 평균속도[m/s]

[4] 연료마력(PHP : petrol horse power)

연료마력은 연료의 발열량, 소비량, 비중, 사용시간 등을 측정하여 측정하는 마력으로 연료의 발열량에 따라 크게 좌우된다.

$$PPS = \frac{60 \times C \times W}{632.3 \times t} = \frac{C \times W}{10.5 \times t} \quad [PS]$$

$$PHP = \frac{60 \times C \times W}{2,545 \times t} = \frac{C \times W}{42.4 \times t} \quad [HP]$$

PPS : 미터마력에서의 연료마력[PS]
PHP : 영마력에서의 연료마력[PS]
C : 연료의 저위 발열량[kcal/kgf, BTU/ℓ b]
W : 연료의 중량[kgf = ℓ ×비중, ℓ b]
t : 측정시간[분]

4.4. 평균 유효압력

실린더의 압축압력으로 1사이클의 일을 행적용적으로 나눈 것으로 배기량, 회전속도 차이 등을 비교할 때 사용된다.

[1] 지시평균 유효압력(indicated mean effective pressure)

$$P_{mi} = \frac{P_{me}}{\eta_m} [kgf/cm^2]$$

P_{me} : 제동평균 유효압력[kgf/cm^2]
η_m : 기체효율(%)

[2] 제동평균 유효압력(brake mean effective pressure)

$$P_{me} = \frac{4\pi T}{10 \times Vt} \times \frac{1}{2(2행정)} \quad [kgf/cm^2]$$

P_{me} : 제동평균 유효압력[kgf/cm^2]
T : 회전력[kgf · m] Vt : 총배기량[cc]

5 엔진의 효율 및 성능곡선과 연료소비율

5.1. 기계효율(mechanical efficiency)

기계효율은 실린더 내에서 실제 발생된 지시마력에서 엔진의 운전 중 손실에 의해 발생된 정미마력과의 관계이다.

$$\eta_m = \frac{BHP}{IHP} \times 100[\%]$$

IHP : 지시마력[PS], BHP : 제동미력[PS]

$$\eta_m = \frac{P_{mb}}{P_{mi}} \times 100[\%]$$

P_{mi} : 지시평균 유효압력[kgf/cm^2], P_{mb} : 제동평균 유효압력[kgf/cm^2]

5.2. 체적효율(volumetric efficiency)

체적효율이란 실린더체적과 실제 실린더 내로 들어간 공기량의 비를 말하며 중량비라고 한다. 실린더의 흡기효율은 엔진성능에 중요하며 과급기를 사용하여 체적효율을 좋게 한다.

$$체적\ 효율(\eta_v) = \frac{실제\ 흡입된\ 공기량(중량)}{실린더\ 체적이\ 차지할\ 수\ 있는\ 공기량(중량)} \times 100[\%]$$

$$= \frac{흡기량}{실린더\ 배기량} \times 100[\%]$$

5.3. 엔진의 성능곡선 및 연료소비율

5.3.1. 엔진 성능곡선도

엔진 성능곡선도란 운전 중의 엔진에서 축 출력, 축 토크, 연료소비율과의 관계를 나타내는 선도이다. 엔진 성능곡선도에 따르면 중속에서는 흡입기간이 길어 체적효율이 향상되므로 최고 압력이 높아져 축 출력이 가장 크고 고속, 저속에서는 중속에 비해 출력이 저하한다.

그림 15의 엔진의 성능곡선의 예에서 축 출력은 제동마력을 의미하고 약 4,500rpm에서 75마력, 축 토크는 저 회전영역인 2,500rpm에서 14kgf·m로 최고가 된다. 연료소비율 역시 저회전과 고 회전영역에서 높고 중속영역인 2,500rpm에서 가장 낮다.

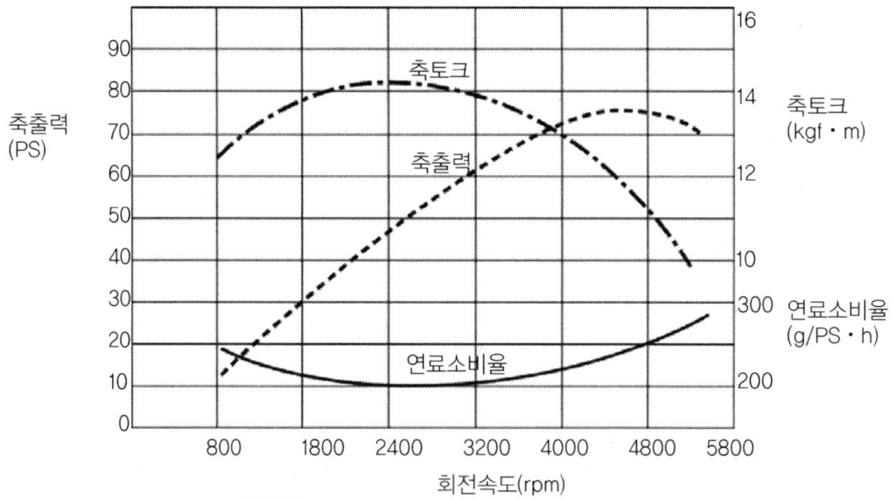

그림 15. 엔진의 성능곡선도 예

5.3.2. 엔진속도의 토크 특성

[1] 저속에서의 토크

① 흡입행정에서 공기의 유입관성 효과가 감소한다.

② 체적효율의 저하로 폭발행정의 발열량과 팽창력이 작아 토크는 낮아진다.

[2] 중속에서의 토크

피스톤의 왕복운동이 적절하고 흡입공기량도 적당해서 토크는 증가한다.

[3] 고속에서의 토크

① 피스톤의 왕복운동이 빨라지면서 흡입공기량이 적어 토크가 낮다.

② 고속일수록 기계 손실이 증가한다.

③ 피스톤 속도의 증가로 화염이 피스톤에 작용하는 힘이 감소한다.

5.3.3. 연료소비율

[1] 마력당 연료소비율(SFC, specific fuel consumption)

엔진이 일정한 일을 할 때 어느 정도 연료를 사용하는 가를 나타내는 단위이며, 연료소비율은 최대회전력을 나타내는 중속 시 가장 적다.

$$SFC = \frac{\text{시간당 연료소비량}}{PS}\,[g/ps-h]$$

[2] 주행거리당 연료소비율(DFC, distance fuel consumption)

$$DFC = \frac{\text{소비량}}{\text{주행거리}}\,[\ell\ /km]$$

6 엔진의 작동

6.1. 4행정과 2행정 사이클 엔진의 장·단점

6.1.1. 4행정 사이클 엔진의 장·단점

[1] 장점

① 각 행정이 완전히 구분되고 압축비가 높다.

② 각 부분의 열적부하가 적다.

③ 체적효율이 높다.

④ 연료 소비율이 적다.

[2] 단점

① 밸브기구가 복잡하며 충격이나 소음이 크다.

② 가격이 비싸며 마력당 중량이 무겁다.

③ 동력회전수가 적어 실린더수가 적으면 불리하다.

6.1.2. 2행정 사이클 엔진의 장 · 단점

[1] 장점

① 4행정 사이클 엔진에 비하여 1.6~1.7배의 출력이 있다.

② 실린더수가 적어도 회전이 원활하다.

③ 밸브장치가 간단하며 소음이 적다.

④ 회전력 변동이 적다.

⑤ 마력당 중량이 적고 값이 싸다.

[2] 단점

① 배기가 불완전하고 유효행정이 짧다.

② 연료소비율이 많아 평균 유효압력과 효율을 높이기가 어렵다.

③ 저속운전이 어렵고 역화가 일어나기 쉽다.

④ 피스톤 및 피스톤링의 소손이 빠르다.

표 4행정 사이클 기관과 2행정 사이클 엔진의 비교

구 분	4행정 사이클 엔진	2행정 사이클 엔진
행정 및 폭발	크랭크축이 2회전하는 사이 1회 동력행정을 한다.	크랭크축이 1회전에 1회 동력행정 한다.
엔진 효율	4개의 행정이 각각 단독으로 이루어지므로 작용이 확실하며 효율이 좋고 안전하다.	유효행정이 짧고 흡 · 배기구가 동시에 열려 있는 시간이 길어서 소기를 위한 신기의 손실이 많으면 효율이 나쁘다. 따라서 극소형 엔진에 많이 사용한다.
밸브기구	밸브기구를 필요로 하며 밸브구조가 복잡하고 조정이 어렵다.	밸브기구가 없거나 배기밸브를 위한 기구만이 있어 구조가 간단하고 제작비도 낮다. 그러나 실린더벽에 소 · 배기구가 있어 피스톤링이 마멸되기 쉽다.

구 분	4행정 사이클 엔진	2행정 사이클 엔진
발생동력 및 연료소비율	배기량이 같은 엔진에서 발생동력은 2사이클에 비하여 떨어지나 연료소비량은 2사이클보다 작다.	배기량이 같은 엔진에서 동력은 4행정 사이클에 비하여 더 얻을 수 있으나 연료 소비량이 많고 대형 엔진으로서는 적합하지 못하다.
동력	단위 중량당 출력이 2행정 사이클 엔진에 비해 낮다.	단위 중량당 출력이 4행정 사이클에 비해 1.7배 가량 더 얻을 수 있다.
엔진 중량	2행정 엔진보다 무겁다.	4행정 엔진보다 가볍다.
윤활유 소비량	윤활방법이 확실하고 윤활유 소비량이 적다.	윤활을 하기 위하여 연료에 처음부터 윤활유를 혼합시켜 넣어야 하는 불편이 있고 또 윤활유 소비량이 많다.

6.2. 4행정과 2행정 사이클 엔진의 작동

6.2.1. 4행정 엔진의 작동

4행정 사이클 엔진은 흡입, 압축, 동력, 배기의 4개 과정을 피스톤이 4행정을 완성하는 사이클로써 대부분의 자동차용 가솔린엔진 및 디젤엔진이 이 방식을 사용하고 있다.

[1] 흡입행정(intake stroke)

흡입행정은 사이클의 맨 처음 행정으로 흡입밸브는 열리고 배기밸브는 닫혀 있으며, 피스톤은 상사점(TDC)에서 하사점(BDC)으로 내려간다. 흡입밸브는 상사점 전에서 열리고, 하사점 후에 닫힌다. 실린더 내의 부압(진공)에 의하여 가솔린엔진은 혼합가스(공기와 가솔린)를, 디젤엔진은 공기가 유입되며, 이때 크랭크축은 0~180° 회전한다.

또한 가솔린엔진 중 직접 분사방식(GDI)은 공기만을 흡입하여 인젝터에 의해 연소실에 연료를 직접 분사한다. 흡입행정은 피스톤이 하사점이 지난 다음에도 계속된다.

[2] 압축행정(compression stroke)

흡기행정이 끝나고 피스톤이 하사점에서 상사점으로 움직이며 흡입된 혼합기와 공기를 압축하는 행정으로 이때에는 흡기밸브, 배기밸브가 모두 닫혀있고 압축행정 끝에서의 압력은 가솔린엔진의 경우 8~11kgf/cm^{2}이고, 디젤엔진인 경우 30~35kgf/cm^{2}가 되며 이때의 압축온도는 가솔린엔진인 경우 120~140℃, 디젤엔진인 경우 500~550℃에 달하며, 이때 크랭크축은 180~360° 회전한다.

또한 압축행정 말 피스톤이 상사점에 이르기 조금 전에 가솔린엔진은 점화플러그에서 점화불꽃을 일으키고, 디젤엔진은 분사노즐에서 연료분사가 이루어져 연소가 시작된다.

[3] 동력행정(power stroke)

팽창행정이라고도 하며 피스톤은 연소에 의한 고온, 고압의 가스 폭발압력에 의하여 상사점으로부터 하사점으로 향하며 이때의 폭발압력은 가솔린엔진인 경우 35~50kgf/cm^{2}이 되고, 디젤엔진은 60~90kgf/cm^{2}의 높은 압력이 된다. 이 압력은 피스톤을 밀어 커넥팅로드를 통하여 크랭크축을 회전시켜 엔진의 동력을 발생시키는 행정이다. 이때 크랭크축은 360~540° 회전한다.

[4] 배기행정(exhaust stroke)

피스톤은 폭발행정 말기인 하사점에 도달하기 전에 배기밸브가 열리며 연소가스를 실린더 밖으로 배출시키며 이때 배출되는 배기가스 온도는 보통 600~900℃ 정도로 이때 크랭크축은 540~720° 회전한다. 배기밸브가 열림과 동시에 배기는 시작되고 연소실은 배기가스가 자체압력으로 가스가 배출되는 블로다운(blow-down)현상과 함께 다량의 배기가스가 배출된다.

배기 말 과정에서는 피스톤이 상사점을 조금 지나면서 배기밸브는 닫히고 흡기밸브는 피스톤이 하사점을 향하기 조금 전에 열려 흡기에 의한 배기를 도와주는 역할을 한다. 이 기간 중 흡기와 배기밸브가 동시에 열려있는 시기이며 이 상태를 밸브 오버랩(valve over-lap)이라고 한다.

[5] 밸브 개폐시기(vale timing)

밸브 개폐시기는 엔진의 흡입, 압축, 폭발, 배기 중 크랭크축의 회전각도를 나타내는 것으로 엔진의 종류와 크기, 부하, 회전수, 연소실 모양 및 밸브의 상태 등에 따라 개폐시기가 달라진다. 흡기밸브는 상사점 전 5~15° 에서 열리고 하사점 후 35~75° 부근에서 닫게 함으로써 흡입관성을 이용할 수 있어 많은 혼합기를 실린더 내 흡입할 수 있다.

또한 배기밸브는 팽창행정이 끝나기 전 하사점 전 31° 부근에서 열리고 피스톤이 상사점을 지난 상사점 후 9° 부근에서 닫히는데 이것은 가스의 유동관성을 이용하여 완전한 배기가 이루어지도록 배기밸브를 상사점을 지나도 잠시 동안 열어 둔다.

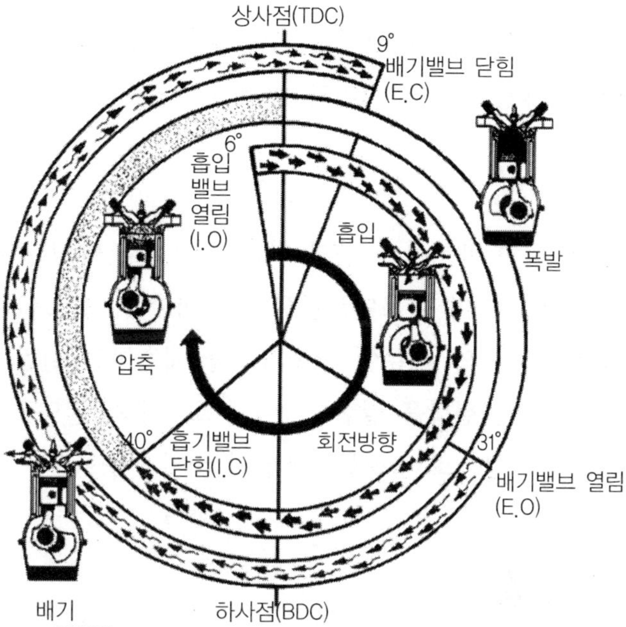

그림 16. 4행정 엔진 밸브 개폐시기

6.2.2. 2행정 엔진의 작동원리

2행정 엔진은 크랭크축이 1회전할 때마다 피스톤이 하강과 상승행정을 하면서 1회의 폭발행정을 하는 엔진이다. 일반적으로 2행정 엔진은 흡입 및 배기밸브가 없이 실린더의 흡입구멍 또는 배기구멍을 피스톤이 상·하운동하며 개폐작용을 하여 흡입 및 배기작용을 한다. 그러나 자동차에 사용되는 일부의 2행정 디젤엔진에서 배기는 포핏 밸브(poppet valve)를 사용하기도 한다. 피스톤 헤드 상부에는 디플렉터(deflector)를 설치하여 들어오는 혼합기가 배기구멍으로 바로 나가지 못하도록 실린더 위로 밀어 올리는 역할을 하는데 혼합기에 와류를 생성하고 압축비를 높이는 효과도 있다. 구조가 간단하고 소형 경량으로 제작할 수 있어 2륜 차나 경자동차의 소형엔진과 디젤엔진에 주로 사용되고 있다.

[1] 상승행정

상승행정시에는 피스톤이 하사점(BDC)을 지나 다시 상승행정이 되어도 잠시 동안은 압축행정을 하지 못하다가 피스톤이 소기구와 배기구를 닫게 되면 압축이 시작되며 이때 크랭크실에서는 혼합기의 흡입이 이루어진다.

[2] 하강행정

하강행정은 압축되어 있는 혼합기에 점화하면 혼합기는 폭발팽창하여 피스톤을 아래로 이동시키고 하강행정 말에는 배기와 소기가 이루어진다.

[3] 소기작용(scavenging)

피스톤은 하강운동을 하면 배기구가 먼저 열리고 연소시 발생된 자신의 압력으로 배기구를 통해 배기가스가 빠져나가며 블로다운현상이 일어난다. 블로다운현상이란 배기공이 열리는 순간 실린더 내의 높은 압 때문에 연소가스를 배출하고 실린더 내의 압력과 대기 압력이 거의 같은 압력이 되는 현상을 말한다. 이어 소기구가 열리고 크랭크실 내에 미리 압축되었던 혼합기가 실린더 안으로 밀려들어오면서 소기작용(scavenging)을 실시하게 된다.

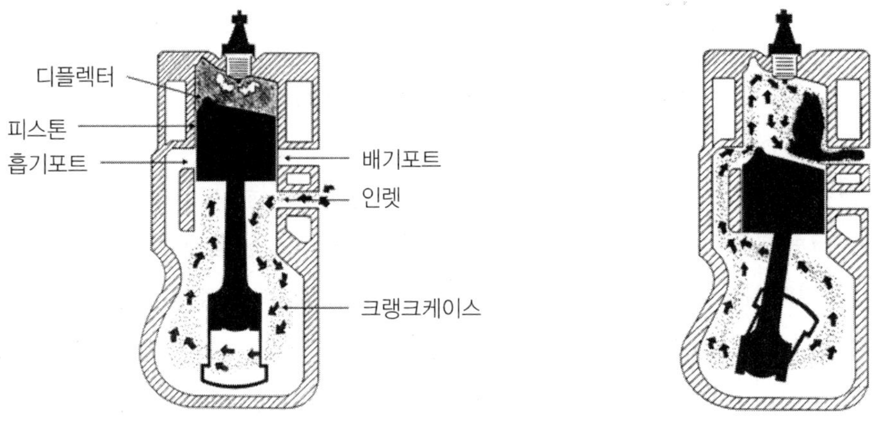

(a) 소기작용

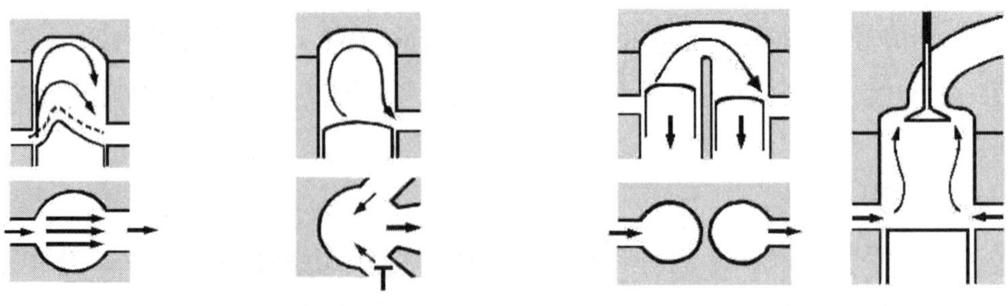

(a) 횡단소기 (b) 루프소기 (c) 단류소기

그림 17. 소기의 작용 및 형식

소기작용은 크랭크실에 압축된 혼합기가 실린더 내부로 밀려들어오면서 연소실 내부의 연소가스를 밀어내는 작용을 말한다. 소기의 방식에는 횡단소기, 루프소기, 단류소기 등이 있다.

[4] 2행정 사이클 엔진 밸브개폐시기

2행정 사이클 엔진은 피스톤이 상사점에 가까워지면 연소되어 크랭크축이 회전하고, 피스톤이 하강행정이 시작되면 배기구멍이 열려 배기가 시작되고 곧이어 하사점 전 47° 전에서 소기구멍이 열려 새로운 혼합기가 실린더 내로 유입된다. 피스톤이 하사점을 지나 다시 상승행정이 시작되고 하사점 후 47 ° 부근에서 소기구멍이 막히고 곧이어 배기구가 막히면 다시 압축을 시작하며 상사점 전에서 폭발이 일어나 연소가 시작된다.

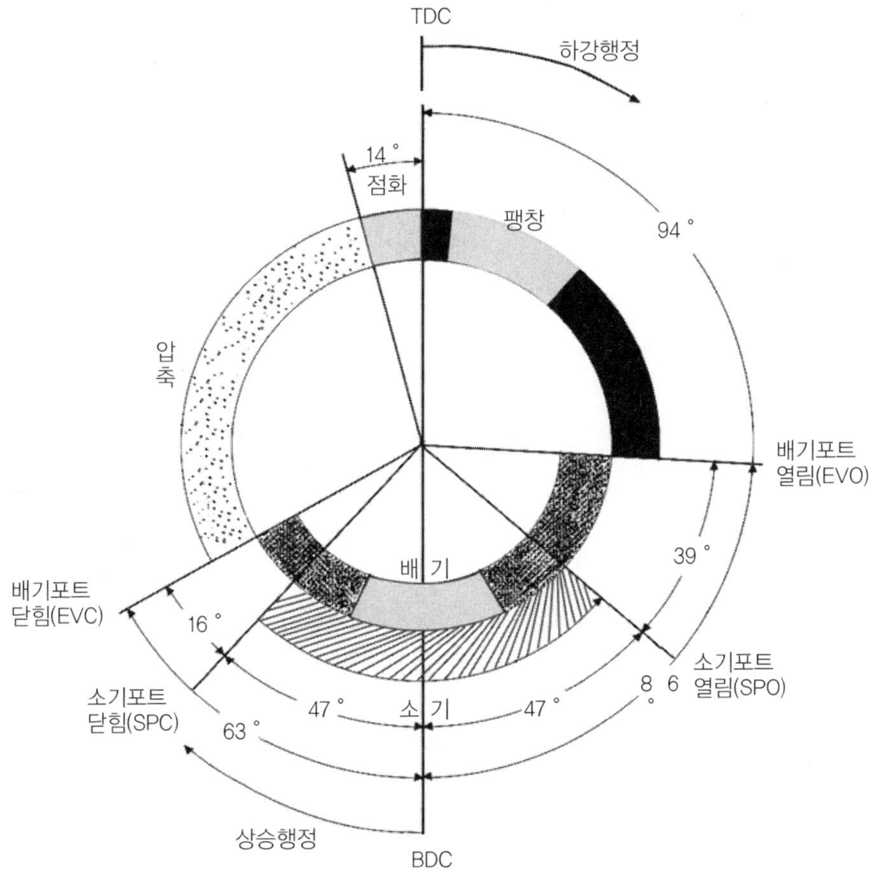

그림 18. 2행정 기관의 밸브 개폐시기 선도

CHAPTER

02

가솔린엔진 본체

CONTENTS

- 실린더헤드
- 실린더블록
- 피스톤 및 커넥팅로드
- 크랭크축과 베어링 및 플라이휠
- 밸브기구
- 캠축과 캠

엔진 본체는 동력을 발생하는 부분으로 그 형상은 작동방식, 실린더 배열, 냉각방식 등에 따라 다르나 기본적인 구조는 동일하다. 엔진 주요부는 실린더헤드, 실린더블록, 피스톤 및 커넥팅로드 어셈블리, 크랭크축, 플라이휠, 밸브 및 밸브 개폐기구 등으로 구성되어 있고 또한 실린더블록 주위에 윤활장치, 냉각장치, 연료장치, 점화장치, 배출가스 저감장치, 에어컨 압축기, 발전기, 기동전동기, 파워 스티어링 오일펌프 등의 보조장치가 설치되어 있다.

[1] 엔진의 구비조건

① 정미 마력당 중량이 가볍고 고장이 적을 것
② 저속에서 고속까지 회전범위가 넓을 것
③ 출력변화와 운전성능이 좋을 것
④ 연료 소비량이 적고 값이 저렴할 것
⑤ 진동 및 소음이 적을 것
⑥ 다루기가 쉽고 점검수리가 용이할 것

그림 1. 엔진 본체

표 엔진 본체의 분류표

정 지 부 품	엔진 몸체부분	실린더헤드(cylinder head)
		실린더블록(cylinder block), 실린더(cylinder)
		오일 팬(oil pan)
	흡·배기장치	에어 크리너(air cleaner)
		흡·배기다기관(intake-exhaust manifold)
	베어링	크랭크축 베어링(crank shaft bearing)
		캠축 베어링(cam shaft bearing)
운 동 부 품	피스톤 크랭크축 기구	피스톤 및 커넥팅로드(piston & connecting rod), 피스톤링
		크랭크축 및 플라이휠(crank shaft & fly wheel)
	밸브개폐기구	캠축 및 밸브(cam shaft & valve)
		로커암 및 푸시로드(rocker arm & pushrod), 태핏(tappet)
부속장치 부 품	윤활장치	오일펌프(oil pump), 오일필터(oil filter), 오일 압력스위치(oil pressure s/w)
	냉각장치	물펌프(water pump), 냉각팬(cooling fan), 방열기(radiator)
	점화장치	점화플러그(spark plug), 점화코일(ignition coil)
	연료장치	연료펌프(fuel pump), 연료 압력조절기(fuel pressure regulator), 인젝터(injector)
	배출가스 저감장치	배기가스 재순환장치(EGR), 3원 촉매장치, 블로바이가스 재연소장치(PCV), 연료 증발가스 제어장치(PCSV, 캐니스터)

1 실린더헤드(cylinder head)

실린더헤드는 실린더블록 위에 실린더헤드 개스킷(cylinder head gasket)을 사이에 두고 헤드볼트로 고정된다. 실린더헤드의 안쪽 면은 연소실을 형성하며 외부에는 흡기다기관과 배기다기관, 점화플러그 및 밸브기구가 설치되어 있고 실린더헤드는 엔진 작동시 1,000~ 1,500℃ 이상의 고온과 35kgf/cm^2 이상의 고압을 받으므로 고온에서 강도가 높고 열팽창이 작으며 주조나 기계가공이 좋은 재료가 사용되며 실린더헤드의 재질은 주철 또는 알루미늄합금을 사용하는데 최근에는 알루미늄합금을 많이 사용한다.

알루미늄합금은 주철에 비해 무게가 가볍고 열 전도성이 특히 우수하여 연소실 온도를 낮게 할 수 있어 조기점화의 원인이 되는 열점(hot spot)을 방지할 수 있어 주철에 비해 압축비를 높일 수 있는 장점이 있다. 그러나 알루미늄합금은 동일한 온도에서 주철에 비해 열 팽창율이 거의 2배 정도이며, 내구성이나 내 부식성이 약한 면이 있다.

수냉식 엔진의 실린더헤드는 전체 실린더 또는 몇 개의 실린더로 나누어 일체 주조로 되어 있으며, 내부에는 냉각용 워터재킷(water jacket)이 마련되어 있다. 공냉식 엔진의 실린더헤드는 각 실린더마다 별개로 제작하며 냉각 핀(cooling fin)이 설치되어 있다.

실린더헤드 볼트를 체결할 때는 가운데에서 밖으로 나선형 또는 대각선으로 2~3회 나누어서 조이며 마지막으로 체결할 때에는 반드시 토크 렌치를 사용하여 규정 토크로 조여야 한다.

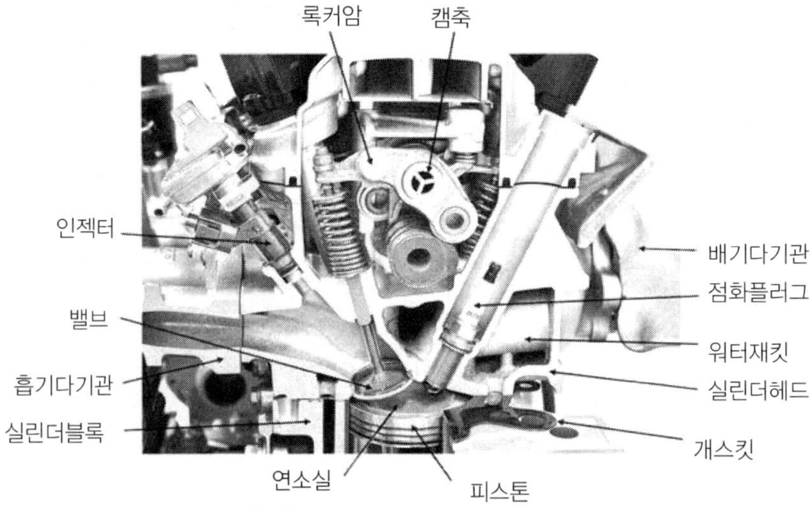

그림 2. 실린더헤드의 구성품

REFERENCE 실린더헤드를 떼어내는 방법 및 실린더헤드의 균열 점검방법

1. 실린더헤드를 떼어내는 방법
   ① 연질해머로 두들겨 떼어내는 방법
   ② 호이스트를 이용하여 자중에 의해 떼어내는 방법
   ③ 엔진 자체 압축압력을 이용하여 떼어내는 방법

2. 실린더헤드의 균열 점검방법
   ① 타진법에 의한 방법
   ② 자기 탐상법에 의한 방법
   ③ 육안 검사법에 의한 방법
   ④ 염색 탐상법에 의한 방법
   ⑤ 형광 탐상법에 의한 방법

1.1. 연소실(combustion chamber)

피스톤이 상사점에 있을 때 실린더 최소 체적의 상태를 연소실이라 하며 실린더헤드와 피스톤으로 형성되어 있다. 이 상태에서 점화가 이루어져 연소가 개시되기 때문에 연소실의 형상은 엔진에 큰 영향을 미친다. 또 압축과정에서는 연소실의 형상에 따라 내부에 발생하는 혼합기의 소용돌이와 흐름의 상태가 변화한다.

효율적으로 연소시키기 위하여 와류(swirl)와 스퀴시(squish) 등을 이용하여 효과적으로 연료와 공기가 섞일 필요가 있다. 그리고 연소실의 표면적이 크면 연소에 의하여 발생한 열에너지가 연소실의 벽에 의하여 냉각되어 연소가스의 팽창이 나빠진다. 이것을 열 손실이라고 하며 반대로 표면적이 작은 연소실 일수록 열효율이 좋다. 연소실의 크기는 압축비에 의해 결정되며, 연소실의 형상은 엔진효율, 성능 및 배기가스 발생량과 밀접한 관계가 있으며 또한 밸브기구와도 관계가 있다. 밸브의 설치위치에 따라 오버헤드 밸브와 사이드밸브 형식으로 분류한다.

REFERENCE 와류와 스퀴시

① 와류(swirl) : 와류라는 것은 흘러들어가는 소용돌이를 말하여 인덕션 터블런스(induction turbulence)라고도 한다. 흡기다기관을 둥글게 하여 흡입단계에서 혼합가스가 소용돌이를 일으켜 연료와 공기를 잘 혼합시켜서 연소효율을 높인다.
② 스퀴시(squish) : 스퀴시라는 것은 "찌그러뜨리다" 는 뜻으로 압축 터블런스(compression turbulence)라고도 부르며, 피스톤에 의해 압축을 받는 혼합가스가 연소실의 모양에 따라 압축되면서 생기는 소용돌이를 말한다. 스퀴시도 연료와 공기를 잘 혼합시켜서 연소효율을 높인다.
③ 텀블플로(tumble flow) : 흡입행정시 발생되는 실린더 축방향의 세로 맴돌이 흐름으로 주로 4밸브 엔진에서 작용한다.

1.1.1. 연소실의 구비조건

연소실은 출력을 높일 수 있어야 하고 대기오염의 원인이 되는 유해성분이 적게 발생되도록 해야 하며, 노킹을 일으키지 않아야 한다. 또한 밸브기구 등의 구조가 간단하고 열효율이 높아야 한다.

① 압축 끝 행정에서 강한 와류를 일으키도록 할 것.
② 엔진출력을 높일 수 있는 구조일 것.
③ 연소실 내의 표면적은 최대한으로 최소가 되도록 설계할 것.
④ 가열되기 쉬운 돌출부는 제거할 것.

⑤ 노킹을 일으키지 않는 형상일 것.

⑥ 밸브 면적을 크게 하여 흡·배기효율을 높이고 흡·배기작용을 원활히 되도록 할 것.

⑦ 열효율이 높으며 배기가스에 유해한 성분이 적을 것.

⑧ 화염 전파거리 및 소요되는 시간을 최대한 짧게 할 것.

⑨ 와류(스월)와 스퀴시 그리고 텀블플로를 일으킬 수 있는 구조일 것.

REFERENCE 화염 전파거리

점화플러그의 중심전극에서 연소실 끝 부분까지의 거리를 말한다. 일반적으로 화염 전파거리를 줄이기 위해 연소실의 중앙에 점화플러그가 위치한다.

1.1.2. 연소실의 종류

[1] 반구형 연소실(semi-spherical type)

① 연소실이 간단하여 체적당 표면적이 작아 열 손실이 적기 때문에 열효율이 높다.

② 점화플러그의 설치위치가 알맞아 화염 전파거리가 짧다.

③ 스퀴시가 없어 압축행정 시에 와류가 발생되지 않아 높은 옥탄가의 연료가 필요하다.

④ 지름이 큰 밸브의 설치가 용이하여 체적효율을 높일 수 있다.

⑤ 고속 안정성이 좋은 DOHC나 SOHC 밸브기구에 적합하다.

⑥ 흡기포트를 오프셋시켜 혼합기의 와류(스월)현상이 촉진되어 단위체적당 출력을 높일 수 있다.

⑦ 스퀴시가 없기 때문에 혼합가스의 냉각이 나쁘다.

[2] 쐐기형 연소실(wedge type)

① 연소실의 체적이 작으며, 고 압축비를 얻을 수 있다.

② 스퀴시에 의해서 와류작용이 양호하고 혼합기가 완전 연소된다.

③ 혼합기가 스퀴시에 의해서 냉각되기 때문에 노킹의 발생이 적다.

④ 혼합기의 연소속도가 낮아 압력상승이 완만하여 작동이 유연하다.

⑤ 밸브의 경사가 20° 전후이므로 흡·배기포트의 굴곡이 적다.

⑥ 스퀴시에 의해서 카본의 퇴적물이 발생된다.

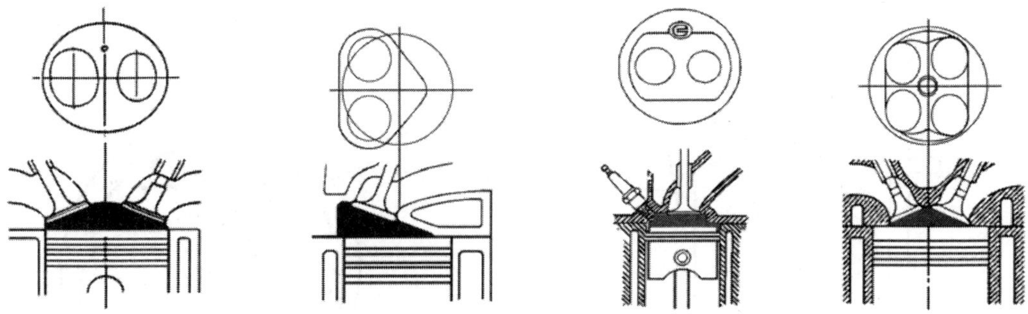

(a) 반구형 연소실 (b) 쐐기형 연소실 (c) 욕조형 연소실 (d) 지붕형 연소실

그림 3. 연소실형식

[3] 욕조형 연소실(bathtub type)

① 밸브기구가 간단하며, 지름이 큰 밸브를 설치할 수 있다.

② 스퀴시를 일으킬 수 있어 혼합기의 와류가 촉진된다.

③ 점화플러그의 배치가 용이하며, 고 압축비를 얻을 수 있다.

[4] 지붕형 연소실(pent roof type)

① 연소실 중앙부에 점화플러그가 설치되어 화염 전파거리가 짧고 압축행정시에 와류가 얻어진다.

② DOHC 밸브기구에 적합하며 밸브면적이 커 체적효율이 좋다.

③ 크랭크축 방향으로 밸브가 설치되므로 밸브기구가 간단하다.

④ 흡입밸브 2개 및 배기밸브 2개의 4밸브로 설치하는 것이 가능하다.

⑤ 압축비를 높이기 위해 도움형 피스톤을 사용하기 때문에 열적 부하가 많다.

⑥ 피스톤의 중량이 증대되어 관성력이 커진다.

[5] 스월 연소실(swirl combustion chamber)

흡입행정과 압축행정시에 실린더 내에서 발생하는 수평방향의 회전와류를 스월(swirl)이라고 한다. 또한 와류에는 압축행정 말기에 피스톤이 상사점에 접근함에 따라 발생하는 스퀴시(squish)와 텀블(tumble)이 있는데 스퀴시는 쐐기형 연소실에서 피스톤이 상사점에 접근함에 따라 퀀칭구역(quenching area)에서 실린더 안쪽을 향한 반경방향의 운동을 말하며 텀블은 압축말기의 수직방향의 와류를 말한다.

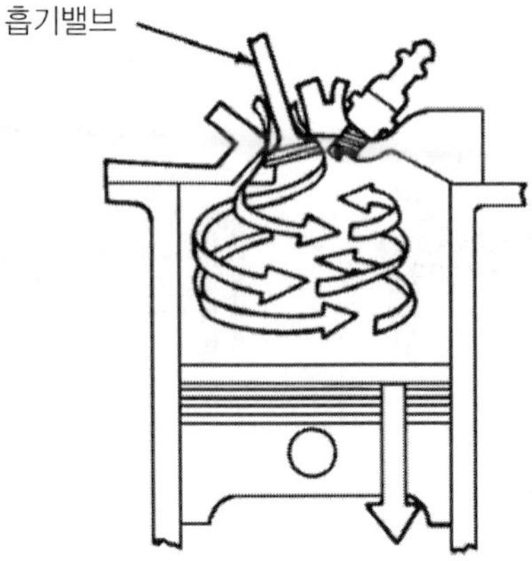

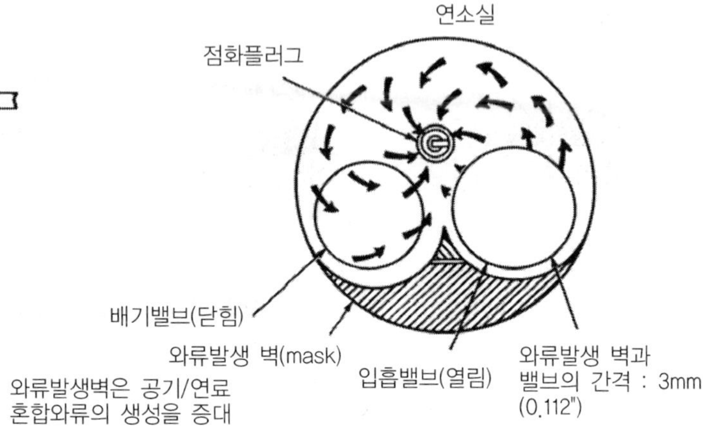

그림 4. 스월 연소실

이러한 와류는 연료의 기화와 혼합을 촉진시키고 화염전파속도를 빠르게 하여 특히 저속이나 중속에서 출력증대에 기여한다. 특히 근래에 와서는 린번(lean burn)엔진의 필수적인 핵심기술로 등장하고 있다. 이러한 스월을 강하게 유발시키는 연소실이 스월 연소실인데 혼합기에 강한 스월을 일으키기 위해 복잡한 형상의 연소실을 갖고 있다.

물론 연소실외에 흡기다기관의 설계, 흡기구멍의 형상 등이 스월 발생에 관여하고 있다. 연소실에 장착되어 있는 와류발생 벽(mask)과 흡기밸브사이의 틈새(약 3mm)가 와류발생에 기여하고 있으며 점화플러그도 와류가 모이면서 점화하기에 가장 적당한 혼합기 형성구역에 장착된다.

실제로 이 스월은 연비를 향상시키고 미연소상태의 탄화수소를 감소시키는 것은 물론 전체적인 배기가스 저감에도 상당한 효과가 있다.

1.2. 실린더헤드 개스킷(cylinder head gasket)

실린더헤드 개스킷은 실린더헤드와 실린더블록사이에서 수밀, 유밀, 기밀을 유지하여 성질이 다른 냉각수, 윤활유, 연소배기 가스를 밀봉(sealing)하여야 하며 실린더헤드 볼트의 체결 응력과 엔진이 작동될 때 반복적인 가열 및 냉각에 견딜 수 있는 내열성과 내압성이 요구된다.

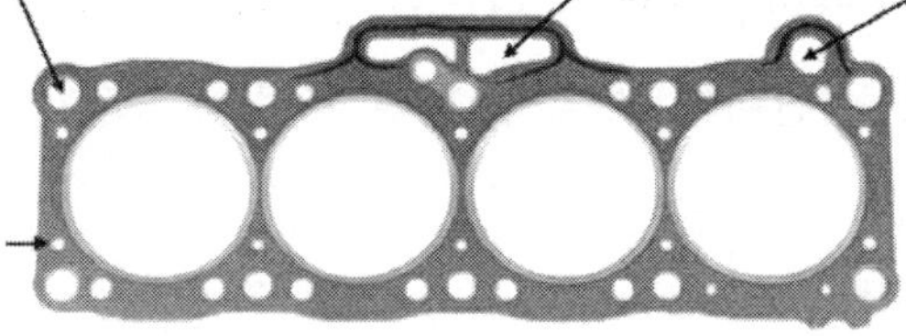

그림 5. 실린더헤드 개스킷의 구조

실린더헤드 개스킷은 고온고압에 견딜 수 있는 재료로 만들며 재질에 따라 종류에는 구리판이나 강철판으로 석면을 감싸서 제작한 보통 개스킷, 강철판의 양쪽 면에 흑연을 혼합한 석면을 압착하고 표면에 다시 흑연을 발라서 제작하며 높은 열 및 높은 부하, 높은 압축에 잘 견디는 스틸 베스토 개스킷(steel besto gasket) 그리고 강철판으로만 얇게 제작한 스틸 개스킷(steel gasket) 등이 사용되고 있다.

2 실린더블록(cylinder block)

실린더블록은 엔진의 기초 구조물이며, 위쪽에는 실린더헤드가 설치되고, 아래쪽 중앙부에는 크랭크축 베어링을 사이에 두고 크랭크축이 설치된다. 내부에는 피스톤이 왕복운동을 하는 실린더가 마련되어 있으며, 이 실린더의 냉각을 위한 물 재킷이 둘러싸고 있다. 또 주위에는 밸브 개폐기구의 설치부(I-헤드형에서는 캠축, 밸브 리프터, 푸시로드 등)와 실린더 아래쪽에는 개스킷을 사이에 두고 오일 팬이 설치되어 윤활유가 담겨지며 아래 크랭크 실을 이룬다.

그림 6. 실린더블록

실린더블록의 재질은 규소(Si), 망간(Mn), 니켈(Ni), 크롬(Cr) 등을 포함하는 특수 주철이나 보통 주철 또는 알루미늄합금으로 실린더와 함께 일체 주조하여 만든다. 실린더블록은 앞서 설명한 바와 같이 실린더의 배열에 따라 직렬형, V형, 수평 대향형, 성형, W형 등이 있다.

그러나 실린더 라이너(cylinder liner)를 사용하는 경우에는 보통 주철이나 알루미늄 합금으로 되어 있다. 실린더블록은 상면(top view)의 형상에 따라 다음과 같이 분류한다.

① 클로즈드 데크(closed-deck) 블록 : 실린더헤드와 접촉하는 실린더블록의 상면이 실린더의 원통부분, 엔진오일과 냉각수의 통로등을 제외하고 나머지 부분이 완전히 밀폐된 형태

② 오픈 데크(open-deck) 블록 : 실린더헤드와 접촉하는 실린더블록의 상면에서 실린더 주위의 냉각수 재킷을 모두 개방한 형식으로 실린더블록의 강성이 낮기 때문에 연한 재질의 두꺼운 헤드 개스킷을 사용한다.

그림 7. 클로즈드 데크 블록

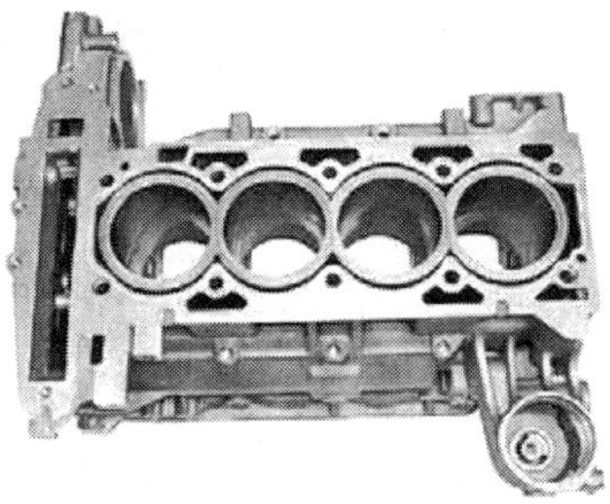

그림 8. 오픈 데크 블록

워터 재킷(물통로)은 전체 실린더 주변에 있는 것이 보통이지만, 실린더가 줄지어 있는 방향의 길이를 조금이라도 짧게 하기 위해, 실린더와 실린더를 연결하여, 사이에 냉각수를 통과시키지 않는 타입의 블록도 증가하고 있고, 이것을 사이어미즈 타입(siamese type)이라 한다.

실린더블록은 다음과 같은 구비조건이 요구된다.

① 엔진의 기초 구조물이므로 강도와 강성이 클 것

② 엔진 부품 중에서 가장 크기 때문에 작으며 가벼울 것

③ 구조가 복잡하기 때문에 주조 및 기계 가공이 쉬울 것

④ 실린더 벽의 내마멸성이 클 것

⑤ 실린더가 마멸되었을 때 분해 정비가 쉬울 것

실린더블록에 있는 실린더의 종류에는 실린더블록과 실린더가 하나로 합쳐져 있는 일체식 실린더와 라이너(슬리브)식 실린더가 있는데 일체식 실린더는 실린더 벽이 마모되면 실린더를 보링을 하거나 심하면 실린더블록 전체를 교환해야 한다.

여러 가지 합금원소의 효과

원 소	효 과
Ni	강인성을 증가시키며, 내식성과 내산성을 증가한다.
Mn	적은 양일 때에는 니켈과 거의 같은 작용을 하며, 함량이 증가하면 내마멸성이 커진다. 황에 의하여 일어나는 갈라지는 것을 방지한다.
Cr	적은 양에 의하여 경도와 인장 강도를 증가하고, 함량의 증가에 따라 내식성과 내열성이 커지며, 스스로 강해지는 성질 이외에 탄소하고 결합하여 만들기 쉽고, 내마멸성이 커진다.
W	적은 양일 때에는 크롬과 거의 비슷하며 탄화물을 만들기 쉽고 경도가 커지며, 내마멸성이 커진다. 또 고온 경도와 고온 강도가 커진다.
Mo	텅스텐과 거의 흡사하나 그 효과는 텅스텐의 약 2배이다. 담금질 깊이가 커지고 크리프 저항과 내식성이 커진다. 뜨임시 갈라지는 것을 방지한다.
V	몰리브덴과 비슷한 성질이나 경화성은 몰리브덴보다 훨씬 더하다. 단독으로 그렇게 많이 사용하지 않고 크롬 또는 크롬-텅스텐과 함께 있어야 비로소 그 효력이 나타난다.
Cu	석출 경화를 일으키기 쉽고 내산화성을 나타낸다.
Si	적은 양은 다소 경도와 인장강도를 증가시키고 함량이 많아지면 내식성과 내열성을 증가시키며 전자기적 성질을 개선한다.
Co	고온 경도와 고온 인장강도를 증가시키나 단독으로는 사용하지 않는다.
Ti	규소나 바나듐과 비슷하며, 입자사이의 부식에 대한 저항을 증가시켜 탄화물을 만들기 쉽다.

2.1. 실린더(cylinder)

실린더는 피스톤 행정의 약 2배의 길이로 원통형이며 실린더블록과 일체로 주조되거나 라이너 방식이 있다. 피스톤이나 피스톤 링과의 마찰을 작게 하고 압축된 혼합기나 연소가스가 누설되지 않도록 정밀하게 호닝 다듬질되어 있으며 마멸을 작게 하기 위하여 실린더 벽에 크롬 도금한 것도 있다.

실린더의 역할은 피스톤 왕복운동의 통로로써 피스톤과 실린더블록사이의 기밀을 유지하여 열에너지를 기계적 에너지로 바꾸어 동력을 발생시키는 역할을 한다. 실린더 바깥둘레에는 워터재킷이나 냉각핀이 설치되어 실린더가 과열되는 것을 방지한다. 실린더는 엔진 작동시 약 1,500~2,000℃의 높은 열과 접하며 피스톤이 약 10~12m/s 정도로 섭동하여 열이 발생하므로 실린더의 냉각은 충분히 고려되어 설계되어져야 한다.

실린더와 피스톤의 간극이 커져 압축압력 저하, 연소가스 누출(블로바이), 오일누출 등이 발생되면 다음과 같은 현상이 나타난다.

① 엔진 출력저하 또는 엔진 기동곤란

② 실린더 이상음 발생

③ 연료소비량 및 오일 소비량 증가

REFERENCE 실린더벽 두께 산출 식

실린더 벽의 두께 t(cm)는 다음과 같이 산출한다.

$$t = \frac{PD}{2\sigma_{\alpha}}$$

P : 실린더 내에서의 폭발압력(kgf/cm^2)

D : 실린더 안지름(cm)

σ_a : 실린더 벽의 허용응력(kgf/cm^2)

2.2. 실린더 라이너(cylinder liner)

실린더 라이너는 실린더블록과 실린더를 별개로 사용할 수 있도록 설계되었으며 라이너는 강제 또는 보통주철이나 특수주철이 사용되고 라이너의 종류에는 건식과 습식 라이너가 있다. 라이너식 실린더의 장점은 다음과 같다.

① 라이너를 원심 주조할 수 있기 때문에 가장 좋은 재료를 선정할 수 있다.

② 특수주철을 사용하여 원심 주조할 수 있고 실린더 면의 도금이 쉽다.

③ 실린더가 마멸되었을 때 보링을 하지 않아도 된다.

④ 실린더에 알맞은 금속의 조직으로 할 수 있다.

2.2.1. 건식 라이너(dry type liner or sleeve)

건식 라이너는 냉각수가 직접 라이너와 접촉하지 않고 실린더블록을 거쳐 냉각되는 형식으로 라이너의 두께는 2~4mm로써 비교적 얇다. 실린더와 실린더블록이 일체로 된 일체식의 경우는 보링(boring)의 횟수나 절삭량이 많으면 실린더블록이 얇아져 사용할 수 없게 되고 이때 건식 라이너를 끼우고 표준 내경으로 보링하여 사용하기도 한다. 건식 라이너 삽입시 2~3톤의 힘이 필요하다.

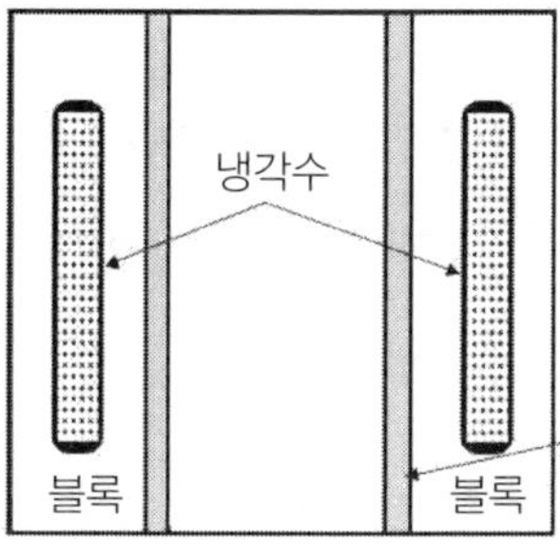

그림 9. 건식 라이너

2.2.2. 습식 라이너(wet type liner)

습식 라이너는 라이너 바깥 둘레에 냉각수와 직접 접촉하여 냉각되는 형식으로 열팽창과 냉각수의 누설을 고려하여 2~3개의 고무제 실링이 라이너 하단부에 끼워져 있다. 라이너의 두께는 보통 6~10mm로 라이너의 상·하 2개소는 실린더블록에 끼워지며 열처리로 경도를 크게 한 특수주철로 원심 주조하여 만들며 고속 디젤엔진에 주로 사용된다. 습식 라이너는 교환하기가 쉬우며 보링할 필요가 없고 마멸방지를 위한 크롬 도금하기가 용이한 이점이 있다.

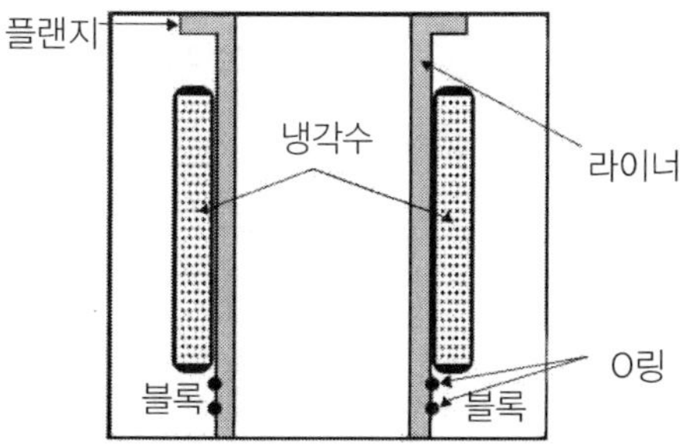

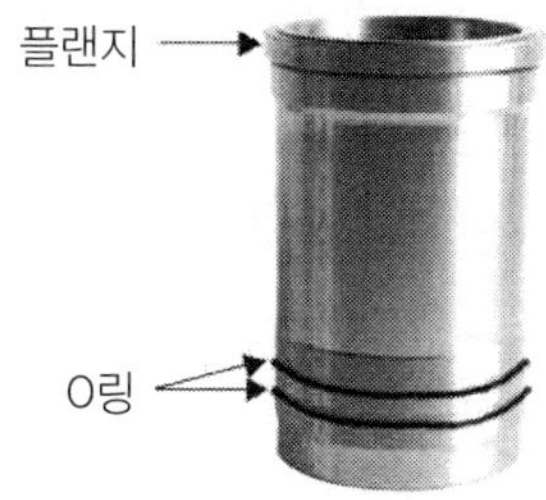

그림 10. 습식 라이너

2.2.3. 실린더 벽의 마모

피스톤의 왕복운동으로 인하여 피스톤 링과 실린더 벽의 마모가 일어난다. 주로 실린더 상부에서 가장 마모가 심하고 상부 중에서도 크랭크축 회전방향 제1링이 위치하는 부분이 가장 마모가 크다. 그 이유는 실린더 상부는 연소실과 근접해 있어 고온·고압에 노출되어 있으며 엔진 오일의 연소로 윤활이 불량하고, 또한 피스톤이 상하 왕복운동을 하는 과정에서 스러스트 면이 실린더 벽을 때리는 피스톤 슬랩(piston slap) 현상이 일어나는데 톱 링(top ring, 제1압축 링)이 피스톤 링의 호흡작용에 의해서 측압을 가장 크게 받기 때문에 마찰력이 증대되어 실린더의 상부를 마모시키기 때문이다.

이때 실린더블록 상부에 마모 턱(ridge)이 발생하는데 피스톤을 실린더 내에서 분리할 때 톱 링이 마모 턱에 걸려 빠지지 않기 때문에 리지 리머(ridge reamer)로 마모 턱을 제거하여야 한다. 실린더 마모의 원인은 다음과 같다.

① 가속 공회전 또는 윤활유 사용의 부적절

② 농후한 혼합기에 의한 연소 생성물에 의해서

③ 실린더와 피스톤 사이의 간극불량 또는 피스톤 링 절개부분의 간극이 지나치게 좁아 실린더와 피스톤의 접촉에 의해서

④ 피스톤 링과 링 홈과의 간극이 불량한 경우

⑤ 피스톤 핀의 끼워 맞춤이 너무 단단하거나 커넥팅로드가 휘었을 때

⑥ 공기청정기 엘리먼트(element)가 불량하거나 습식인 경우는 오일의 양이 부족하여 흡입가스 중 먼지와 이물질에 의해서

보링의 한계는 실린더 벽 마모량을 기준으로 하는데 실린더 안지름이 70mm 이하일 때는 0.15mm 이상이고 70mm 이상일 때는 0.20mm 이상 마모되어야 보링작업을 한다. 그 이하로 마모되었을 때는 피스톤 링만 교환하더라도 일정한 효과를 볼 수 있다.

예를 들어 마모되지 않았을 경우의 표준 안지름이 80mm인 실린더가 마모되어 최대 마모 치수가 80.25mm라고 가정하면 실린더 안지름이 70mm 이상의 경우를 적용할 경우 최대 마모량이 0.25mm로 0.20mm를 초과했기 때문에 보링을 하여야 한다. 우선 최대 마모 치수에다 0.20mm를 더 가공한다. 이 0.20mm는 진원으로 절삭하기 위한 가공 여유라 한다.

그러면 80.25mm+0.20mm= 80.45mm가 되지만 제작회사에서 규정한 오버사이즈(o/s)에는 0.25mm, 0.50mm, 0.75mm, 1.00mm, 1.25mm(실린더 안지름 70mm 이하), 1.50 mm(실린더 안지름 70mm 이상)이므로 현재 필요한 피스톤 바깥지름은 80.45mm이나 이 크기는 생산되지 않으므로 실린더 안지름을 80.50mm(o/s : 0.50mm)로 가공하여 o/s 0.50mm를 사용하면 된다.

또한 보링치수의 차이는 0.02mm 이내이고 실린더 간 보링치수의 차이는 0.05mm 이내가 되어야 한다. 보링 후 바이트 자국을 없애기 위하여 숫돌을 사용하여 연마하는 호닝(honing)작업을 하고 호닝값은 0.005mm 이하이어야 한다.

REFERENCE 호닝(honing)
숫돌 다듬질의 일종으로, 혼(hone)이라는 숫돌을 장치한 공구를 사용하여 원통의 내면을 고속 정밀 연마하는 공작법이다.

2.3. 크랭크케이스(crank case)와 오일 팬(oil pan)

크랭크케이스는 크랭크축이 설치되는 실린더 아래 부분과 오일 팬으로 구성되어 있다. 크랭크케이스 양단에는 크랭크축과 캠축을 지지하는 베어링이 끼워져 있고 또한 실린더블록의 강성을 높이기 위해 실린더블록 안팎에 리브(rib)가 설치되어 있다. 크랭크케이스 하부는 강철판이나 경합금을 프레스 성형하여 만든 오일 팬이 개스킷을 사이에 두고 결합되어 엔진오일이 담겨져 있다.

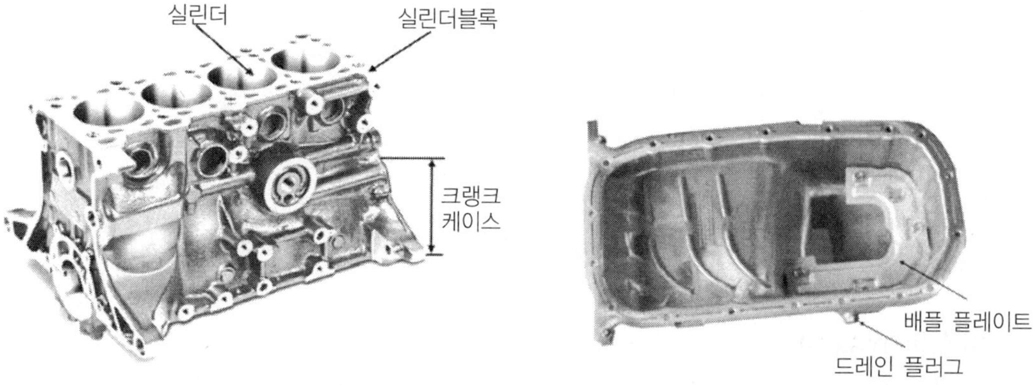

(a) 크랭크 케이스
(b) 오일 팬

그림 11. 크랭크케이스 및 오일 팬

오일 팬은 오일의 유동을 방지하기 위하여 칸막이(baffle plate)가 설치되어 있으며 크랭크 케이스 앞면은 크랭크축과 연결하여 캠축을 구동하는 타이밍기어(timing gear)나 또는 스프로킷(chain sprocket)을 설치하도록 되어 있다.

3 피스톤 및 커넥팅로드

혼합기가 연소할 때 발생하는 높은 폭발압력을 피스톤이 받아서 상사점에서 하사점으로 내려오면 커넥팅로드는 피스톤의 상하 왕복운동을 크랭크축의 회전운동으로 바꾸어 주는 역할을 한다. 이처럼 피스톤 및 커넥팅로드 조립체는 피스톤, 커넥팅로드, 피스톤과 커넥팅로드 소단부를 연결하는 피스톤 핀 등으로 구성되어 있다.

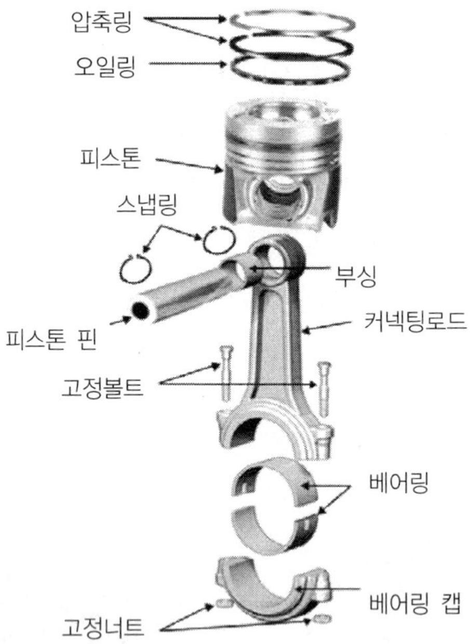

그림 12. 피스톤 및 커넥팅로드의 부품도

3.1. 피스톤(piston)

피스톤은 연소실의 일부분을 구성하고 있기 때문에 연소될 때 발생하는 1,500~2,000℃의 고온과 50~60kgf/cm^{2}의 고압을 받고 있다.

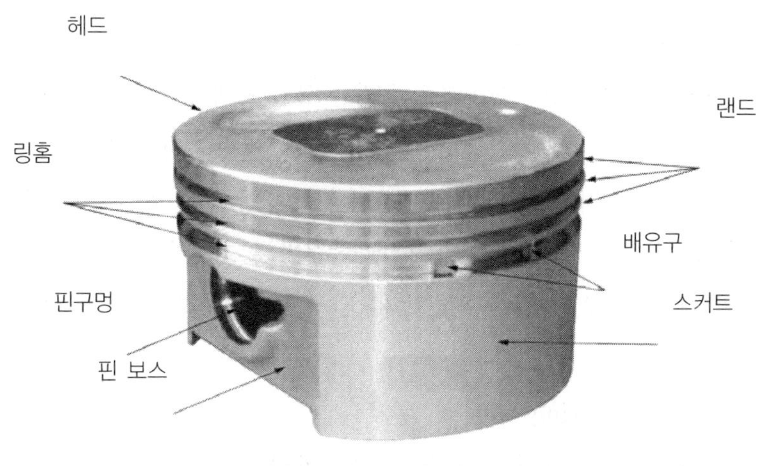

그림 13. 피스톤의 구조

그러나 실린더헤드나 실린더블록처럼 냉각수 또는 공기와 직접적으로 접촉하지 못하기 때문에 내열성과 고온에서의 기계적 강도를 요구한다. 또한 최근에는 엔진이 고출력, 고속화되면서 피스톤이 고속으로 왕복 운동을 하기 때문에 상사점 또는 하사점에서의 방향을 바꾸는 과정에서 관성으로 인한 동력 손실이 일어난다.

피스톤에 각인되는 사항은 조립방향, 피스톤 핀치수, 피스톤구분, 피스톤 번호, 피스톤 헤드의 치수 등이 있으며, 피스톤이 갖추어야 할 조건은 다음과 같다.

① 가벼울 것(비중이 작을 것)
② 열 전도성이 좋을 것
③ 고온에서 충분한 기계적 강도를 가질 것
④ 연소가스 압력을 유효하게 이용할 수 있는 구조이면서 넓은 온도 범위에서도 기밀성을 유지할 것
⑤ 각 피스톤의 무게가 동일할 것(각 피스톤의 무게차이 2%(5g) 이내, 각 피스톤 커넥팅로드 조립체의 무게차이 2%(30g) 이내)

3.1.1. 피스톤의 구조

피스톤은 실린더 안지름보다 약간 작은 지름으로 연소실의 일부를 구성하는 헤드부와 피스톤 링을 끼우는 링부분, 피스톤 핀을 끼우는 보스부분과 스커트부로 나뉜다.

[1] 피스톤헤드(piston head)

피스톤헤드는 연소실의 일부를 구성하고 고온, 고압을 받으며 냉각수나 외기에 의한 냉각을 할 수 없어 실린더에 비해 그 팽창비율이 훨씬 크다. 따라서 피스톤의 설계시 온도변화에 따른 팽창비율을 고려하여 피스톤 헤드는 스커트 부분의 지름보다 약간 작고 피스톤 왕복운동시 측압을 받는 측압부(크랭크축 회전방향)가 핀보스 부분보다 지름이 약간 크게 설계되어지며 헤드 윗부분에는 혼합기의 와류를 좋게 하기 위해 홈이 파여져 있다.

[2] 피스톤 링 랜드(piston ring land)

링홈과 랜드로 구성되며 3~4개의 피스톤링을 끼워 실린더 벽과 마찰하여 기밀을 유지하고 오일이 연소실로 들어가는 것을 방지한다. 피스톤 링을 끼우는 부분을 링홈이라 하고 홈과 홈사이를 랜드(land)라고 하며 위에서부터 차례로 1랜드, 2랜드, 3랜드라 부른다.

또한 오일링을 끼우는 홈에는 과도한 오일을 피스톤 안으로 빼내기 위한 배유구가 있으며 피스톤헤드 아래 부분에는 동력 행정시 발생하는 고온의 열이 링지대로 전달되는 것을 막기 위하여 히트댐(heat dam)을 두기도 한다.

[3] 피스톤 핀 보스(piston pin boss)

피스톤 핀이 설치되는 부분으로 비교적 다른 부분보다 강성을 위하여 두껍게 되어 있고 피스톤 핀이 끼워져 피스톤에서 동력을 커넥팅로드에 전달할 수 있게 한다.

[4] 피스톤 스커트(piston skirt)

피스톤의 아래 부분이 되는 스커트부는 피스톤이 왕복운동할 때 측압을 받는 일을 하며 피스톤이 받는 열을 방출하는 역할을 한다. 또한 스커트 부는 피스톤 헤드부보다 지름이 크게 되어 있다.

3.1.2. 피스톤의 재질

피스톤의 재질에는 특수주철과 알루미늄합금이 있으며, 최근에는 특수주철보다는 알루미늄합금을 많이 사용하고 있다.

[1] 특수주철 피스톤

특수주철 피스톤은 가격이 싸고 가공성도 우수하며 고온에서의 기계적 강도도 크고 열팽창이 작아(같은 온도에서 알루미늄합금의 약 1/2배) 피스톤 간극을 적게 할 수 있으므로 피스톤의 슬랩현상(piston slap or side knocking)이나 블로바이 현상이 적다. 피스톤의 비중이 크기 때문에 관성이 증대되어 고속용 엔진에는 적합하지 않다.

[2] 알루미늄합금 피스톤

알루미늄합금 피스톤은 주철 피스톤에 비하여 열전도성이 양호하며 비중이 작다. 따라서 피스톤 헤드의 온도가 낮게 되므로 고속·고압축비 엔진에 적합하며, 출력을 증대시킬 수 있는 장점이 있다. 또한 알루미늄합금 피스톤은 주철 피스톤에 비하여 강도가 적고 열팽창계수가 큰 단점이 있으며 이를 보완하기 위하여 구리(Cu), 마그네슘(Mg), 니켈(Ni), 규소(Si) 등을 첨가한 구리계의 Y합금 피스톤과 규소계의 Lo—Ex합금 피스톤 및 고규소합금 피스톤으로 분류된다.

(1) 구리계 Y합금 피스톤

구리계의 Y합금 피스톤은 Cu 3.0~3.5% + Mg 1.2~1.8% + Ni 1.7~2.3% 나머지는 Al의 합금이며, 영국의 물리연구소에서 발표한 주조용 경합금이다. Y합금은 강인성을 가지고 있으며 Lo—Ex에 비하여 비중(2.8)과 팽창계수가 큰 단점이 있으나 고온에서 강도 및 경도의 감소가 적은 내열성이 크고 열전도성이 양호하다.

(2) 규소계 로우엑스(Lo-Ex) 피스톤

규소계의 로우엑스 피스톤은 Cu 0.8~1.5% + Mg 0.7~1.3% + Ni 1.0~2.5% + Si 11~13% + Fe 0.7% 나머지는 Al의 합금이며, 미국의 알루미늄회사에서 발표한 주조용 경합금이다.

Lo-Ex합금은 Y합금에 비하여 비중(2.7)이 적고 열전도성이 우수하며, 팽창계수가 적다. 또한 주조성이 우수하고 내압성, 내마멸성, 내식성이 우수하며 고온에서 강도 및 경도의 감소가 적은 내열성은 Y합금보다는 약간 못하다.

(3) 고규소 합금 피스톤

고규소 합금 피스톤은 Cu 0.8~1.5% + Mg 0.8~1.3% + Ni 0.8~1.3% + Si 23~26% + Fe 0.7% 나머지는 Al의 합금으로 Lo—Ex보다 비중(2.65)이 적고 열전도성이 우수하다. 또한 팽창계수가 적고 주조성이 우수하며, 내마멸성, 내압성, 내식성이 우수하다. 내열성은 Y합금보다는 약간 못하다.

3.1.3. 피스톤의 형상과 종류

피스톤의 재질이 알루미늄합금일 경우 열팽창율이 크기 때문에 피스톤 틈새가 크게 설계된다. 따라서 알루미늄합금 피스톤에는 열팽창을 고려하여 설계되어 있으며 무게를 감소시키기 위해 여러 가지 방법을 사용하고 있다.

[1] 솔리드 피스톤(solid piston)

이 피스톤은 스커트부분에 홈(slot)이 없고 통형으로 되어 있으며 열팽창에 대한 보상장치가 없기 때문에 모든 운전 상태에서 알맞은 피스톤 간극을 유지할 수 없으나 기계적 강도가 높아 가혹한 조건에서 운전되는 엔진에서 주로 사용한다.

[2] 스플릿 피스톤(split piston)

이 피스톤은 피스톤 스커트와 링 지대 사이에 가늘게 가공한 홈을 두어 스커트로 열이 전달되는 것을 제한하고, 열팽창을 적게 하기 위한 형식이다. 홈의 모양에는 U형, T형, I형 등이 있으며, 홈의 끝 부분을 둥글게 하여 응력집중을 피한다.

스플릿 피스톤은 기계적 강도는 좋지 못하나 제작이 쉽고 피스톤 간극을 적게 할 수 있어 피스톤 슬랩이 잘 일어나지 않으며 윤활유 제어가 좋다.

[3] 인바 스트럿 피스톤(invar strut piston)

이 피스톤은 온도변화에 따른 변형을 감소시키기 위하여 열팽창률이 매우 적은 인바강을 기둥 또는 링 모양으로 스커트 윗부분에 넣고 일체 주조한 형식이다. 인바 스트럿 피스톤은 주입된 인바에 의하여 피스톤의 열팽창이 억제되어 모든 운전 온도에서 항상 일정한 피스톤 간극을 유지할 수 있다. 제작은 어려우나 열팽창에 의한 변형이 적고 운전이 조용하며, 수명이 길다.

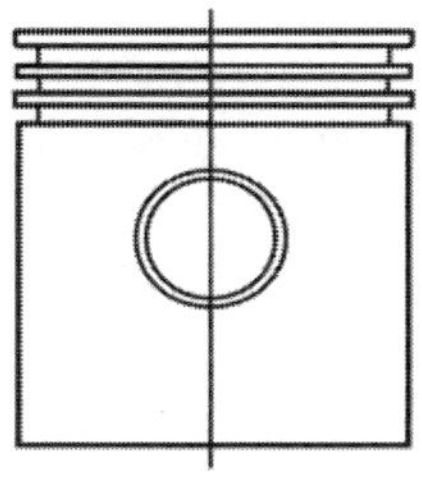

(a) 솔리드 피스톤

(b) 스플릿 피스톤

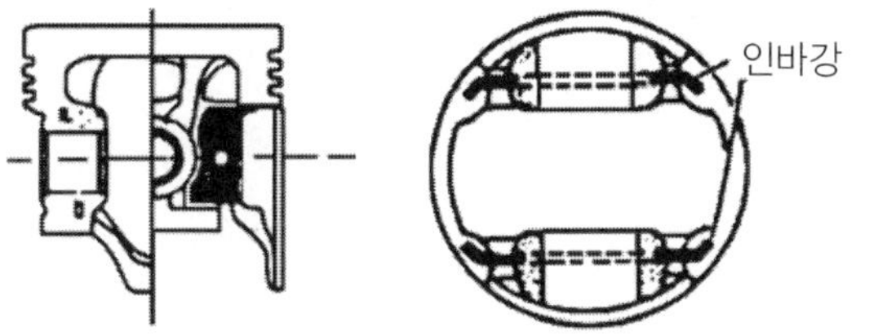

(a) 인바 스트럿 피스톤

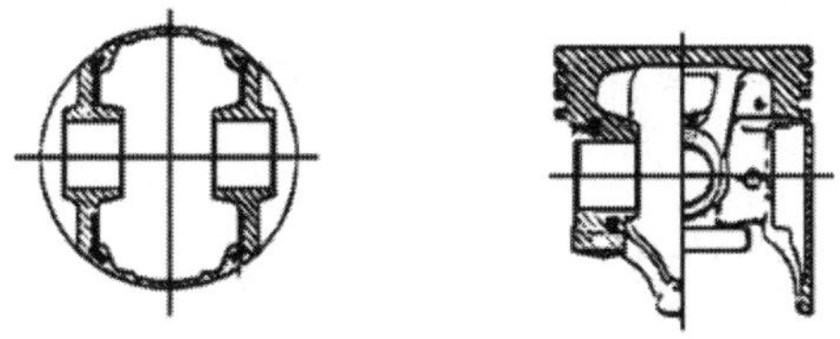

(b) 오토 서믹 피스톤

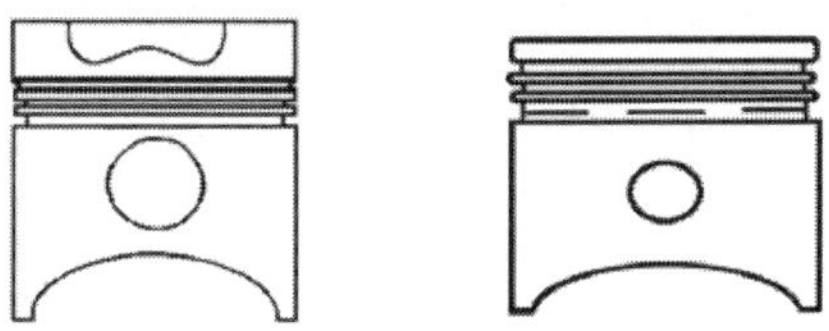

(c) 슬리퍼 피스톤

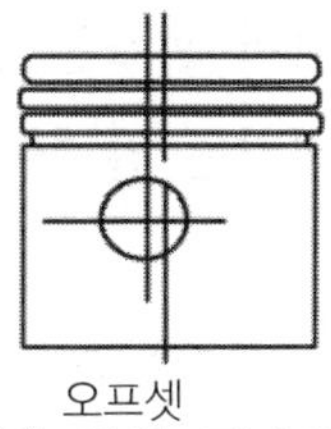

(d) 옵셋 피스톤

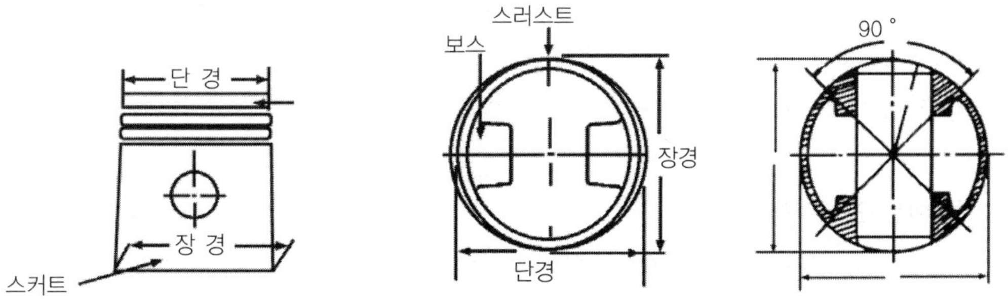

(e) 캠 연마 피스톤

그림 14. 피스톤의 종류

REFERENCE **인바 강(invar steel)**

니켈 35~36%에 철 64% 정도, 망간 0.4% 첨가된 니켈강으로 열팽창계수가 150 ℃ 이하의 온도에서 375×10^{-9} ~ 440×10^{-9}이며, 인장강도는 60kgf/cm^2 정도이다.

[4] 오토 서믹 피스톤(auto thermic piston)

피스톤 핀 보스부의 알루미늄합금시 인바강편을 일체 주조하여 만든 형식으로 스커트부의 스러스트방향의 팽창을 알루미늄 단독일 때 비하여 1/2 정도 감소시킬 수 있다.

[5] 슬리퍼 피스톤(slipper piston)

이 피스톤은 측압을 받지 않는 스커트부분을 떼어낸 것이다. 특징은 무게를 증대하지 않고 측압 접촉면적을 크게 하여 피스톤 슬랩을 감소시킬 수 있어 고속 엔진용으로 많이 사용된다. 그러나 스커트부분을 떼어낸 부분에 윤활유가 고이므로 이것을 긁어내릴 때 출력손실이 생기는 결점이 있다.

[6] 옵셋 피스톤(off set piston)

옵셋 피스톤은 피스톤 중심에 대해 피스톤 핀의 중심을 1.0~2.5mm 정도 편심시킨 피스톤으로 주 측압을 받은 쪽으로 편심되면 상사점 부근에서 피스톤이 평행 이동할 때의 충격이 완화되어 피스톤 슬랩을 감소시킬 수 있고 측압의 반대쪽에 편심이 되면 피스톤의 실린더에 가해지는 압력이 감소되어 마멸을 작게 할 수 있다.

[7] 캠 연마 피스톤(cam ground piston)

캠연마 피스톤은 스커트의 보스부는 열팽창이 스러스트보다 크기 때문에 보스부는 작게 만들고, 스러스트부는 직경이 크게 제작된 타원형 피스톤이다. 이때 장경과 단경의 차이는 대략 0.125~0.325mm이고, 엔진이 작동하면 보스부의 지름이 팽창되므로 상온에서는 피스톤헤드의 지름이 스커트의 지름보다 작게 된다.

3.1.4. 피스톤헤드의 모양

피스톤헤드는 실린더헤드와 함께 연소실을 형성하며 피스톤 헤드에 모양에 따라 연소실 체적의 증가와 더블어 혼합기의 와류현상에 큰 영향을 미치며 다음과 같은 종류가 있다.

① 편평형(flat head type) : 제작이 용이하고 열을 받는 면적이 적기 때문에 일반적으로 많이 사용된다.

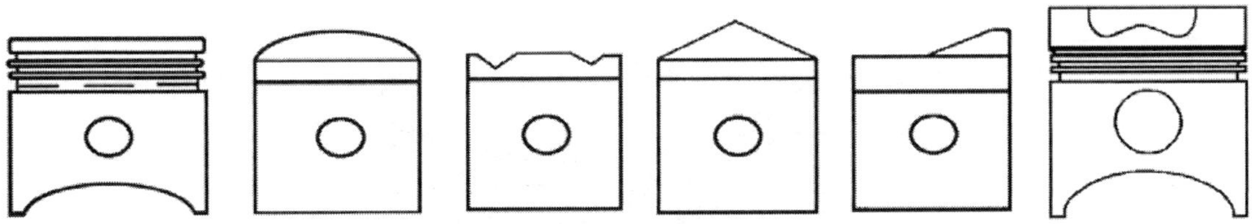

그림 15. 피스톤헤드의 종류

② 돔형 및 쐐기형(convex type & wedge type) : 피스톤헤드를 볼록하게 하여 반구형 연소실에 적합하게 되어 있으며, 고 압축비를 얻을 수 있지만 가공이 복잡하고 피스톤의 중량이 증가한다.

③ 밸브 노치형(notched valve type) : 고압축비 엔진에서 흡·배기밸브와 피스톤헤드의 접촉을 피하고 밸브의 양정을 충분하게 할 수 있도록 한다.

④ 불규칙형(Irregular Type) : 2행정 사이클 엔진에서 혼합기의 와류 작용을 촉진시키고 잔류가스를 배출시키며, 압축비를 높인다.

⑤ 오목형(concave type) : 피스톤헤드 면을 반구형으로 오목하게 하여 열 손실이 최소가 되도록 한 것으로 온도 분포가 균일하지만 제작이 어렵고 혼합기 와류의 효과가 적다.

3.2. 피스톤 링(piston ring)

피스톤 링은 피스톤헤드 부위의 링 지대에 압축 링이 2개, 오일 링이 1개 정도 장착되어 있다. 압축 링은 기밀을 유지하고 오일 링은 윤활막을 일정하게 유지하는 오일 제어작용을 하며 압축 링과 오일 링 모두 피스톤이 받는 열을 윤활막을 통하여 실린더블록의 물 재킷으로 방출시키는 냉각작용을 한다.

이와 같이 피스톤 링의 기밀작용, 오일 제어작용, 냉각작용을 피스톤 링의 3대 작용이라고 한다. 피스톤 링은 주로 주철 또는 조직이 치밀한 특수주철을 사용하여 원심 주조법을 사용하여 제작한다. 피스톤 링을 피스톤에 조립할 때는 각인된 쪽이 실린더헤드 쪽으로 향하도록 하고 링 이음부는 크랭크축방향과 축의 직각방향(측압 쪽)을 피해서 120~180° 방향으로 서로 엇갈리게 조립하여야만 이음간극으로 블로바이 현상이 발생되는 것을 방지할 수 있다.

그림 16. 피스톤 링의 종류

3.2.1. 피스톤 링의 구비조건

① 내열성 및 내마모성이 좋을 것
② 적당한 장력과 면압을 가질 것
③ 열전도성이 양호할 것
④ 고온 고압에 대하여 장력의 변화가 적을 것
⑤ 마찰이 적어 실린더 벽을 마멸시키지 않는 형상일 것
⑥ 실린더와의 길들임성이 좋을 것
⑦ 연소생성물에 의하여 부식되지 않을 것

3.2.2. 압축링(compression ring)

압축 링은 주로 피스톤과 실린더 벽사이의 기밀을 유지하며, 가장 상부에 장착되는 링을 제1압축 링 또는 톱 링(top ring)이라 한다. 그 아래에 장착되는 링을 제2압축 링이라 한다.

실제로 피스톤 링은 실린더에 장착되기 전에는 피스톤 링의 바깥지름이 실린더 안지름보다 크기 때문에 실린더 내에 장착되면 수축되어 링의 장력에 의해 피스톤 링과 실린더 벽 사이에 정적 기밀력이 발생한다. 실린더벽은 정밀하게 다듬질되어 있으며, 피스톤의 마찰 및 마멸을 적게 하기 위해서 실린더 벽에 크롬(Cr)으로 도금한 것도 있다. 크롬 도금의 두께는 약 0.1mm 정도이며, 크롬 도금한 피스톤 링은 크롬 도금한 실린더에 사용하지 않는다.

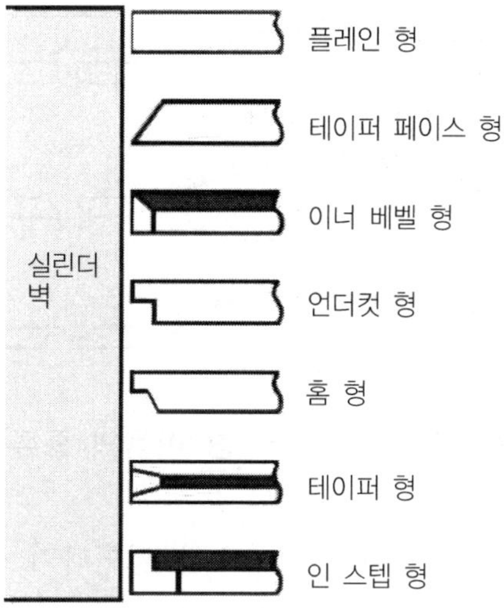

그림 17. 압축링의 종류

3.2.3. 오일링

오일 링은 상하 2개의 사이드 레일(side rail)과 익스팬더 스페이서(expander spacer)로 되어있다.

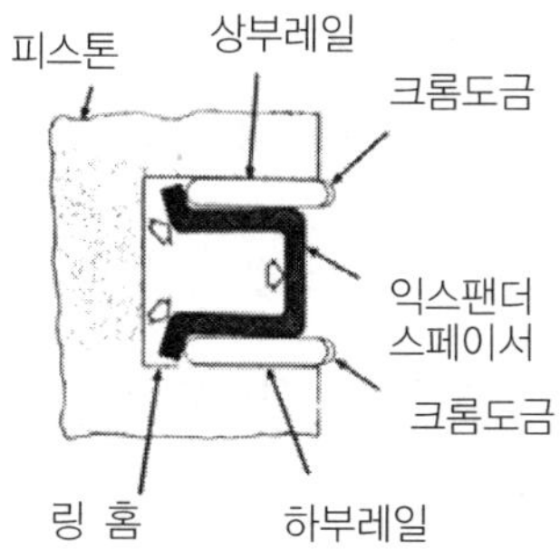

(a)

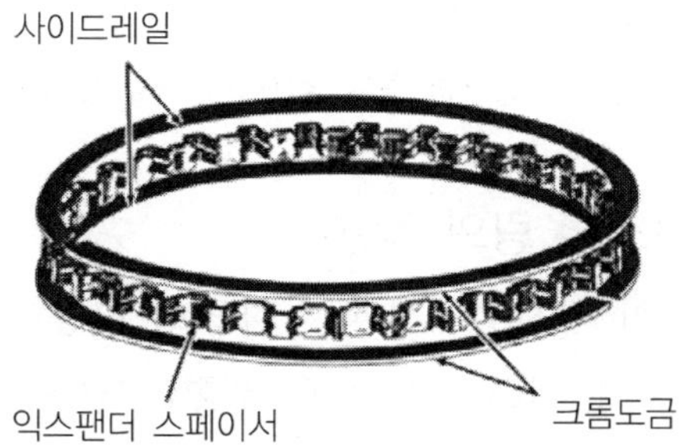

(b)

그림 18. 오일링의 구조

3.2.4. 피스톤링 이음부

링 이음부는 실린더에 피스톤 링을 설치하였을 때 거의 밀착될 정도로 되는 간극을 말한다. 이음부의 종류에는 버트이음(butt joint, 직절이음), 앵글이음(angle joint, 각이음), 랩이음(lap joint, 계단이음) 및 실이음(seal joint) 등이 있다. 링 이음간극은 엔진작동 중의 열팽창을 고려하며 피스톤의 바깥지름에 관계된다.

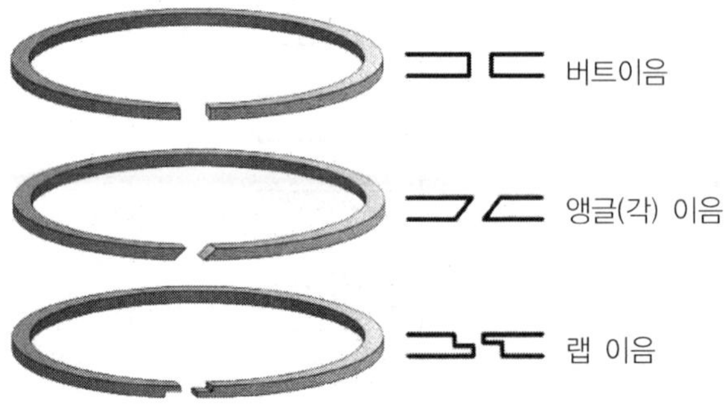

그림 19. 피스톤 링 이음의 종류

링 이음간극이 규정보다 커지면 블로바이 가스가 일어나기 쉽고 링 이음간극이 너무 작으면 열팽창으로 인하여 링 이음부가 접촉하여 고착을 일으키거나 실린더 벽을 긁는다. 버트 이음이 가장 널리 사용되고 있으며 제작비가 싼 장점이 있다. 일부 저속엔진은 테이퍼 이음(경사 이음) 또는 랩 이음(실 커트 이음)을 사용하여 고압의 연소가스가 빠져나가는 시간을 지연시켜 압력 손실을 막아주는데 제작비가 비싼 단점이 있다.

REFERENCE 절개구 간극의 산출

① 절개구 간극 = $\frac{\pi D}{25} \times (0.02 \sim 0.025)$[mm] D : 실린더 내경

② 1번 링은 열팽창이 가장 많으며 다른 링보다 0.025~2.220mm 정도 크게 한다.

3.2.5. 피스톤 링의 작용

피스톤이 상사점에서 하사점으로 이동하기 시작하면 피스톤 링은 실린더의 마찰력에 의해서 링홈의 위쪽으로 밀려 링홈의 윗면과 접촉되어 하사점으로 이동하면서 실린더 벽에 비산되어 있는 오일을 긁어내린다. 또한 피스톤이 하사점에서 상사점으로 이동하기 시작하면 피스톤 링은 실린더의 마찰력으로 링홈의 아래쪽으로 밀려 링 홈의 아래 면과 접촉되어 상사점으로 이동한다. 이때 엔진이 고속으로 작동하면 상사점에서 하사점으로 하사점에서 상사점으로 피스톤의 작동위치가 변환될 때 링이 떨림 현상이 발생되는 현상을 링의 플러터(flutter) 현상이라고 한다.

피스톤이 상사점에서 하사점으로 이동을 할 때는 피스톤 링과 링 홈사이에 간극이 형성되어 링 안쪽에는 오일이 고이게 된다. 고인 오일은 피스톤이 하사점에서 상사점으로 이동할 때 실린더 벽에 공급되어 항상 실린더 전면에 알맞는 유막(oil film)이 형성된다.

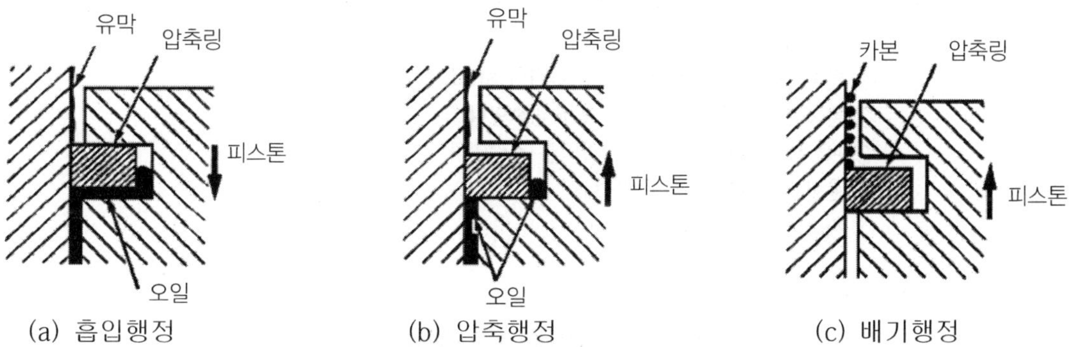

그림 20. 압축링의 작용

폭발행정에서는 피스톤헤드에 가해지는 연소압력의 80% 정도가 제1번 압축 링에 가해지기 때문에 피스톤 링은 링 홈 아래 면에 강하게 압착된다. 따라서 피스톤 링은 호흡작용 및 링의 장력과 고압가스의 압력이 합해져 실린더 벽에 압착력으로 작용하면서 피스톤과 함께 하사점으로 이동한다. 이때 연소가스의 폭발압력은 폭발행정의 상사점부근에서 가장 높기 때문에 압착력 또한 이 위치에서 가장 크게 작용하여 기밀유지는 양호하지만 실린더 벽의 마멸이 심하게 된다.

오일링의 가운데 익스팬더 스페이서는 상하의 사이드 레일을 실린더 벽 쪽으로 밀어 오일을 긁어내리는 작용을 원활하게 하고 긁어진 오일은 익스팬더 스페이서에 있는 구멍을 거쳐 오일 링 홈 안쪽에 형성되어 있는 구멍(히트댐의 역할도 함)을 통하여 오일 팬으로 배출된다.

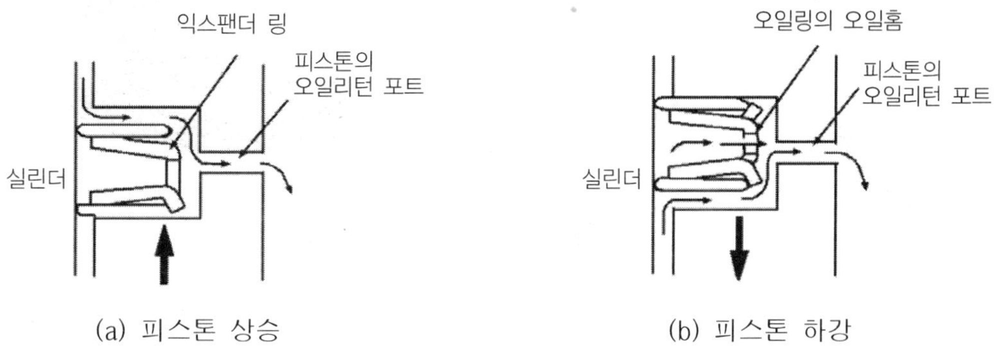

그림 21. 오일 링의 작용

REFERENCE 피스톤링의 플러터현상 영향과 방지법

1. 플러터현상의 영향
   ① 블로바이로 인하여 윤활유에 슬러지(sludge)가 발생한다.
   ② 블로바이로 인하여 엔진출력이 감소한다.
   ③ 피스톤링이나 실린더벽의 마모를 초래한다.
   ④ 윤활유의 소비량이 증가한다.
   ⑤ 피스톤 온도가 상승한다.

2. 플러터 방지법
   ① 피스톤링의 장력을 높여서 면압을 증가시킨다.
   ② 얇은 링을 사용하여 링의 무게를 줄여 관성력을 감소시킨다.
   ③ 링 이음부는 배압이 적으므로 링 이음부의 면압 분포를 높게 한다.
   ④ 실린더 벽에서 긁어내린 윤활유를 도피시킬 수 있는 홈을 링 랜드에 둔다.

3.2.6. 링의 종류

① 동심형 링 : 동심형 링은 동심원을 이루며 링의 폭이 일정하며 보통 많이 사용한다.

② 편심형 링 : 실린더 벽에 전 둘레에 걸쳐서 면압을 일정하게 하기 위하여 링의 폭에 변화시킨 형식으로 그다지 많이 사용되지는 않는다.

③ 익스팬더 링 : 이 형식은 오일링에 주로 사용되며 상·하 양 레일사이에 익스팬더를 넣고 링홈에서 조립하는 형식의 링으로 링과 실린더 벽사이의 접촉압력이 균등하게 하고 링측면의 기밀이 잘되게 하는 장점이 있으며 고속엔진에 쓰인다.

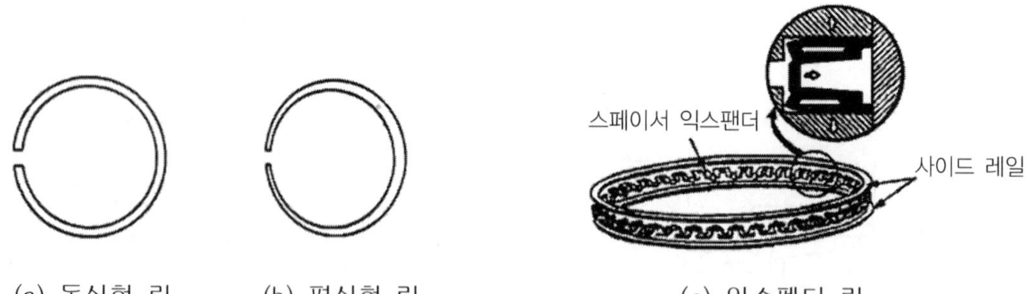

(a) 동심형 링 (b) 편심형 링 (c) 익스팬더 링

그림 22. 특수링의 종류

3.3. 피스톤 핀(piston pin)

피스톤과 커넥팅로드 소단부(small end)를 연결할 때 피스톤 핀을 사용한다. 피스톤 핀은 폭발 압력에 의해 반복되는 큰 하중을 받으므로 상당한 기계적 강도가 필요하며 피스톤과 일체로 실린더 내를 고속으로 왕복운동하기 때문에 가벼워야 되므로 주로 원통모양의 핀을 사용한다. 피스톤에 피스톤 핀을 끼울 때 가열하여 피스톤이 팽창하였을 때 핀과 핀 구멍 간극이 적당하게 되어 핀의 끼움을 쉽게 하고 냉각시 핀의 빠짐을 방지하기 위함이며, 이때 알루미늄 합금제 피스톤의 경우 피스톤을 히터로 100℃ 정도 가열한 후 끼워야 한다. 한편, 피스톤 핀은 핀 보스의 안쪽 면 및 커넥팅로드 소단부와 끊임없이 미끄럼 운동을 하기 때문에 충분한 내마모성이 요구되므로 표면 경화처리가 되어 있다.

재질로는 탄소강이나 니켈-크롬(Ni-Cr)강을 주로 사용한다. 피스톤 핀의 설치방법에는 고정식, 반 부동식(요동식), 전 부동식의 3가지가 있다.

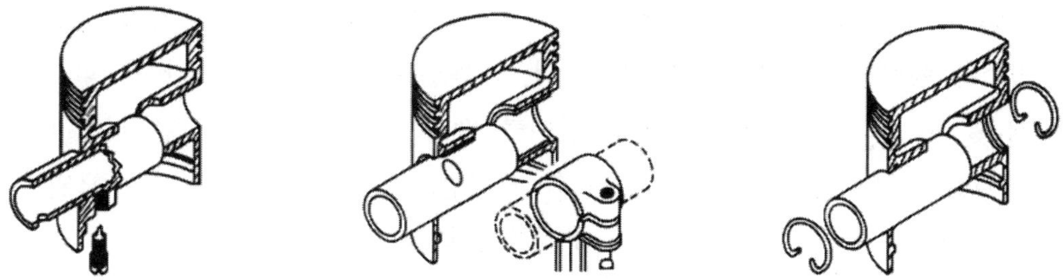

(a) 고정식 (b) 반 부동식 (c) 전 부동식

그림 23. 피스톤 핀의 설치방법

[1] 고정식(stationary type)

커넥팅로드 소단부에 동합금 부시를 끼우고 핀을 피스톤 보스 양쪽에서 억지 끼워 맞춤으로 고정하여 커넥팅로드 소단부가 핀 바깥둘레에서 움직이게 한 형식으로 중형이나 대형엔진에 사용된다.

[2] 반 부동식(semi-floating type)

요동식이라고도 하며 고정식과 반대로 피스톤 핀이 커넥팅로드 소단부에 고정되는 형식으로 커넥팅로드 소단부에 피스톤 핀을 끼우고 억지 끼워 맞춤으로 고정하며 피스톤 핀은 피스톤양쪽 보스부에서 움직이며 디젤엔진에 많이 사용한다.

[3] 전 부동식(full floating type)

가장 자유로운 형식으로 피스톤핀 양쪽에 스냅링으로 핀을 고정하고 핀이나 커넥팅로드가 자유로운 상태로 커넥팅로드 소단부에 핀이 끼워져 사용되고 소형, 중형 고속용 엔진에 일반적으로 사용된다.

3.4. 커넥팅로드(connecting rod)

커넥팅로드는 피스톤의 왕복운동을 크랭크축의 회전운동으로 바꾸어 주는 역할을 하며 폭발가스 압력과 상하 왕복운동에 의한 가속력에 의해 압축응력, 인장응력, 굽힘응력 및 비틀림 응력을 받고 있기 때문에 기계적 강도를 가지고 있어야 하며 또한 관성력을 작게 하기 위해서는 가벼워야 한다. 따라서 재질은 크롬(Cr)강, 크롬—몰리브덴(Cr-Mo)강을 사용하여 단면을 I 또는 H형으로 단조(forging)한다.

피스톤 핀이 장착되는 부위를 소단부(small end)라 하며 크랭크 핀과 연결되는 부위를 대단부(large end)라 한다. 또한 소단부 중심과 대단부 중심사이의 거리가 커넥팅로드 길이인데 피스톤 행정의 1.5~2.3배 정도로 한다. 커넥팅로드 길이를 길게 하면 피스톤의 측압을 작게 할 수 있으나 중량이 커지고, 길이를 짧게 하면 피스톤 측압은 커지나 중량을 작게 할 수 있어 고속엔진에 적합하다. 또한 커넥팅로드 대단부 경사면에는 오일 분출구멍(spit holes)을 두어 피스톤 핀과 보스 부위를 윤활 한다.

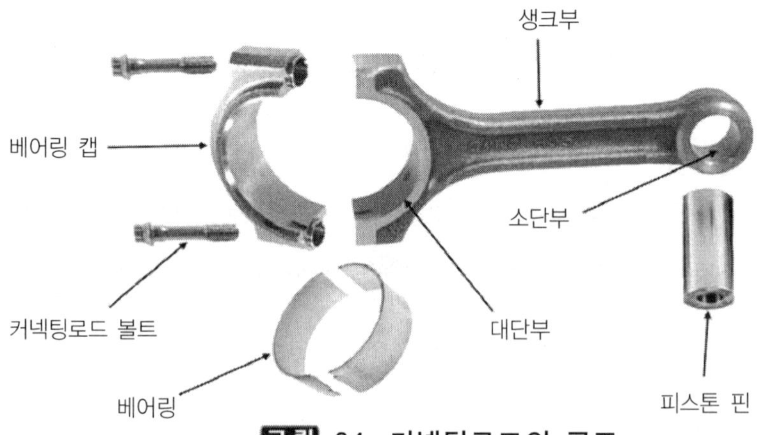

그림 24. 커넥팅로드의 구조

4 크랭크축과 베어링 및 플라이휠

4.1. 크랭크축(crank shaft)

4.1.1. 크랭크축의 구조

크랭크축은 연소실에서 발생한 폭발압력이 피스톤과 커넥팅로드를 경유하여 엔진의 회전력으로 변환시키는 중요한 축이다. 크랭크축은 보통 일체구조로 단조나 주조로써 제작되며 크랭크 핀, 크랭크 암, 크랭크저널 등이 일체로 되어 있고 회전균형을 유지하기 위한 크랭크 암에 밸런스웨이트가 부착되어 있다. 크랭크축에서 크랭크축 풀리(pulley)가 장착되는 쪽이 앞쪽, 플라이 휠(fly wheel)이 설치되는 쪽이 뒤쪽이다. 커넥팅로드 대단부가 장착되는 부분은 크랭크 핀 또는 핀 저널(pin journal), 크랭크축 전체를 지지하는 메인베어링이 설치되는 부분을 메인저널(main journal)이라 한다. 메인저널과 핀 저널사이에는 윤활을 위한 오일통로가 있다.

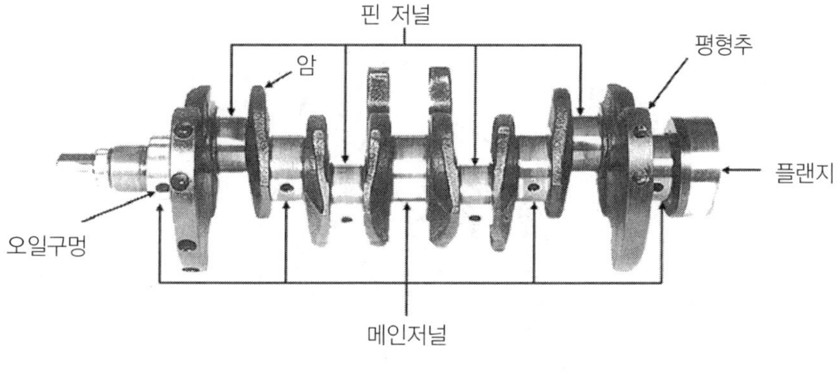

그림 25. 크랭크축의 구조

최근에는 엔진의 고 출력화, 고속화, 진동 저하, 연료 소비율 저감 등을 요구하기 때문에 크랭크축은 높은 강도와 강성, 내 피로성, 내마모성을 요구하는 한편 대량생산으로 인한 가공비를 감소시키기 위해 우수한 절삭성도 요구하고 있다.

직렬형 엔진의 크랭크축은 크랭크 핀의 수가 실린더 수와 같으나 V형 엔진은 크랭크 핀을 실린더 수의 1/2로 둔다. 이것은 1개의 크랭크 핀에 대해 좌・우 2개의 커넥팅로드를 연결하기 때문이다. 메인저널은 크랭크축 앞・뒤 끝 부분과 각 크랭크 핀 1개마다 두는 것을 원칙으로 하지만 크랭크 핀 2개나 3개에 메인저널을 두기도 한다. 따라서 크랭크 핀 4개에 대하여 메인저널은 3~5개를 주로 사용하고 6실린더에서는 4~7개를 둔다.

최근에는 엔진의 고속화 경향으로 피스톤 행정과 실린더 안지름 비율이 작아지는 단 행정엔진 제작으로 인하여 메인저널과 크랭크 핀의 중심거리가 짧아짐에 따라 고속에서 충분한 강도와 강성을 얻기 위해 메인저널과 핀 저널의 일부분을 중첩되게 한다. 이것을 오버랩(over lap)이라 한다.

또한 크랭크축은 크랭크축 특유의 크랭크 모양과 주기적으로 반복되는 고압의 폭발가스 압력, 피스톤-커넥팅로드 조립체와 크랭크축의 관성력에 의해 진동이 발생되고 굽힘 모멘트와 비틀림 모멘트에 의한 진동과 비틀림 충격을 흡수하기 위해 크랭크축 앞쪽에 토셔널 바이브레이션 댐퍼(torsional vibration damper, 비틀림 진동 방지기)를 설치하여 비틀림과 진동을 흡수하고 있다. 그 외에도 크랭크축에 평형추를 설치하여 이 부분의 일정 중량을 드릴로 파내어 평형을 잡는다.

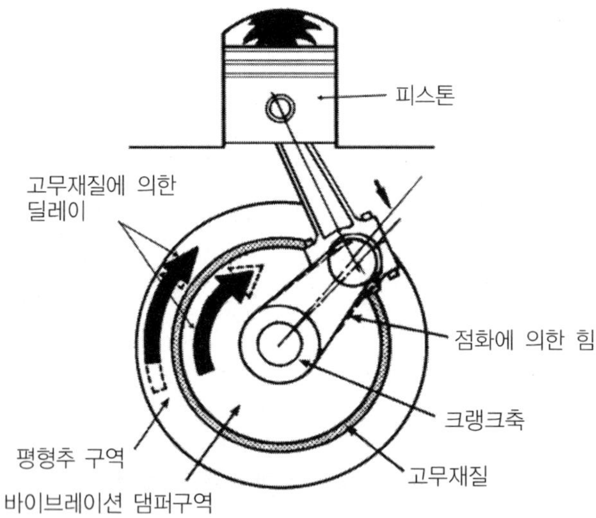

그림 26. 토셔널 바이브레이션 댐퍼

또한 최근에는 실린더블록에 평형축(counter balance shaft)을 설치하여 서로 반대방향으로 회전시키면 실린더블록을 양쪽으로 팽팽하게 잡아당기는 상태로 되어 크랭크축을 포함한 실린더블록의 진동을 억제할 수 있다.

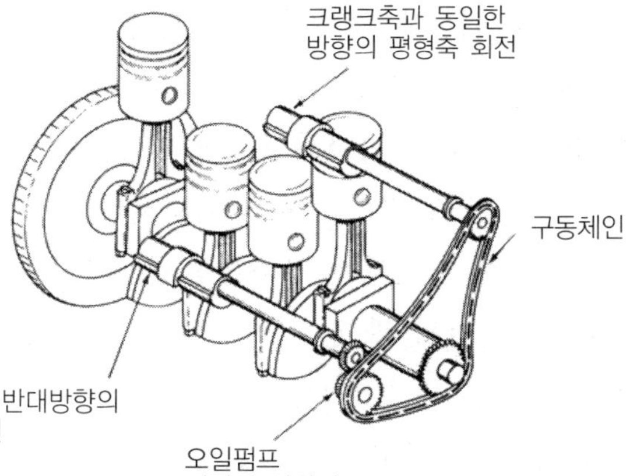

그림 27. 4기통 엔진의 진동보상을 위한 보상 회전축

4.1.2. 크랭크축의 재질

크랭크축의 재질은 중탄소강(고 탄소강), 크롬-몰리브덴강, 니켈-크롬강 등의 단조품 또는 미하나이트 주철, 구상 흑연 주철을 사용한 주조품을 사용하는데 주철은 진동 흡수성이 우수하다. 또한 크랭크 핀 및 메인저널부는 표면을 2~3mm 깊이로 표면경화 처리하여 내마모성을 크게 한다.

4.1.3. 크랭크축 점검

크랭크축은 메인저널 또는 핀저널을 외측마이크로미터로 측정하며 진원도, 편마멸 등을 측정하여 수정 한계값 이상인 경우는 수정 또는 교환한다. 수정 한계값은 크랭크축 지름이 50mm 이상은 1.5mm 이상, 50mm 이하인 경우는 1.0mm 이상이다. 저널의 언더사이즈 기준값은 0.25mm, 0.50mm. 0.75mm, 1.00mm, 1.25mm, 1.50mm의 6단계가 있다.

크랭크축 저널을 연마 수정하려면 언더사이즈값 = 측정값 - 0.2mm(진원 절삭량)를 하여 크랭크축을 연마하고 크랭크축 저널의 표준 베어링보다 두꺼운(언더사이즈) 베어링을 사용한다.

4.1.4. 크랭크축 형식

크랭크축의 형식은 실린더 수와 실린더의 배열, 메인베어링의 저널수, 점화순서(firing order) 등에 따라 다르며 실린더의 수에 따라 크랭크축의 크랭크 핀의 위상각이 결정된다.

그리고 점화순서나 착화순서는 맨 앞쪽에 있는 실린더부터 제 1실린더, 제 2실린더, 제 3실린더라 부른다. 4기통 엔진의 크랭크축은 어느 것이나 크랭크 암이 동일 평면상에 있다. 즉, 1번 실린더와 2번 실린더는 정반대 위치인 180° 의 위상각을 가지며 2번과 3번, 1번과 4번 실린더는 실린더 각도가 같다. 즉, 점화순서가 1-3-4-2일 때 1번이 동력행정이면 2번 실린더는 배기행정 3번 실린더는 압축행정 4번 실린더는 흡입행정을 한다.

점화시기 결정시 고려사항은 다음과 같다.

① 연소가 같은 간격으로 일어나게 한다.

② 크랭크축에 비틀림 진동이 일어나지 않게 한다.

③ 혼합기가 각 실린더에 균일하게 분배되게 한다.

④ 인접한 실린더에 연이어 점화되지 않게 한다.

[1] 4기통 엔진

크랭크축의 위상각은 4기통 엔진인 경우 180° 이다. 점화순서는 직렬형 1-2-4-3 또는 1-3-4-2이다. 그리고 메인저널의 수는 2점식, 3점식, 5점식이 있다.

표 4실린더 엔진의 점화순서 및 작동행정과의 관계

점화순서 : 1 - 3 - 4 - 2

회전각도 / 실린더 No.	1회전		2회전	
	0 ~ 180°	180 ~ 360°	360 ~ 540°	540 ~ 720°
1	팽창	배기	흡입	압축
2	배기	흡입	압축	팽창
3	압축	팽창	배기	흡입
4	흡입	압축	팽창	배기

점화순서 : 1 - 2 - 4 - 3

회전각도 / 실린더 No.	1회전		2회전	
	0 ~ 180°	180 ~ 360°	360 ~ 540°	540 ~ 720°
1	팽창	배기	흡입	압축
2	압축	팽창	배기	흡입
3	배기	흡입	압축	팽창
4	흡입	압축	팽창	배기

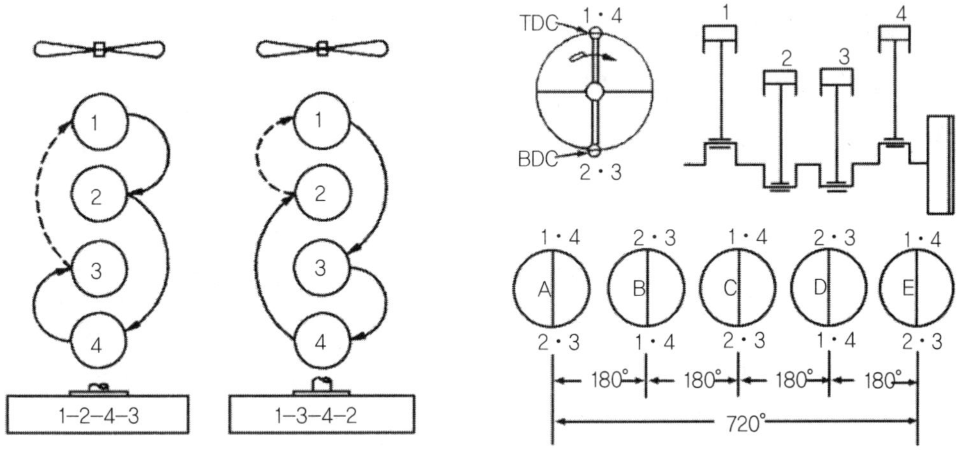

(a) (b) (c)

그림 28. 4기통 엔진의 점화순서

[2] 6기통 엔진

크랭크축의 크랭크 핀 위상각은 120° 이고, 6기통 엔진은 6개의 크랭크 핀을 가지며 점화순서 중 인접 실린더에서 폭발이 연속되지 않는 점화순서로 직렬형의 우수식은 1-5-3-6-2-4를 좌수식은 1-4-2-6-3-5를 사용한다. 좌・우수식의 구분은 크랭크축을 앞에서 보았을 때 3번과 4번 크랭크 핀이 우측에 있으면 우수식, 좌측에 있으면 좌수식이 된다.

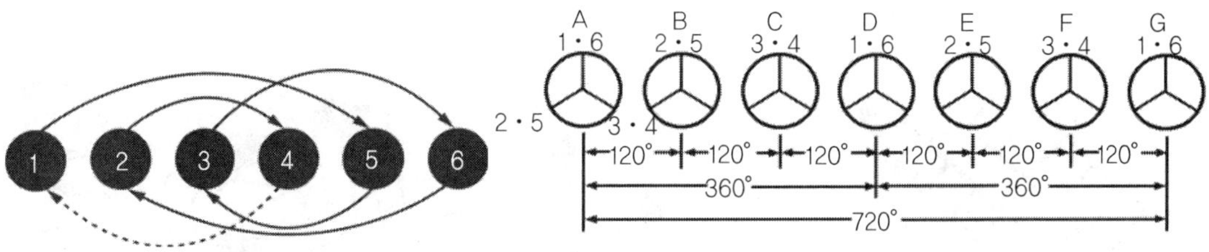

(a) (b)

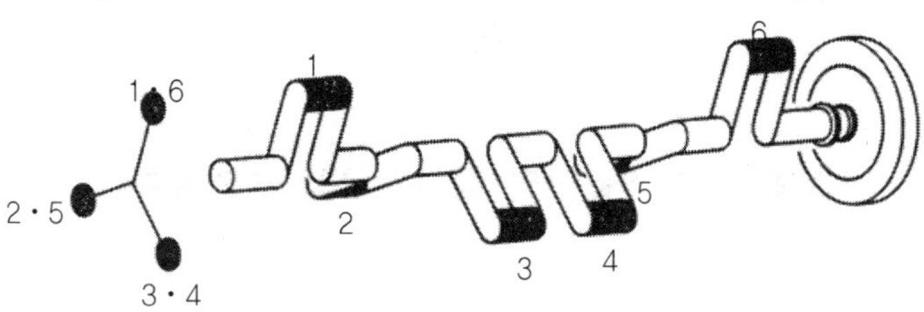

(c)

그림 29. 6실린더엔진 점화순서 및 크랭크축

표 6실린더 엔진의 점화순서 및 작동행정과의 관계

<table>
<tr><th rowspan="2">회전각도
실린더 No.</th><th colspan="6">1회전</th><th colspan="6">2회전</th></tr>
<tr><th colspan="3">0 ~ 180°
60 120</th><th colspan="3">180 ~ 360°
240 300</th><th colspan="3">360 ~ 540°
420 480</th><th colspan="3">540 ~ 720°
600 660</th></tr>
<tr><td>1</td><td colspan="3">팽창</td><td colspan="3">배기</td><td colspan="3">흡입</td><td colspan="3">압축</td></tr>
<tr><td>2</td><td>흡</td><td colspan="3">압축</td><td colspan="3">팽창</td><td colspan="3">배기</td><td colspan="2">흡입</td></tr>
<tr><td>3</td><td colspan="2">배기</td><td colspan="3">흡입</td><td colspan="3">압축</td><td colspan="3">팽창</td><td>배</td></tr>
<tr><td>4</td><td colspan="2">압축</td><td colspan="3">팽창</td><td colspan="3">배기</td><td colspan="3">흡입</td><td>흡</td></tr>
<tr><td>5</td><td>팽</td><td colspan="3">배기</td><td colspan="3">흡입</td><td colspan="3">압축</td><td colspan="2">팽창</td></tr>
<tr><td>6</td><td colspan="3">흡입</td><td colspan="3">압축</td><td colspan="3">팽창</td><td colspan="3">배기</td></tr>
</table>

저널의 수는 직렬형 6기통일 경우 7점식이다. 6기통 엔진의 크랭크축 폭발 위상각은 120° 이므로 120° 회전마다 1회 동력행정이 일어나며 크랭크축이 2회(720°) 회전하는 동안 6회의 동력행정을 한다. V6 기통의 경우도 마찬가지로 크랭크축 폭발 위상각은 120° 이고, 점화순서는 1-6-5-4-3-2이다.

[3] 8기통 엔진

크랭크축의 위상각은 직렬형 및 V-8기통은 90° 이다. 그리고 점화순서는 다음과 같다. 그리고 저널의 수는 직렬형은 9점식이고, V-8기통은 5점식이다.

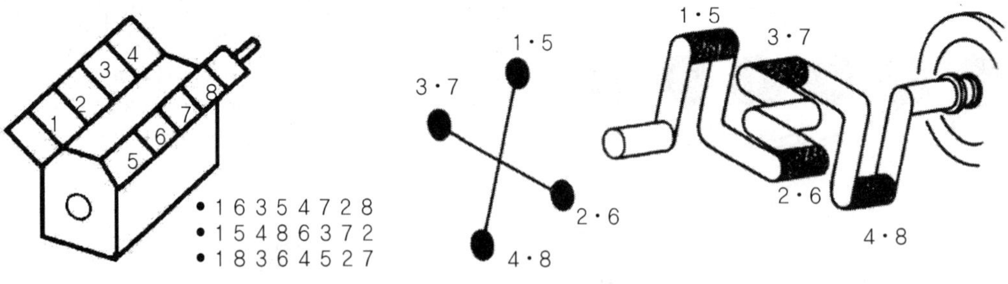

(a) 점화순서 (b) 크랭크축

그림 30. 8실린더 점화순서와 크랭크축

REFERENCE 크랭크축 위상각, 동력의 중복도 구하는 공식

1. 크랭크축 폭발위상각

4행정 사이클 엔진은 2회전할 때 1회 폭발하며 위상각 = $\frac{360 \times 2}{N}$ 이고, N은 기통수가 된다.

2. 동력의 중복도(power over lap)

엔진의 동력행정의 중복도는 기통수가 많을수록 커지게 되며 다음 식으로 구할 수 있다.

$$동력\ 중복도 = \frac{동력\ 행정기간 \times 실린더\ 수 - 720}{기통수}$$

4.2. 엔진 베어링(engine bearing)

엔진에 사용되는 베어링은 여러 가지가 있으나 커넥팅로드 대단부와 소단부 및 크랭크축저널에 사용되는 베어링을 일반적으로 엔진베어링 또는 메탈 베어링(metal bear ing)이라고도 한다. 엔진베어링은 축의 표면과 베어링 내면과 면 접촉으로 미끄럼운동을 하는 평면 베어링이 사용된다.

크랭크축의 저널부분과 크랭크 핀 부분에는 일반적으로 분할형(split type)을 사용하고 커넥팅로드 소단부나 캠축의 저널부분은 원통형의 삽입식 베어링인 부싱형(bushing type)이 사용된다.

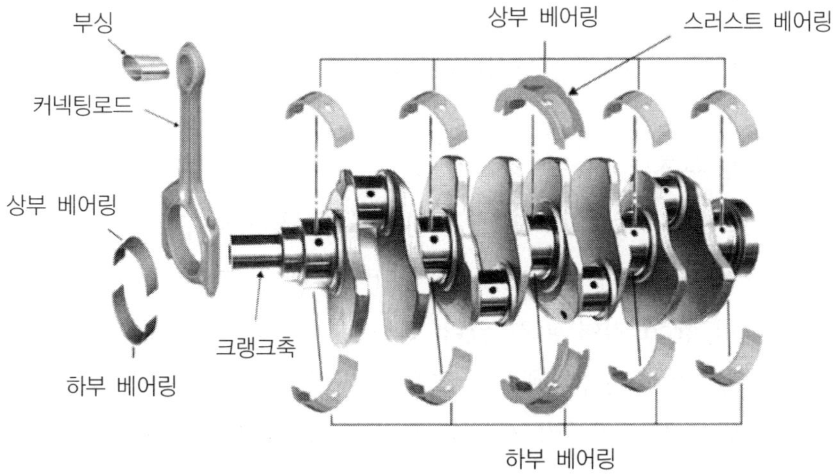

그림 31. 엔진 베어링의 구성

메인 베어링 중에서 크랭크축의 축방향 추력을 받는 스러스트 베어링은 측면에 스러스트 면이 있어 축방향 유격(crank shaft end play)을 제어한다. 스러스트 베어링은 일반적으로 가운데 장착되는데 일부 엔진은 크랭크축 끝단에 설치되는 경우도 있다. 또한 메인 베어링 측면에 스러스트 쉼(thrust shim)을 붙여 사용하기도 한다.

(a) 스러스트 베어링 (b) 스러스트 쉼

그림 32. 크랭크축 스러스트 베어링 및 스러스트 쉼

4.2.1. 베어링의 구비조건

① 하중 부담능력이 클 것

② 반복되는 하중에 견딜 수 있도록 내 피로성이 있을 것

③ 매입성이 있어 불순물 침입시 매입할 수 있을 것

④ 길들임 성이 좋을 것

⑤ 추종 유동성이 있을 것

⑥ 충분한 내식성이 있어 연소생성물이나 기타 이물질에 의하여 부식되지 않을 것

4.2.2. 엔진 베어링의 구조

베어링의 구조를 살펴보면 탄소강 또는 구리합금의 셀(back plate 또는 shell)에 베어링 금속을 코팅하여 사용하는데 베어링의 가운데에는 오일구멍(oil hole)이 있고 원둘레 방향으로는 오일 홈(oil groove)이 파져 있다.

실린더블록의 오일통로를 흐르는 엔진 오일은 베어링의 오일구멍을 통하여 유입되어 크랭크축이 회전할 때 발생하는 원심력에 의해 오일 홈을 통하여 분배된다. 그리고, 베어링의 두께는 중앙부의 두께로 나타내며 베어링 양 끝단 두께가 중앙부보다 약간 얇게 되어 있다.

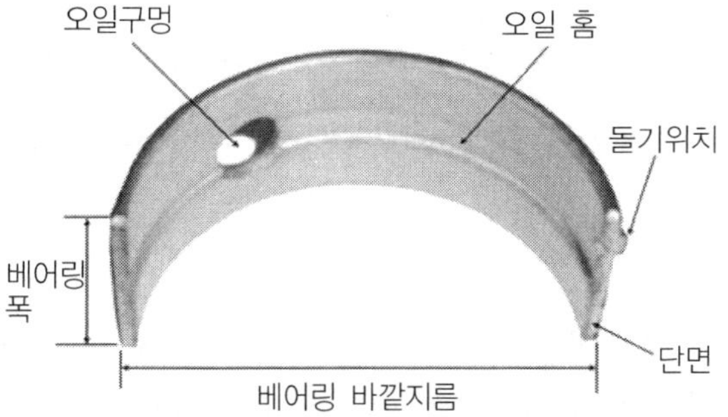

그림 33. 엔진 베어링의 단면

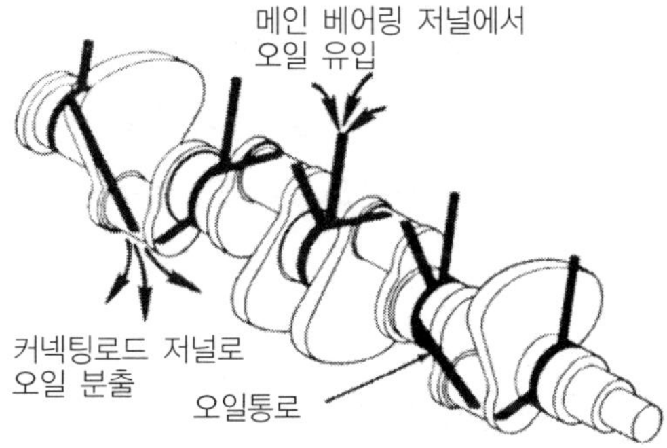

그림 34. 크랭크축 윤활

그 이유는 베어링이 주로 상하방향으로 힘을 많이 받기 때문에 이 부분의 오일이 밀려 양끝에 일시적으로 저장되었다가 부하가 경감될 때 신속하게 상하부분에 오일을 공급하여 윤활 막의 끊어짐을 방지할 수 있다. 그 외에 베어링 크러시로 인해 조립할 때 변형 량을 흡수하는 목적도 있다.

4.2.3. 베어링의 재질

엔진 베어링은 탄소강이나 구리합금으로 되어 있는 셀(back plate, 또는 shell)에 배빗 메탈, 켈밋합금, 알루미늄합금을 0.2~0.5mm 정도 코팅하여 사용한다.

[1] 배빗메탈(babbit metal)

배빗메탈은 주석(Sn 80~90%), 안티몬(Sn 3~12%), 구리(Cu 3~7%)가 표준 조성이다. 금속이 연하기 때문에 시동 초기의 경계 윤활상태에 강하고 매입성, 길들임성, 내식성은 우수하나 기계적 강도(고온 강도)가 낮고 내피로성, 내열성이 약하여 고속·고부하 엔진에는 적합하지 않다. 배빗메탈은 경도 HB 20~30, 부하능력 50~100kgf/cm^2, 최고 사용온도 150℃에서의 경도는 HB 6~12이다.

[2] 켈밋합금(kelmet alloy)

구리(Cu)가 60~70%, 납(Pb)이 30~40%로 구성되며 주석(Sn)이 소량 첨가된다. 내열성, 열전도성, 하중 부담능력이 우수하여 고속·고 하중 엔진에 적합하다.

그러나 길들임성, 매입성이 불량하고 엔진오일 내에 존재하는 산화물에 의한 부식이 심하기 때문에 켈밋합금 그대로 사용하는 경우는 거의 없고 그 표면에 배빗메탈을 얇게 코팅하여 사용한다. 이것을 트리메탈이라 한다. 켈밋합금은 경도 HB 20~30(150℃에서는 20~23), 최고 사용온도 250℃, 부하능력 200~300kgf/cm^2, 주 속도는 10~12m/sec이다.

[3] 알루미늄합금

최근에 사용되는 베어링 금속으로서 주 금속은 알루미늄(Al)인데 납(Pb)이 소량 함유되어 있다. 한편 주석(Sn)과 구리(Cu)를 약간 첨가하여 베어링 강도를 증가시킨다. 고속·고 부하에 강하기 때문에 자동차 엔진 베어링으로 가장 널리 사용되고 있다. 알루미늄합금도 켈밋합금과 마찬가지로 표면 그대로 사용하지 않고 배빗메탈을 0.0125~0.025mm 정도로 코팅(일반적으로 overlay라 함)하여 사용한다.

[4] 트리메탈(tri metal)

배빗메탈과 켈밋메탈, 강 등의 3개 층으로 베어링을 만들어 서로의 장·단점을 보완하며 강성, 매입성, 길들임성, 열전도율 등을 좋게 한 형식이다.

4.2.4. 크러시(crush)와 스프레드(spread)

[1] 베어링 크러시(bearing crush)

베어링 크러시는 베어링을 하우징에 끼웠을 때 베어링의 바깥지름과 하우징 안지름과의 차이로 보통 0.025~0.075mm 정도 둔다. 베어링 크러시를 두는 이유는 설치시 볼트로 베어링 캡(bearing cap)을 죄었을 때 베어링의 하우징에 압착되도록 하기 위함이며 베어링 크러시가 크면 베어링이 찌그러지며 너무 작으면 헐거워서 엔진 작동시 움직이게 된다.

[2] 베어링 스프레드(bearing spread)

베어링을 하우징에 끼우지 않았을 때 베어링 하우징의 반경보다 0.125~0.5mm 큰 것을 말하며 스프레드를 주는 이유는 다음과 같다.

① 작은 힘으로 베어링을 쉽게 제자리에 밀착되게 끼울 수 있다.

② 베어링 조립시 베어링이 캡에 끼워진 채로 있어 작업이 쉽다.

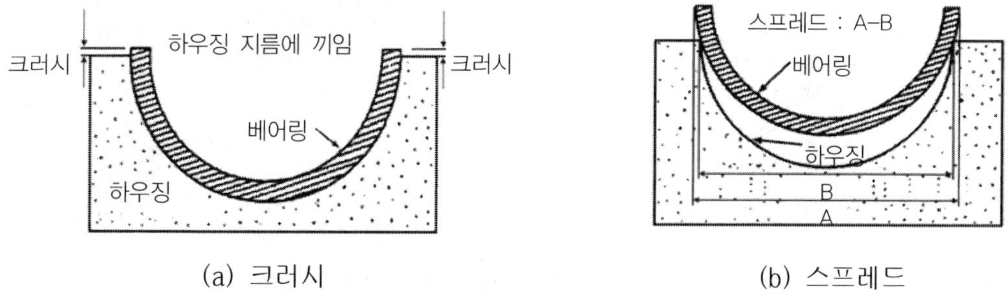

그림 35. 베어링 스프레드와 크러시

③ 베어링 조립시 크러시가 압축됨에 따라 안쪽으로 찌그러지는 것을 방지할 수 있다.

4.2.5. 크랭크축 엔드플레이와 오일간극

[1] 크랭크축 엔드플레이

크랭크축이 회전하면 반지름방향의 추력과 축방향의 추력이 동시에 발생하는데 이 때 모든 메인베어링은 반지름방향의 추력을 받고 있지만 메인베어링의 축방향의 추력은 베어링 측면에도 마찰 면이 있어 크랭크축의 스러스트 컬러와 접촉하면서 축방향 추력을 받고 있다.

크랭크축이 축방향의 추력을 받아 축방향으로 움직이는 것을 크랭크축의 축방향 유격 또는 크랭크축의 엔드 플레이(end play)라 하며 측정방법은 필러 게이지를 스러스트 베어링 측면의 마찰 면에 넣어 측정하거나 다이얼 게이지를 플라이휠에 장착하여 측정한다. 규정값은 0.05~0.25mm이며, 0.3mm를 초과하면 스러스트 베어링을 교환하여야 한다.

[2] 오일간극

엔진이 정지상태에 있을 때 메인저널과 메인베어링은 서로 접촉하고 있다. 이 상태에서 크랭크축이 회전하면 윤활 막이 완벽하게 형성되지 않은 상태에서 회전하기 때문에 베어링 손상이 가장 심하게 일어난다.

그러나 엔진이 정상속도로 회전하여 윤활막이 형성되면 마모는 거의 일어나지 않는다. 베어링의 초기 마모방지를 위해 베어링에는 약간 무른 성질이 요구된다. 메인저널과 베어링사이의 오일간극은 정지상태에서의 틈새를 말하며 일반적으로 0.02~0.04mm 정도 둔다.

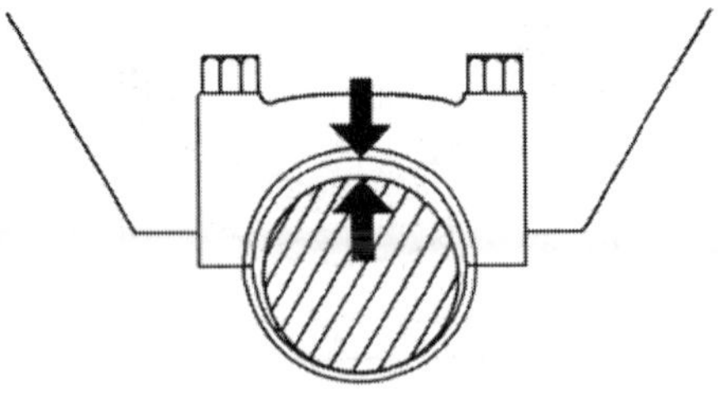

그림 36. 베어링 오일간극

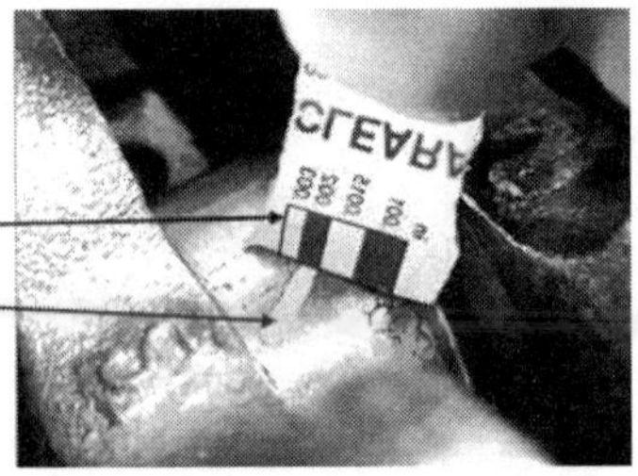

그림 37. 메인저널의 오일간극 측정

측정은 플라스틱 게이지(plast gauge)를 이용하며 이 플라스틱 게이지는 메인저널의 테이퍼 마멸을 측정하는데도 유용하게 사용된다. 오일간극이 너무 크면 오일 유출량이 증가하여 유압이 저하되고 다른 미끄럼 운동부위의 윤활유 공급이 부족하여 마모나 손상을 일으킨다. 한편 많은 양의 오일이 실린더 벽에 뿌려져 연소실로 침입되면 연소되어 윤활유의 소비량을 증대시키기도 한다. 오일 간극이 작으면 윤활 막도 작아져 큰 하중을 받을 수 있으나 너무 작으면 윤활 막이 파손되어 마모나 손상을 일으킨다.

4.3. 플라이휠

플라이휠은 크랭크축의 뒤쪽 끝단에 장착이 되고, 자동변속기 차량은 플라이휠을 대신하여 토크컨버터가 장착되어 있다. 엔진에서는 발생되는 동력은 연속적으로 발생되는 것이 아니라 동력행정에서만 출력이 나오므로 동력 펄스(power pulse)가 발생되어 속도 변동이 일어나고 이로 인하여 승차감도 저하되며 구동 계통의 기어와 베어링의 손상을 초래하기 때문에 플라이휠의 관성 모멘트를 이용하여 크랭크축의 변동율을 감소시킨다.

4.3.1. 플라이휠의 기능

플라이휠을 크랭크축 뒷부분에 볼트로 체결하여 폭발행정에서 발생되는 중량에 의한 관성 에너지를 저장하여 흡입, 압축, 배기행정을 할 수 있도록 하고 회전력의 차이에 의한 속도변화를 감소시켜 엔진의 맥동적인 회전을 균일한 회전으로 유지시키는 역할을 한다.

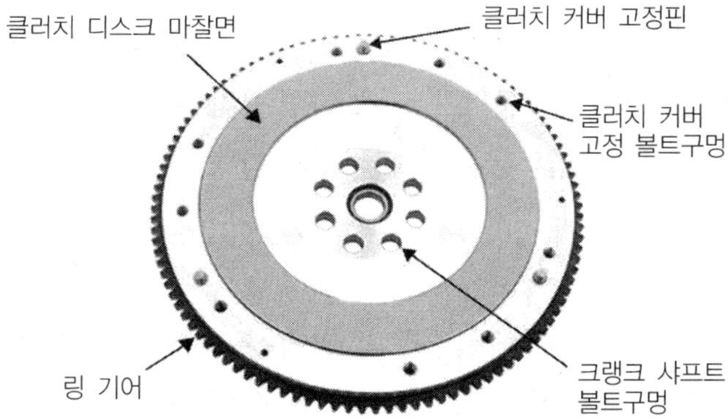

그림 38. 플라이휠의 구조

4.3.2. 구비조건 및 구조

플라이휠은 회전 중에 관성이 크고 중량은 가능한 한 가벼워야 한다. 플라이휠의 재질은 주철제 플라이휠(수동식 변속기)과 강제의 플라이휠(자동 변속기)이 사용된다. 플라이휠에는 링 기어가 열 박음 되어 있고, 링 기어는 4실린더 2곳, 6실린더 3곳, 8실린더 4곳이 현저하게 마멸된다.

링 기어의 일부분이 마멸되었을 때는 링 기어를 120~150℃가 되도록 토치램프로 가열하여 두들겨 빼내어 그 위치를 바꾸어 링 기어를 약 200℃로 가열한 다음 가볍게 두들겨 끼운다. 플라이휠 무게는 실린더 수 및 회전속도에 반비례한다. 또한 수동변속기 차량에는 클러치 디스크와 접촉하는 마찰 면이 있다.

5 밸브기구

5.1. 밸브기구의 개요

밸브기구는 흡·배기장치에서 중요한 역할을 하고 있다. 밸브는 실린더헤드의 연소실에 마련된 흡기와 배기포트(port)를 각각 개폐하여 공기 또는 혼합기를 들여보내고 배기가스를 배출하는 일을 한다. 밸브는 1개의 실린더에 흡입밸브와 배기밸브가 각각 1개 또는 2개씩 설치되어 있으며 자동차용 엔진에는 일반적으로 포핏밸브(poppet valve)가 사용되며 4행정 사이클 엔진에서는 크랭크축이 2회전할 때 캠축이 1회전하면서 정확한 시기에 흡·배기밸브를 개폐시켜야만 엔진이 정상적으로 작동할 수 있다.

5.2. 밸브설치에 의한 분류

크랭크축이 캠축을 구동시키고 캠축의 회전에 따라 캠축의 캠이 밸브기구를 움직여 밸브를 개폐시킨다. 여기서 밸브 작동기구는 캠축의 설치 위치와 연소실 모양에 밀접한 관계가 있다. 밸브설치 위치에 따라 분류하면 다음과 같다.

5.2.1. SV(side valve)형식

사이드 밸브식의 밸브는 실린더블록의 한쪽 면에 흡·배기밸브가 모두 설치되어 있는 L헤드식과 블록 양쪽 면에 흡·배기밸브가 나뉘어 설치되어 있는 T헤드식으로 분류된다. 이 형식은 밸브기구가 간단하고 소음이나 진동도 적으며 엔진 높이도 낮게 할 수 있는 장점이 있으나 오버헤드 밸브식 만큼 고압축을 얻을 수 없다. 또한 흡입통로가 구부러져 체적효율이 떨어지는 단점이 있다.

또한 사이드 밸브방식에는 F헤드식(F-head type)이 있고 이 형식은 흡기밸브는 실린더헤드에 배기밸브는 실린더블록 옆면에 설치된 형식으로 밸브면적을 넓게 할 수 있어 흡·배기효율은 좋으며 연소실이 비교적 작아 화염 전파거리를 짧게 할 수 있어 노킹이 일어나지 않는 장점이 있으나 고압축비를 얻을 수 없다.

5.2.2. OHV(over head valve)형식

흡·배기밸브가 실린더헤드에 설치되는 형식으로 주로 연소실은 I형을 사용하며 캠축이 1개 장착되는 OHC(over head cam shaft)와 캠축을 2개 사용하면서 멀티밸브를 사용하는 DOHC(double over head cam shaft)가 있다.

[1] OHV엔진(over head valve engine)

흡·배기밸브가 실린더헤드에 설치되는 엔진으로 캠축이 실린더블록에 설치되고 푸시로드를 사용하는 엔진을 OHV엔진 또는 I헤드형 엔진이라고 한다. 실린더블록에 있는 캠축이 리프터를 밀어 올리면 리프터는 다시 푸시로드를 밀어 올린다. 이때 푸시로드가 로커암의 한쪽 끝을 밀어 올리면 반대쪽이 내려오면서 밸브 스템 끝을 아래로 밀어 밸브 스프링이 압축되면서 밸브가 열린다. 주로 대형 디젤엔진에서 사용된다.

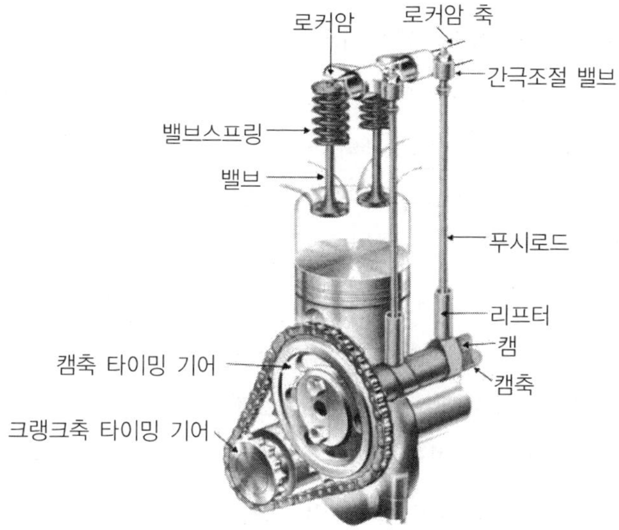

그림 39. OHV엔진의 밸브기구

[2] OHC엔진(over head cam shaft engine)

최근의 대부분 승용차 엔진이 이 방식을 사용하고 있는데 이 방식은 캠축의 동력이 로커암을 경유하여 밸브로 전달되는데 이 과정에서 로커암의 로커암 비율(일반적으로 1 : 1.5)로 인해 밸브양정을 크게 한다. OHC엔진에는 밸브 리프터와 푸시로드가 없다. 따라서 고속에서 관성으로 인한 작동지연이 작아 고속엔진에 적합하다.

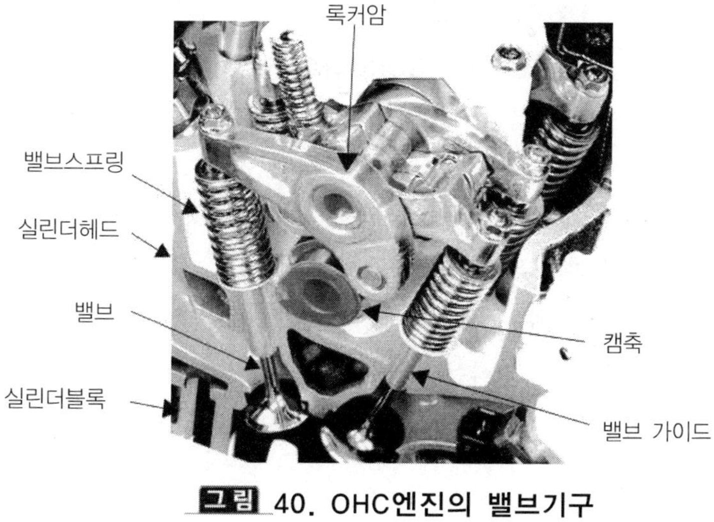

그림 40. OHC엔진의 밸브기구

하지만 로커 암을 사용하기 때문에 다소간의 지연은 피할 수 없다. 하지만 고속에서도 밸브 개폐시기가 안정되어 고속성능이 향상되므로 고속엔진에도 많이 사용하고 있다. 한편 OHC엔진에서도 유압 리프터를 사용하는 엔진은 그 구조와 작용이 조금 다르다. 일반적으로 밸브 리프터(valve lifters)는 태핏(tappet)이라 부르는데 캠 로브의 형상에 따라 운동한다. 설치되는 위치는 캠축과 밸브사이이며 기계식 리프터(solid lifter)와 유압식 리프터(hydraulic lifter)가 있다.

(1) SOHC 다이렉트형(single over head cam shaft direct type)

SOHC 다이렉트형은 캠축에 설치된 캠이 밸브 스템 엔드 위에 설치된 태핏을 통하여 밸브를 직접 개폐시키는 형식으로 로커암이나 스윙 암 등이 없기 때문에 레버비를 이용하지 못하므로 캠의 양정(lift)을 크게 하여야 하며, 밸브의 간극조정은 심의 두께를 변화시켜 리프터와 밸브 스템 엔드사이에 끼워 조정한다. 특징으로는 구조가 간단하고 강성이 크며, 밸브를 개폐시키는 운동부분의 중량이 적다.

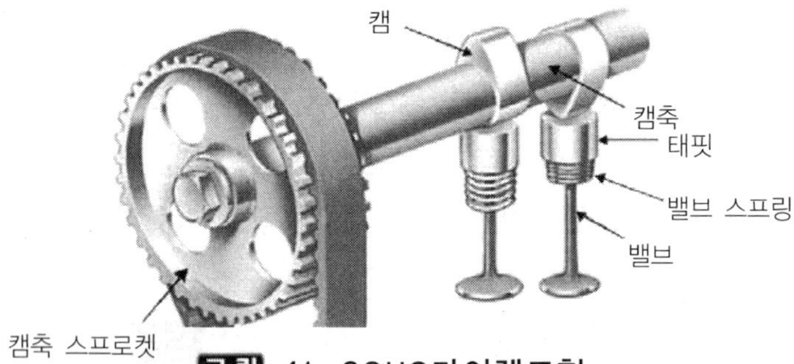

그림 41. SOHC다이렉트형

(2) SOHC 스윙 암형(single over head cam shaft swing arm type)

SOHC 스윙 암형은 캠축에 설치된 캠이 밸브 스템 엔드 위에 설치된 스윙 암을 통하여 밸브를 개폐시키는 형식으로 밸브의 배치를 직렬로 설치할 수밖에 없다. 스윙 암이 설치되어 있으므로 레버비를 이용할 수 있고 피벗부분에 스프링을 설치하여 스윙 암이 좌우로 이동하는 것을 방지하며, 밸브의 간극은 스윙 암의 피벗부분에 조정 스크루를 이용하여 조정한다. 특징으로는 스윙 암이 캠과 접촉되는 부분의 면적이 크기 때문에 내구성이 높고 가벼우며, 강성이 크다.

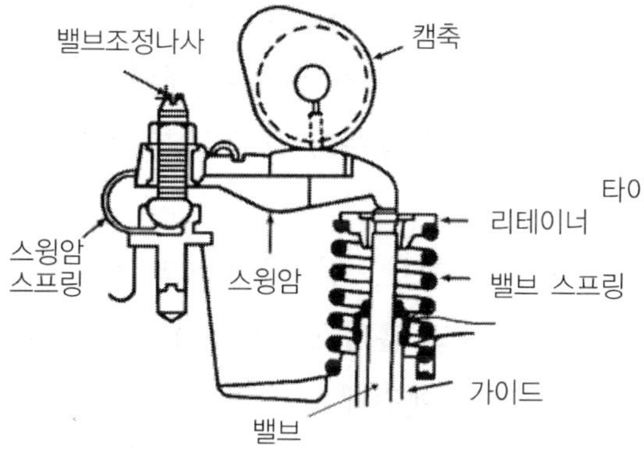

(a) 스윙암형

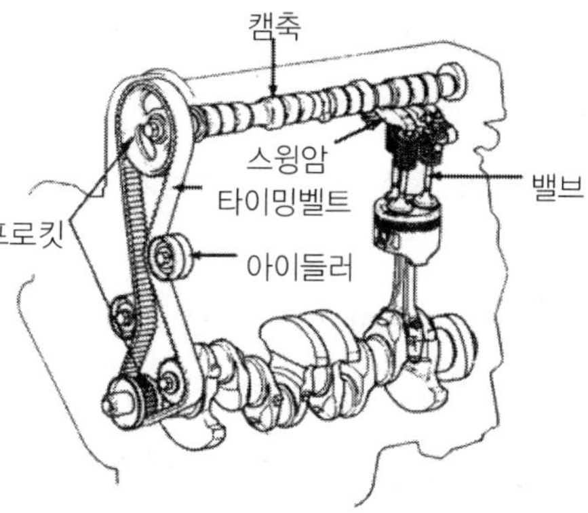

(b) 스윙암형 밸브개폐 장치

그림 42. SOHC스윙암형 밸브개폐기구

(3) SOHC 로커암형(single over head cam shaft rocker arm type)

SOHC 로커암형은 캠축에 설치된 캠이 로커암을 작동시키면 로커암이 밸브를 개폐시키는 형식으로 밸브의 배치를 직렬형으로 설치하면 캠축의 설치위치가 낮아지며, 쐐기형 연소실이나 욕조형 연소실의 엔진에 사용한다. 또한 밸브의 배치를 V형으로 설치하면 로커암 축이 2개가 설치되어야 하므로 구조가 복잡하지만 흡·배기효율이 양호하며, 반구형 연소실 엔진에 사용된다. 밸브의 간극은 로커암 한쪽 끝에 설치된 조정 스크루를 이용하여 조정한다.

그림 43. SOHC 로커암형

(4) DOHC 다이렉트형(double over head cam shaft direct type)

다이렉트형은 실린더헤드에 흡기밸브 개폐용 캠축과 배기밸브 개폐용 캠축을 각각 설치하여 밸브 스템 엔드 위에 설치된 리프터를 캠으로 직접 작동시켜 밸브를 개폐시키는 기구로서 엔진의 성능을 향상시키기 위하여 로커암을 사용하지 않는다. DOHC를 트윈 캠이라고도 한다.

DOHC 다이렉트형은 밸브의 경사각도, 흡·배기포트의 형상, 점화플러그의 설치 등이 양호하여 엔진의 출력이 향상되며, 밸브의 양정을 적게 하고 흡입효율을 향상시키기 위하여 4밸브를 사용한다. 쐐기형 연소실이나 욕조형 연소실의 엔진에 사용하며, 캠축의 구동방법 및 실린더헤드의 구조가 복잡하다.

(5) DOHC 스윙암형(double over head cam shaft swing arm type)

DOHC 스윙암형은 실린더헤드에 흡기밸브 개폐용 캠축과 배기밸브 개폐용 캠축을 각각 설치하여 밸브 스템 엔드 위에 설치된 스윙암을 통하여 밸브를 개폐시키는 형식으로서 스윙암이 설치되어 있으므로 레버비를 이용할 수 있고 피벗부분에 스프링을 설치하여 스윙암이 좌우로 이동하는 것을 방지하며, 밸브의 간극은 스윙암의 피벗부분에 조정 스크루를 이용하여 조정한다. 특징으로는 내구성 및 강도가 크고 가벼우며, 캠축의 구동방법 및 실린더헤드의 구조가 복잡하다.

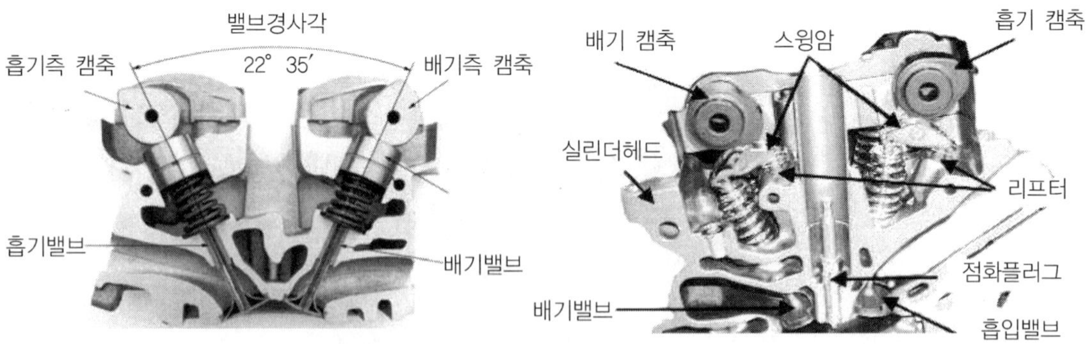

(a) 다이렉트형 (b) 스윙암형

그림 44. DOHC형 밸브개폐기구

5.3. 밸브의 작동기구

5.3.1. 흡・배기밸브

[1] 밸브의 구조 및 기능

밸브의 구비조건은 다음과 같다.

① 고온・고압에 견딜 수 있는 강도가 있을 것
② 혼합기에 이상 연소가 발생되지 않도록 열전도가 양호할 것
③ 내 부식성이 클 것
④ 관성력이 증대되는 것을 방지하기 위해 가능한 가벼울 것
⑤ 밸브 스프링의 충격과 항장력에 잘 견디고 내구성이 클 것

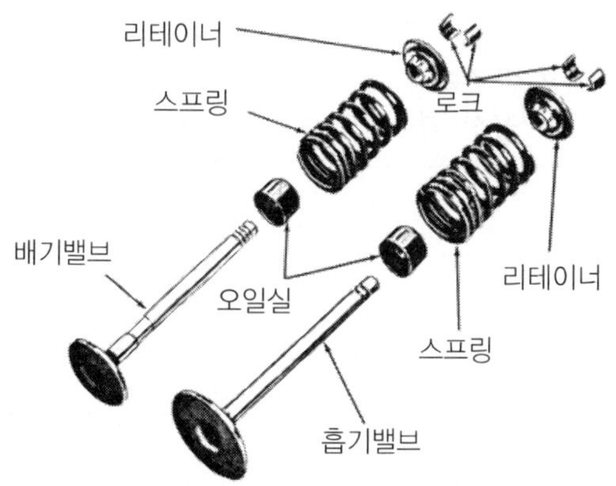

그림 45. 흡・배기밸브의 구성

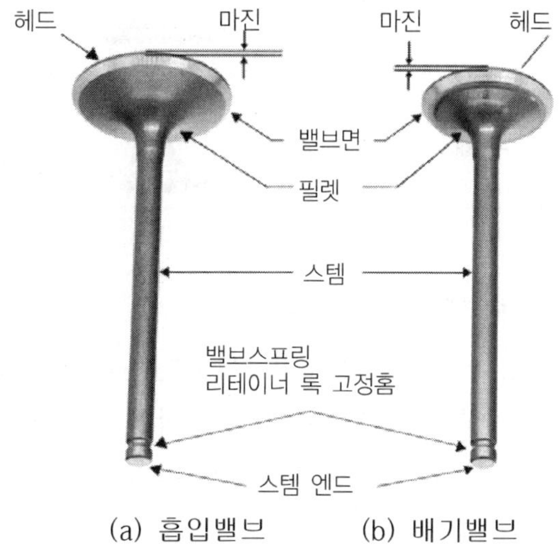

그림 46. 밸브의 구성품

(1) 밸브 헤드(valve head)

밸브 헤드는 고온・고압의 가스에 노출되는 부분으로 배기밸브는 열 부하(熱 負荷)가 매우 크므로 내열성이 크고, 열전도가 양호하며 내구성이 양호하고, 가스의 유동저항이 작고 흡・배기효율이 좋아야 한다. 그리고 헤드부분의 지름은 흡입효율을 증대시키기 위해 흡입밸브를 크게 한다. 자연 흡기방식에서는 흡입밸브 전후의 압력차이가 1기압 이하지만 블로다운(blow down)이 일어나는 순간 배기밸브 전후의 압력 차이는 3~4기압 정도로 상승하기 때문이다. 헤드의 형상에는 플랫형(flat type), 튤립형(tulip type), 반 튤립형(semi-tulip type), 버섯형(mushroom type) 등이 있다.

밸브헤드 형상 및 특징

종 류	형 상	특징 및 사용처
플랫형 (Flat head)	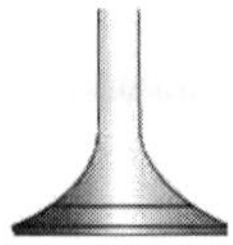	• 밸브헤드 편평 • 가격 저렴 • 가장 많이 사용
튤립형 (Tulip head)	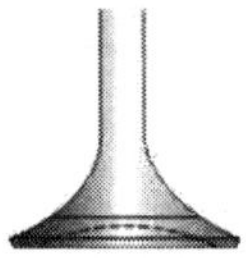	• 견고하고 가벼움 • 밸브시트 변형에 잘 적응 • 흡기밸브로 사용시 난류유동 촉진하여 연료·공기 혼합 촉진 • 열을 받는 면적이 넓은 단점이 있다.
반 튤립형 (Semi-tulip head)	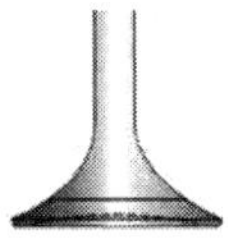	• 튤립형의 단점 보완 • 제작이 용이하여 많이 사용
버섯형 (Mushroom head)	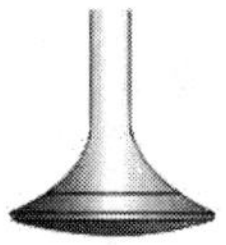	• 무게증가 • 열을 받는 면적 증가 • 배기밸브로 사용시 연소가스 유동특성 향상

(2) 밸브 마진(valve margin)

마진의 두께는 밸브의 기능상 매우 중요하며 일반적으로 1.2mm 이상의 두께를 갖고 있고 두께가 얇으면 고온과 밸브작동의 충격으로 밸브시트에 접촉될 때 변형이 되거나 불완전한 접촉 등으로 기밀유지가 어려워지므로 0.8mm 이하가 되면 교환해야 한다.

(3) 밸브 면(valve face)

밸브 면은 밸브시트에 밀착되어 기밀작용을 하고 밸브헤드에 작용하는 열을 시트에 전달하며 작동시 충격적으로 작동되어 내마멸성이 커야하므로 표면경화 처리한다. 밸브면의 각도는 60°, 45°, 30° 가 있으나 일반적으로 45° 를 많이 사용한다.

(4) 밸브 스템(valve stem)

밸브 스템은 밸브가이드 내부를 왕복운동하며 밸브헤드에 받는 열을 밸브가이드를 통해 방출하고 가이드와 스템사이에는 윤활이 충분하지 않으므로 마멸을 고려하여 경도가 커야 한다. 또한 밸브 고착에 의한 밸브스틱(valve stick)현상을 방지하기 위하여 크롬 도금이나 질화처리를 하고 열팽창을 고려하여 스템의 직경과 차이를 두기도 한다.

REFERENCE 밸브스틱과 질화처리

① 밸브스틱(valve stick) : 카본 퇴적, 윤활불량 등으로 밸브나 밸브 가이드가 고착되어 움직이지 않는 현상을 말한다.

② 질화처리 : 알루미늄(Al), 크롬(Cr), 몰리브덴(Mo) 등을 혼합한 합금강에 질소를 침투시켜 경도가 증가되면서 내마멸성, 내식성이 향상되고 500℃ 정도의 고온에서도 경도를 유지한다.

(5) 밸브스프링 리테이너 록 홈(valve spring retainer lock groove)

이 홈은 밸브스프링에 밸브를 설치하기 위한 홈으로 록(lock)이나 키(key)가 끼워진다.

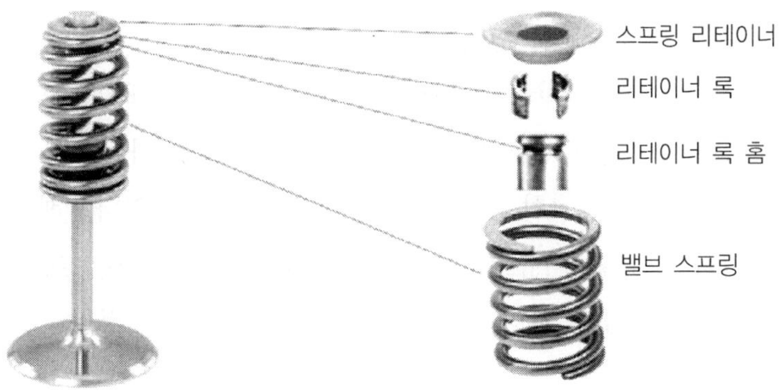

그림 47. 밸브장치

(6) 밸브시트(valve seat)

밸브시트는 밸브 면과 밀착되어 연소실의 기밀을 유지하며 밸브 작용시 밸브 면이 시트에 충격을 주게 되어 손상되지 않도록 설계된다. 밸브시트 방식은 일체식과 삽입식이 있으며 실린더헤드가 주철제인 경우에는 일체식으로 만들며 경합금일 경우에는 밸브시트 링을 만들어 끼우는 삽입식이 사용된다.

밸브시트 각도는 밸브 면과 마찬가지로 30° 와 45° , 60° 의 것이 있으며 작동 중 열팽창을 고려하여 밸브 면과 시트사이에는 1/4~1° 정도의 간섭각을 두고 있다. 밸브가 접촉시에는 매우 큰 충격을 받아 밸브시트가 점차 마모된다. 이 현상을 밸브 시트리세션(valve seat recession)이라 한다. 알루미늄헤드는 물론이고 주철제 헤드도 소결합금 등으로 만든 시트 링을 끼워 시트 부분의 마모를 방지한다. 밸브시트 폭이 크면 밸브 방열은 좋으나 시트에 이물질의 퇴적량이 많아져 기밀불량 되며, 밸브시트 폭이 좁으면 기밀유지는 되나 방열 불량으로 밸브 과열을 초래한다.

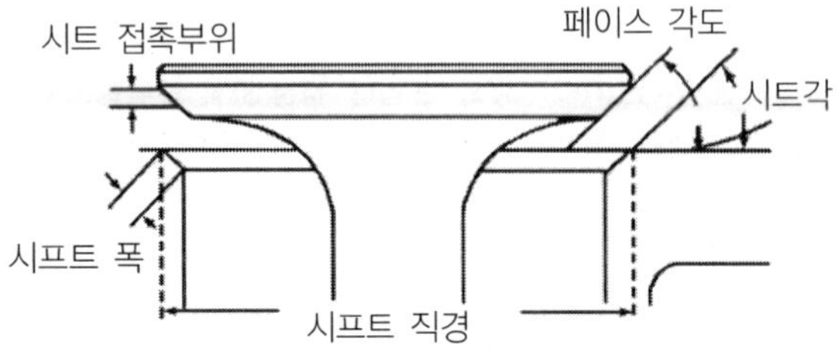

(a) 밸브시트 형식

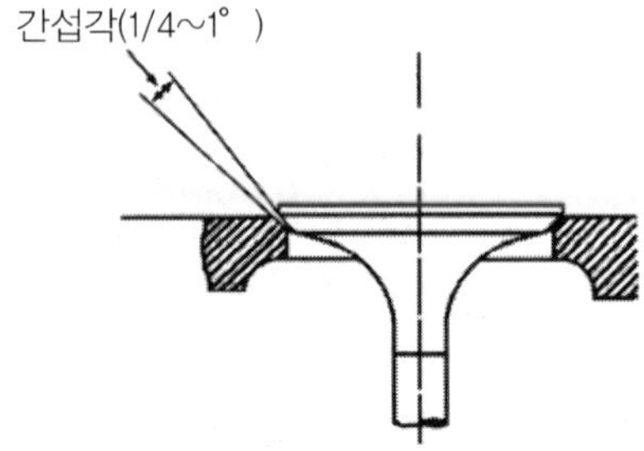

(b) 밸브 간섭각

그림 48. 밸브시트와 간섭각

(7) 밸브가이드(valve guide)와 스템실

밸브가이드는 밸브의 밀착이 잘되도록 밸브 스템을 안내하는 역할을 하며 실린더헤드나 블록에 구멍을 뚫어 가이드로 만든 직접식과 주철제로 가이드를 만들어 압입하여 사용하는 교환식이 있다. 또한 교환식에는 일체식과 분할식이 있다. 배기쪽에는 카본에 의한 밸브고착을 방지하기 위한 여유로 보어(bore)를 조금 깎아내는 경우가 많으며 이것을 카운터 보어(counter bore)라 한다. 밸브 가이드에 스템실이 정확히 장착되어야만 기밀을 유지할 수 있다.

엔진이 작동하는 과정에서 실린더 내에 강한 진공이 형성되기 때문에 흡입밸브의 경우 밸브 가이드를 통과한 엔진 오일은 연소실로 침입을 한다. 이때 스템실이 기능을 못하면 시동할 때 연소실의 온도가 낮을 경우 푸른색의 배기가스가 나오고 엔진이 워밍업 되었을 경우 백색연기가 나온다.

(a)

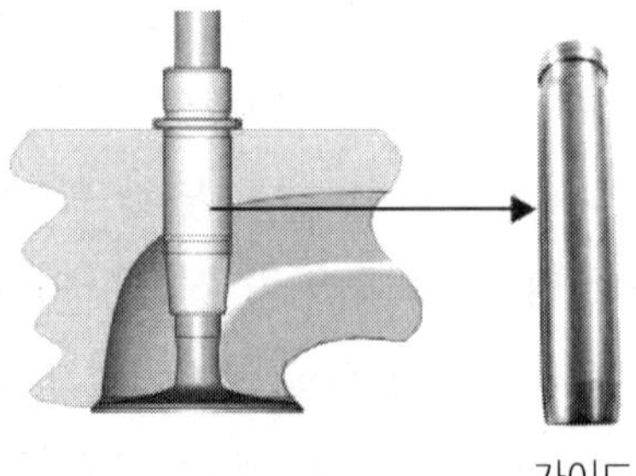

(b)

그림 49. 밸브가이드 및 스템실

(8) 밸브스프링 리테이너 및 록(valve spring retainer and lock)

밸브스프링은 실린더헤드 또는 블록과 스프링 리테이너사이에 끼워진다. 리테이너 록은 원뿔형, 핀형, 말굽형이 있다. 원뿔형의 것이 주로 사용되며 리테이너 록 홈에 끼워져 밸브스프링을 고정하고 밸브 작동시 밸브와 함께 운동한다.

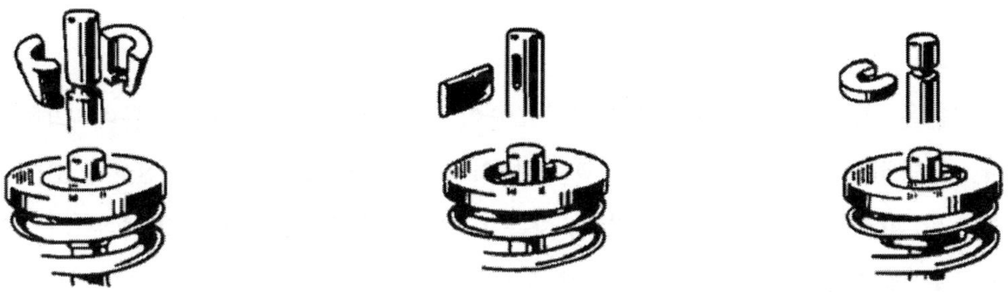

(a) 원뿔형 (b) 핀형 (c) 말굽형

그림 50. 밸브스프링 리테이너와 록

[2] 밸브의 재질과 밸브 지름

(1) 밸브 재질

흡입밸브는 혼합기에 의해 냉각되므로 배기밸브에 비해 열 부하는 작게 받지만 헤드 부위의 온도가 300~500℃를 넘는 경우가 있으며 배기밸브는 700~815℃ 정도 유지된다. 따라서 흡입밸브에는 마르텐사이트 계열의 내열강이 사용되고 배기밸브는 내열성과 내부식성이 강한 오스테나이트 계열의 내열강이 사용된다.

밸브 스템은 밸브 고착(valve stick)을 방지하기 위해 크롬 도금이나 질화처리를 한다. 또한 밸브 스템 엔드는 내마모성을 높이기 위해 고주파 열처리를 하거나 밸브면, 밸브시트 등과 같이 스텔라이트(stellite, Co—Cr—W의 합금)를 코팅하여 내마모성을 높이고 있으면 평면 처리되어 있다. 제작방법은 금속조직의 흐름이 끊어지지 않도록 업셋(up-set) 단조를 사용한다.

최근에는 밸브헤드는 오스테나이트 계열을, 스템은 페라이트계열을 사용하여 전기용접을 하고 밸브 스템 엔드 부분은 스텔라이트(stellite, 코발트(Co)-크롬(Cr)-텅스텐(W)-탄소(C)의 합금)을 녹여 붙이기도 한다. 밸브헤드가 받는 열은 밸브 면과 밸브 시트를 통하여 실린더헤드의 물 재킷으로 전달된다. 또한 일부 열은 밸브 스템과 밸브가이드를 통하여 물 재킷으로 전달된다.

밸브 면은 밸브시트와 접촉하는데 이 때 밸브면 폭보다는 밸브시트 폭이 좁다. 그 이유는 접촉 자국이 밸브면 쪽으로 생기기 때문에 밸브만 교환하면 되기 때문이다. 시트 폭은 일반적으로 1.5~2.2mm 정도 두는데 이 폭이 너무 좁으면 스프링 장력이 좁은 접촉면에 작용하기 때문에 기밀성은 양호하지만 열전도성은 나빠진다. 또한 밸브가 설치되는 높이도 정확하여야만 기밀성과 열 전도성을 동시에 얻을 수 있다.

(2) 밸브지름(valve diameter)

밸브지름은 가능한 큰 쪽이 흡·배기효율이 증가하지만 실린더 지름에 의하여 제한을 받는다. 일반적으로 실린더 지름(D)과 밸브지름(d)의 관계는 d = (0.35~0.5)D 정도이다. 밸브지름은 피스톤 평균속도, 실린더 지름 그리고 밸브 포트를 통과하는 가스의 속도에 관계되므로 밸브 설계시 중요한 요소가 된다.

REFERENCE 밸브지름을 구하는 식

$$d = D\sqrt{\frac{S}{V}}\,(mm)$$

d : 밸브지름(mm), V : 밸브포트를 통과하는 가스의 속도(m/sec)
D : 실린더의 안지름(mm), S : 피스톤 평균속도(m/sec)

(3) 밸브양정(valve lift)

밸브의 양정은 밸브가 이동하는 최대 거리를 말한다. 밸브가 열리는 것은 캠축의 캠에 의해서 열리고, 밸브가 닫히는 것은 밸브스프링의 장력에 의해서 닫힌다. 밸브의 양정과 밸브의 지름은 밸브통로에서 공기속도를 좌우하므로 체적 효율에 커다란 영향을 미친다.

REFERENCE 밸브 양정(valve lift) 구하는 공식

밸브의 열림 양으로 밸브 헤드의 지름 d인 밸브가 h만큼 상승하였을 때 밸브 시트의 환산간격 πdh는 밸브 구멍의 넓이 $\frac{\pi d^2}{4}$와 같으므로 $\pi dh = \frac{\pi}{4d^2}$

$$h = \frac{\pi/4d^2}{\pi d} = \frac{\pi d^2}{4\pi d} = \frac{d}{4}$$

$$\therefore\ h = \frac{d}{4}$$

5.3.2. 흡·배기 밸브스프링

밸브스프링은 압축과 동력행정에서는 스프링 장력에 의해 밸브 면을 시트에 밀착시켜 기밀을 유지하고 흡입과 배기행정에서는 캠의 형상에 따라 적절히 압축되면서 밸브가 열린다. 밸브스프링은 미리 약간 압축된 상태로 장착되기 때문에 초기 장력이 주어져 있다. 스프링 장력이 크면 기밀력도 유지되고 닫힐 때의 충격에 위해 시트에 쌓인 카본 퇴적물도 분쇄되지만 밸브가 열릴 경우엔 스프링 장력에 의해 밸브 면과 밸브 시트, 캠축의 캠과 로커암 끝 그리고 밸브 스템 끝이 손상된다.

반대로 스프링 장력이 너무 작으면 기밀 유지가 힘들고 고속에서는 밸브스프링의 서징 현상을 유발시킨다.

(a) 부등 피치 스프링 (b) 이중 스프링 (c) 원추형 스프링

그림 51. 밸브스프링의 형식

밸브스프링 서징(surging)현상은 밸브스프링이 지닌 고유 진동수가 캠축에 의해 받는 강제 진동수와 일치할 때 발생하는 공진현상으로 스프링이 약하거나 스프링 장착 높이가 부적당할 경우 또는 엔진 회전속도가 과도하게 높을 때 발생한다. 그러므로 밸브스프링 장력은 엔진 조건에 맞게 설계되어야 한다. 서징현상이 일어나면 밸브가 열릴 때 규정 값 이상 열려 밸브헤드와 피스톤 헤드가 충돌하는 점프현상이 일어나거나 밸브 개폐 시기가 맞지 않아 엔진 부조현상을 유발하고, 밸브기구 파손으로 연결된다.

밸브 스프링 서징현상을 방지하는 방법으로는 부동피치스프링 사용, 고유진동수가 다른 2중 스프링 사용, 부등피치의 원추형 코일스프링 사용 이 외에도 스프링의 고유 진동수를 높인다든지 캠의 형상을 개량하는 방법 등이 있다.

밸브스프링을 이중으로 조합하면 밸브스프링의 고유진동수를 높여 밸브서징 현상을 방지가능하고 아울러 밸브 스프링 1개가 절손되는 경우에도 밸브는 정상 작동한다. 하중은 바깥쪽 큰 스프링이 60%, 내측이 40% 정도를 감당한다. 스프링에 아무런 하중도 가하지 않은 상태에서 스프링 길이가 스프링의 자유 높이이며 원래 길이의 3% 이상 감소하거나 장력이 규정 장력의 15% 이상 감소와 직각도는 스프링 자유 높이의 3%(일반적으로 승용차는 1.5mm) 이상 줄어들면 스프링을 교환하여야 한다.

5.3.3. 밸브간극

밸브기구는 엔진 작동 중에 마모가 발생하고 작동 온도가 되면 팽창한다. 따라서 밸브가 닫혀 있을 때에는 기밀을 완벽히 유지하고 정확한 밸브 개폐시기를 얻기 위해 로커 암과 밸브 스템 끝 사이에 일정한 틈새가 필요한데 이것을 밸브간극이라 한다.

일반적으로 밸브간극은 흡입밸브보다 배기밸브의 간극이 크다. 배기밸브가 흡입밸브보다 온도가 높아 열팽창이 크기 때문인데 흡입밸브의 간극은 0.15~0.25mm이고 배기밸브의 간극은 0.25~0.35mm 정도이다. 밸브간극의 측정과 조정은 밸브가 닫힌 상태에서 하며 기타의 측정조건(냉간 상태/열간 상태) 등은 정비지침서에 따른다. 가능하면 엔진이 작동 온도에서 정지되었을 때 필러 게이지로 측정이나 조정하는 것이 가장 좋다.

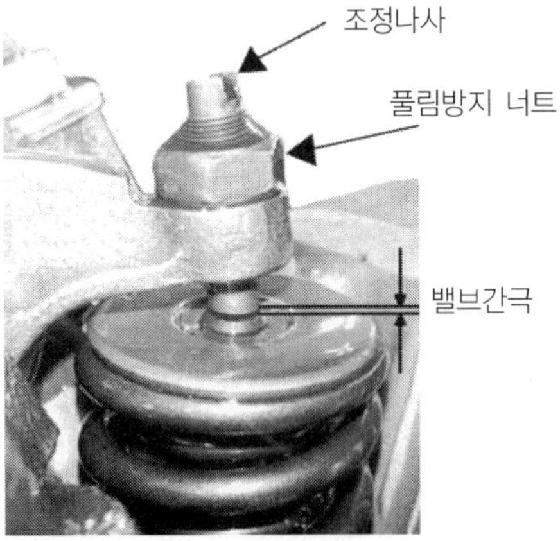

그림 52. 밸브간극

그림 53. 밸브간극 조정

밸브간극이 규정값보다 작을 때에는 밸브가 빨리 열리고 늦게 닫히므로 밸브가 열려 있는 기간이 길어 체적효율을 증가시킬 수 있지만 너무 작으면 밸브 밀착이 불량하여 흡입밸브의 경우엔 역화를 일으키고 배기밸브의 경우엔 배기밸브를 통하여 배기가스가 유입되고 밸브 면과 시트가 접촉하는 시간이 짧아서 밸브 손상을 유발한다.

반대로 밸브간극이 규정 값보다 큰 경우에는 밸브가 늦게 열리고 빨리 닫힌다. 또한 밸브 양정이 감소되고 체적효율과 배기효율이 저하되며, 밸브가 작동될 때 소음이 발생하고 밸브 면과 시트가 충격적으로 접촉하여 손상을 받기 쉽다.

5.3.4. 밸브 회전기구(valve rotator)

일반적으로 밸브는 상하 왕복운동을 하면서 밸브 기능을 한다. 그러나 밸브 회전기구가 장착된 밸브는 밸브가 회전하면서 왕복운동을 하기 때문에 여러 가지 이점을 얻을 수 있다. 물론 밸브가 작동할 때 밸브스프링이 압축되고 늘어남에 따라 밸브가 어느 방향으로든 약간씩 회전하게 되나 방향과 회전 정도가 달라서 특정 부위의 밸브 면과 밸브시트가 접촉하여 그 부분이 고온으로 된다.

또한 밸브스프링의 장력은 밸브가이드 중심선에 대하여 원둘레 방향으로 돌아가면서 일정하지 않기 때문에 밸브 면과 밸브시트, 밸브 스템과 밸브가이드가 불균일하게 접촉함으로서 편 마모가 일어나고 카본이 퇴적되어 밀착 불량 및 밸브 손상을 유발한다. 밸브 회전기구를 장착하여 밸브의 회전으로 밸브의 소손 원인이 되는 카본을 제거하고, 밸브 스템과 가이드사이에 카본이 쌓여 발생하는 밸브고착을 방지한다. 밸브 면과 시트사이 편마멸을 방지하고, 밸브회전에 의하여 밸브헤드의 온도를 일정하게 한다.

[1] 판 스프링식(plate spring type)

보통 밸브 회전장치는 배기밸브에 사용되고 있고 코일스프링, 플레이트스프링 및 리테이너로 구성된 로테이터(회전장치) 바디에 설치되어 있다. 링 형상의 코일스프링은 로테이터(rotator) 바디의 홈에 끼워져 있고, 밸브스프링이 설치될 때에 플레이트 스프링에 의하여 약간 평평해진다.

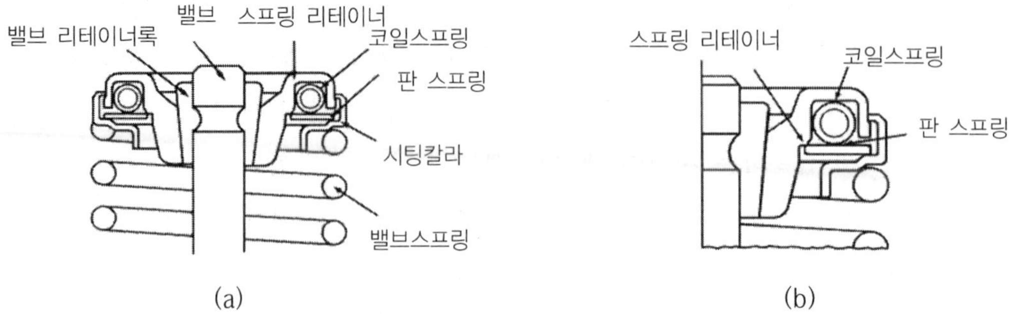

그림 54. 판스프링의 구조

① 밸브가 열릴 때 밸브스프링은 압축되고, 장력은 증가한다. 이에 따라 플레이트 스프링의 외주에 위방향으로 약간의 굴곡이 발생하고, 코일스프링을 더 평평하게 한다. 이때 발생하는 회전이 로테이터 보디를 회전하게 한다. 이때 포인트 A는 슬라이드 하지만, 포인트 B와 C는 슬라이드 되지 않는다.

② 밸브가 닫힐 때는 밸브스프링이 팽창하고 스프링의 장력은 약해진다. 플레이트 스프링의 굴곡되면 수축하기 시작하고, 코일스프링이 원래의 상태로 돌아가게 해준다. 이 때 포인트 B와 C에서 슬립이 발생하고, 이 동안에 포인트 A에는 슬립이 발생하지 않는다. 따라서 로테이터 보디는 밸브가 열릴 때처럼 동일한 위치에 있게 된다.

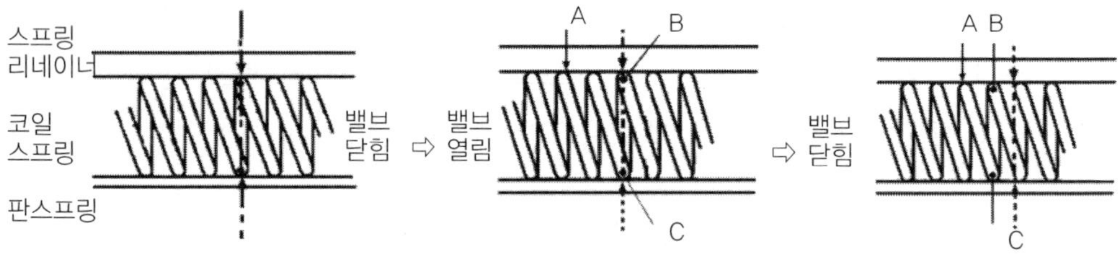

그림 55. 판 스프링식 회전장치

[2] 릴리스형식(release type)

스프링 리테이너 록이 록과 팁 컵(tip cup)의 두 부분으로 되어있다. 릴리스형식의 작동은 밸브 리프터가 팁 컵을 밀면 팁 컵이 리테이너를 리테이너는 밸브스프링을 밀어 밸브를 열어준다. 이 때 밸브는 밸브 스템 끝 간극에 의하여 자유로운 상태가 되어 밸브는 엔진의 진동에 의하여 회전하게 된다. 이 형식은 설치와 구조가 간단하여 많이 사용되고 있다.

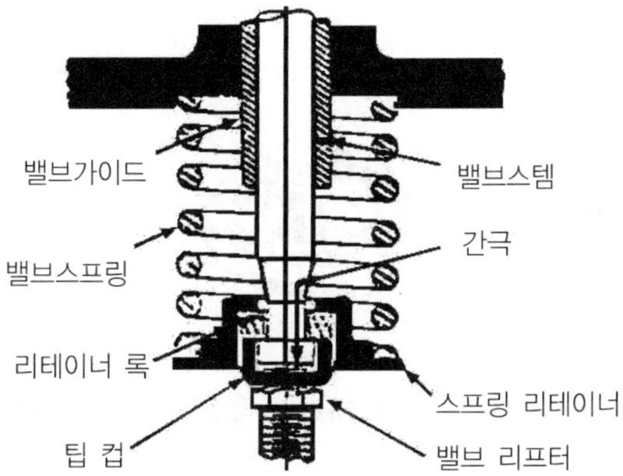

그림 56. 릴리스형식 회전장치

[3] 밸브 스템 옵셋형식(valve stem offset type)

밸브를 회전시키기 위한 방법으로 요즈음 밸브 스템을 옵셋시키는 방법을 주로 사용하고 있다. 밸브 스템의 중심에 대해 록커 암을 옵셋시켜 로커암의 상하운동에 의해 밸브는 상하운동과 회전운동을 동시에 행하는데 최근의 자동차들은 흡·배기밸브를 모두 회전시키게 되어 있다.

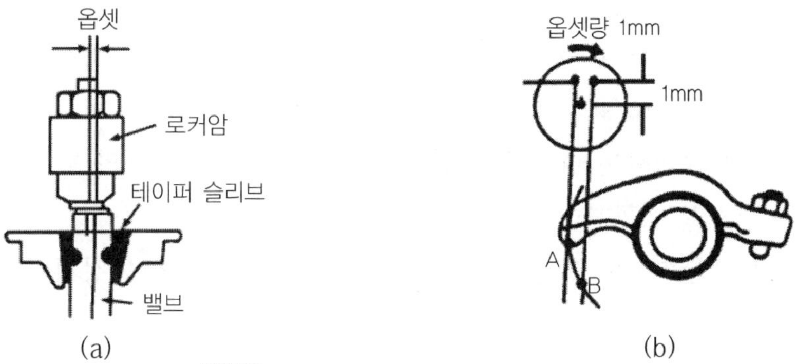

그림 57. 밸브 스템 옵셋형식

[4] 포지티브형식(positive type)

이 형식은 밸브가 열릴 때마다 강제로 밸브를 회전하는 구조로 되어 있으며 시팅 칼라와 플렉시블 와셔 그리고 로터볼 등으로 구성되어 있다. 포지티브형식의 작동은 캠이 회전하여 리프터를 밀면 로커암이 밸브를 밀고, 이때 시팅 칼라에 큰 압력이 작용하고 플렉시블 와셔를 눌러 볼에 압력을 전달한다.

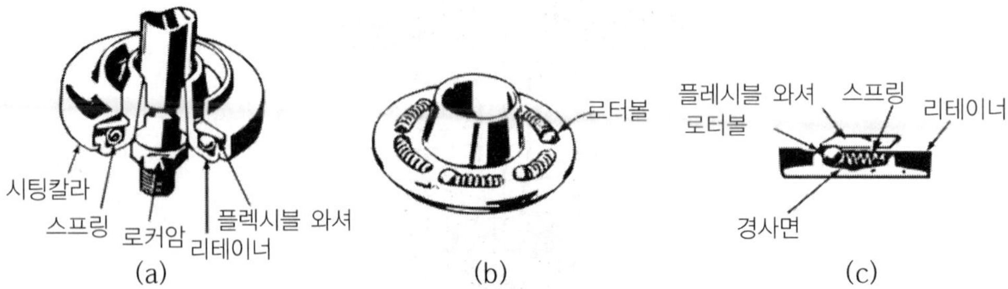

그림 58. 포지티브형식의 구조 작동

따라서 볼이 경사면을 굴러 내려가면서 리테이너가 조금씩 회전하게 된다. 다시 밸브가 닫혀 스프링 압력이 감소되면 볼이 제자리로 돌아가고 다시 다음의 밸브운동을 시작한다.

5.3.5. 유압식 밸브 리프터(hydraulic lifter)

유압식 밸브 리프터는 밸브간격이 부품의 온도차나 팽창에 따라 달라지는 것을 자동적으로 알맞게 유지될 수 있도록 한 것이며 항상 밸브 틈새를 0으로 유지하므로 제로 래시 밸브 리프터(zero lash valve lifter)라고도 한다. 유압식 밸브 리프터의 장점은 다음과 같다.

① 엔진 윤활장치에서 공급되는 유압을 이용한다.
② 밸브간극 점검 및 조정이 필요 없고, 작동이 정숙하다.
③ 밸브기구에서 발생하는 충격을 오일이 흡수하므로 밸브기구의 내구성이 크다.
④ 밸브 개폐시기가 정확하여 엔진 성능이 향상된다.
⑤ 오일펌프나 윤활회로에 고장이 발생하면 작동이 불량하거나 정지한다.
⑥ 구조가 복잡하다.

직동식 유압 리프터 작동상태로서 밸브가 상승(lift)하고 있지 않으면 그림 59(a)에서 보듯이 기본원주에 접하고 있어 밸브간극은 "0"이 된다. 그림 59(b)에서 보듯이 캠 롤러와 직동식 유압 리프터가 접촉하게 되면 개변하기 시작해서 밸브 스프링의 힘과 밸브의 가속력은 직동식 유압 리프터의 안쪽 플런저의 면적과 고압실의 압력에 상응하고 고압실내의 압력이 높기 때문에 오일은 안쪽 플런저와 바깥쪽 플런저 간에 미세한 간극으로부터 미소량이기는 하지만 누설된다.

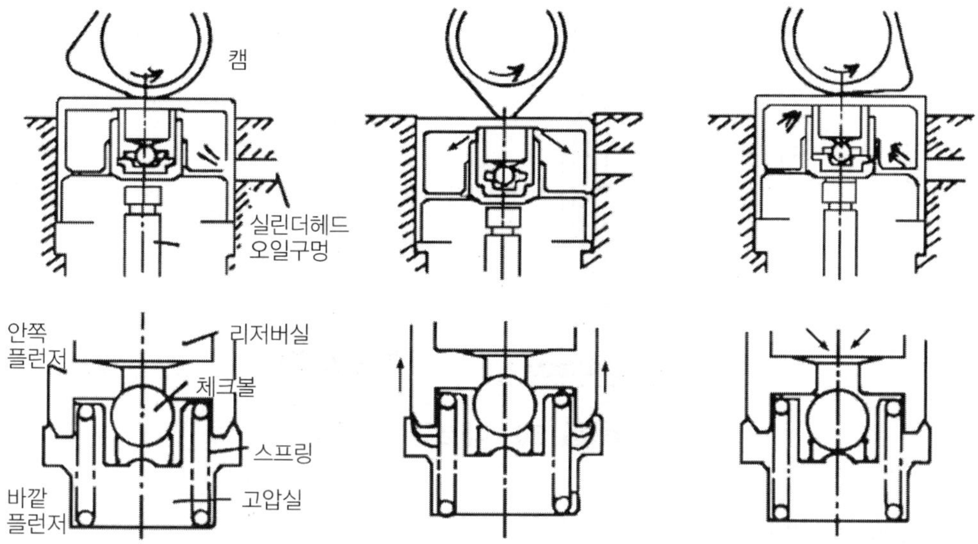

(a) 기본원주 (b) 캠 리프트 (c) 밸브 리턴

그림 59. 직동식 유압 리프터의 작동

누설된 만큼의 고압실은 수축하고 그림 59(c)에서 보듯이 캠 롤러가 끝나기 직전에 밸브는 리턴한다. 이것에 의해 밸브의 리턴속도를 비정상으로 크게 해서 리턴음을 발생시키는 일은 없다. 리턴시에는 밸브와 바깥쪽 플런저 간에 생기는 간극은 스프링에 의해서 보정되어 바깥쪽 플런저는 하강하여 고압실내에 압력은 부압으로 되어 볼 체크밸브를 통해서 엔진오일 펌프로부터의 압력오일이 고압실내에 공급되어 다음 동작에 대비한다.

5.4. 나트륨 냉각밸브

흡입밸브는 흡입되는 혼합기에 의해 다소 냉각이 되기 때문에 별 문제가 되지 않지만 배기밸브는 작동 온도가 높기 때문에 냉각시킬 필요성이 있다. 밸브가 받는 열이 밸브 시트와 밸브가이드를 통하여 실린더헤드에 있는 물 재킷으로 전달되는데 이때 밸브 스템과 밸브가이드를 통하여 전달되는 열의 전도성을 높이기 위해서 스템과 밸브 헤드를 중공(中空)으로 하여 그 체적의 60% 정도를 나트륨으로 채운다.

나트륨이 97℃ 부근에서 액화되어 밸브의 상하운동에 의해 액체상태의 나트륨도 유동운동을 하면서 헤드가 받는 열을 빠른 속도로 밸브 스템으로 전달하여 밸브헤드의 온도를 약 100℃ 정도 낮추어 준다.

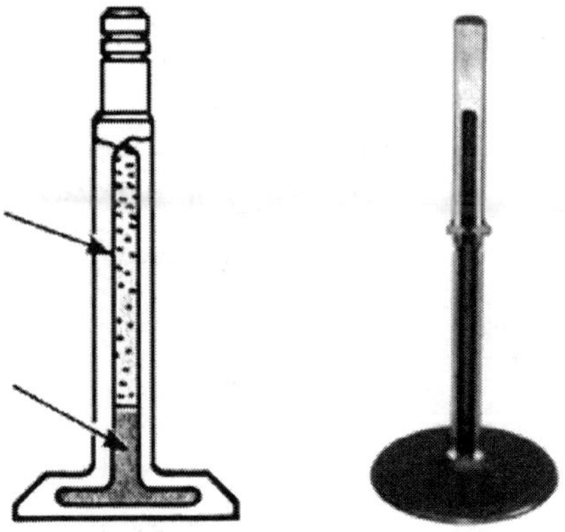

그림 60. 나트륨 냉각밸브

5.5. 멀티밸브 엔진(multivalve engine)

최근에는 엔진의 고속화, 고출력화, 연료 소비율 향상이라는 서로 대립되는 요소를 동시에 만족시키기 위해 여러 가지 신기술이 엔진에 도입되었다. 그 중의 하나가 엔진의 멀티 밸브화이다. 예전에는 실린더 1개당 흡・배기밸브 1개씩 장착되는 것이 보편적이었으나 최근에는 실린더 당 밸브가 3개, 4개, 5개 심지어 6개까지 장착되는 경우도 있다. 엔진의 출력을 증대시키는 방법은 여러 가지가 있겠으나 엔진의 회전속도를 높여도 출력은 향상된다.

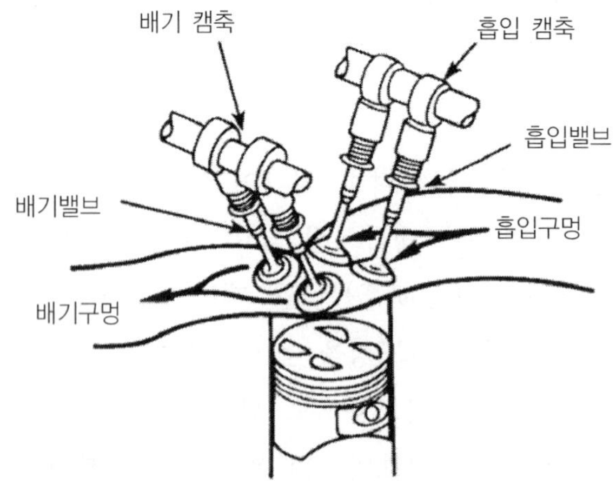

그림 61. 멀티밸브 엔진에 사용되는 크로스플로우 방식

그러나 엔진이 고속영역일 경우 밸브 개폐가 빨라지면서 흡입저항으로 인하여 체적효율이 저하되고 또한 배기효율도 저하된다. 따라서 고속영역에서 혼합기를 충분히 공급하고 배기가스를 완전히 배출하기 위해 밸브 크기를 크게 하거나 밸브의 개수를 증대시켜야 한다. 밸브크기를 증대시키면 밸브 관성으로 인한 작동지연과 밸브 면과 시트가 접촉될 때 충격을 많이 받기 때문에 바람직하지 않다. 대안은 밸브 개수를 증대시키는 멀티밸브화뿐이다.

연소실 형상은 일반적으로 지붕형(pent roof)으로 되어 있고 작동 유체가 연소실을 횡단하는 크로스 플로(cross flow)방식을 채택하고 있다. 이처럼 4밸브는 2밸브에 비해 밸브 면적이 20~30% 정도 증가하며 밸브 무게도 가볍기 때문에 엔진의 고속회전 한계를 높일 수 있고 또한 밸브 가속도를 크게 할 수 있어 저속성능을 저하시키지 않으면서 고속성능을 얻을 수 있다. 따라서 멀티밸브 엔진(4밸브)은 엔진의 고성능화에 필요한 3대 요건인 높은 체적효율, 높은 연소효율, 고속운전을 모두 갖추고 있는 엔진으로 특히 고속에서 성능을 발휘한다.

5.6. 밸브개폐시기

엔진은 혼합기를 흡입하고 배기가스를 배출하는 일종의 펌프작용을 하기 때문에 가급적이면 많은 양의 혼합기를 낮은 흡입저항으로 흡입하고 배기가스를 원활히 배출함으로써 출력을 향상시킬 수 있다. 그림 62는 4행정 사이클 엔진의 밸브 개폐시기 선도이다.

흡입밸브는 상사점 전에서 약간 빨리 열어주어 흡입행정이 시작될 때 유효 유동면적을 크게 하여 체적효율을 향상시킨다. 또한 실린더 내의 압력이 흡기다기관의 압력과 거의 같아지는 상사점 후에 흡입밸브를 닫아주어 흡입기간을 길게 한다.

밸브 개폐 시기 선도에서 흡입밸브가 열려 있는 기간을 그림 62에서 크랭크축의 회전각도로 표시하면 10° + 180° + 50° = 240° 이다. 한편 배기밸브는 동력행정 말기의 하사점 전에서 열리는데 이는 유효 팽창 비율과 팽창일은 감소되지만 피스톤이 하사점에서 상사점으로 올라갈 때 펌프 일이 감소되어 보상된다. 배기밸브는 상사점 후에서 닫힌다. 이때 배기밸브가 열려 있는 기간은 크랭크축의 회전각도로 50° + 180° + 10° = 240° 이다.

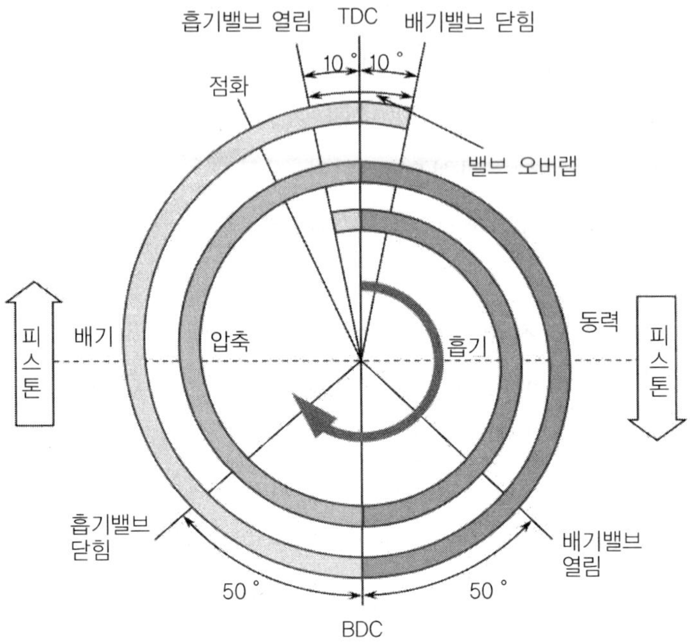

그림 62. 4행정 사이클의 밸브개폐시기 선도

이렇게 흡입밸브와 배기밸브를 약간 빨리 열고 늦게 닫으면 배기행정 말기, 흡입행정의 초기에 피스톤이 상사점 부근에 있을 때 흡입밸브와 배기밸브가 동시에 열려 있다. 이를 밸브 오버랩(valve overlap)이라 하는데 고속엔진과 고급엔진에서는 특히 이 기간을 길게 한다. 밸브 오버랩이 길면 고속회전에서 맥동효과와 관성효과를 효과적으로 이용할 수 있어 체적 효율이 향상된다.

그러나 밸브 오버랩이 너무 길면 공전할 때와 저속에서 배기가스가 역류하여 역화현상을 일으키고 흡기다기관을 오염시킬 수 있다. 또한 전 부하상태에서는 일부 미연소 혼합기가 바로 연소실을 통과하여 배출되므로 연료소비율도 좋지 않게 된다. 특히 공전에서는 연소실의 잔류 가스량이 증가하여 엔진 부조현상이 일어나기 쉽다.

5.7. 밸브타이밍 가변제어 타이밍장치(VVTS : variable valve timing system)

밸브타이밍 가변제어장치는 엔진의 부하와 회전수 조건에 따라 밸브타이밍을 조절함으로써 흡입효율이 증가하고 따라서 토크가 증가된다. 그리고 VVT를 사용하면 밸브오버랩이 증대되어 불활성가스인 배기가스가 연소 온도를 낮추어 질소산화물의 발생을 줄인다. 그러나 HC 배출가스는 다소 증대된다.

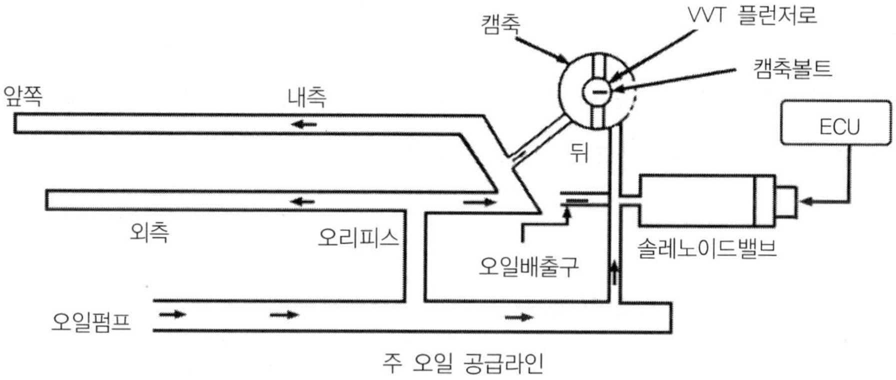

그림 63. VVT 오일 회로도

캠축에 구동되는 밸브구동장치는 배기측 캠축 풀리와 벨트로 연결되어 배기캠축과 흡기 캠축은 체인에 의해 구동되며 VVT 플런저는 배기캠축 뒤편에 장착되어 있다. 배출구는 닫히게 되며 VVT 볼트 구멍을 통해 중간 헬리컬 기어가 리턴스프링 힘을 이기고 이동된다.

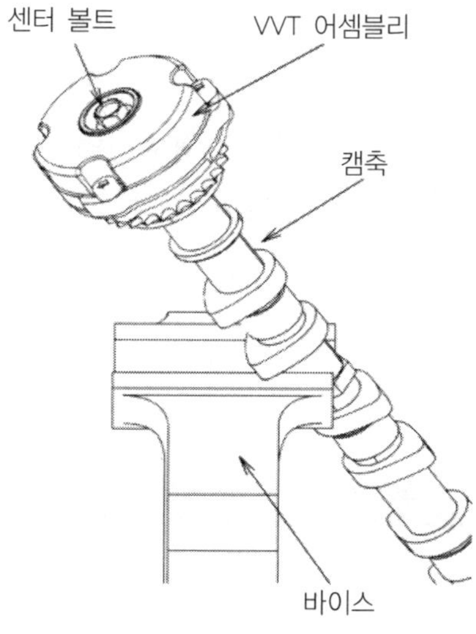

(a)

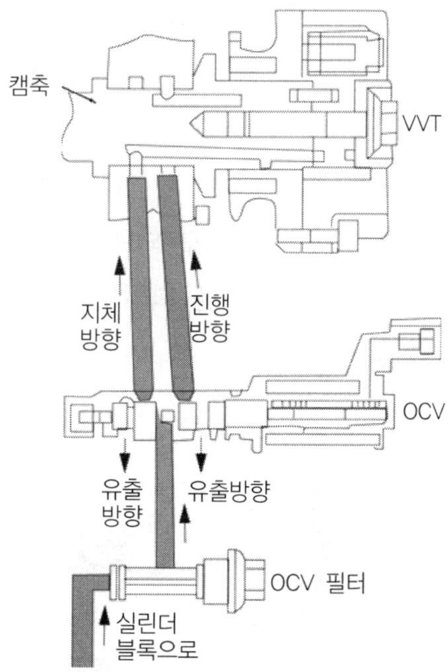

(b)

그림 64. VVT 단면도

이와 동시에 헬리컬 기어와 외접하고 있는 컨트롤 스프로켓 체인에 연결되어 흡입캠축을 회전시켜 밸브타이밍을 20° 가량 변화시킨다. VVT복귀는 ECU에서 VVT OFF 신호 출력시 솔레노이드밸브가 OFF되면서 오일 배출구는 개방되어 리턴스프링 힘에 의해 중간 헬리컬 기어가 원위치로 복구되는 동시에 흡입캠축을 회전시킨다. 그러므로 밸브타이밍은 원래대로 복귀된다.

표 VVT장치의 밸브타이밍

VVT상태	엔진 조건	밸브타이밍
VVT ON(IO/IC)	High Load	16/36
VVT OFF(IO/IC)	Low Load	-4/56

6 캠축과 캠

6.1. 캠축

캠축에는 엔진의 밸브 수와 같은 수의 캠이 배열되어 있고, 캠축은 캠을 구동시키는 축으로 흡·배기밸브가 서로 다른 위치의 각도로 배열되어 있고 캠과 일체로 단조 또는 주조된다. 일반적으로 크랭크축의 스프로켓 기어와 캠축의 스프로켓 기어가 서로 연결되어 있으며 실린더헤드에 조립되어 지지되어 있다.

캠축은 장시간 사용하여도 휨이나 마멸이 작아야 하며 휨이 발생하면 밸브 양정이 달라져 엔진성능에 영향을 미치게 되므로 보통 주철을 사용하며 캠의 면은 경화되어 있다. 또한 저탄소강이나 중탄소강을 화염경화 또는 고주파 침탄법을 이용하여 경화시킨 것이 사용되기도 한다.

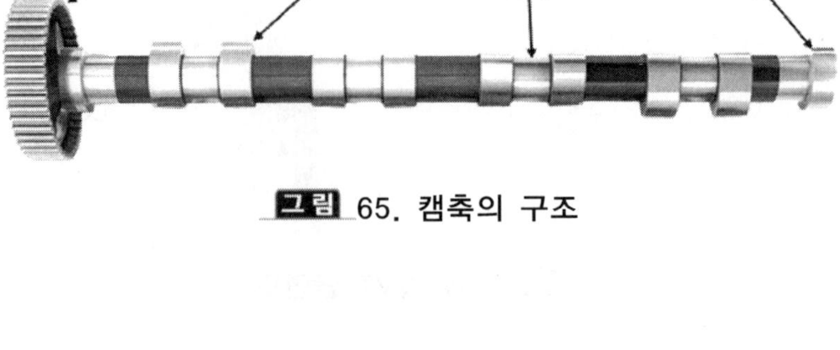

그림 65. 캠축의 구조

6.2. 캠

캠은 캠축과 일체로 주조 또는 단조되어 있으며 재료는 내마모성이 강한 주철을 사용하며 캠의 표면을 경화시킨 것과 니켈 크롬강의 단조품을 많이 사용하고 있다. 캠은 어느 모양이나 밸브 태핏과 접촉하고 있기 때문에 그 부분의 미끄럼마찰과 그로 인한 마모를 적게 하기 위해 접촉면에 있어서 태핏이 밑면이나 캠면을 원호로 해야 한다.

6.2.1. 캠의 구비조건

① 밸브가 열기 시작할 때는 밸브에 충격을 주지 않도록 하고 밸브가 열리기 시작하면 열림속도가 신속해야 하고, 밸브가 열려 있는 기간이 길어야 한다.

② 밸브가 닫힐 때는 되도록 속도를 낮추어야 한다.

6.2.2. 캠의 종류

[1] 접선 캠(tangential cam)

접선 캠은 태핏과 닫는 캠의 측면이 직선으로 되어 있고 밸브의 개폐가 급격하여 가속도의 변화가 심하고 밸브시트에 큰 충격을 주므로 고속용 엔진에는 적당치 않다.

[2] 볼록 캠(convex cam)

일반적으로 자동차에는 이 형식이 많이 사용되며 캠의 측면이 원호로 되어 있어 원호 캠이라고도 한다. 이 형식은 비교적 제작이 용이하고 밸브기구의 충격이 접선 캠에 비하여 양호하여 많이 사용한다.

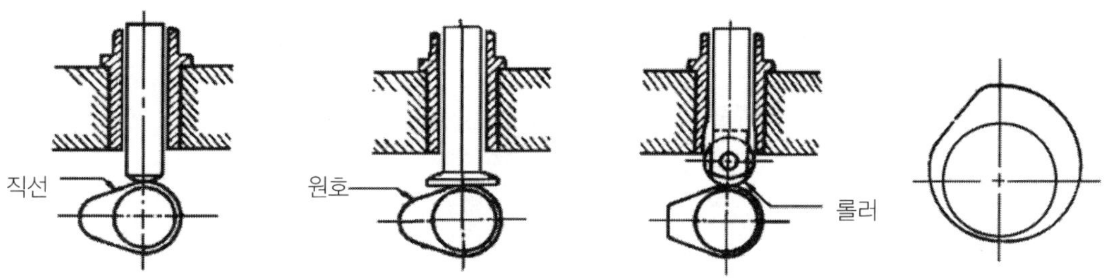

(a) 접선 캠 (b) 볼록 캠 (c) 오목 캠 (d) 비례 캠

그림 66. 캠의 결합상태 및 종류

[3] 오목 캠(concave cam)

밸브의 가속도가 일정하여 등가속도 캠이라고도 하며 육상용 대형엔진에 사용되며 태핏과의 접촉면이 오목하여 태핏 끝이 둥글거나 롤러로 된 롤러 태핏과 조합하여 사용한다.

[4] 비례 캠(proportional cam)

비례 캠은 볼록 캠의 일종으로 특정 회전수에서 밸브기구의 변형을 고려하여 제작된 것으로 캠의 가속도 변화를 원활하게 하여 밸브기구에 충격이 발생되는 것을 방지하는 작용을 하는데 밸브의 가속도가 크면 밸브운동의 속도가 빠르게 되어 관성력이 커지기 때문에 밸브기구의 각부 중량을 가볍게 하여 관성력의 영향을 적게 하거나 캠의 가속도 변화가 원활하게 이루어지도록 하기 위하여 캠에 필요한 변위를 주어야 한다.

6.2.3. 캠의 각부 명칭

[1] 기초원(basic circle)

캠의 기초가 되는 원이다.

[2] 플랭크(flank)

캠축이 회전하여 밸브가 열리는 시점에서 완전히 열리는 시점까지 캠과 태핏의 접선부분을 말한다.

[3] 노즈(nose)

밸브가 완전히 열렸을 때 태핏과 접하는 부분으로 캠의 맨 윗면을 말한다.

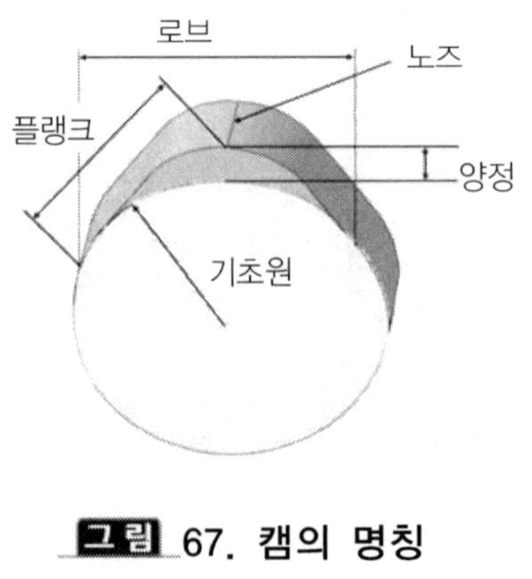

그림 67. 캠의 명칭

[4] 로브(lobe)

밸브가 열리는 시작점에서 밸브가 완전히 닫히는 끝점까지의 직선거리를 말한다.

[5] 양정(lift)

밸브가 열리는 높이로 전체 캠의 높이에서 기초원을 뺀 값을 캠 양정이라 하며 흡기와 배기에 큰 영향을 미친다.

6.3. 캠축 구동방식(cam shaft train type)

캠축의 구동은 일반적으로 기어나 체인을 사용하여 구동되며 최근에는 내측에 치형을 붙인 유리 섬유를 포함한 고무벨트인 콕 벨트(cocked belt)에 의한 방식도 많이 사용되고 있다. 4행정 사이클 엔진의 캠축은 엔진회전의 1/2회전하며 크랭크축 회전에 대한 밸브 개폐시기를 정확히 맞추어야 하므로 각각의 기어나 스프로켓에 타이밍마크(mark)가 새겨져 있다.

6.3.1. 기어 구동식(gear train)

크랭크축에 결합된 기어와 캠축에 결합된 기어가 기어비 1 : 2로 맞물려 돌아가 크랭크축 2회전에 캠축은 1회전하도록 되어 있다. 기어에는 회전이 원활하고 소음을 줄이기 위하여 헬리컬 기어를 주로 사용하며 크랭크축 타이밍기어는 크롬강 또는 저탄소 침탄강을 사용하며 캠축 타이밍 기어는 소음방지를 위하여 비금속 재질인 베클라이트(bakelite, 합성수지)를 사용한다.

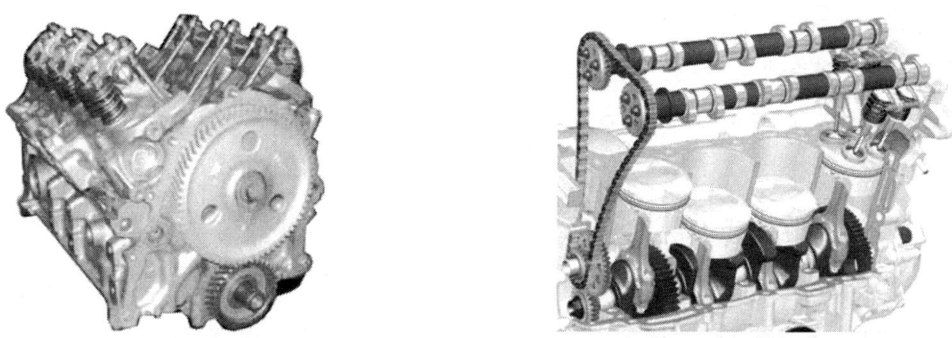

(a) 기어 구동식 (b) 체인 구동식

그림 68. 캠축 구동방식

6.3.2. 체인 구동식(chain train)

캠축의 구동에 체인이나 콕 벨트를 이용하는 형식으로 체인에는 투드 체인(toothed chain)과 롤러체인(roller chain)이 사용되며 체인을 사용하면 다음과 같은 이점을 얻을 수 있다.

① 소음이 적으며, 캠축의 위치를 임의로 정할 수 있다.

② 미끄럼 없이 일정한 속도비를 유지할 수 있으며, 충격을 흡수할 수 있다.

③ 큰 동력을 전달할 수 있고 동력전달의 효율이 높다.

④ 내열, 내유, 내습성이 크며, 유지 및 수리가 쉽다.

⑤ 구조가 복잡하고 진동 및 소음의 원인이 된다.

그러나 체인이 늘어나면 밸브 개폐시기가 틀려질 우려가 있으며 체인의 장력을 자동 조정하는 텐셔너(tensioner)나 체인의 헐거움을 바로잡는 댐퍼(damper)를 사용한다. 사일런트 체인은 스프로킷 치차인 이(齒)를 물고 회전하기 때문에 소음이 발생되지 않으며, 마디가 기어 이(齒) 모양으로 되어 있기 때문에 투드 체인(toothed chain)이라고도 한다.

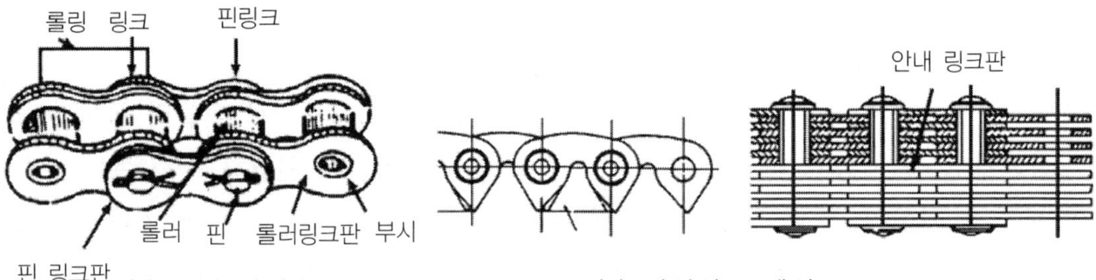

(a) 롤러 체인 (b) 사일런트 체인

그림 69. 타이밍 체인

6.3.3. 벨트 구동식(belt drive type)

크랭크축과 캠축에 스프로켓(sprocket)을 설치하고 타이밍 기어나 체인대신에 벨트를 사용하여 캠축을 구동하는 방식으로서 캠축과 크랭크축의 축간거리가 긴 엔진에 사용된다.

스프로켓의 재질은 강 또는 주철이 사용되고 양 스프로켓의 잇수비는 타이밍 기어와 같이 2 : 1이며, 합성 고무제의 벨트에는 기어 이(齒) 모양의 돌기가 있고 유리섬유를 포함한 고무벨트로 구동될 때 스프로켓 홈에 벨트의 돌기가 맞물려 회전한다.

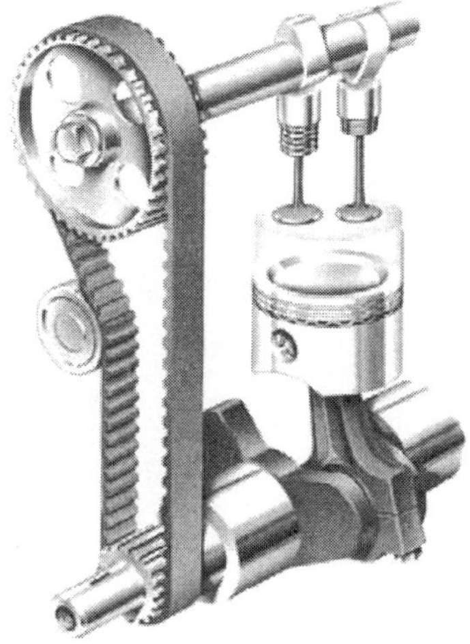

그림 70. 벨트 구동식

벨트 구동식은 벨트의 장력을 조정하는 텐셔너(tensioner)와 아이들러(idler)가 설치되어 밸브 개폐시기가 틀려지지 않도록 한다. 벨트 구동식은 체인 구동식과 달리 소음이 발생되지 않고 윤활이 필요 없으며, 벨트를 빼거나 끼울 때에는 손으로 작업할 수 있어 작업성이 높고 장기간 무교환식 벨트가 장착되기도 한다.

CHAPTER

03

가솔린 윤활장치

CONTENTS

1 윤활장치의 개요

자동차용 엔진에는 크랭크축, 캠축, 밸브 개폐기구, 각종 베어링, 피스톤과 실린더 등이 운동하면서 상호간에는 기계적 마찰이 존재하며, 그 마찰현상은 매우 다양하게 작용한다. 엔진 작동시 각 마찰부위에는 마찰열이 발생되며 열과 마찰저항이 과도하게 축적되면 베어링과 부품들이 고착될 수 있다.

윤활장치(lubrication system)는 엔진 내부의 각 마찰요소에 윤활유를 공급하여, 마찰손실과 부품의 마멸을 최소화하여 기계효율을 향상시키고, 엔진수명을 연장시켜 주는 역할을 한다. 운전 중 충분한 윤활이 되지 않으면 마찰이 증가하게 되며, 심하면 베어링과 피스톤이 소결을 일으키기도 한다.

이와 같이 엔진의 움직이는 면에 유막(oil film)을 형성하게 하여 마찰이 작은 유체마찰로 바꾸어 주는 것을 윤활이라 한다. 이때 사용되는 오일을 윤활유(lubricant)라 하고, 유막을 형성하는데 필요한 오일 공급장치를 윤활장치라 한다.

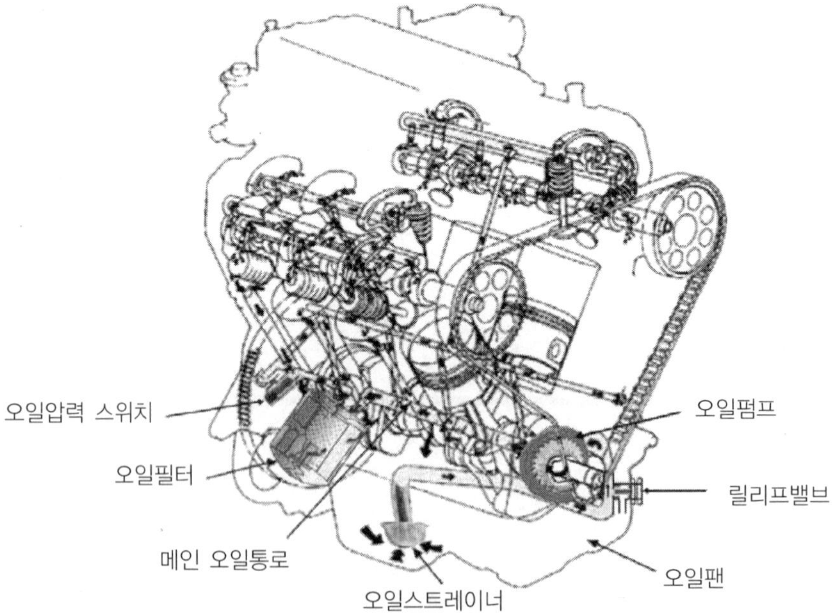

그림 1. 윤활장치의 구조

윤활장치는 엔진오일을 보관하는 오일 팬(oil pan)과 오일을 압송시키는 오일펌프(oil pump), 오일의 불순물을 걸러주는 오일필터(oil filter), 엔진 각부에 오일을 전달하는 통로인 오일 갤러리(oil gallery)로 구분할 수 있다.

1.1. 윤활유의 작용

[1] 감마작용(anit-friction)

윤활유의 고유 특성으로서의 윤활작용을 말하며, 금속 접촉부에 유막을 형성하여 금속의 직접적인 고체마찰을 방지하여 베어링 및 금속부의 마모를 최소화한다.

[2] 밀봉작용(sealing)

실린더와 피스톤사이에 유막을 형성하여 압축가스 및 연소가스가 누설 않도록 기밀을 유지하여 밀봉작용을 한다.

[3] 냉각작용(cooling)

윤활유는 엔진 각 부에 발생되는 마찰열을 흡수하여 방열하는 작용을 하며 이러한 냉각작용으로 엔진의 각 마찰부가 마찰열에 의하여 눌어붙는 것을 방지한다.

[4] 청정작용(cleaning)

오일은 오일펌프에 의하여 엔진 각 부를 순환하며 이때 불순물을 흡수하여 윤활부를 깨끗하게 한다.

[5] 방청작용(anti-corrosion)

금속의 각 부분은 수분이나 공기 또는 이상가스와 접촉하면 녹슬거나 부식한다. 따라서 윤활유는 수분이나 부식성가스가 금속부에 직접 접촉하지 않도록 막거나 제거하는 역할을 한다.

[6] 응력 분산작용(stress distribution)

윤활부에는 엔진의 작동에 따라 국부적으로 순간적인 큰 압력이 작용하여 유막을 파괴시킬 수가 있으며 이때 윤활유는 이러한 국부적으로 작용하는 압력을 전체에 분산시키는 작용을 응력 분산작용이라 한다.

1.2. 윤활유의 요구특성

[1] 점도가 적당할 것

점도는 윤활유 성질 중 가장 중요한 성질로써 윤활유의 끈적끈적한 정도를 나타내며, 윤활유는 어느 경우의 윤활에서든지 윤활상태를 유지하려면 온도와 압력에 알맞은 한계점도를 유지하여야 한다. 한계 점도에는 2가지가 있는데 그 하나는 실린더의 최고 온도에서 필요한 최저 점도이며, 또 다른 하나는 한랭 상태에서 오일펌프 작동이 가능한 최고점도이다.

[2] 점도지수가 커 온도와 점도와의 관계가 적당할 것

윤활유의 점도는 온도가 상승하면 점도가 낮아지고, 온도가 낮아지면 점도가 높아지는 성질이 있는데 이 변화 정도를 표시하는 것을 점도지수라 한다. 점도지수가 높은 윤활유일수록 점도변화가 작다. 윤활유는 점도지수가 120~140 정도이다.

[3] 인화점 및 자연 발화점이 높을 것

윤활유의 인화점 및 발화점이 낮으면 엔진의 작동 중 열을 받으며 또한 마찰열이 발생하므로 윤활유의 증발손실이 커지므로 윤활유 소비량이 증가하는 원인이 된다.

[4] 강한 유막을 형성할 것(유성이 좋을 것)

윤활유는 윤활유 막 형성력이 좋아야만 금속 상호간의 직접접촉을 피하고, 윤활유 막에 의하여 운동부분을 지지하여 원활한 작용을 할 수 있다. 윤활유 막 형성이 파괴되면 금속상호간에 고체마찰이 발생하여 마멸이 증가하며 고착이 일어나기 쉽다.

[5] 응고점(凝固點)이 낮을 것

윤활유의 응고점은 윤활유를 냉각시킨 경우에 응고하여 유동성을 잃기 시작할 때의 온도를 말하며, 이것보다 2.5℃ 높은 온도를 유동점이라 한다. 점도가 높은 윤활유는 응고점이 높으며, 같은 점도의 경우에서도 원유의 종류에 따라서 다르나 응고점이 낮으면 유동점도 낮기 때문에 저온에서 유동성이 좋아진다.

[6] 비중이 적당할 것

윤활유의 비중은 정제한 윤활유의 종류, 증류 온도에 따라서 다르나 일반적으로 0.86~0.91 정도이다.

[7] 기포발생 및 카본생성에 대한 저항력이 클 것

윤활유가 실린더 내에서 연소하여 카본을 생성한다. 카본생성은 실린더 내 또는 윤활계통의 슬러지를 만드는 주요 원인이 되며, 이 카본이 피스톤 링 홈에 들어가면 링의 고착을 일으킨다. 또한 가스의 블로바이, 압축 압력저하, 윤활유의 과잉소비, 실린더 벽 등의 손상을 일으킨다. 카본은 점화플러그를 오손하고, 연소실에 퇴적되어 조기 점화나 노크의 원인이 되며 엔진의 과열을 초래하므로 출력을 저하시킨다.

[8] 열과 산에 대하여 안정성이 있을 것

윤활유는 고온에서 사용되므로 가열되며, 또한 많은 양의 공기와 접촉하기 때문에 공기중의 산소와 결합하여 산화되는 경향과 그밖에 산성 물질에 의하여 산화되어 슬러지 등을 형성하는 일이 없어야 한다.

윤활유의 산화 및 연소에 의하여 발생한 산화 생성물은 베어링을 침식하여 부식시키고 또한 윤활유의 원활한 순환을 방해하므로 열과 산에 대해 충분한 안정성이 있어야 한다.

1.3. 엔진의 마찰과 마멸

1.3.1. 마찰의 분류

마찰이란 접촉하는 2개의 물체가 상대운동을 할 때 작용하는 저항력을 말하며, 그 기본 형태에는 접촉면의 상황만을 놓고 봤을 때 크게 건조마찰(윤활)과 습식마찰(윤활)로 나뉘며, 습식마찰에는, 경계마찰, 혼합마찰, 유체마찰 등으로 나눌 수 있다.

[1] 건조마찰(dry friction)

이이 마찰은 고체마찰(solid friction)이라고도 부르며, 고체 표면사이의 마찰로 상대 운동하는 두 물체의 마찰표면의 요철 부분이 서로 직접 접촉하여 발생하는 마찰로서 그 사이에는 유막이 전혀 없는 상태이다. 고체마찰이 증대되면 마찰면의 온도가 상승하고 두 마찰 면은 국부적으로 융착 되었다 분리 되었다를 반복하게 된다. 이로 인해 표면 거칠기가 더욱 거칠어지게 되고 결국은 심하게 마멸이 된다.

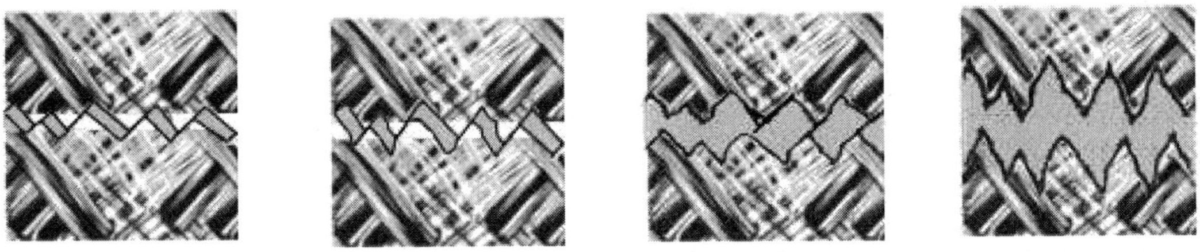

(a) 건식마찰 (b) 경계마찰 (c) 혼합마찰 (d) 유체마찰

그림 2. 마찰의 분류

[2] 경계마찰(boundary friction)

이 마찰은 고체표면에 단일 분자층부터 수 1000Å(angstrom, 10^{-8}cm)까지 이르는 액체 및 기체의 막이 부착된 상태(경계윤활)이다. 이때 고체 표면의 마찰이나 마멸을 충분히 저하시킬 수는 없으나 건조마찰에 비해서는 매우 양호한 편이다. 이 경우 마찰계수는 보통 0.05~0.20 범위에 있다.

[3] 혼합마찰(mixed friction)

혼합마찰은 접촉표면의 돌기들의 간헐적인 접촉과 부분적인 유체윤활이 혼합되어 있는 마찰을 말한다. 이때 마찰계수는 0.004~0.10 정도의 범위에 있고 접촉 표면의 약간의 마모도 수반하게 된다.

1.3.2. 마찰작용

건조마찰은 직접적으로 하중을 전달하는 미시적인 실제 접촉부분의 전단저항에 의한 것이 대부분이며, 이때의 마찰은 거의 쿨롱(coulomb)의 법칙에 따른다.

즉, 마찰력 Fd는 마찰속도나 외견상의 접촉면적에 관계없이 수직 하중 P에만 비례하며 이것은 다음 식으로 나타낸다.

$$Fd = \mu d \times P$$

μd : 건조 마찰계수

고체표면에 윤활유의 흡착성이 강한 분자가 흡착된 경우에는 마찰이 현저하게 저하되며, 경계마찰에서도 거의 쿨롱의 법칙이 적용되며 다음의 식으로 나타낸다.

$$Fb = \mu b \times P$$

Fb : 각각 경계마찰 하에서의 마찰력
μb : 각각 경계마찰 하에서의 마찰계수

유체마찰은 미끄럼 운동면사이에 충분한 두께의 윤활유 막이 형성되므로 이때의 마찰력은 윤활유 막의 전단력이다. 따라서 그 마찰법칙은 뉴톤의 법칙에 따르며 유체 마찰력 Ff는 다음 식으로 나타낸다.

$$Ff = \frac{K \times \phi \times v \times A}{ho}$$

K : 상수, φ : 윤활유 점도
ν : 마찰속도, A : 마찰 면적
ho : 윤활유 막의 두께

위에서 설명한 마찰의 형태는 모두 이상화된 개념이며, 전체 미끄럼운동 면이 균일한 마찰 상태로 되는 것은 아니다. 엔진의 윤활된 미끄럼운동 면은 위의 기본 형태가 혼합되어 소위 혼합 마찰상태로 된다. 따라서 전체의 마찰력 F는 다음 식으로 나타낸다.

$$F = Fd + Fb + Ff$$

즉, 윤활상태에 따라서 고체, 경계, 유체마찰에서 하중을 분담하는 비율이 달라진다.

1.4. 윤활유 첨가제

첨가제(additives)란 윤활유에 소량 첨가하는 것에 의해 윤활유에 요구되는 제 성능을 충분히 만족시키고 물리적 성질 및 화학적 성질을 개량하는 화학물질을 말한다. 일반적으로 윤활유는 점도에 따라 고급 윤활유와 보통급 윤활유로 나누며 고급 윤활유에는 자동차용 엔진유와 기어유, 공업용 기계유, 금속가공유, 선박 엔진유 등이 있으며 보통급 윤활유에는 자동차용 모터유, 공업용 스핀들유, 절연용 트랜스유 등이 있다.

윤활유 첨가제의 용도는 주로 점도지수가 85% 이상인 고급기유를 대상으로 하고 있어 윤활유 첨가제의 용도별 수요는 크게 자동차용·공업용·선박용으로 구분된다.

자동차용 고급윤활유에는 각종 첨가제가 함유되는데 가솔린자동차용 엔진유와 디젤차용 엔진유, 트랜스미션 기어유 및 디퍼런셜 기어유 등이 최근 활발히 시판되고 있는 제품으로 이들 제품에 투입되는 첨가제로는 최근 환경문제로 그 수요가 빠르게 증가하고 있는 청정분산제 등이 있으며 이 청정분산제(detergent dispersant)는 윤활유의 산화와 연료유의 연소로 발생하는 슬러지, 탄소질 등을 유중(油中)에 현탁 분리시켜 엔진 내부에 대한 침착을 방지하는 기능을 하는 첨가제로, 청정제라고도 한다. 보통 윤활유 유분을 원료로 하는 디티오 인산 에스테르의 바륨염, 칼슘염, 마그네슘염 등을 사용한다.

[1] 산화방지제(anti oxidant)

엔진의 오일은 높은 온도에서 사용되며, 연소생성물인 물, 먼지, 금속 등과 항상 접촉하기 때문에 산화가 쉽게 발생한다. 산화를 방지하기 위해 0.4~2.0% 첨가하며, 산화방지제는 페놀계열 화합물, 황 화합물, 아인산 에스텔, 아민류 등이 있다.

일반적으로 산화방지제는 유효기간이 있으며, 이 유효기간이 지나면 효과가 없어져 가속적으로 산화가 진행된다. 산화방지제는 온도가 상승하면 급격히 유효기간이 감소한다. 따라서 산화방지제의 사용한계를 넘은 오일을 계속 사용하면 고착을 일으킬 수 있으므로 알맞은 시기마다 교환하여야 한다.

[2] 점도지수 향상제(viscosity index improver)

폴리-알킬메타크리레이트, 폴리-이소브틸렌 등의 고분자 화합물이 사용된다. 이것은 고분자량의 화합물로 저온에선 부피가 작고 온도가 상승해서 용해성이 증가하면 플리머 분자가 늘어나 펴져 부풀은 상태로 되어 점성을 높여준다.

온도의 상승에 대한 점도의 저하정도를 작게 하기위해 0.5~10% 첨가된다.

[3] 유동점 강화제(pour point depressant)

납의 결정이 스펀지 구조를 형성하여 저온에서 유동성이 저하하는 것을 방지하기 위해 윤활유 중의 결정 표면에 보호막을 만들어 결정의 성장을 막고 유동점을 내리기 위해 0.1~1.0% 첨가된다.

[4] 청정 분산제(detergent dispersant)

청정 분산제는 윤활유 중에 생성하는 슬러지 등의, 침적방지와 산성물질의 중화 역할을 하는 첨가제로 작용기구로서 분산작용, 가용화작용, 중화작용을 행한다.

① 첨가제 분자가 금속표면에 흡착하고, 물과 산소의 침입을 막는다.
② 첨가제의 가용화작용에 의해 유중에 있는 물과 금속이 직접 접촉하는 것을 막는다.
③ 금속면에 부착한 물이 첨가제의 작용에 의해 오일과 교체되기도 한다.

[5] 부식 방지제(anti - corrosives corrosion inhibitor)

동이나 합금 등의 비철금속의 부식을 방지하기 위해 첨가되어 유중에 생성되는 산성물질의 불활성화 과산화물의 생성억제 및 동이나 합금과 반응해서 표면에 내식성이 보호막을 형성하는 작용이 있다. 오일 산화시 생성되는 과산화물에 의한 부식을 방지하기 위하여 유황 화합물을 0.4~2.0% 정도 첨가시킨다.

[6] 극압제(extreme pressure additives)

윤활부의 압력이 비상히 높으면 유막이 파단해서 마모, 눌어붙기, 손상이 발생하기 쉽게 된다. 극압제는 이러한 극압 조건에 있어 마찰면으로 어떤 종류의 화학반응을 일으켜서 생성하는 피막에 의해 금속면의 직접 접촉을 막고 용착을 방해하는 작용을 한다.

[7] 유성 향상제(oiliness agent)

유성제는 윤활부의 금속표면에 물리적으로 흡착막을 만들어 윤활성을 향상시켜 마찰이나 마모를 저감시키기 위해 유황 화합물, 인 화합물 등을 0.1~1.0% 첨가시킨다.

[8] 기포 방지제(anti farmer)

윤활유가 엔진 내에 순환되어 또 교반되면 공기가 유중에 혼입해서 거품을 일으키고, 유막절을 일으키기 쉽게 되어 펌프작용이 원활치 못하고 윤활성이 저하되는 것을 방지하기 위해 0.002~0.07% 정도 첨가한다. 소포제는 이 거품제거 작용을 한다. 윤활유를 색으로 표현하거나 기타 제품의 표시로 염색하기 위하여 형광염료를 0.25% 첨가한다.

1.5. 윤활유의 성상

자동차용 엔진의 성능은 터보차저 및 흡·배기밸브의 다 밸브화에 의해 향상되어 왔으며 그것에 따라 윤활조건도 과혹하게 되고 윤활유의 대한 요구 성능도 높아져 오고 있다. 자동차용 윤활유로서 요구되는 조건은 다음과 같은 것이 있다.

① 한냉시에도 시동하기 쉽게 저온 점도가 작을 것.
② 고온에도 유막유지성이 좋을 것.
③ 엔진 각부의 금속을 부식하지 않을 것.
④ 열에 의한 산화가 적을 것.
⑤ 슬러지, 래커, 니스 등의 생성을 방지하고 엔진각부를 오손하지 않을 것.
⑥ 소비량이 적을 것.
⑦ 저장 중에 변질되지 않을 것.

1.5.1. 점도(viscosity, 점성계수)

점도(viscosity)는 저온 시동성, 마찰, 마모, 눌어붙음, 연료 및 유소비량 등에 영향을 주는 중요한 성상이며 많은 규격은 점도가 기준이 되어있다. 다음 식은 성립 유체를 뉴턴 유체 라하고 점도와는 유체로 작용하는 전단응력과 전단속도와의 비가 된다.

$$\tau = \eta \frac{du}{dh}$$

τ : 전단응력(shear stress), $\frac{du}{dh}$: 전단속도(shear rute)

η : 점도(점성계수), du : 상대속도

dh : 유막 두께

단위로서는 통상 Pa.S(파스칼 초)를 이용한다. 역시 종래엔 점도의 단위로서 프와즈(P)가 사용되고 있으며 1P = 0.1Pa.s. 1CP(쎈치프와즈) = 1mPa.S(미리 파스칼 초)로 된다. 이 점도를 식에 보여주듯이 유체의 밀도로 제거한 값을 동점도라 한다.

$$V = \eta / \rho$$

V : 동일온도, 동일압력에 있어 동점도(mm^2/S)
η : 동일온도, 동일압력에서의 점도(mPa.s)
ρ : 동일온도, 동일압력에서의 밀도(g/cm^3)

역시 동점도의 단위로서는 종래엔 스토크스(st)가 사용되고 있으며,

1St = $1cm^2/S$, 1cst(Tpscl 스로크스)= $1mm^2/S$

가 된다.

응력에 면적을 곱한 것이 마찰력이므로 저온 시동성의 향상 및 마찰손실 저감을 위해서는 점도를 작게 하는 것이 좋다. 그 때문에 저온 시동성을 고려해서 저점도의 윤활유를 선정한 경우, 난기 후에는 점도가 지나치게 저하해서 유막의 유지가 안 되고 경계마찰의 발생 또는 눌러 붙은 것의 발생이 염려된다. 점도는 윤활유의 선정에 있어 가장 주의하지 않으면 안되는 것에 하나이다. 점도측정법은 다음과 같다.

[1] 세이볼트 초점도(saybolt universal system)

세이볼트에는 퓨롤과 유니버설이 있는데 둘의 차이는 오리피스 내경의 차이로서 시간차이는 10배가 날뿐 원리는 둘 다 동일하다. 이것은 주로 유류의 점성계수를 측정하는 데 사용되는 미국의 표준형 점도계이다.

배출관 속의 압력측정과 지름을 측정하여야 하는데 실제로는 어렵고 또 지름을 균일하게 만드는 것도 힘들기 때문에 실용방법에 있어서는 짧은 모세관을 통하여 일정한 체적 V= 60cc가 흐르는데 요하는 시간을 측정하여 동점성계수의 척도로 삼는다. 이 시간을 saybolt universal초(SUS, SSU, SUV)라고 한다. 이 시험기는 높은 온도와 유화 아스팔트 혹은 석유제품의 점도를 측정하는데 사용한다. 앵글러 점도가 15 이상인 경우 사용하는 기기이다.

[2] 앵귤러 점도(angular viscosity)

20℃의 물을 200cc가 흐르는데 52초가 소요되는 유출구에서 동일한 량의 액체를 통과시켜 측정하는 방법이다.

[3] 레이우드 점도(redwood viscosity)

60°F의 탭오일 50cc가 유출시간 35초가 소요되는 유출구멍을 통해 측정유체를 유출시켜 초로 나타내는 측정법이다.

[4] 낙구식 점도계(fallingball viscometer)

액체의 점도가 어느 정도 커지면 모세관식 점도계로는 측정시간이 길어져 불편하므로 액체 속에 고체 구를 낙하시켜 속도를 측정하는데 이것이 낙구식 점도계이다. 비압축성 뉴톤유체 속에서 직경 d인 구상물체가 중력에 의하여 낙하할 때 속도 V가 일정한 정상상태에서 그 물체에 작용하는 점성저항 $F = 3\pi \mu Vd$(stokes의 법칙)은 물체의 무게와 부력의 차와 평형된다.

일반적으로 액체 속에 구체를 낙하시키면 처음에는 가속도가 있지만 어느 위치에 도달하면 일정속도로 낙하한다. 그라스 원통 속에 시료를 담아 수직으로 하고 상부에서 진구상의 동구를 낙하시켜 이 낙하시간에서 점도를 구하는 방식이다. 햇프라, 가드나 등의 형식도 있다.

[5] Ostwald 점도계

점성계수가 낮고 실험실 등에서 정밀을 요하는 표준 점도계로서는 유리로 만든 ostwald 점도계가 있다. 이 점도계의 조작법은 먼저 시험유체를 채우고, 다음에 흡상시켜서 액면이 내려오는 데 걸리는 시간을 측정하면 된다. 그러나 hagen-poiseullie의 식에 의하면 모세관의 굵기와 길이, 속도 등을 측정하여야 하므로, 실제로는 복잡하고 곤란하다. 따라서 상대적인 비교법을 쓴다. 즉 점도의 절대 값을 알고 있는 액체와 점도를 구하려는 액체를 위의 방법으로 각각 측정하여 비교한다.

액체가 흘러내리는 힘은 자중에 의한 것이므로, 만일 두 액체를 항상 같은 체적만큼 장치에 넣는다면, 그 힘은 이들 액체의 비중에 비례한다.

지금 기준에 되는 액체를 물이라 하고, 점도를, 비중을, 유하시간을, 또 측정하려는 액체의 것을 각각 μ, s, t라 하면, 점도의 비는 같다. 이 점도계는 모세관으로 이 속에 일정한 부피, 두 눈금선 사이의 부피만큼 액체가 흘러내리는데 걸리는 시간을 측정하는 것이다.

보통 점도계의 모세관의 지름은 약 0.5mm, 길이는 약 10cm, 부피는 2~5㎖가 적당하다. 점도가 큰 액체의 경우에는 모세관이 더욱 굵은 것이 좋은데, 점도가 대단히 큰 액체는 이 점도계로 흘러내리는 시간이 매우 오래 걸리며, 또 액체가 관벽에 부착하기 때문에 정확한 값을 얻을 수 없다. 이러한 때는 위에서 설명한 바와 같은 모세관 법을 쓰지 않고, 액체 속에 고체의 구슬을 떨어뜨려 그 떨어지는 속도를 측정하는 낙구법을 쓰는 것이 효과 적이다

1.5.2. 점도지수(viscosity index)

점도지수(viscosity index)는 온도에 대한 기름의 점도변화의 크기를 보여주는 것으로 지수의 큰 것만큼 점도변화는 작고 윤활유로서 저온에서 고온까지의 넓은 조건에 있어 양호한 점도의 특성을 얻는 것이 가능하게 되어 사용하기 쉬운 것이라 할 수 있다. 단, 제조방법에선 지수향상에 한계가 있어 일반적으론 점도 향상제에 의해 조정되고 있다. 이것을 멀티 그레이트 오일(multi grade oil, 사계절용 오일)라고 하며 그 오일의 점도를 SAE 점도번호와 비교한 경우, 저온 측과 고온 측의 2점의 규정치에 맞게 하는 것이다.

가령 10W-30 오일은 저온 시동성을 향상하는 데는 10W가 좋으나 난기 후의 유막 유지성, 유소비를 고려한 경우는 SAE 30이 좋다고 하는 요구에서 생긴 이유를 보여주고 있다. 그래도 이것에 대해서 10W. SAE30 등을 싱글 그레이드 오일(single grade oil)이라고 부르고 있다. 멀티 그레이드 오일(multi grade oil)은 기유에 저온 점도가 낮아져 점도지수가 높고, 산화 안전성에 우수하고 더욱 이 첨가제의 용해성이 좋은 것을 사용하고 여기에 전단안전성의 우수한 점도치수 향상제와 각종 첨가제를 배합해서 만들어진다.

1.5.3. 유동점(pour point)

윤활유의 내한성을 보여주는 것이다. 윤활유는 그 제조공정으로 탈루를 행하고 있으나 잔유한 것이 온도의 저하와 함께 석출해서 기름을 백탁(그 온도를 담점이라 한다) 그리고 응고(그 온도를 응고점이라 한다)시킨다.

유동점(pour point)이란 증류를 분류할 때 사용되는 특정치로서 응고온도보다 2.5℃ 높은 온도를 말한다. 윤활유가 응고해버리면 엔진의 시동시 크랭킹에 큰 힘이 필요한 한편 각 섭동부에 기름을 공급하는 것이 안 되고, 눌어붙기 등의 문제를 발생하게 되어 유동점은 낮은 편 이 바람직하다.

1.5.4. 유성(oilness)

윤활유는 마찰부위에 유막을 형성시켜 축에 작용하는 하중을 충분히 견딜 수 있도록 하여야 하는데 금속면과 윤활유는 서로 친화력(affinity)을 가지고 흡착해야 한다. 이와 같은 윤활유의 흡착성이나 유막유지의 우열을 정하는 물리, 화학적 성질을 유성이라 한다. 최근의 자동차용 엔진은 고속, 고부하조건의 기준을 두므로 윤활유의 유성이 높아야 한다.

1.5.5. 인화점 및 발화점(flash point & fire point)

인화점이라고 하는 것은 윤활유가 지속 가열되어 발생한 증기에 점화가 가능한 최저 온도를 의미하며, 발화점은 순간적인 점화가 아닌 지속적으로 점화가 가능한 최저온도를 의미한다. 통상적으로 발화점은 인화점보다 20~30도 정도 높은 수준이며, 발화점보다 높은 환경에 윤활유가 놓이게 될 경우 해당 윤활유는 사용할 수 없다.

1.5.6. 전산가(TAN : total acid number)

오일 중에 포함되어 있는 산성성분의 양을 나타내며 윤활유 1g 중에 포함되어 있는 산성성분을 중화시키는데 필요한 수산화칼륨(KOH)의 양을 mg으로 나타낸 것이다.

윤활유를 사용하면 할수록, 특히 엔진오일의 주행거리가 늘어나면 늘어날수록 윤활유 내부 산성 성분 증가에 따라 전산가(TAN)가 높아지게 된다.

1.5.7. 전염기가(TBN : total base number)

오일 중에 포함되어 있는 염기성분의 양을 나타내며 윤활유 1g 중에 포함되어 있는 염기성분을 중화시키는데 필요한 수산화칼륨(KOH)의 양을 mg으로 나타낸 것으로, 엔진오일 주행이 늘어나 전산가(TAN)값이 증가할수록 전염기가(TBN) 값은 내려가는 반비례 추이를 보인다.

1.5.8. 산화안정성(oxidation stability)

고온에 접촉하였을 때 윤활유는 산화하게 되는데 이에 저항하는 윤활유의 능력을 의미한다. 특히 엔진오일에서 제품의 수명 및 보관기간을 판단하는데 중요한 요인이다.

1.5.9. 윤활유의 열화

윤활유가 열화하면 엔진의 각부에 부식, 마모 등이 발생한다. 윤활유의 열화의 원인을 크게 나누면 윤활유 자신의 산화에 의한 열화 및 변질, 외부에서의 이물질(먼지, 금속분, 연료 및 연소생성물 등)의 혼입에 의한 열화, 첨가제의 소모 등 세 가지로 구분할 수 있다. 이들의 원인에 의한 열화의 진행상황이나 정도에는 윤활유의 품질(기본유와 첨가제와의 조합) 엔진형식, 재질, 운전조건, 연료의 품질, 보수 관리 등이 크게 관계되고 있다.

[1] 점도변화

점도변화는 점도의 증가와 저하가 있다. 증가는 윤활유의 산화, 블루바이에 의한 연소생성물의 혼입 등으로 일어난다. 저하는 미연소연료의 혼입, 플리머인 유동점 강화제나 점도지수 향상제의 전단 분해 등에 의해 일어난다.

[2] 산성비

산성비(acid number)의 증가는 윤활유의 산화에 의해, 유기산의 생성도는 연소생성물의 혼입에 의해 일어난다.

[3] 알카리비

윤활유의 산화에 의해 생성하는 유기산이나 연소생성물 중의 NOx와 물이 반응해서 초산이나 아초산이 되어 윤활유에 혼입되기 때문에 생성되는 무기산을 중화하는 능력으로 엔진의 부식마모의 방지성능에 이 염기가(base number)가 중요한 역할을 하고 있어 이 값은 교환기준 의 목표로서 중요하다.

[4] 용제불 용해분

용제불 용해분은 오일의 산화생성물 그을음이나 카본 등의 불완전 연소생성물, 금속 마모 분, 먼지 등이며 이 양이 윤활유의 오손, 열화의 척도가 된다.

[5] 금속성분 함유량

금속 마모분 및 먼지의 혼입량으로서 철, 알루미늄, 동등의 함유량을 척도로 하고 있다. 다만, 이들의 측정에는 시험설비가 필요하며 판단을 내릴 때까지 시간이 걸린다. 따라서 일반적으론 자동차 제작회사가 실험과 실적에 의해 정해진 사용기간 또는 주행거리에 의해 생각하는 것이 바람직하다.

1.6. 윤활형태에 미치는 영향

[1] 점도(viscosity)

점도가 높을수록 주어진 부하에서 유체윤활을 이루기 위한 회전속도는 낮아진다. 유체윤활을 이루기 위하여 필요한 점도보다 높은 점도는 축의 회전시 오일막을 전단하는데 필요한 힘을 증가시키므로 마찰을 증가시킨다.

[2] 회전속도(rotation speed)

회전속도가 빠를수록 유체윤활을 이루기 위한 윤활유의 점도는 낮아진다. 그러나 일단 유체윤활이 이루어지면 회전속도의 증가는 축의 회전시 오일 막을 전단하는 일의 증가를 수반하므로 마찰을 증가시킨다.

[3] 단위 면적당 부하(bearing unit load)

단위 면적당의 부하가 작으면 작을수록 유체윤활을 이루기 위하여 필요한 회전속도와 점도도 낮아진다. 그러나 오일 막을 전단하는 데는 어떤 힘이 필요하므로 부하를 계속 줄인다고 하여서 그 만큼 마찰력이 줄어드는 것은 아니다. 따라서 마찰계수는 증가한다.

2 윤활유의 분류

기본적으로 윤활 역할을 담당하는 물질을 윤활제라고 하며, 이 중 약 80%를 차지하는 것이 액상의 윤활유이다. 내연엔진의 윤활유는 주로 석유계의 원유를 정제하여 만들며 파라핀기(CnHn+2, 미국산 원유 펜실베니아주)와 나프텐기(CnHn−2, 러시아의 바크산 원유)가 있으며 파라핀기는 내연엔진용으로서 점도지수와 안정도가 높고 슬러지 생성이 적으며 나프텐기는 공업용으로 사용되고 있다.

사용목적에 맞게 배합비 및 첨가제 투입 등이 연구되어 개발되거나, 폴리알파올레핀(PAO)와 같은 화학적 합성의 과정을 통해 개발되기도 한다.

엔진오일은 점도에 따른 분류와 용도에 따른 분류로 나누어지며 미국 자동차기술협회(SAE)에서는 엔진오일을 점도에 따라 분류하였으며 미국 석유협회(API)에서는 엔진의 성능과 용도에 따라 분류하였다. 또한 최근에는 SAE와 API가 협력하여 만든 SAE 신분류로 나누어진다.

2.1. 윤활유의 종류

윤활제는 액체, 반고체, 고체, 그리고 기체로 나누어지며 그 사용 장소, 사용방법, 마찰의 종류 등에 의하여 적당한 것을 채용한다.

[1] 액체 윤활유

석유원유에서 양질의 윤활유를 제조할 수 있도록 되었고 오늘날에 와서는 광물성 윤활유가 윤활유 전체를 거의 차지한다고 하여도 과언이 아니다.

[2] 반고체 윤활제

주로 그리이스류를 말하며 윤활을 하는데 힘이 들지 않고 가까이 하기 어려운 곳에 한 번 주입함으로 오래 사용할 수 있는 장점이 있어서 널리 사용되고 있다. 고체 윤활제는 흑연, 이황하몰리브덴 PTFE 등이 있으며 윤활성이 액체 윤활제보다 온도에 덜 민감한 장점이 있다.

[3] 기체 윤활제

공기 따위의 기체를 윤활제로 이용하는 윤활방식으로 넓은 온도범위 약 -200~2000℃에서 쓰일 수 있는 장점이 있다. 열팽창과 마모 문제 때문에 이와 같은 고온에서 사용할 수 있는 액체나 반고체 윤활시스템을 설계하기는 현실적으로 매우 힘들다.

일반적으로 넓은 온도 범위에서 사용되는 윤활제로는 낮은 속도와 높은 부하에서는 고체 윤활제를 그리고 높은 속도와 낮은 부하에서는 기체 윤활제를 사용한다.

2.2. SAE 분류

SAE(society of automotive engineers, 미국 자동차 기술협회)에서 윤활유를 점도에 따라 분류한 것으로 SAE번호로 표시하고 있는데 숫자가 클수록 점도가 높다. 특히 겨울용은 SAE 10W와 같이 W를 붙이는데 이것은 겨울용(winter)을 의미하며 -18℃에서 점도를 측정한다. SAE에서는 윤활유를 점도에 따라 SAE 5W, SAE 10W, SAE 15W, SAE 20W, SAE 20, SAE 30, SAE 40, SAE 50 등으로 분류하고 있다.

최근에는 엔진에 전자제어를 도입함에 따라 시동 초기에 미끄럼운동 부분에 신속히 윤활유가 공급되어야 하므로 시동 초기에는 시동저항과 시동의 신속성을 고려하여 점도가 낮은 것이 좋고, 엔진이 작동될 때는 온도가 상승하기 때문에 점도가 높은 것이 바람직하다. 따라서 SAE 15W-40 등의 다급 윤활유를 많이 사용하는데 이것은 -18℃에서는 SAE 15W의 점도를 나타내고 100℃에서는 SAE 40의 점도를 나타낸다는 의미이다. 다급 엔진오일은 단급 엔진오일에 비해 점도지수가 높다. 아래 표는 예상되는 대기온도에 따른 사용 가능한 점도를 표시하고 있다.

표 대기온도에 따른 점도분류

최저 대기온도	단급 윤활유	다급 윤활유
32°F(0℃)	20, 20W, 30	10W—30, 10W—40, 15W—40, 20W—40, 20W—50
0°F(-18℃)	10W	5W—30, 10W—30, 10W—40, 15W—40
-15°F(-26℃)	10W	10W—30, 10W—40, 5W—30
*-15°F(-26℃) 이하	5W*	*5W—20, 5W—30

* SAE 5W 및 5W-20급 윤활유는 고속운전에 적합치 않음

2.3. API 분류

이 분류는 API(american petroleum institute, 미국 석유협회)에서 제정한 것으로 윤활유가 사용될 운전조건에 따라 분류한 것이다. 가솔린 엔진용은 ML(motor light), MM (motor moderate), MS(motor severe)의 3등급이고 디젤엔진용으로 DG(diesel general), DM(diesel moderate), DS(diesel severe)의 3등급이 있다. 이를 정리하면 다음의 표와 같다.

표 API분류법

엔진구분	용도구분	엔진의 사용상태
가솔린용	ML	경제속도로 운행하면서 부하변동이 거의 없는 경우
	MM	빈번한 발차와 정지를 제외한 보통조건에서 사용
	MS	고온, 고부하 등으로 유온이 높고 산화가 격렬히 일어나는 가혹한 조건에서 사용
디젤용	DG	황분이 적은 연료를 사용하고 적당한 부하의 경우
	DM	보통등급의 연료를 사용하고 어느 정도 부하를 받을 때
	DS	고온, 고부하, 발차 및 정지가 빈번한 가혹한 조건

2.4. API서비스 분류(SAE 신분류)

실제의 자동차는 운행되는 주변 여건과 사용하는 연료의 품질 그리고 주행상태가 매우 다양한데 윤활유를 SAE분류나 API분류처럼 단순히 몇 가지로 분류하는 것은 엔진 보호 차원이나 경제적인 면에서도 불합리하고 또한 향후 새로운 성능을 갖는 윤활유가 등장할 때 바로 자동적으로 등급을 부여할 수 있는 체계가 필요하여 SAE는 ASTM, API와 공동으로 사용조건에 따른 새로운 분류방식으로 S-class와 C-class로 구분한다.

S-class는 가솔린엔진용이며 이때 S의 의미는 불꽃 점화방식(spark ignition)의 S이며 자동차의 생산년도에 따라 SA, SB, SC, SD, SE, SF, SG, SH, SJ, SL, SM등급까지 표기되어 있고, 2011년 이후 SN 등급이 추가 되었고, 현재는 SJ 등급 이상만 사용되고 있다. 최신의 등급은 하위 등급의 기준을 만족하고 알파벳순으로 최신 등급을 의미한다. C-class는 디젤엔진용이며 C의 의미는 압축 착화방식(compression ignition)의 C이며 자동차의 생산년도에 따라 CA, CB, CC, CD, CD-Ⅱ, CE, CF, CF-2, CF-4, CG-4, CH-4(1998년 도입), CI-4(2002년 도입), CJ-4(2006년 도입)등급까지 표기되어 있다.

현재는 CF 등급 이상만 사용되고 있다. 역시 알파벳 순서로 최신 등급이 설정되고 최신 등급은 하위 등급의 기준을 만족하고 알파벳의 순서가 높으면 높을수록 품질이 우수하다는 것을 의미한다.

표 SAE 가솔린엔진용 신분류

SAE 신분류	API 구분류	비 고
SA	ML	특별한 성능을 요구하지 않는 경부하 운전조건의 윤활유, 첨가제를 사용하지 않은 광물성 윤활유
SB	MM	중부하 운전조건에서 사용되는 윤활유, 부식 및 산화 방지제를 첨가
SC	MS	1964년에 생산된 윤활유이며, 고온 및 저온 퇴적물 방지성, 마멸 방지성, 부식 방지성을 보유
SD	MS	1968년에 생산된 윤활유
SE	MS	1972년에 생산된 윤활유이며, 산화 방지성, 고온 퇴적물 방지성, 부식 방지성이 강화
SF	MS	1980년 이후 생산된 윤활유이며, 산화 방지성과 마멸 방지성, 부식 방지성이 SE보다 우수하다.
SG	MS	1989년 이후 생산된 윤활유이며, 산화 방지성, 마멸 방지성, 부식 방지성 등이 SF보다 우수하다.
SH	MS	1993~1996년 이후 생산된 윤활유이며, 고부하, 산화 방지성, 마멸 방지성, 부식 방지성 등이 SG보다 우수하다.
SJ	MS	2001년 이후 생산된 윤활유이며, 산화 방지성과 마멸 방지성, 부식 방지성이 SH보다 우수하다.
SL	MS	2004년 이후 생산된 윤활유로 최고급차에 사용
SM	MS	최고급차에 사용
SN	MS	2011년 이후 생산된 윤활유로 최고급차에 사용

표 SAE 디젤엔진용 신분류

SAE 신분류	API 구분류	비 고
CA	DG	1959년 이후 생산, 고급 연료를 사용하는 경부하 운전 조건의 디젤엔진용, 고온 퇴적물 방지성, 부식 방지성을 부여
CB	DM	1961년 이후 생산, 경부하에서 중부하 운전조건에서 사용되는 디젤엔진용, 고온 퇴적물 방지성, 부식 방지성을 부여
CC	DM	1990년 이후 생산, 경부하 과급기 부착 디젤 엔진용, 중부하 디젤엔진용, 부식 방지성, 고온 및 저온 퇴적물 방지성, 마멸 방지성을 부여
CD	DS	1955년에 도입된 윤활유, 고부하 과급기 부착 디젤엔진용
CE	DS	1985년 도입된 윤활유, 고속·고부하 과급기 부착 디젤엔진용
CF	DS	1994년 도입된 윤활유, 고속·고부하 직접분사실식 디젤엔진용
CF-2	DS	1994년 도입된 윤활유, 2행정 사이클 디젤엔진용
CF-4	DS	1990년 도입된 윤활유, 고속·고부하 디젤엔진용
CG-4	DS	1995년 도입된 윤활유, 고속·고부하 4행정 사이클 디젤엔진용

2.5. ACEA 점도분류

SAE 분류나 API 분류도 유럽에서 생산되는 자동차들에는 부적합하다고 하여 유럽 자동차회사들은 1983년부터 공동으로 CCMC(commite'e des constructeurs d'Automobiles du marche' commun motorentests) 규격을 제정하여 사용하기 시작하였다. 근거는 API 규격이 주행속도를 88km/h를 기준으로 하고 있으며, 유럽 자동차 엔진들이 대체적으로 미국 자동차 엔진들에 비해 상대적으로 압축비는 물론이고 리터당 출력도 높다는 점 때문이다. 1993년부터 CCMC는 ACEA(association des constructeurs europe'ens d'automo- biles)로 명칭을 변경하였다. 1996년 이후의 ACEA 분류에서는 가솔린 엔진에는 Ax-xx, 승용 디젤엔진에는 Bx-xx, 상용 디젤엔진에는 Ex-xx 등으로 표기한다(여기서 x는 아라비아 숫자). 현재는 A5-02, B5-02, E5-02 등이 사용되고 있다.

2004년 이후에는 DPF등 배기가스 후처리장치를 적용한 가솔린 및 승용디젤엔진에 대한 새로운 등급(Cx)이 추가되었고, 일반적인 가솔린 및 승용디젤엔진용을 통합해서 표기하는 방식(Ax/Bx)으로 바뀌었다.

[1] A/B등급-일반적인 가솔린/디젤엔진 오일용

① A1/B1 : 저마찰, 저점도 오일을 사용하는 가솔린/승용 디젤엔진에서 늘어난 오일 교환주기에 사용 가능하도록 설계된 오일

② A3/B3 : 고성능 가솔린/승용 디젤엔진에서의 사용, 자동차제조사에서 규정한 늘어난 오일 교환주기에 대한 대응, 극한의 운전조건에서 사용 등을 목적으로 설계된 오일

③ A3/B4 : 고성능 가솔린/직분사 디젤엔진에서 사용, 자동차제조사에서 규정한 늘어난 오일 교환주기에 대한 대응, 극한의 운전조건에서 사용 등을 목적으로 설계된 오일

④ A5/B5 : A1/B1과 A3/B3의 특성을 모두 포함하고 있는 오일

[2] C등급-배기가스 저감장치가 장착된 가솔린/디젤엔진 오일용

HTHS(high temjjperture high shear, 고온고압점도)는 SAE, ACEA 그리고 다수의 자동차회사들이 오일온도 150℃에 운동부품의 속도를 유막의 두께로 나눈값이 10^6/s인 상태에서 최저 점도를 규정하고 있다. 이것은 고속 운동조건에서도 유막을 유지할 수 있고 엔진의 연비와 온실기체 배출량(배기가스, GHG)를 규제하기 위해 개발된 단위로, HTHS가 낮을수록 연비가 우수하고, 온실가스 배출량이 적다.

하지만 HTHS가 높을수록 마모방지에 더 우수한 성능을 보인다.

① C1 : 저 마찰, 저 점도, 저 SAPS 오일(최소 HTHS점도가 2.9mPa.s)을 사용하고 DPF, TWC가 장착된 고성능 가솔린/승용 디젤엔진에서 사용. DPF, TWC의 수명 연장 및 연비 향상

② C2 : 저 마찰, 저 점도 오일(최소 HTHS점도가 2.9mPa.s)을 사용하고 DPF, TWC가 장착된 고성능 가솔린/승용 디젤엔진에서 사용 DPF, TWC의 수명연장 및 연비향상

③ C3 : 최소 HTHS 점도가 3.5mPa.s인 오일을 사용하고 DPF, TWC가 장착된 고성능 가솔린/승용 디젤엔진에서 사용 DPF, TWC의 수명 연장

④ C4 : 저 SAPS 오일(최소 HTHS 점도가 3.5mPa.s)을 사용하고 DPF, TWC가 장착된 고성능 가솔린/승용 디젤엔진에서 사용 DPF, TWC의 수명 연장

2.6. ILSAC

ILSAC(international lubricant standardization and approval committee, 국제 윤활유 표준화 및 승인 위원회)는 미국자동차 공업회(AAMA : american automobile manufacturers association)와 일본자동차 공업회(JAM : japan automobile manufacturers association)가 공동으로 만든 단체로 결국 미국과 일본의 자동차 메이커의 연합이라고 할 수 있다.

ILSAC에서는 API의 Sx규격만으로는 세계적인 트렌드에 따라 자신들이 생산하는 승용자동차의 신형엔진에 추가되는 성능과 기능을 보장하기 위한 엔진오일이 필요함에 따라 승용자동차 엔진오일을 위한 최소 성능표준(minimum pPerformance standard for passenger car motor oils)을 만들어 ILSAC GF-x라는 규격을 발표하고 승인을 해 주고 있다. ILSAC GF-x 규격은 승용 자동차용 엔진오일을 대상으로 하고 있지만 실제로는 승용자동차용 가솔린엔진 오일을 대상으로 SPI규격에 연료 소비량 절감 기능향상을 주목적으로 하는 것 외에도 엔진 내구성이나 엔진오일 수명, 가솔린엔진 배출가스 후처리장치(삼원촉매) 보호 등 자동차 메이커에서 요구하는 기능을 더욱 강화시키고 벤치테스트와 함께 실 엔진테스트를 통해 결정하게 된다.

승인대상이 API Sx규격을 통과한 제품이기 때문에 ILSAC GF-x 규격의 모든 절차는 ILSAC 에서 단독으로 결정하지 않고 API의 윤활위원회(API lubricants committee)와 미국화학협회(ACC : american chemistry council)의 석유첨가제 패널 회원사(petroleum additives panel member companies)로 구성된 Oil committee와 공동으로 결정하며 시험방법은 미국재료시험학회(ASTM : american society for testing and materials)의 기준을 따른다. 따라서 ILSAC GF-x규격은 API Sx규격과 동시에 발표되며 기본적으로 API 규격보다 우수하지만 API에도 기본규격에 에너지 절감 기능이 추가된 EC규격이 있으며 API의 최신 규격인 SN-RC(resource conserving)규격은 ILSAC의 최신 규격인 GF-5와 동일한 성능을 가지고 있다.

① GF-1 : API SH 등급과 EC-Ⅱ(energy conserving Ⅱ) 요구조건을 만족하는 오일을 의미한다. 1990년에 제정되었고, 1992년에 업그레이드되었다. 미국과 일본자동차에 사용되는 오일의 최소 기준이다.

② GF-2 : 1996년에 GF-1을 대체하여 제정되었다. API SJ 등급과 EC-Ⅱ 요구조건을 만족하는 오일을 의미한다. GF-2규격은 SAE점도가 0W-30, 0W-40, 5W-20, 5W-30, 5W-40, 5W-50, 10W-30, 10W-40, 10W-50인 오일이 저온에서의 작동, 고온에서의 침전물 및 기포 생성 억제에 대한 엄격한 요구조건을 만족해야 한다.

③ GF-3 : API SL 등급과 EC-Ⅱ 요구조건을 만족하는 오일을 의미한다. GF-3 규격은 배기계통에서 장기간에 걸친 엔진오일의 영향, 연료 경제성, 침전물 제어 능력, 점도 성능, 오일 소비율 등보다 엄격한 기준이 추가되었다.

④ GF-4 : API SM 등급과 VIB fuel economy test(ASTM D6837)를 만족하는 오일을 의미한다.

⑤ GF-5 : 2010년 10월에 소개된 최신 등급이다. 이 등급에서는 피스톤이나 터보차져에서 고온 침전물에 대한 보호, 보다 엄격해진 슬러지 제어, 향상된 연료 경제성, 배기가스 제어시스템의 적합성, 에탄올 함유 연료를 사용하는 엔진에 대한 기준 등이 추가되었다.

3 윤활장치의 구조

윤활장치는 오일 팬, 오일 스크린, 오일펌프, 오일 필터, 오일 압력조절밸브, 오일 압력 스위치, 오일 레벨게이지 등으로 구성되어 있으며, 오일 스트레이너에서 흡입된 오일은 크랭크축에 설치된 오일펌프에서 압력이 가해진다. 이때 오일펌프 출구에 설치된 압력조절 밸브에서 최고 압력이 5~6kgf/cm^{2}로 제한되며 실린더블록에 있는 오일통로를 통하여 오일필터에서 미세한 불순물을 여과한다.

오일필터에서 나오는 오일은 주 오일통로(메인갤러리)에서 크랭크축, 피스톤, 캠축, 밸브기구, 그리고 터보차저를 윤활하고 다시 오일 팬으로 복귀한다.

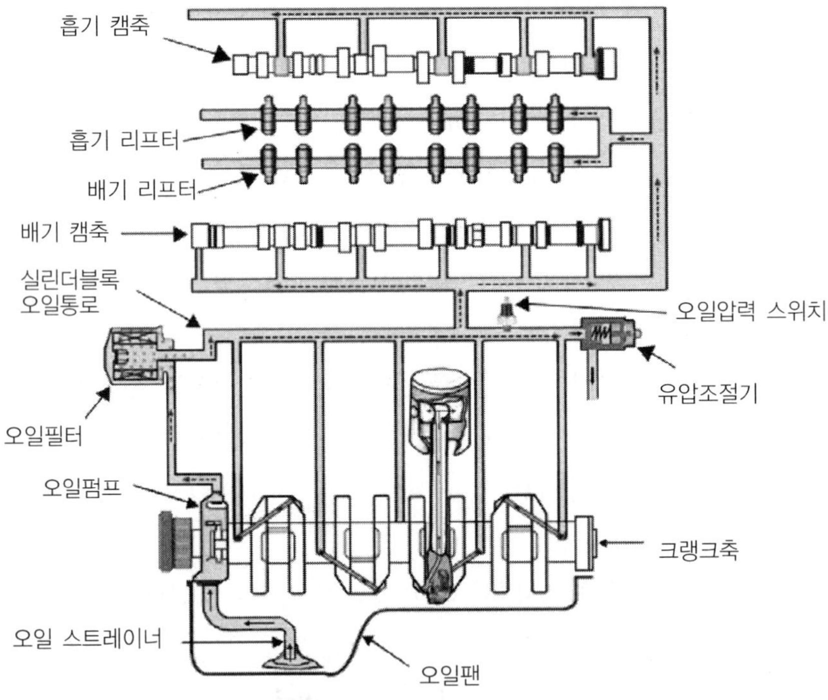

그림 3. 윤활경로

3.1. 오일팬(oil pan)

오일 팬은 실린더블록에 개스킷(실러)을 사이에 두고 볼트로 결합되어, 오일을 저장하는 역할을 하는 동시에 외부에 있는 공기와의 접촉을 통하여 어느 정도 냉각작용을 하고 있다.

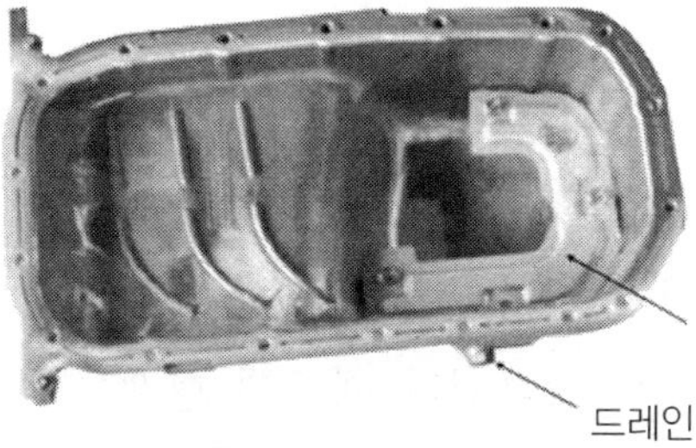

그림 4. 오일팬

구성은 본체, 엔진이 기울어졌을 때에도 오일이 충분히 고여 있도록 하는 섬프(sump), 급제동 또는 급선회시 언덕을 주행할 때 오일 유동으로 인해 오일이 비는 것을 방지 하여 밑바닥에 오일이 고여 있도록 해 오일 스트레이너가 공기 중에 노출되어 윤활작용이 불량해지는 것을 방지하는 배플(baffle plate, 칸막이), 오일을 교환할 때 배출시키는 드레인 플러그(drain plug)의 등으로 되어 있다. 재질은 주로 강철판을 프레스 가공하여 사용하고 있으나 최근에는 알루미늄합금의 오일 팬도 증가하고 있다.

3.2. 오일 쿨러(oil cooler)

엔진은 작동시 연소에 의한 높은 열과 엔진 각 부의 마찰에 의한 열을 받으며 이에 따라 오일의 온도 또한 증가하며, 오일의 온도는 엔진 정상온도인 85℃ 이상 넘지 않는 것이 좋다. 만약 오일의 온도가 120℃ 이상이 되면 오일의 윤활성이 급격히 저하하므로 일부 엔진에서는 오일 쿨러를 설치하여 알맞은 오일의 온도를 유지한다.

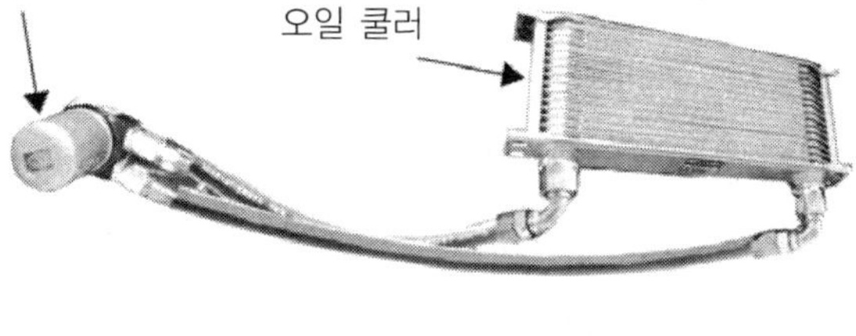

(a)

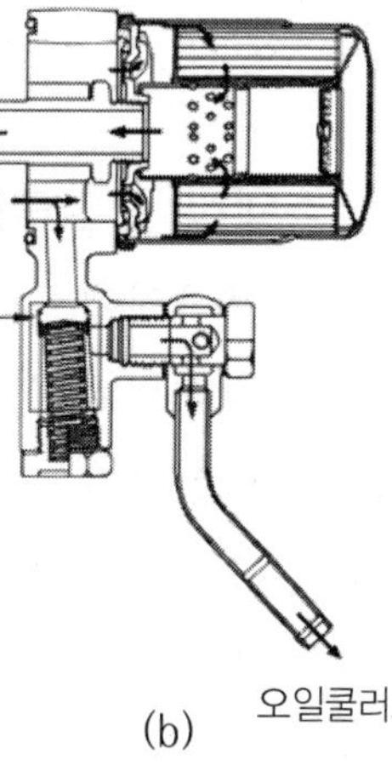

(b)

그림 5. 오일쿨러의 구조

3.2.1. 공랭식 오일 쿨러

오일펌프를 통과한 오일이 오일필터를 거치는 과정에서 엔진 외부로 나와서 판형 방열 장치 또는 코어타입의 방열장치를 거쳐서 다시 엔진으로 유입되는 방식으로 판형 방열장치의 경우 수냉식 판형 열교환기와 방식이 유사하지만 소형으로 제조되며 판 사이에 냉각수가 통과하지 않고 공기 중에서 냉각되기 때문에 현재는 적용하는 차량이 거의 없다.

코어타입의 경우 현재 대부분의 차량의 자동변속기 오일의 냉각이나 엔진오일의 냉각에 사용 중이며, 여러 개의 튜브를 병렬로 배치하고 튜브와 튜브사이에 방열용 냉각핀을 배치하는 구조로 튜브와 냉각핀 전체가 냉각되는 구조이기 때문에 코어를 통과하는 바람의 속도에 비해 냉각효율이 우수하고 제조가 간단해서 대부분 현재는 코어 구조로 제작된다.

냉각장치가 파손되는 경우 엔진외부로 오일이 흘러나오기 때문에 육안으로 파손유무를 확인하기 쉬운 장점은 있지만 코어와 엔진사이의 오일이 통과하는 오일관이 배치되어야 하며 냉각용 코어와 엔진과의 거리 제한이 있다.

3.2.2. 열교환기

현재는 원통형 수관식의 경우 4기통 소형 디젤엔진의 경우 거의 사용하지 않고 보통 판형의 열교환기를 실린더블록 측면에 부착해서 가장 많이 사용한다.

① 판형 : 금속판 소재를 프레스가공해서 여러 개의 층을 만들고 여러 개의 판을 용접하는 방식으로 판과 판사이의 접합 공간에 오일이 흐르면서 판 외부의 냉각수와 열교환하는 구조이다.

② 원통형(수관식) : 큰 파이프 내부에 작은 파이프를 여러 개 배치해거 큰 파이프 쪽으로 냉각수가 통과되고 작은 파이프 쪽으로 오일이 통과하면서 냉각되는 구조이다.

3.2.3. 수냉식 오일쿨러

주로 디젤엔진에 많이 적용되며 국내 생산된 6기통 이상의 디젤엔진에는 거의 대부분 적용되는 방식으로 실린더블록의 측면에 별도의 워터재킷을 설치하고 워터재킷의 측면에 열교환기가 설치되고 주행 중 뜨거워진 엔진오일이 측면의 열교환기를 통과하면서 오일의 냉각수 온도와 비슷하게 냉각되는 구조이다. 구조가 복잡하지만 공랭식으로 오일 냉각할 때보다 오일의 냉각효율이 우수하고 열교환기가 파손되는 경우 냉각장치 내부로 엔진오일이 다량으로 유입되면 엔진손상이 발생하기 쉽다.

3.2.4. 오일쿨러의 적용방법

① 전류식 : 오일펌프를 통과한 오일이 순환하는 과정에서 100% 오일쿨러를 통과하는 방식

② 부분 전류식 : 오일펌프를 통과한 오일이 순환하는 과정에서 일부 만 오일쿨러를 통과하는 방식

3.3. 오일펌프(oil pump)

오일펌프는 윤활장치의 심장부에 해당한다. 펌프속도가 증가하면 증가할수록 유량과 유압이 상승하며, 유압이 너무 낮아도 미끄럼운동 부위까지 오일공급이 안 되며, 반대로 유압이 너무 높으면 형성되어 있는 윤활막이 파괴된다. 따라서 적정한 유압은 가솔린엔진은 2~3kgf/cm^2 정도이고 디젤엔진은 3~4kgf/cm^{2}이다. 사용되는 오일펌프에는 로터리 펌프, 내접기어 펌프, 외접기어 펌프, 베인펌프, 플런저펌프 등이 있다.

3.3.1. 로터리펌프(rotary pump)

펌프 케이스 내에 있는 이너 로터(inner rotor)와 아우터 로터(outer rotor)가 있으며 2개의 로터는 편심되어 있다. 펌프의 작동은 이너 로터와 아우터 로터사이에 용적변화로 오일을 흡입하여 압송한다. 로터리펌프는 안쪽 로터의 이수가 바깥쪽 로터의 이수보다 1개가 적으며 소형이지만 내부 로터와 외부 로터사이의 용적변화가 크기 때문에 고속회전에서 다소 효율이 떨어지는 단점이 있다.

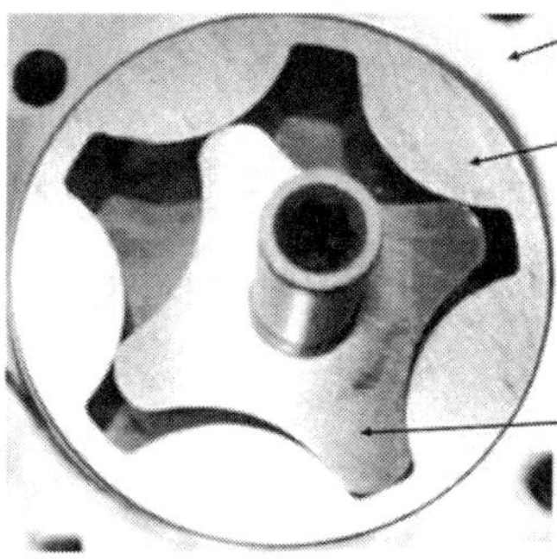

그림 6. 로터리 펌프

3.3.2. 내접 기어펌프

내접 기어펌프는 크랭크축이 직접 구동하기 때문에 구동장치가 필요 없으며 제작비가 싸고 콤팩트하여 좁은 공간에 설치가 가능하므로 현재 거의 모든 엔진이 이 형식을 사용하고 있다. 그러나 구동 기어와 피동 기어의 바깥지름이 커서 크랭크축 선단에 설치되며 특히 고속회전에서 기어와 오일펌프 케이스의 미끄럼마찰에 의한 마찰손실이 큰 결점이 있다.

그림 7. 내접 기어 펌프

그림 8. 외접 기어펌프

3.3.3. 외접 기어펌프

외접 기어펌프는 2개의 기어를 사용하여 기어의 회전에 따라 오일을 압송하며 작동이 확실하여 널리 사용되고 있다. 또한 이 기어의 용적효율은 기어틈새, 배출압력 오일의 점도에 따라 달라지며 일반적으로 60~90% 정도이고, 윤활용 오일펌프는 캐비테이션(cavitation, 공동현상)에 대하여 고려해야 한다.

3.3.4. 베인펌프(vane pump)

베인펌프는 편심된 로터가 설치되어 있고 로터에는 2개 이상의 날개(vane)가 로터 홈에 설치되어 로터가 회전하면 베인이 펌프실 벽과 밀착하며 회전하여 윤활유를 흡입하여 배출구 쪽으로 가압하며 배출한다.

3.3.5. 플런저펌프(plunger pump)

플런저펌프는 플런저밸브, 플런저 스프링 등으로 구성되며 플런저는 캠축과 스프링에 의하여 왕복운동한다.

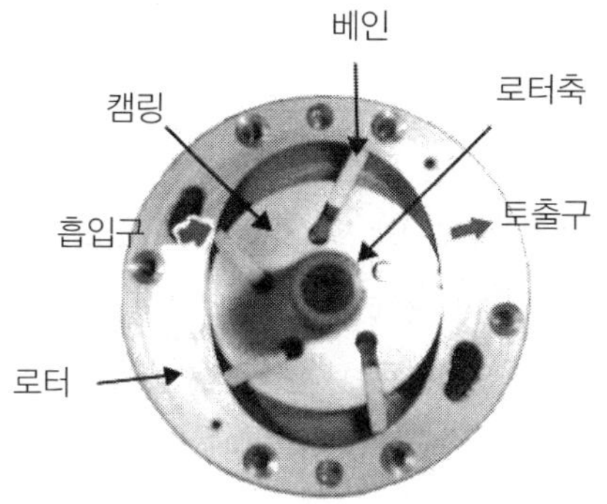

그림 9. 베인펌프의 구조

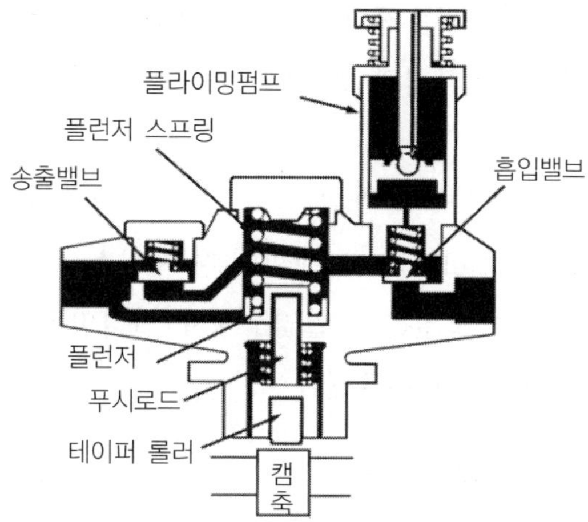

그림 10. 플런저펌프의 구조

플런저펌프의 작동은 캠의 회전이 플런저를 밀면 실린더 안에 흡입된 오일을 가압하면 출구밸브가 열려 오일을 배출하고 캠의 기초원 쪽으로 회전하면 스프링이 플런저를 밀어 내려 실린더 안이 진공상태가 되어 흡입쪽 흡입밸브가 열리므로 오일을 흡입한다.

3.4. 오일필터(oil filter)와 여과방식

오일필터는 엔진 각부의 마찰부분에서 발생한 금속분말이나 또는 연소에 의해 발생된 카본 및 기타 이물질을 여과하여 엔진에 공급되는 오일을 항상 깨끗하게 유지하는 장치이다.

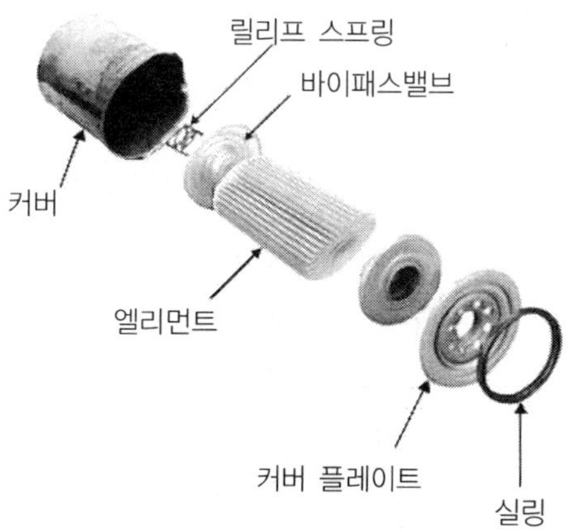

그림 11. 오일여과기의 구조

3.4.1. 구조에 따른 분류

오일여과기는 케이스와 여과 엘리먼트로 되어 있으며 구조에 따라 엘리먼트만 교환하는 엘리먼트 교환식과 엘리먼트와 케이스가 일체로 되어있는 카트리지 식이 있다.

[1] 엘리먼트 교환식

엘리먼트(element) 교환식은 케이스 하우징 안에 엘리먼트만 교환할 수 있도록 설계되어 있으며 오일은 오일입구에서 엘리먼트를 거쳐 여과되어 엘리먼트 중심부로 들어와 중심 파이프에서 배출된다.

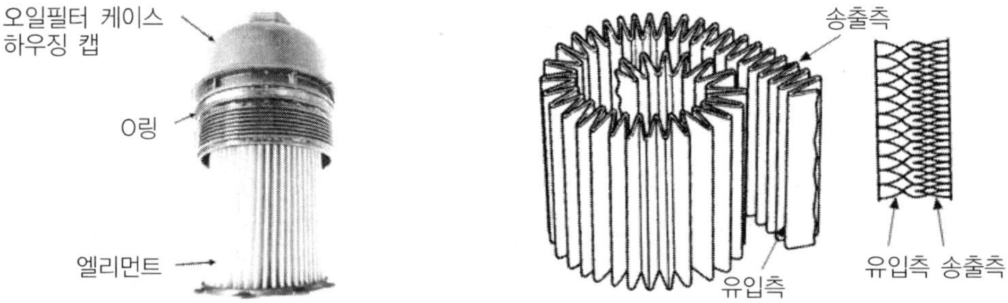

그림 12. 엘리먼트 교환식 오일여과기

[2] 카트리지식

카트리지(cartridge)식은 엘리먼트와 케이스가 일체인 상태로 조립되어 분해할 수 없으며 여과기 교환시 카트리지 전체를 교환한다. 이 형식은 최근 대부분의 자동차에 널리 사용되며 필터의 교환이 간편하다.

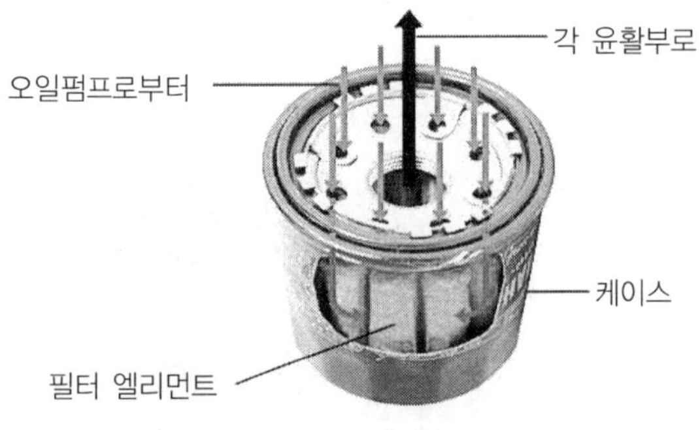

그림 13. 카트리지식 오일여과기

3.4.2. 오일필터(oil filter)

오일필터에서 가압된 엔진오일은 오일필터에서 미세한 오일 속에 들어 있는 불순물을 여과하는 작용을 한다. 일반적으로 승용차에는 일체형 오일필터(cartridge type)를 많이 사용한다. 그림 14에 나타낸 오일필터는 미끄럼운동 부위에 공급되는 오일을 필터를 경유하여 공급하는 전류식(full flow filtration)에 사용하는 것인데, 필터가 막혔을 때 미끄럼운동 부위에 윤활유가 공급되지 않아 일어나는 급유부족과 손상을 방지하기 위해 바이패스 밸브(by-pass valve)가 설치되어 있다.

그림 14(b)는 필터가 정상적으로 작동할 때의 상태인데 바이패스 밸브가 닫힌 상태에서 오일이 필터 외부에서 내부로 흘러 들어가면서 불순물을 여과한다. 한편, 그림 14(a)는 필터가 막혔을 때 바이패스밸브를 통하여 바이패싱 될 때의 상태를 나타내고 있다.

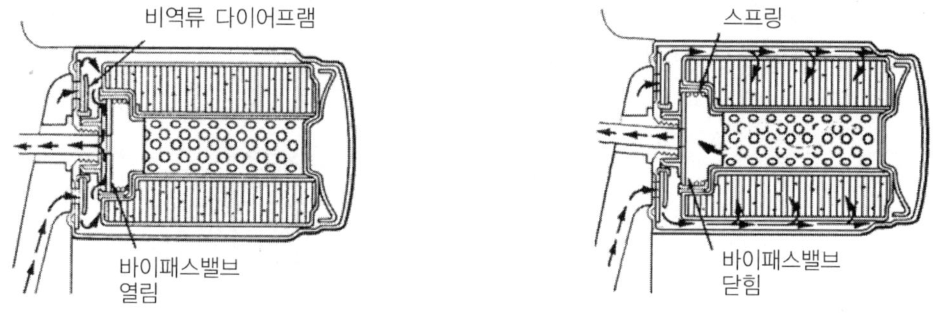

(a) 바이패스시 (b) 여과시

그림 14. 오일필터를 통한 오일의 흐름

3.4.3. 여과방식

윤활유는 미끄럼운동부위에 공급하는 방식에 따라 전류식, 분류식, 샨트식으로 분류한다.

[1] 전류식(full flow filtering)

전류식은 미끄럼운동 부위로 공급되는 윤활유를 모두 필터로 여과하여 공급하는 방식으로 미끄럼운동 부위에 공급되는 엔진오일에 불순물이 유입될 염려는 적지만 필터가 막혔을 때 미끄럼운동 부위의 급유부족과 손상을 방지하기 위해 반드시 바이패스 밸브가 설치되어 있다.

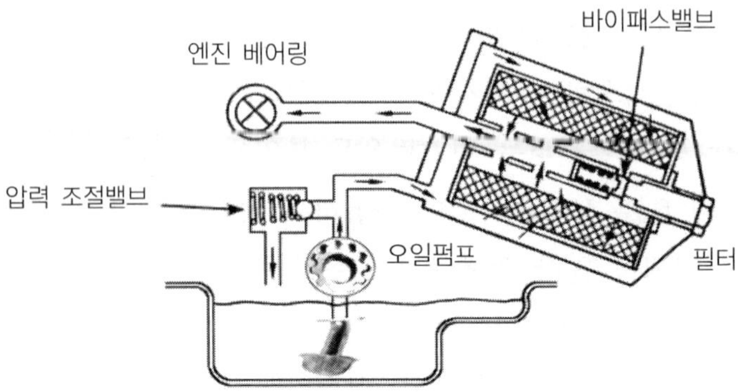

그림 15. 전류식 여과장치

[2] 분류식(by-pass filtering)

분류식은 오일펌프에서 가압된 오일을 미끄럼운동 부위로 바로 공급하고, 필터를 통과하는 오일을 오일 팬으로 보내는 방식이다.

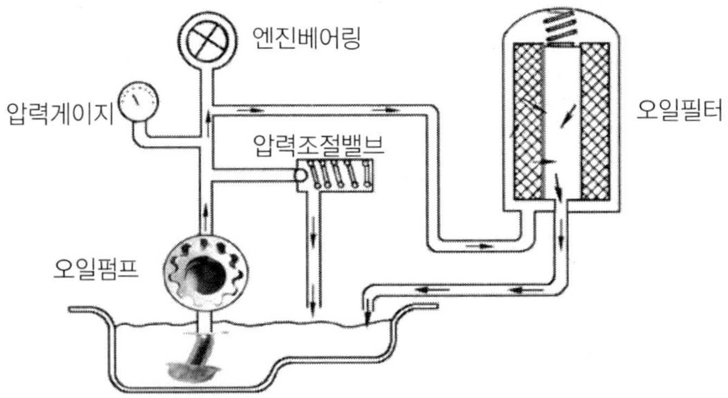

그림 16. 분류식 여과장치

[3] 샨트식

샨트식은 전류식과 분류식을 결합한 형태로서 미끄럼운동 부위에 공급되는 윤활유의 일부는 필터를 통과하고 나머지는 필터를 바이패스하여 공급된다. 그림 18은 커넥팅로드 대단부에 오일 분출구멍이 있어 여기에서 분출되는 오일에 의해 피스톤 보스 부위, 피스톤, 실린더벽의 윤활을 보조하고 냉각작용을 하고 있다.

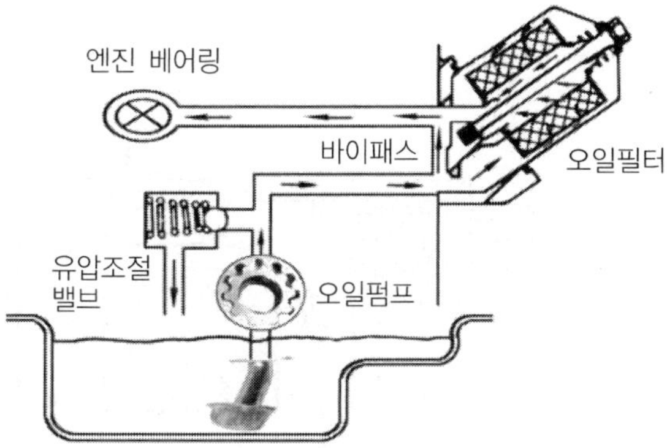

그림 17. 샨트식 여과장치

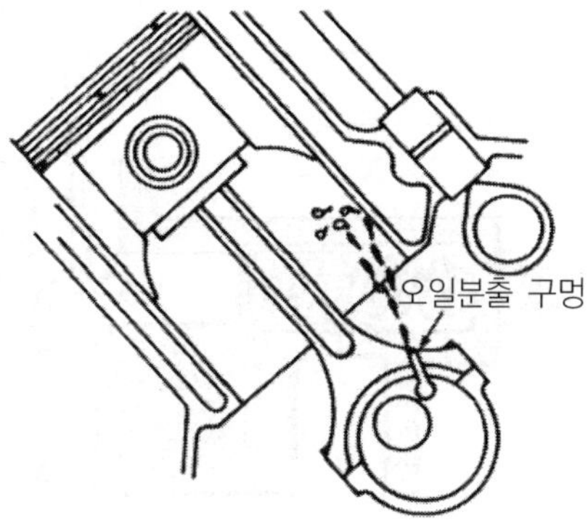

그림 18. 커넥팅로드를 통한 윤활유 비산

한편, 오일펌프를 사용하여 윤활유를 강제로 미끄럼운동 부위로 공급하는 방식을 압력식이라 하며, 크랭크축에 주걱을 설치하여 크랭크축의 회전에 의해 오일팬 내의 윤활유를 실린더 벽에 뿌리는 비산식이 있다. 자동차 엔진은 고속·저부하상태에서 운전되기 때문에 비산식과 압력식을 조합한 비산압력식을 사용한다.

3.5. 오일 스트레이너(oil strainer)

오일 스트레이너는 오일 팬의 오일 속에 항상 잠겨 있으며 오일 팬에 있는 비교적 굵은 입자의 불순물을 여과하며 얇은 철망으로 되어 있다.

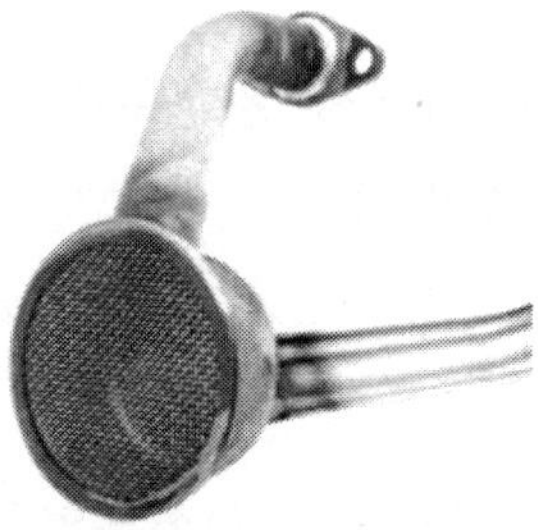

그림 19. 오일 스트레이너

3.6. 유압 조절밸브(relief valve, 릴리프밸브)

이 밸브는 프런트 케이스 측면에 설치되어 윤활회로 내의 압력이 과도하게 상승되는 것을 방지하여 최고 유압을 조정하는 작용을 한다. 밸브의 동작이 원활하지 못하면 윤활회로에 유압이 과도하게 걸리게 되고, 심할 경우 오일필터가 파열된다.

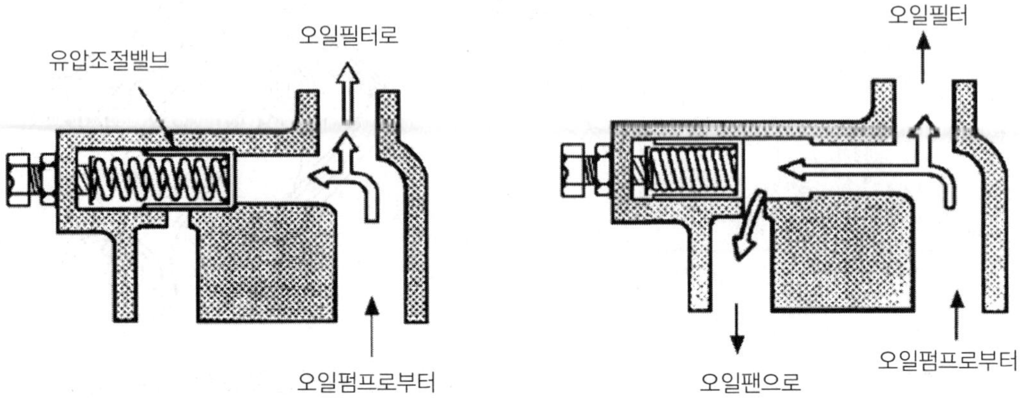

(a) 정상 압력시 (b) 규정 압력 이상시

그림 20. 유압조절밸브의 작동

유압조절밸브는 윤활통로에 과도한 압력이 걸리게 되면 릴리프 플런저는 스프링 힘을 이기고 이동하여 과도한 압력만큼의 오일을 오일 팬으로 복귀시킨다. 유압의 조정은 심(shim)을 추가하여 조정플러그(adjust plug)를 조이거나 늦추어 밸브스프링 세기를 조정하여 규정 압력으로 조절한다. 일반적으로 엔진에 작동되는 오일압력은 가솔린엔진은 2~3kgf/cm^2, 디젤엔진은 3~4kgf/cm^2 정도로 되어 있다.

3.6.1. 유압이 낮아지는 원인

① 베어링의 오일간극이 클 때
② 오일펌프가 마멸되었거나 회로 내에서 윤활유가 누출될 때
③ 오일 팬 내의 윤활유 양이 부족할 때
④ 유압조절밸브 스프링의 장력이 너무 약하거나 절손되었을 때
⑤ 윤활유의 점도가 너무 낮을 때
⑥ 윤활유에 연료 등의 유입으로 현저하게 희석되었을 때

3.6.2. 유압이 높아지는 원인

① 윤활유의 점도가 높을 때
② 윤활 회로의 일부가 막혔을 때
③ 유압조절밸브의 스프링 장력이 클 때

3.7. 엔진오일의 점검과 유압계

3.7.1. 엔진오일의 점검

엔진 오일양은 엔진이 정지된 상태에서 차체가 수평 되고 미끄럼운동 부위의 오일이 오일 팬으로 되돌아온 후에 측정한다. 유면 표시기(dip stick)로 엔진오일을 점검할 때 오일양이 F(full)와 L(low)사이에 있어야 하지만 F선 가까이 있으면 좋다.

오일의 상태는 색깔로 주로 판정하는데 심하게 오염되었을 때는 검은색을 띠고, 냉각수가 엔진 오일에 유입되면 우유색으로 변하는데 이 경우에는 엔진오일을 유면 표시기로 찍어 워밍업되어 있는 배기다기관에 오일을 몇 방울 떨어뜨려 보았을 때 거품을 내면서 끓어오르면 냉각수가 유입되었다고 판정하고 연기만 나면서 타면 냉각수 유입이 없는 것으로 판단한다. 한편, 실린더헤드 개스킷의 파손으로 냉각수에 배기가스가 유입되는 경우가 있다.

3.7.2. 오일이 연소되는 원인

① 오일팬 내의 오일이 규정량보다 많다.
② 오일의 열화로 인하여 점도가 낮다.
③ 피스톤과 실린더와의 간극이 과다하다.
④ 피스톤 링의 장력이 불량하다.
⑤ 밸브스템과 가이드 사이의 간극이 과대하다.
⑥ 밸브 가이드 오일실이 불량하다.

3.7.3. 오일이 누설되는 원인

① 크랭크축 오일실이 마멸되었거나 파손되었다.
② 오일펌프 개스킷이 파손되었다.
③ 로커암 커버 개스킷이 파손되었다.
④ 오일팬이 균열에 의해서 누출되고 있다.
⑤ 오일여과기의 오일실이 파손되었다.
⑥ 엔진의 오일이 소모되는 가장 큰 원인은 연소와 누설이다.

3.7.4. 엔진오일 교환시 주의사항

① 엔진에 알맞는 오일을 선택할 것

② 오일 보충시에 동일 등급의 오일을 사용한다.

③ 재생 오일을 사용하지 않는다(재생 오일이란 사용하다가 빼낸 오일을 말한다).

④ 오일 교환시기에 맞추어 교환한다.

⑤ 오일을 엔진에 주입할 때 불순물이 유입되지 않도록 한다.

⑥ 오일량을 점검하면서 몇 번에 나누어 주입한다.

⑦ 점도가 서로 다른 오일을 혼합하여 사용해서는 안된다(첨가제의 작용으로 오일의 열화가 촉진된다).

3.7.5. 오일압력 경고장치

엔진오일이 부족하거나 오일펌프가 고장나면 엔진오일의 순환이 어려워지고 엔진이 마모하거나 고착된다. 오일압력 경고장치는 자동차마다 형식이 틀리며 일반적으로 오일압력 스위치, 계기판의 경고 표시등으로 구성되어 있다. 엔진의 유압이 규정압력 이상이 되면 오일이 오일압력스위치의 스프링을 밀어 올리고 이때 접점이 OFF되어 경고 표시등은 소등하고, 반대로 오일압력이 낮아지면 스프링의 힘에 의해 접점이 ON되어 경고등이 점등된다.

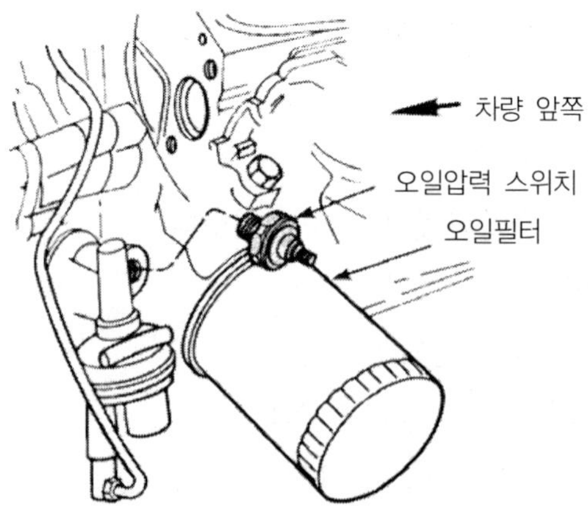

그림 21. 오일압력 스위치

일반적으로 엔진온도 80℃, 엔진회전수 2,000rpm 정도에서 최소한 2kgf/cm^2 정도의 압력이 유지되어야 한다. 또한 시동키나 버튼을 ON시에는 오일 경고등이 점등되어야만 하고, 시동을 걸어 오일압력이 0.3~1.6kgf/cm^2 정도를 형성하면 경고등은 소등된다. 만약 공회전 상태에서 오일압력이 0.3kgf/cm^2 이하가 되면 오일 경고등이 계속 점등되어 있게 되는데, 이때에는 오일펌프 또는 베어링 각 부의 마멸이나, 오일 스트레이너 또는 오일필터의 막힘 등을 생각할 수 있다.

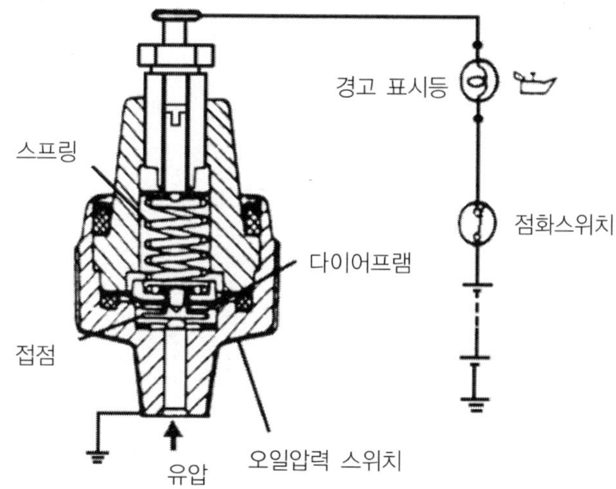

그림 22. 오일압력 경고등의 전기회로

CHAPTER

04

가솔린 냉각장치

CONTENTS

1 냉각장치의 필요성

실제로 연소실에서 혼합기가 연소될 때 연소실 내 연소가스의 순간 온도는 약 2,000℃에 달한다. 엔진의 각부는 고온으로 인한 열팽창에 의해 변형이 크게 될 뿐만 아니라 고온으로 인하여 엔진오일의 점도가 너무 저하되면 윤활성능이 상실되고 엔진 오일이 연소되기도 한다. 엔진이 과냉(overcooling)되면 불완전연소로 인하여 일산화탄소(CO), 탄화수소(HC)의 발생량이 증가하고 연료 소비율이 커진다. 이때 발생한 다량의 카본이 연소실 벽에 부착되어 열점(hot spot)을 형성하여 조기점화의 원인이 되며 연료소비율도 증가한다.

반대로 엔진이 과열(overheating)되었을 때는 피스톤 및 실린더헤드가 변형되거나 노크를 유발하여 연료 소비율을 증가시키고 출력저하를 초래한다. 이처럼 엔진 과냉과 과열은 모두 연료 소비율을 증가시키고 출력저하를 가져오므로 엔진 온도를 적정 온도인 80~90℃로 제어할 필요성이 있다.

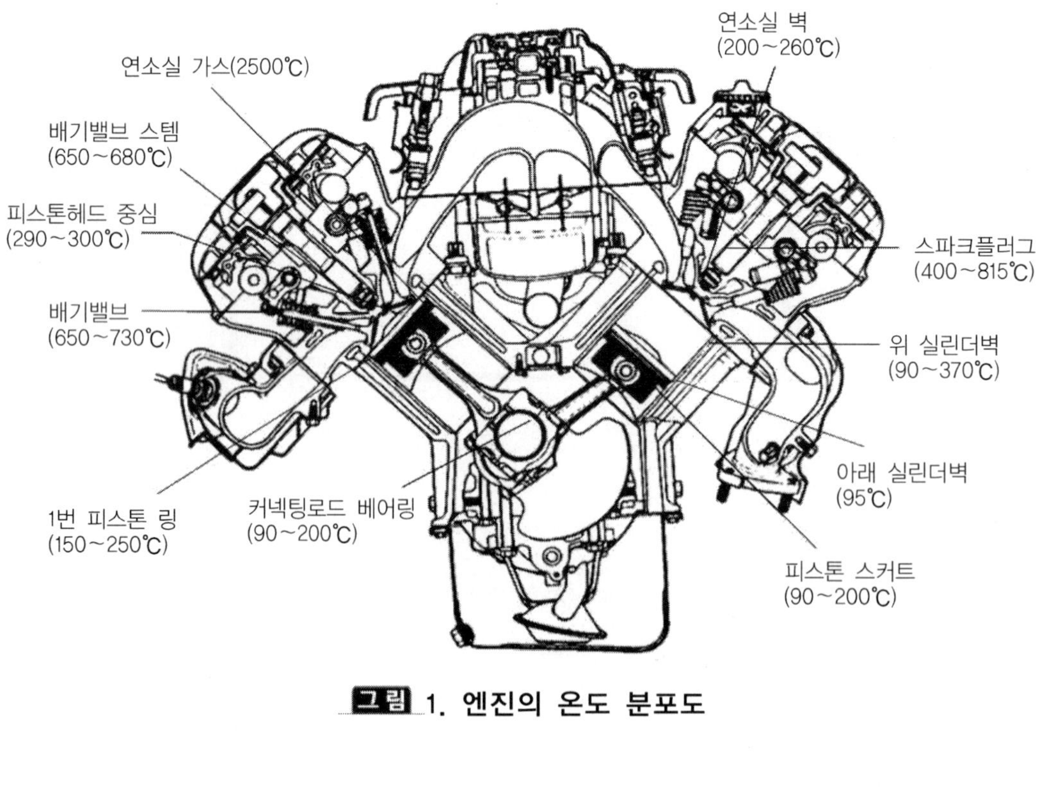

그림 1. 엔진의 온도 분포도

2 냉각장치의 분류

냉각장치의 형식에는 크게 공기에 의한 공랭식과 액체에 의한 수랭식, 그리고 두 가지를 혼합한 복합식으로 나눌 수 있다.

표 수냉식과 공랭식의 장 · 단점

구 분	수랭식	공랭식
냉각효과	각 부분의 균일 냉각이 가능하며 냉각능력이 크다.	균일 냉각이 곤란하며 열 변형을 일으키기 쉽다.
출력 · 내구성	압축비가 높게 되고 평균 유효압력 증대로 출력증가가 가능하다. 열 부하용량 증대로 내구성이 뛰어나다.	압축비가 낮고 냉각팬 손실 마력 등 때문에 고출력화가 곤란하다.
중량 · 용량	워터재킷, 방열기, 워터펌프 등이 필요하지만 체적 적으로 간소화된다.	냉각팬, 실린더 도풍커버 등이 필요하게 되고 체적이 커진다.
연비 · 엔진소비 · 마멸	열효율이 높고 연비가 좋으며 열변형이 적고, 오일 소비가 적다. 저온에서는 마멸의 가능성이 있다.	연비 · 오일의 소비가 커지는 경향이 있으며, 오일의 고온열화가 있다. 저온에서는 마멸이 적다.
소음	워터재킷이 방음벽이 되며 소음이 적다.	냉각팬 및 핀에 의한 소음이 크다.
보수	냉각수의 보수 및 점검이 필요하다.	보수 점검이 용이하다.

2.1. 공랭식 냉각장치(air cooling type)

공랭식 냉각방식은 엔진을 직접 대기와 접촉시켜 열을 방출시키는 형식으로 냉각수의 보충, 누수, 동결 등의 염려가 없으며 수랭식에 비하여 그 구조는 간단하나 운전 상태에 따른 엔진의 온도변화가 발생하기 쉽고 균등한 냉각이 이루어지지 않아 과열되기 쉬운 단점이 있다.

일반적으로 열을 방출하기 위해서는 전열 접촉 면적을 증대시켜야 하며 이를 위하여 실린더블록이나 헤드 외주에 냉각핀(cooling fin)을 설치하고 있으며 차량이 주행할 때의 공기로 냉각시키는 자연 통풍식과 냉각팬(cooling fan)을 플라이휠 또는 크랭크축에 의하여 회전시켜 강제로 공기를 보내어 냉각시키는 강제 통풍식이 있다.

그림 2. 공랭식 엔진

2.1.1. 자연 통풍식(natural air cooling type)

주행할 때 받는 공기로 냉각시키는 방법으로 엔진이 공기와 접촉이 잘되도록 설치하고 실린더헤드 및 실린더 등 과열부분에는 냉각핀(cooling fin)을 설치하여 냉각을 돕도록 설계되어 있다. 자동차용 엔진에는 잘 이용되지 않고 실린더 수가 적은 오토바이(auto bicycle), 양수기용 엔진 및 경비행기 엔진에 일부 이용되고 있다.

2.1.2. 강제 통풍식(forced air cooling type)

냉각팬을 크랭크축의 회전동력으로 가동시켜 다량의 공기를 엔진에 보내어 냉각시키는 방법으로 엔진 주위에 슈라우드(shroud)를 설치하여 공기의 흐름을 좋게 하도록 설계되어 진다.

2.2. 수냉식 냉각장치(water cooling type)

수냉식은 냉각수를 엔진내부로 순환시켜 냉각시키는 형식으로 냉각수의 순환에 따라 자연 순환방식, 강제 순환방식, 압력 순환식 및 밀봉 압력식 등이 있으며 자동차용으로는 강제순환 방식의 밀봉 압력식이 대부분 적용되고 있다.

2.2.1. 자연 순환식(natural circulation type)

자연 순환식은 물펌프가 없이 냉각수 자체의 온도에 의한 대류현상에 의하여 순환시켜 냉각하는 방식으로 고성능 엔진에는 부적합하여 자동차에는 거의 사용되지 않는다.

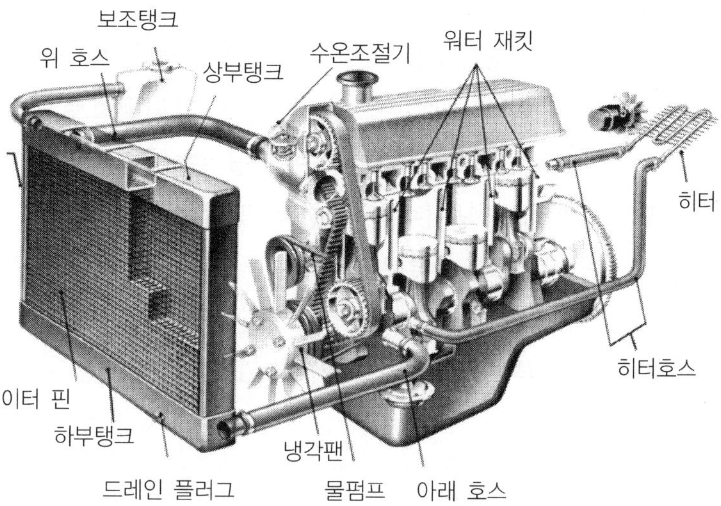

그림 3. 수냉식 엔진

2.2.2. 강제 순환식(forced circulation type)

강제 순환식은 엔진에 물펌프를 설치하여 이 물펌프에 의하여 실린더블록과 헤드에 설치된 물통로의 냉각수를 강제로 순환시켜 엔진을 냉각하는 방식으로 냉각수의 순환이 빨라 엔진의 냉각효과가 크다. 라디에이터, 물펌프, 수온조절기, 물재킷 등으로 이루어져 있다.

2.2.3. 압력 순환식(pressure circulation type)

냉각계통의 회로를 밀봉하고 냉각수가 가열되어 팽창할 때의 압력으로 냉각수를 가압하여 냉각수의 비등점(boiling point)을 높여 비등에 의한 냉각수 손실을 줄일 수 있다. 냉각회로 내 압력의 조절은 방열기 캡 내의 압력밸브에 의하여 자동적으로 조절되며 엔진의 열효율이 향상되고 방열기를 소형으로 할 수 있는 장점이 있다.

일반적으로 액체에 압력을 가하면 비등점이 상승하고 압력을 낮추면 비등점이 하락한다. 압력식 캡을 사용하여 냉각회로 내 압력을 0.3~0.9kgf/cm^2 정도 상승시키면 비등온도를 110~120℃ 정도로 상승시킬 수 있다. 따라서 냉각회로 내의 가압은 대기와 냉각수 사이의 온도차를 크게 할 수 있으므로 냉각효율이 증대된다. 이 방식에서는 냉각수가 가압 가열되어 팽창하였을 때 오버플로우 파이프(over flow pipe)를 통하여 팽창된 냉각수가 방출될 수 있다.

2.2.4. 밀봉 압력식(sealed pressure circulation type)

이 방식도 압력 순환식과 같이 냉각수를 가압하여 비등온도를 상승시키는 방식이다. 그러나 압력 순환식에서는 냉각회로 내 압력은 방열기 캡의 압력밸브로 조절을 하지만 팽창된 냉각수가 오버플로우 파이프를 통하여 외부로 유출될 수 있으므로 이러한 결점을 보완하기 위하여 방열기 캡을 밀봉하고 냉각수의 팽창과 맞먹는 보조탱크를 오버플로우 파이프와 연결하여 냉각수가 팽창할 경우 외부로 냉각수가 유출되지 않도록 하는 형식이다.

이와 같은 형식은 냉각수의 유출손실이 적어 장시간 냉각수의 보충을 하지 않아도 되며 최근의 자동차용 냉각장치는 대부분 이 방식을 적용하고 있다.

3 냉각장치의 구성 및 기능

냉각장치는 실린더헤드와 실린더블록에 있는 워터 재킷(water jacket, 냉각수 통로), 냉각액, 워터펌프(water pump), 수온조절기(thermostat), 방열기(radiator), 라디에이터 호스, 냉각 팬(cooling pan) 등으로 구성되어 있으며 엔진이 가동되면 실린더헤드와 실린더블록의 워터재킷에 있는 냉각수가 바로 라디에이터로 가는 것이 아니고 실린더블록과 실린더헤드사이의 폐쇄 회로를 구성하여 순환하다가 냉각수 온도가 설정온도(약 82~85℃) 정도가 되었을 때 수온조절기가 열려 라디에이터 상부호스를 통하여 라디에이터 상부탱크로 들어간다.

상부탱크와 하부탱크사이에 연결된 튜브를 통하여 하부탱크로 흘러 내려가는 도중에 냉각 팬이 회전하면서 흡입공기에 의해 온도가 5~10℃ 정도 낮아져 하부 탱크를 통하여 물펌프로 간다. 엔진을 순환하는 과정에서 온도가 5~10℃ 상승하여 라디에이터로 순환된다.

3.1. 냉각수와 부동액

3.1.1. 냉각수(cooling water)

냉각수는 보통 물을 사용하며 물은 열을 잘 흡수하고 구입이 용이하기 때문이다. 냉각수로 사용되는 물은 순도 높은 증류수, 수돗물, 빗물 등을 사용하며 광물성이나 산을 포함한 천연수와 경수는 냉각장치를 부식시키거나 물때(scale)가 많이 생기므로 사용하지 않는 것이 좋다.

3.1.2. 부동액(antifreeze)

부동액은 겨울철 빙결과 여름철 과열을 예방하는 역할을 한다. 한냉시 물은 0℃에서 빙결하여 체적이 10% 정도 팽창하므로 실린더블록이나 헤드 등 냉각장치 내에서 빙결하면 부피의 증가로 냉각장치를 파손하게 된다. 한냉시 냉각수의 빙결을 방지할 목적으로 냉각수와 부동액을 일반적으로 50 : 50 정도로 혼합하여 냉각장치 내에 주입하여 사용하기도 한다. 과거에는 자동차 냉각장치에 사용하는 부동액이 과열의 원인이 되었기 때문에 여름철에는 빼내야 했지만 4계절용이 개발되어 그대로 사용할 수 있게 되었고 부동액의 종류로는 에틸렌글리콜(EG) 계열과 프로필렌글리콜(PG) 계열로 나뉜다. 그리고 EG계열은 첨가제에 따라 인산염 부동액과 규산염 부동액으로 나뉜다.

부동액은 냉각수와 혼합시 지역의 온도에 따라 약간씩 혼합비율을 다르게 하여야 할 필요성이 있고 보통 그 지역의 최저온도보다 5~10℃ 정도 낮은 온도를 기준하여 사용한다. 부동액이 오래될 경우 열에 의한 성분 변화로 인해 냉각수의 효율을 떨어뜨릴 수 있기 때문에 부동액은 교환 주기에 맞춰 교환해주는 것이 좋다.

표 1종 부동액과 2종 부동액

주성분	종 류	기 호	용 도
에틸렌 글리콜(EG)	1종	AF	냉각수의 동결방지와 부식방지의 목적으로 겨울 한철에 사용할 수 있는 것.
	2종	LLC	냉각수의 동결방지와 부식방지의 목적으로 연중 계속 사용할 수 있는 것.
프로필렌 글리콜(PG)	2종	LLC	냉각수의 동결방지와 부식방지의 목적으로 연중 계속 사용할 수 있는 것.

※ 1종 부동액(AF, Anti-freeze) : 겨울한철만사용할수있는부동액
※ 2종 부동액(LLC, Long Life Coolant) : 연중항시사용할수있는사계절부동액

[1] 프로필렌글리콜(PG : propylene glycol)

프로필렌글리콜(알루미늄용)은 무색에 향이 없고 단맛이 난다. 흡습성과 생분해성이 좋고 인체에 대한 독성이 거의 없어 식품첨가제로도 사용되고 있어 제조과정은 친환경 적이지만 폐수는 심각한 환경오염을 초래한다. 수명이 길고 열전달이 빠른 장점이 있지만 가격이 비싼 단점이 있다.

PG부동액은 EG부동액과 마찬가지로 혼합율 60%에서 가장 낮은 동결온도를 가지지만 60% 이상 혼합하여도 동결온도의 변화는 없고 60% 이상 혼합시 PG부동액 자체의 높은 점도 때문에 냉각수의 점도가 높아져 흐름성이 나빠지는 단점이 있다.

[2] 에틸렌글리콜(EG : ethylene glycol)

에틸렌글리콜(스틸용, 동, 구리용, 알루미늄용)은 알코올 계통의 화학물질로 에틸렌글리콜($C_2H_4(OH)_2$)에 청색이나 적색도료와 안정제를 넣어 영구부동액으로 사용되고 있다. 에틸렌글리콜은 물이 잘 용해되며 무색, 무취에 약간의 단맛이 나며 가격은 싸나 엔진의 내부에서 유출되면 교질상태의 침전물이 발생되어 심각한 환경오염을 초래한다.

부동액에는 동결방지제외에도, 알루미늄합금에 대한 부식성이 강하기 때문에 부식방지제를 넣는데 부식방지제 덕분에 녹색(청녹색, 황녹색) 으로 착색한다. 부식 방지제로는 아질산염과 트리 에탄올아민이 흔히 사용된다. 냉각수의 산성이 커지는 것을 방지하기 위해 규산염(silicate), 인산염(phosphate) 또는 붕산염(borate)등 무기계 첨가제를 이용하여 부동액이 알칼리성을 유지하도록 하며, 냉각수 순환을 방해하는 고온에서의 기포발생을 억제하는 거품 방지제, 미세한 냉각수 누출을 방지하는 밀봉기능제(스탑리크), 우수한 열전달과 엔진의 운전온도가 높아짐에 따라 냉각수 성능저하 방지를 위한 고온안정성 향상제, 냉각수와 접촉되는 고무나 플라스틱 등 비금속 부품에 영향을 주지 않는 부품안정성 향상제 같은 첨가제가 들어가 있다.

에틸렌 글리콜은 팽창계수가 큰 결점이 있고 윤활성이 좋기 때문에 쉽게 누출되는 특징이 있다. 아래 표는 대기압력 하에서 에틸렌글리콜의 비율(%)에 따른 냉각액의 비등점을 나타내고 있다. 또한 물의 빙점이 0℃인데 비해 에틸렌글리콜의 최저 빙점은 약 -52℃이므로 비등 방지효과와 빙결 방지효과를 동시에 가지고 있다.

표 에틸렌글리콜의 비율에 따른 냉각액의 비등점

에틸렌글리콜의 체적비(%)	10	20	30	40	50	60	70	80	90	100
대기압에서의 비등점(℃)	102	103	104	106	109	113	118	127	145	195

그러나 에틸렌글리콜의 양이 68%를 넘어서면 오히려 빙점이 올라간다. 또한 에틸렌글리콜은 물보다 비열이 낮기 때문에 냉각 효과가 떨어진다. 따라서 부동액을 너무 많이 주입하면 엔진이 과열될 가능성이 크다.

표 글리콜타입에 따른 동결온도(℃)

부피(%)	0	10	20	30	40	50	60	70	80	90	100
EG부동액	0	-4	-8.8	-16	-25	-36	-52	-	-46	-32	-15
PG부동액	0	-4.4	-8.8	-12.7	-21	-32.5	-48.8	-	-	-	-

또한, 에틸렌글리콜은 온도가 상승할수록 체적이 팽창하는 성질이 있어 팽창탱크(expansion tank 또는 recovery tank)를 설치하여 냉각수 온도가 상승하면 라디에이터 내부의 냉각수 부피가 팽창하고 냉각수는 압력식 캡의 압력밸브를 통하여 오버플로 파이프를 거쳐 팽창탱크 쪽으로 흘러나간다. 반면 엔진이 정지되어 냉각수 부피가 수축되면 압력식 캡 내부의 진공밸브가 열려 팽창탱크에 있는 냉각수가 라디에이터로 다시 유입된다. 이러한 장치를 회복장치(coolant recovery system)라 한다.

한편, 에틸렌글리콜은 착화점이 125℃이므로 배기다기관 근처에 성분이 떨어지면 착화할 위험성은 있으나 물과 에틸렌글리콜을 50 : 50으로 희석하여 사용하기 때문에 불연성이라고 생각해도 좋다. 에틸렌글리콜은 도료를 침식시키지는 않는다.

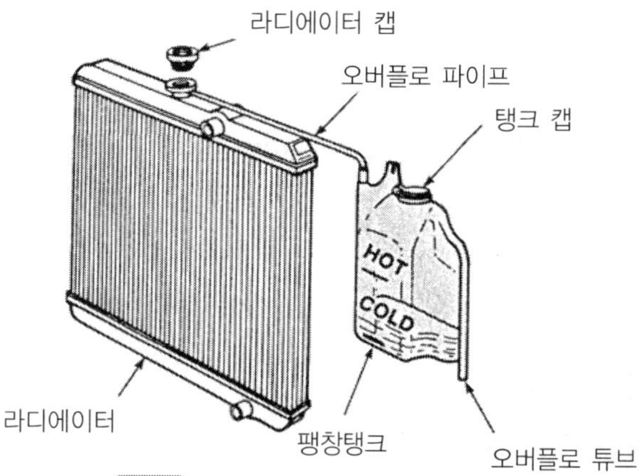

그림 4. 냉각수 팽창탱크

(1) 인산염

낮은 혼합율에서도 좋은 성능을 보이며, 내열성이 좋아 수명이 길고, 거품방지성이 좋은 성능을 가진다. 경수를 희석용 물로 사용하면 경수에 포함된 미네랄 성분(마그네슘, 칼슘 등)과의 화학반응으로 침전물이 생기기 쉽다. 그래서 유럽에서는 사용이 금지되어 있지만 물속에 미네랄 함유량이 낮은 우리나라나 일본에서는 인산염계 첨가제를 주로 사용하며 녹색(청녹색, 황녹색)으로 착색한다.

(2) 규산염

경수에서도 침전물과 녹이 발생하지 않는 것이 장점이라 물속에 미네랄 성분이 많은 유럽에서 주로 사용한다. 냉각시스템의 알루미늄합금 부품(라디에이터, 워터펌프 등)에도 좋은 성능을 보이고 고온에서도 우수한 내산화성이 있다. 그러나 내구성이 약하고(엔진과 라디에이터 온도차이가 커서) 냉각수 온도가 급격하게 변하면 주성분인 실리케이트가 결정화(겔화 : 겔처럼 찐득하고 끈끈해지는 성질)되어 라디에이터 냉각통로를 막을 수 있다. 규산염 부동액은 혼합율 50~55%에서 부식방지 성능이 가장 우수하고, 동결온도는 혼합율 70%일 때 가장 낮다.

[3] 글리세린(glycerine)

글리세린은 반영구 부동액이라 하며 끈기 있는 액체로 비중이 높아 물에 잘 혼합하여 사용하여야 한다.

[4] 메탄올(methanol)

메탄올은 비등점이 80℃이고, 응고점이 -30℃로써 낮은 온도에서 견딜 수 있으나 비점이 낮아 증발되기 쉬운 결점이 있다.

3.1.3. 부동액의 구비조건

① 냉각수와 잘 혼합될 것
② 냉각장치에서 순환성이 좋을 것
③ 워터재킷, 라디에이터 등 냉각계통을 부식시키지 않을 것
④ 온도변화에 따른 부식을 일으키지 않을 것

⑤ 비점이 물보다 높고, 빙점(응고점)은 물보다 낮을 것

⑥ 증발(휘발성)이 없을 것

3.2. 워터펌프(water pump)

워터펌프는 실린더블록의 앞쪽에 부착되어 냉각회로 내의 냉각수에 압력을 가하여 강제적으로 순환시키는 장치이며, 주로 원심펌프(centrifugal pump)를 많이 사용한다. 원심펌프의 원리는 밀폐된 용기 내에 냉각수를 가득 채우고 그 속에서 날개를 회전시키면 용기 주위의 압력은 상승하고 중심부의 압력은 낮아진다. 따라서 중심부의 파이프에서는 물이 흡입되고 주위의 파이프에서는 냉각수가 밀려나가면서 순환된다.

소형 엔진은 임펠러(날개)의 경우 강철판을 프레스로 성형하여 사용하고 중·대형 엔진은 주철을 사용하여 주조로 만들며 임펠러의 종류는 방사형과 와류형이 있다. 구동벨트에 의해 엔진 회전수의 1.2~1.6배로 회전하여 냉각수를 순환시킨다. 크랭크축의 동력을 이용하여 벨트를 통해 워터펌프를 구동시키는데 회전속도가 증가하면 증가할수록 워터펌프에서 배출하는 유량과 수압도 올라간다. 즉, 임펠러(impeller)의 회전으로 원심력을 이용해서 냉각수를 바깥 둘레로 뿜어내서 펌프작용을 한다.

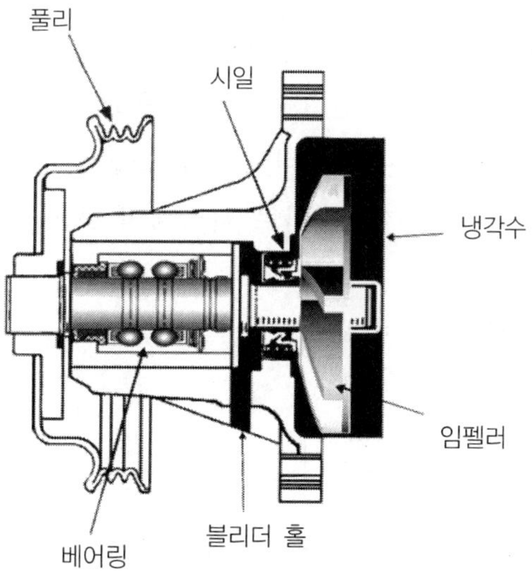

그림 5. 워터펌프의 단면

원심펌프는 소형이나 송수량이 많고 출구를 좁혀도 압력이 상승하지 않으므로 온도 조절이 용이하고 또 고장이 생겨 펌프가 회전하지 않아도 냉각수는 자유로이 날개 사이로 흘러 불완전하지만 자연 순환이 이루어져 냉각이 가능하기 때문에 그 즉시 과열되지 않는 장점이 있다. 워터펌프의 능력을 송수량(L/min-rpm)으로 표시하며, 배기량이 큰 엔진일수록 송수량이 큰 펌프를 사용한다.

펌프의 효율은 냉각수의 온도가 상승하면 효율이 저하되며 냉각수의 압력이 상승되면 효율도 상승된다. 엔진의 온도가 높은 차이 일수록 성능이 좋은 차가 별로 없다. 엔진을 적정 온도로 유지할 수 있을 정도의 유량과 수압에 맞추어 펌프 용량을 결정해야 한다.

3.3. 구동벨트(drive belt)

구동벨트(drive-belt)는 엔진 폭발에 의한 크랭크샤프트의 회전력을 회전이 필요한 다른 부품에 전달하는 고무벨트를 총칭한다. 외형적으로 단면을 보면 V자 형태이기 때문에 흔히 브이벨트(V-belt)라고도 불린다. 하지만 최근에는 V자보다 평평한 단면에 4개 또는 5개의 보강라인이 들어간 리브벨트(rib belt)가 많이 사용되고 있다. 재질은 섬유질과 고무이며, 리브벨트는 두께가 적어 굴곡에 대한 피로성이 우수하고 코드와 고무의 박리 또는 균열 등이 적다.

구동벨트는 차종에 따라 3개 또는 2개인 경우가 대부분이지만, 최근 출시되는 차량들은 엔진의 정숙성, 내구성 향상을 위해 구동벨트를 하나 만으로 설계하고 있다. 구동벨트는 크랭크축 - 워터펌프 - 발전기를 연결하는 팬벨트(fan belt), 크랭크축 - 에어컨을 연결하는 에어컨벨트, 워터펌프 - 파워 스티어링 펌프를 연결하는 파워벨트 3개로 나누어져 있다. 팬벨트의 형식은 너비, 두께, 길이로 나타내며 표와 같다.

표 팬벨트의 형식

형 식	A	B	C	D	F
너비(mm)	13	17	23	32	38
두께(mm)	9	11	15	20	24
길 이	두께 중심선의 전 길이				

팬벨트는 항상 일정한 장력을 유지하여 엔진의 과열을 방지해야 하며 또한 파손을 대비하여 여분의 팬벨트를 비치하는 것이 좋으며 팬벨트 장력은 벨트 가운데를 10kgf으로 눌렀을 때 10~15mm 정도의 긴장도가 알맞다. 팬벨트의 장력이 너무 세면 워터펌프 및 발전기의 베어링 소손과 팬벨트가 과열하여 파손되기 쉽다. 그리고 장력이 너무 약하면 운전 중 미끄러져 동력전달이 불량하여 물펌프 작동이 원활하지 못하므로 엔진과열의 원인이 된다.

엔진이 과열하면 운전석의 수온 게이지 지침이 적색을 지시하며 라디에이터 압력 캡 및 오버플로 파이프를 통하여 수증기가 다량 분출되며 이때에는 주행을 멈추고 엔진을 공회전시키며 서서히 엔진을 냉각시킨 후 엔진과열 원인을 찾아 정비하여야 한다. 특히 엔진과열시 라디에이터 캡을 열 때에는 라디에이터 내부의 팽창으로 높은 압력이 가해지고 있으므로 뜨거운 냉각수나 수증기에 조심하여야 하며 급격히 저온인 냉각수를 보충하지 않는 것이 좋다.

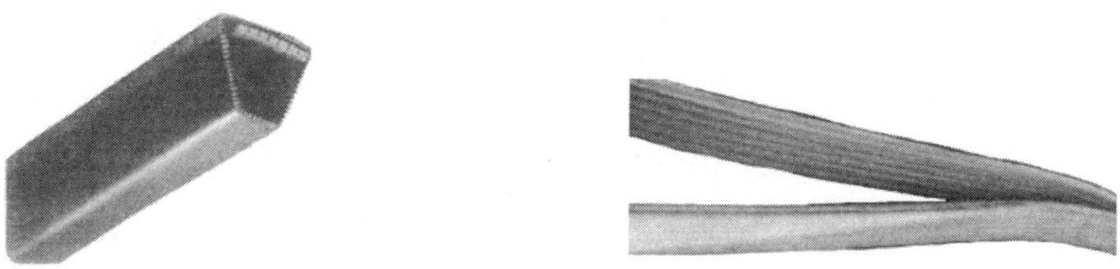

(a) V벨트 (b) 리브벨트

그림 6. V벨트 및 리브벨트

3.4. 냉각 팬(cooling fan)

자동차가 고속주행할 때는 많은 공기가 방열기로 유입되어 냉각수가 냉각되나 공회전 또는 저속 운전시에는 더 많은 공기를 방열기로 유입시킬 필요가 있다. 따라서 자동차 엔진에는 방열기 뒤쪽에 냉각팬을 설치하여 강제로 통풍시킴으로써 공전 또는 저속시 방열기의 냉각효과를 충분히 얻게 하고, 엔진이 고부하시에 배기매니폴드 등의 과열을 방지하는 역할을 한다.

냉각팬(cooling fan)은 쿨링팬 이라고도 부르며 보통 워터펌프 축과 일체로 회전하고 고속시에는 배기 매니폴드의 과열을 방지하는 역할을 한다. 팬은 보통 4~8개의 날개를 설치하고 합성수지 또는 알루미늄합금, 강철판을 사용하여 제작된다.

냉각팬은 방열기와의 거리가 가까울수록 냉각효과가 좋으며 팬의 회전속도를 빨리하는 것보다 팬 날개의 폭을 크게 하는 것이 동력손실이 적고 송풍량이 많다.

3.4.1. 전동식 냉각팬(electric cooling fan)

전동식은 배터리의 전기를 이용하여 냉각팬을 회전시키는 방식으로 수온센서에 의한 냉각수 온도를 감지하여 팬을 작동시킨다. 수온센서의 작동온도는 보통 90~100℃사이이고, ON~OFF의 온도차는 3~5℃이며 전동식 팬의 장점은 라디에이터의 설치가 자유롭고, 히터의 난방이 빨라지며, 일정한 풍량을 항상 확보할 수 있어 공회전시나 번잡한 시가지 주행시에도 충분한 냉각 성능을 가진다.

그러나 단점을 든다면 가격이 비싸고 팬 가동시 소비전력이 많으며 소음이 큰 것 등을 들 수 있다. 전동식 냉각팬은 일반적으로 소비전력이 35~130W 정도이며 팬의 송풍량은 전동기 용량에 따라 결정되어진다.

전동팬의 구동방식은 기존 전동팬은 전류(A) 제어방식이고 PWM(pulse width modulation, 펄스폭 변조) 전동팬은 전압(V) 제어방식이다. 기존 전동팬의 경우 소음이 커서 소음을 감소시키려면 저항을 설치하여 속도가 줄어들면 소음 또한 감소한다. 하지만 속도제어의 경우에도 저항값을 지속적으로 변화를 줘야하는데 가변이 거의 안 되기 때문에 이때 속도를 줄이기 위한 저항만큼 전류가 줄어드는데 이 줄어든 전류는 열로서 소모되는 문제가 발생되어 효율이 떨어진다.

그림 7. 전동식 냉각팬

그림 8. PWM 전동팬

그러나 PWM 전동팬의 경우는 전압제어방식으로 속도를 조절하기 위해 전압(V)을 제어하기 때문에 속도제어를 자유롭게 가변 할 수가 있고 사용되는 전류량은 일정하나 전압을 제어함으로서 토크가 커서 효율적인 제어가 가능하고 발생되는 열 또한 미미하며, 일정량의 배터리 용량으로 매우 효과적인 효율을 보여 소모전력 또한 훨씬 유리하다. 두 제어방식의 경우 사용되는 모터가 다르며 일반모터는 PWM방식으로 구동하는 데는 한계가 있으며, 기존 전동팬은 구동시 소음이 항상 발생하지만, PWM 전동팬은 가변대응으로 인해 소음을 획기적으로 줄일 수 있다.

PWM 전동팬은 엔진 냉각수 온도, PWM 자체 온도센서에서 감지한 주변온도, 에어 플로우 센서에서 감지한 흡기온도, 에어컨 냉매압력, 자동변속기 내부온도 등에 따라 그 제어값이 엔진 ECU에 보내진다. 이때, 엔진 ECU는 가장 높은 값을 선택하여 전동팬을 구동한다. 일반 팬 컨트롤게이지는 기계식 릴레이 방식으로 작동하게 되어 있으며, 단순한 온오프 기능을 나타낸다. 따라서 쿨링을 위해서 편차법이 사용되고 세팅시 작동온도와 편차를 설정한다. 예를 들어 쿨링기능에 작동온도 90℃, 편차 3℃를 줄 경우 팬 작동은 93℃에서부터 시작되며, 측정되는 온도가 87℃까지 도달할 때까지 구동된다. 이때 팬의 속도는 가변되지 않고 많은 양의 전류를 일정하게 소모하게 된다. 전동팬을 작동하기 위한 방법도 릴레이 방식으로 대부분의 차량에 적용되어 있다.

PWM컨트롤 게이지는 직접 팬을 돌리는 전원을 공급하지는 않는다. 단지 전압제어를 위한 PWM신호만을 발생하여 PWM 전동팬에 입력하여 주면 신호에 따라 팬의 속도제어와 함께 구동된다. 예를 들어 구동온도(PWM 발생시작 온도)를 80℃에 셋팅을 했다면, 측정되는 온도가 80℃에 도달 시 부터 온도상승에 따라 팬 속도를 가변 하여 대응한다. 이때의 최저속도와 최고속도의 범위 및 가변속도 등은 프로그램에 의해 결정되므로 다양한 가변이 가능하다. 전류소모는 팬 가변속도에 따라 비례하여 증감하므로 효율적인 전원관리가 가능하지만 PWM 전동팬을 작동하기 위해서는 PWM을 발생시키는 장치가 있어야한다.

그림 9의 위쪽은 PWM컨트롤에서 발생되는 PWM신호를 표현한 것이다. 프로그램된 상황에 따라 온도상승 조건에 맞게 듀티비가 증가되고, 이때 듀티비는 (t1/t2)을 의미하며, t1시간동안만 전압이 통전된다. 전류(A)는 변화 없이 일정하게 공급되고 있다. 그림 9의 아래쪽은 PWM 신호의 듀티비에 따라 제어되는 전압(V)과 그 전압에 따른 팬속도 제어를 나타낸 것이다.

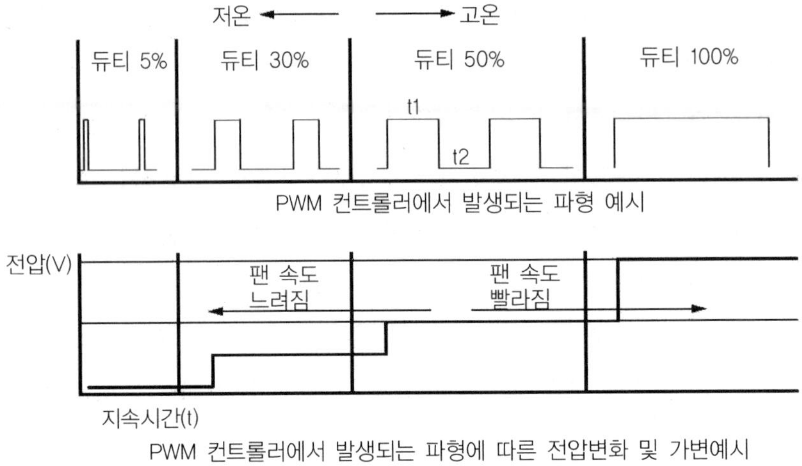

그림 9. PWM 개념도

PWM신호의 듀티비가 작아지면 전압(V)이 작아지면서 팬의 속도를 감소시킨다. 이때 소모되는 전류도 감소하게 되어 한정된 배터리의 용량을 효율적으로 사용할 수 있다.

3.4.2. 유체 커플링 식(fluid coupling type)

이 형식은 팬과 물펌프사이에 실리콘 오일을 봉입한 유체커플링을 설치하여 동력전달을 오일의 유체저항을 이용하여야 하며 저속에서는 물 펌프축과 같은 속도로 회전하나 고속이 되면 팬의 저항이 증가하여 커플링이 미끄러져 클러치 작용을 하므로 속도가 물펌프 회전속도에 비하여 떨어진다.

그림 10. 유체커플링식

3.4.3. 온도조절식 팬 클러치(thermostatic fan clutch)

이 형식은 방열기를 통과하는 공기온도를 감지하여 팬의 회전속도를 자동 변속시키는 형식으로 온도조절 팬 클러치식과 같이 서모스탯 코일의 한쪽 끝이 커버에 고정되고 다른 끝은 슬라이드밸브에 부착되어 있다.

엔진 온도가 상승하여 방열기 통과 온도가 상승하면 서모스탯 코일이 변형되어 슬라이드밸브를 작동시키면 오일입구가 열려 케이스 안으로 흘러 들어와 워터펌프 회전에 의한 원심력으로 클러치의 기동 회전력이 커져 회전속도가 빨라진다. 다시 방열기 통과온도가 내려가면 바이메탈이 수축하여 슬라이드밸브가 오일입구를 닫고 오일은 원심력에 의해 오일출구를 통해 케이스에서 흘러나가 오일실로 돌아가며 케이스 안에는 오일이 미소량 밖에 남지 않으므로 회전력이 감소하여 회전속도가 낮아진다.

이와 같이 팬 클러치는 고속 및 저속 2단으로 회전하며 방열기 통과온도가 50℃ 이상이 되면 엔진 회전수의 1/2회전 정도까지 회전하고 50℃ 이하가 되면 1,500rpm 정도를 유지한다.

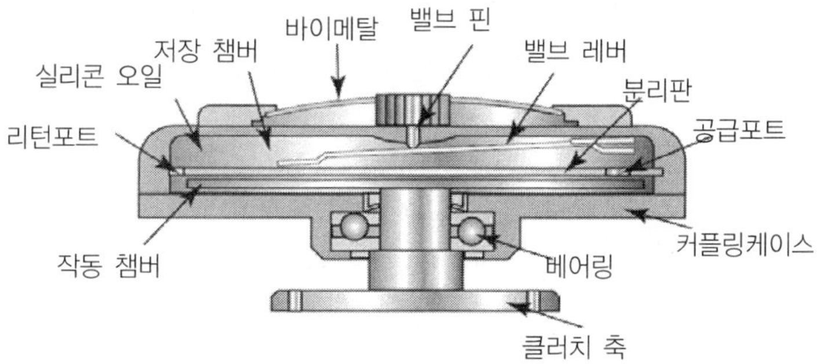

그림 11. 온도 조절 바이메탈식 팬 클러치

3.5. 워터재킷(water jacket)

워터재킷은 실린더블록과 실린더헤드에 설치된 냉각수 순환통로이며, 워터펌프에 의하여 통과하는 냉각수는 먼저 실린더의 워터재킷으로 흐른 후 실린더헤드 부위의 워터재킷을 지나 방열기로 되돌아오며 그 동안에 실린더 벽, 밸브시트, 연소실, 밸브가이드 등의 전도열을 흡수한다. 일반적으로 워터재킷은 실린더블록 또는 실린더헤드와 일체로 주조되어 있다.

3.6. 라디에이터(radiator, 방열기)

라디에이터(radiator)는 엔진에서 가열된 냉각수가 방열되는 장소로서 대부분 엔진의 앞쪽에 설치된다. 라디에이터의 구조는 위 탱크(upper tank). 아래 탱크(lower tank), 코어(core)로 되어 있고 위 탱크에는 라디에이터 캡과 오버플로 파이프가 설치되어있고 아래 탱크에는 드레인 콕(drain cock)이 부착되어 있다. 냉각수의 흐름은 엔진에서 열을 흡수한 냉각수가 라디에이터 상부탱크로 들어와 코어를 따라 하부탱크로 흐르면서 방열되며 냉각 팬(cooling fan)의 유입공기와 자동차의 속도에 따른 유입 공기에 의하여 냉각된다.

라디에이터는 냉각수가 흐르는 방향에 따라 다운 플로(down flow), 크로스 플로(cross flow), U턴 플로방식으로 분류할 수 있다. 다운플로 방식은 버티컬 플로식 라디에이터라고도 하며, 냉각수 탱크를 라디에이터 상하로 배치하는 것으로 뜨거운 물은 위로 가고 차가운 물은 아래로 흐르는 원리와 중력을 이용해 냉각수를 위에서 아래로 흐르게 하는 방식으로 주로 사용되고 있다.

크로스 플로와 U턴 플로방식은 라디에이터 좌우에 탱크를 배치해 냉각수를 가로로 흐르게 하는 방식으로 다운 플로방식과 비교해 방열면적이 넓어 열교환 효과를 높일 수 있는 장점이 있지만 가로로 흐르는 특성으로 인해 유동저항이 커 워터펌프의 성능이 상당부분 요구된다.

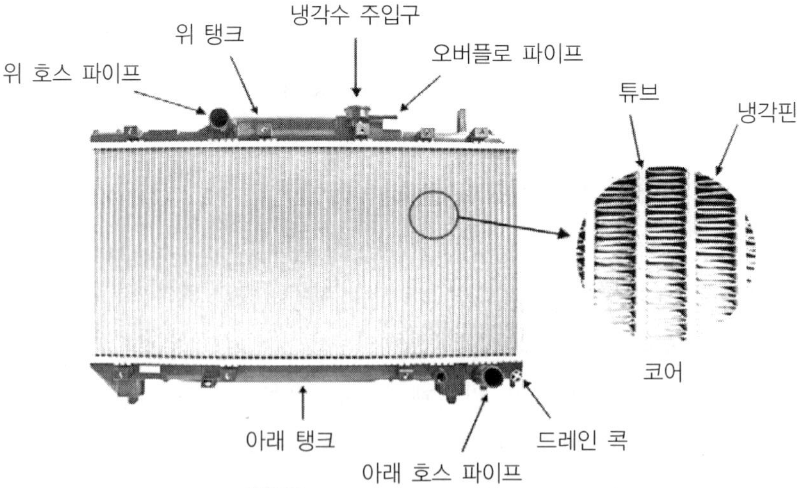

그림 12. 라디에이터의 구조

[1] 라디에이터의 요구조건

① 단위 면적당 방열량이 커야 한다.

② 소형 경량으로 튼튼한 구조이어야 한다.

③ 공기의 흐름저항이 적어야 한다.

④ 냉각수의 흐름이 원활해야 한다.

3.6.1. 라디에이터 코어(radiator core)

코어(core)는 냉각수가 위 탱크에서 아래탱크로 흐르는 튜브와 공기가 통하는 핀 부분으로 되어 있으며 방열을 좋게 하기 위하여 방열성이 좋은 얇은 구리판이나 알루미늄 합금판을 성형 재단하고 납땜하여 만들며 라디에이터 코어 막힘률은 20% 이상 되어서는 안 된다.

$$\text{라디에이터 코어 막힘률} = \frac{\text{신품 용량} - \text{사용품 용량}}{\text{신품 용량}} \times 100(\%)$$

3.6.2. 라디에이터의 상부 및 하부탱크

상부탱크는 방열되기 전의 엔진냉각수가 잠시 머무는 저장탱크로 일반적으로 냉각수 주입구가 설치되어 있고 엔진에서 오는 입구파이프(inlet pipe)가 부착되어 있다. 상부탱크는 보통 황동판을 프레스 가공하여 납땜을 하여 만들지만 알루미늄합금의 코어를 사용하면서 수지계열의 플라스틱을 사용하고 접합은 라디에이터 코어바디와 수지탱크사이에 고무패킹을 넣고 코어 플레이트의 일부분을 프레싱하는 기계적 접합방법을 사용한다.

아래 탱크는 방열 코어에서 방열된 냉각수가 아래 탱크에서 모여 엔진으로 들어가며 출구 파이프(outlet pipe)와 배수구(drain cock)가 부착되어 있으며 황동판을 프레스 가공하여 납땜을 하여만들지만 알루미늄합금의 코어를 사용하면서 수지계열의 플라스틱을 사용하고 접합은 라디에이터 코어바디와 수지탱크사이에 고무패킹을 넣고 코어 플레이트의 일부분을 프레싱하는 기계적 접합방법을 사용한다. 보통 위 탱크보다 용량이 적다.

3.6.3. 사이드멤버와 팬 슈라우드(side member & fan shroud)

사이드멤버(side member)는 라디에이터 코어를 보호하며 라디에이터를 차체에 보호하기 위하여 두며 팬 시라우드는 팬(fan)에서 오는 공기의 흐름을 좋게 하여 방열효과를 증대시키고 라디에이터를 보호한다.

3.6.4. 라디에이터 캡(radiator cap)

라디에이터 캡은 내부를 밀폐하는 가압식으로 압력 캡이라고 한다. 압력 캡은 라디에이터 내부를 밀폐하여 압축시키며 특히, 온도가 높아지면 물이 팽창하여 압축하므로 압력이 높아져 100℃ 이상이 되어도 비등하지 않고 냉각수 온도가 110~120℃ 정도 되도록 한다.

라디에이터 내부의 압력이 0.3~1.09kgf/cm^{2}가 되면 압력밸브가 열려 보조탱크로 연결된 호스를 통해 배출되어 방열기 안은 항상 일정한 압력을 유지한다. 엔진이 과열되면 압력이 밖으로 배출되며 엔진온도가 내려가 방열기 내부압력이 대기압보다 낮아지면 부압밸브가 열려 외부공기를 흡입하여 부압을 해소하는 작용을 한다.

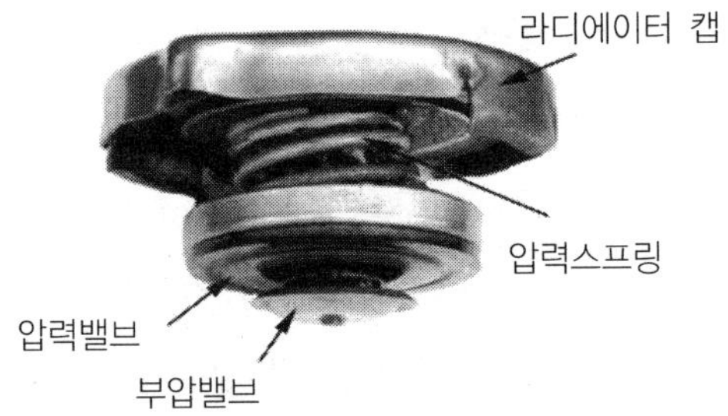

(a) 라디에이터 캡의 구조

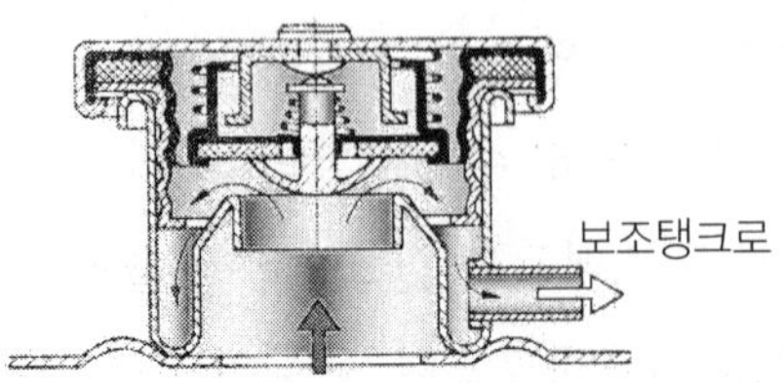

(b) 압력이 높을 때

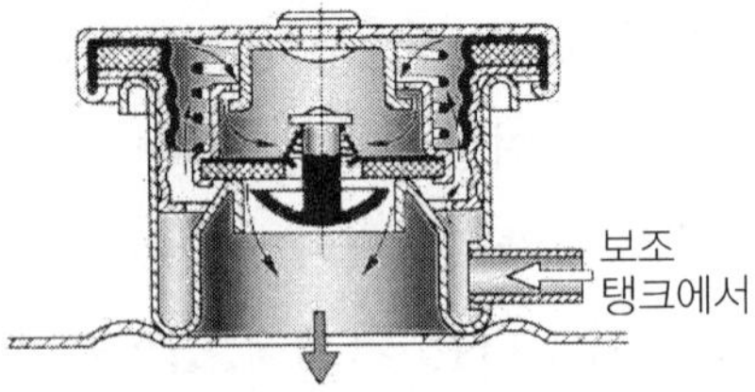

(c) 압력이 낮을 때

그림 13. 라디에이터 압력 캡의 구조와 작용

보조탱크가 부착된 방열기는 냉각수 팽창시에는 오버플로 파이프를 통해 보조탱크에 냉각수를 일시 저장하였다가 압력이 떨어졌을 때 다시 리턴되어 라디에이터 내의 냉각수가 자동 조정되어 냉각수의 손실을 막고 장기간 냉각수의 보충을 하지 않아도 된다.

3.6.5. 라디에이터에 기름이나 기포발생시 고장개소

① 실린더헤드 파손

② 실린더헤드 개스킷 파손

③ 실린더헤드 볼트 파손 또는 이완

3.6.6. 라디에이터 세척

라디에이터의 세척은 라디에이터 아래탱크에서 위탱크로 역수시켜 스케일을 제거한다.

① 라디에이터 출구 파이프에 플러시 건을 설치한다.

② 플러시 건의 물 밸브를 열고 라디에이터에 물을 가득 채운다.

③ 플러시 건의 공기밸브를 열고 압축공기를 서서히 보낸다.

④ 압축공기를 잠그고 배출되는 물이 깨끗해 질 때까지 ③, ④의 작업을 반복한다.

3.7. 수온조절기(thermostat)

수온조절기는 시동 직후 워밍업을 빠르게 하고 냉각수 온도를 항상 적정온도인 80~90℃로 유지하기 위해 엔진과 냉각수사이를 순환하는 시간과 냉각수의 양을 제어하는 밸브이다. 시동 초기에는 엔진 측에 있는 냉각수를 라디에이터로 보내지 않고 실린더블록과 실린더헤드 사이를 폐쇄회로로 구성하여 순환시킨다. 이때 수온조절기가 닫혀있더라도 엔진 내부를 항상 일정량의 냉각수가 순환하여 엔진 각부의 온도를 균일하게 하고 동시에 수온조절기도 따뜻한 냉각수와 접촉할 수 있도록 엔진 본체 또는 수온조절기에 바이패스(by—pass) 통로가 설치되어 있다.

이러한 목적을 위해 바이패스 통로는 큰 쪽이 바람직하나 너무 크게 하면 수온조절기가 열렸을 때 라디에이터로 순환하는 냉각수 양이 감소하여 정확한 엔진 온도제어가 어려워져 냉각 능력이 저하된다. 그래서 최근에는 바이패스 통로를 충분히 크게 설치하되 수온조절기가 열린 경우 수온조절기에 설치된 바이패스밸브가 작동하여 엔진 본체에 형성되어 있는 바이패스 통로를 막는 방법을 이용하고 있다.

수온조절기에는 벨로즈형식과 펠릿형식의 2가지가 있다. 펠릿 내부에는 왁스(wax)와 함께 고무가 봉입되어 왁스의 팽창 및 수축으로 밸브가 개폐되어 진다. 즉, 온도가 낮을 때는 펠릿이 스프링에 밀리어 밸브를 닫은 상태가 되며 온도가 올라가면 왁스가 팽창하여 고무 부분을 압축하므로 펠릿이 밀려 내려와 밸브를 열어주게 된다. 벨로즈형식은 벨로즈 내부에 에틸이나 알코올이 들어있다.

2가지 모두 냉각수 온도에 따른 작동물질의 열팽창을 이용하여 65℃에서 열리기 시작하여 85℃에서 밸브를 여는데 벨로즈형식은 벨로즈 내부의 압력에 따라 밸브 열림 온도가 달라지는 부작용이 있어 최근에는 거의 사용하지 않는다. 수온조절기가 열린 채 고장이 나면 엔진이 과냉되고, 닫힌 채로 고장이 나면 과열의 원인이 된다.

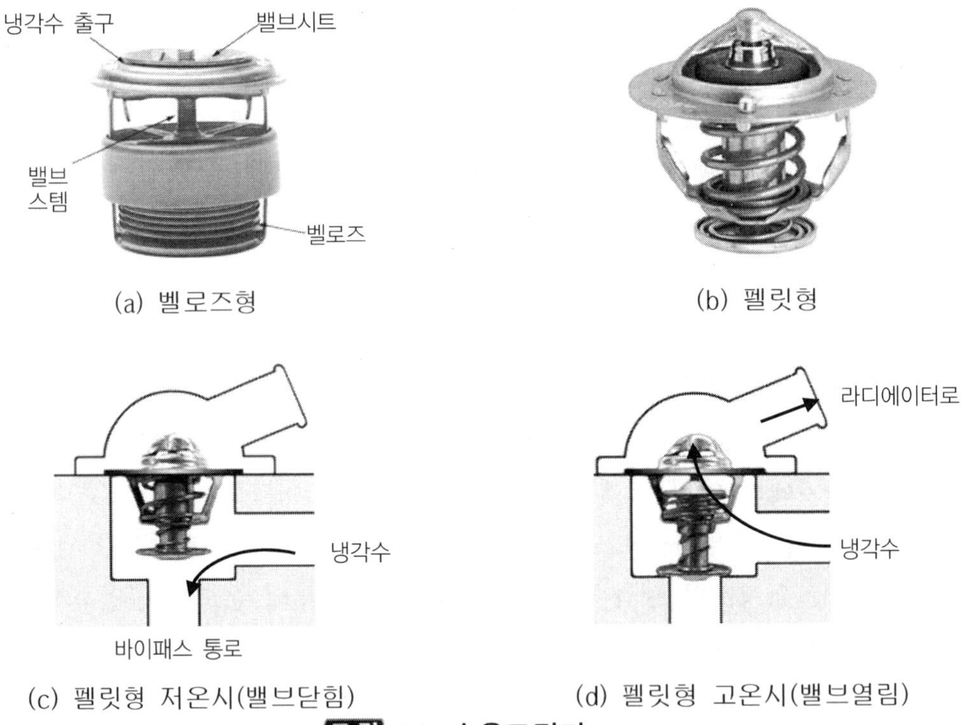

(a) 벨로즈형 (b) 펠릿형

(c) 펠릿형 저온시(밸브닫힘) (d) 펠릿형 고온시(밸브열림)

그림 14. 수온조절기

[1] 수온조절기의 주요 역할

① 엔진의 온도를 일정하게 하므로 엔진의 성능을 최고로 발휘 시킨다.

② 과열 및 과냉을 방지한다.

③ 오일의 노화방지 및 엔진 수명을 연장시킨다.

④ 차실내 난방 효과를 높인다.

⑤ 냉각수의 소모를 방지한다.

4 신 냉각시스템

최근 자동차 메이커들은 지구환경을 보호하고 배출가스의 규제에 대응하기 위해 최고 수준의 저연비와 배출가스 저감시키는 고성능, 경량화 엔진을 개발하고자 노력하고 있다. 특히, 최적의 냉각시스템은 냉각과 마찰손실을 줄여주어 열효율과 연비를 향상시키고 엔진의 조기 워밍업을 통한 탄화수소를 줄여주며 연소실의 열부하를 저감시켜 엔진의 내구성 향상은 물론 고 출력화를 실현할 수 있다. 이러한 자동차의 신기술 중에서 열효율을 개선하기 위한 신 냉각시스템이 개발하게 되었다.

4.1. 분리 냉각방식

실린더헤드와 실린더블록을 별개의 통로를 만들고 블록 출구에는 제2의 수온조절기를 설치하여 블록 내의 냉각수 유량을 제어한다. 분리 냉각장치는 부분 부하조건에서 실린더 보어 주위의 온도를 높여 연비향상 및 미연소 배기가스 저감효과를 얻고 있다. 그러나 고속 고부하 조건에서는 엔진의 열해 즉 과열의 가능성이 있어 별도의 릴리프밸브나 제 2의 수온조절기가 필요하다.

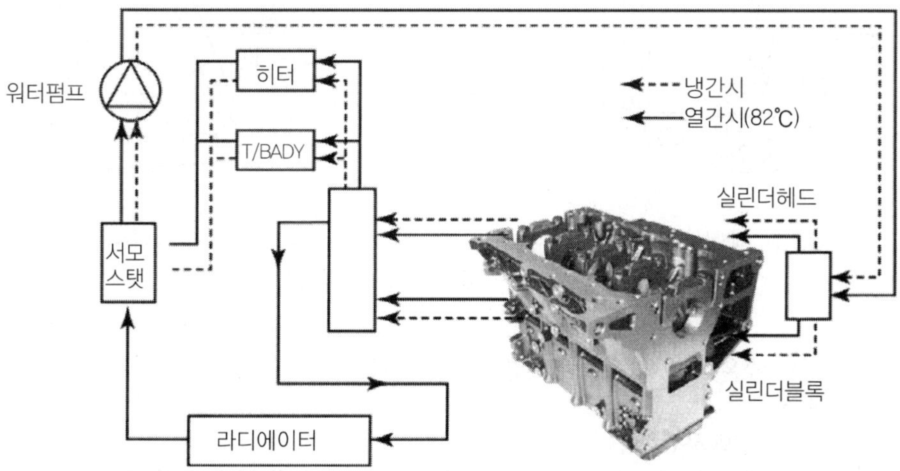

그림 15. 분리 냉각방식의 냉각수의 계통도

실린더블록과 헤드를 분리하여 냉각하는 방식은 서모스탯은 엔진에 냉각수 유입되는 입구에 적용하는 입구제어방식이며 엔진 내의 냉각수 온도 편차 및 냉간시 빠른 냉각수 온도상승에 따른 배기가스 저감과 연비 향상효과를 얻을 수 있다. 그림 15는 블록과 헤드의 분리 냉각방식의 냉간시와 열간시 냉각수의 흐름을 나타낸 것이다.

4.2. 입·출구 제어방식

냉각수 온도 조절장치로 입구 제어방식과 출구제어 방식으로 구분할 수 있는데 기존의 출구 제어방식은 서모스탯이 열린 후 라디에이터 내의 차가운 냉각수가 엔진을 통과하여 서모스탯까지 순회해야 닫힘으로 엔진 헤드 그리고 실린더블록의 실제적인 온도와 큰 차이가 있다. 그러므로 ECU가 냉각수 온도를 기준으로 인젝터 통전시간 및 점화시기를 보정하는데 부정확하고 연비나 배출가스 조절에 오차가 발생할 수가 있다.

이러한 문제점을 해소하고자 출구제어에서 입구 제어로 바뀌었으며 입구 제어방식은 서모스탯이 열리자마자 라디에이터에서 유입되는 냉각수에 의해 서모스탯의 열림이 결정되기 때문에 냉각수가 조금씩 유입되면서 서모스탯의 열림이 적절히 조절된다.

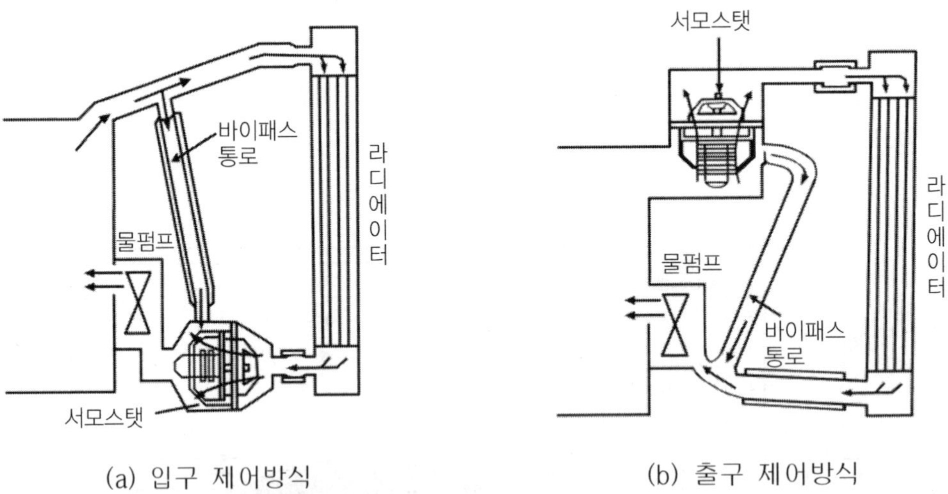

그림 16. 냉각수 입·출구 제어방식

REFERENCE 수온조절기의 입구 제어방식의 장·단점

1. 장 점
   ① 온도 변화폭이 적다.
   ② 바이패스 통로를 냉각수 입구 파이프로 공유할 수 있기 때문에 바이패스 통로를 없앨 수 있다.

③ 웜업(warm-Up)기간 중 엔진 내의 냉각수 온도 분포가 균일하다.

2. 단 점

① 냉각수 주입이 어렵다.

② 수온조절기 하우징 구조가 복잡하다.

③ 공동현상(cavitation)이 발생할 수 있다.

④ 웜업기간이 길다.

입구 제어방식은 한번 웜업이 끝나면 온도변화가 거의 없이 적절히 냉각수 온도를 조절하는 반면에 출구 제어방식은 온도의 변화 폭이 약 40℃ 정도로 매우 크다는 것을 알 수 있다.

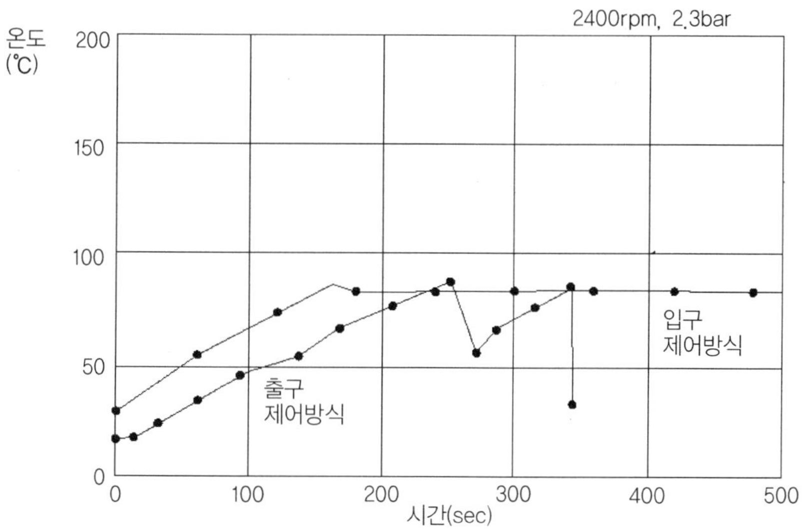

그림 17. 냉각수 입·출구 제어방식 온도 비교

4.3. 엔진의 과열 및 과냉원인

[1] 과열원인

① 수온조절기가 닫힌 채로 고장이 났다.

② 수온조절기의 열림 온도가 너무 높다.

③ 라디에이터의 코어 막힘이 과도하다.

④ 라디에이터 코어가 오손 및 파손되었다.

⑤ 구동벨트의 장력이 약하다.

⑥ 구동벨트가 이완 및 절손되었다.

⑦ 워터재킷 내의 스케일(물때)이 과다하다.
⑧ 워터펌프의 작동이 불량하다.
⑨ 라디에이터 호스가 파손되었다.

[2] 과냉원인

① 수온조절기가 열린 채로 고장이 났다.
② 수온조절기의 열림 온도가 너무 낮다.

CHAPTER

05

흡 · 배기장치 및 배출가스

CONTENTS

1 흡기 및 배기장치

엔진은 실린더 내에 혼합기를 흡입하고 일련의 과정을 통해 연소를 하게 된다. 이때 연소가스를 대기로 배출할 필요가 있다. 흡기장치는 연소실에 흡입하는 공기 중의 이물질을 제거한 후 연료와 함께 혼합해야 된다. 이때 입자가 큰 먼지나 대기 중의 이물질이 함께 혼합되면 혼합이 다소 어렵게 이루어질 수도 있지만 연소실 내에서 연소할 때 불완전 연소하기 쉽기 때문에 깨끗한 공기를 필요로 한다.

위의 문제가 해결되면 연소실로 공기를 유입시키는 통로가 필요한데 이것이 흡기 매니폴드이다. 배기장치는 연소실에서 연소를 한 후 대기로 배출해야 되는데 엔진구조의 최후에 있는 부품이며 이때 배기가스를 한 곳에 모아 배기파이프로 이동하기 위한 배기 매니폴드가 필요하며 배기가스는 촉매장치를 거쳐 배기가스를 환원한 다음 소음기를 거쳐 소음과 배기가스를 저감을 시킨 후 최종 대기로 배출된다. 한편 배출가스 저감을 위한 배기가스 장치로서 촉매장치와 배기가스 재순환장치(EGR)가 있고 엔진 출력향상을 위한 과급장치가 있다.

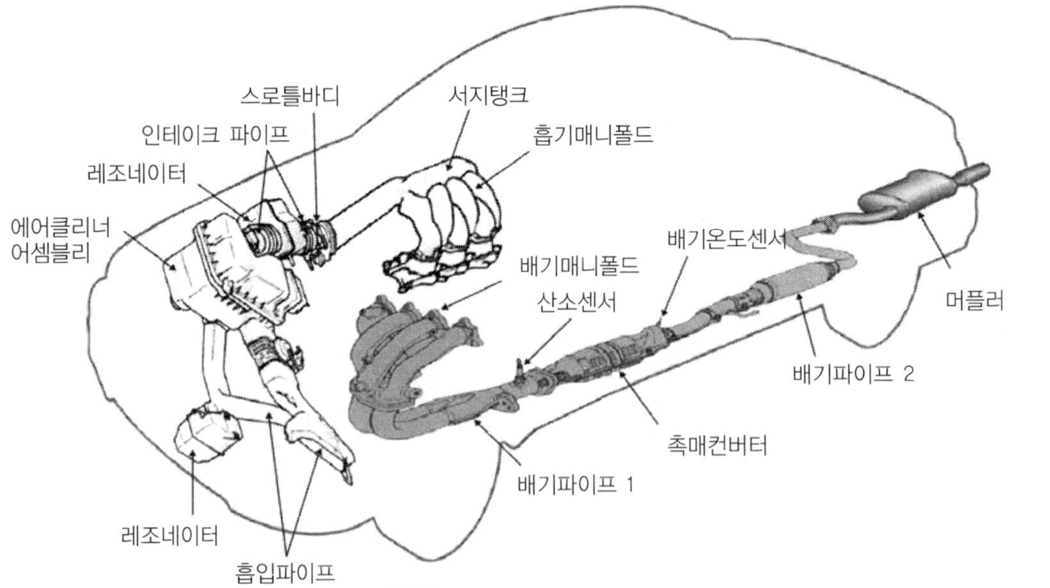

그림 1. 흡기 및 배기장치

1.1. 흡기계통

1.1.1. 공기여과기(air cleaner)

공기여과기는 연소를 하기 위해 필요한 공기를 대기의 다른 이물질을 제거하는 역할을 한다. 즉 보통운전을 하는데 1kgf의 가솔린에 대하여 $10m^3$에 가까운 공기를 필요로 하는데, 이때 필요한 공기가 대기 중에 이물질을 포함하고 있기 때문이다. 또한 공기여과기가 하는 역할 중에는 공기를 흡입할 때 생기는 흡입 음을 감소시키는 역할을 한다.

공기여과기는 건식과 습식이 있는데 건식은 종이로 만든 엘리먼트를 거쳐 이물질을 제거하는 것이라면 습식은 이 엘리먼트에 오일을 묻혀 이물질을 제거하는 방식이다. 현재 소형자동차에서는 건식 공기여과기를 많이 사용하고 있다.

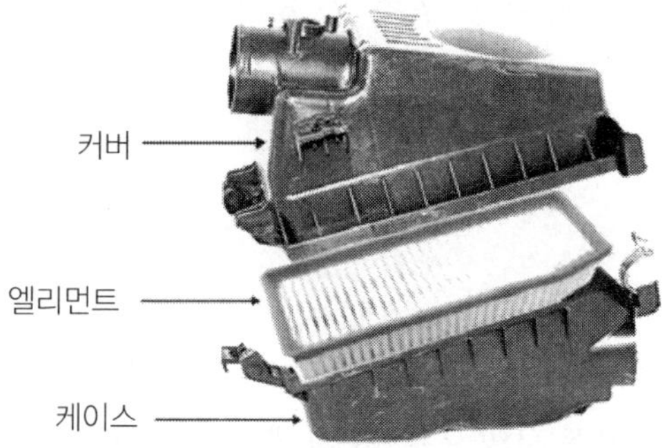

그림 2. 건식 공기여과기의 구조

[1] 건식여과기(dry air cleaner)

건식여과기는 단면적을 높이기 위해 별모양으로 종이를 접어 여과 엘리먼트로 사용한다. 건식여과기는 구조가 간단하고 설치가 용이하며 교환이 용이하다는 장점이 있다. 또한 여과성능이 비교적 우수하고 안정적인 면이 있어 현재 자동차는 거의 건식 여과기를 사용하고 있다.

[2] 습식여과기(wet air cleaner)

습식여과기는 여과 엘리먼트에 오일을 묻혀 공기 중의 이물질을 제거하는 방식이다. 즉 오일에 젖은 엘리먼트에 이물질이 흡착하여 제거한다. 그러나 습식의 경우 일정기간 사용하고 나면 세척유를 사용하여 세척한 다음 압축공기로 불어 내고 다시 새 오일을 발라야 되기 때문에 관리상의 번거로움이 따른다.

그렇기 때문에 현재 소형자동차에서는 거의 사용되지 않고 2륜 자동차에서 많이 사용한다. 그러나 4행정 2륜 자동차의 경우 점차적으로 건식여과기를 사용하는 추세이다.

[3] 원심식 여과기(centrifugal air cleaner)

원심식 여과기는 일반 소형자동차에는 사용하지 않고 먼지가 많은 곳에서 사용하는 자동차의 경우 사용한다. 이 방식은 원심력을 이용하는 것으로 흡입되는 공기가 회전하면서 그 원심력에 의해 이물질을 분리하는 방식이다.

1.1.2. 레조네이터(resonator)

공명기(共鳴器)라고도 부른다. 공기가 흡입구로 들어와 에어클리너를 지난 다음 에어 덕트를 통해 엔진으로 들어갈 때의 속도는 초속 7~8m에 달해 공기가 이런 속도로 에어덕트와 흡기계통의 구부러진 곳을 지나다 보면 자연히 소음이 커지므로 특정 주파수의 공명을 이용해 소음을 줄이는 장치이다.

1.1.3. 스로틀 보디(throttle body)

플라스틱 에어덕트는 스로틀 보디와 연결되고, 공기가 엔진에 들어가기 전 제일 먼저 만나는 것이 스로틀밸브이다. 원반 모양으로 중간에 축이 있는 모습이 나비 날개 같다고 해서 버터플라이 밸브라고도 부르며, 운전자가 액셀 페달을 밟는 양에 따라 엔진으로 들어가는 공기의 양을 조절한다. 이 밸브가 설치된 케이스를 스로틀 보디라고 한다.

엔진 출력은 엔진으로 들어가는 공기의 양에 의해 조절된다. 스로틀 보디에는 밸브가 열린 정도를 측정하는 스로틀 포지션 센서(TPS)가 달려 있다.

1.1.4. 서지탱크(surge tank)

스로틀보디와 엔진사이에는 서지탱크와 흡기 매니폴드가 설치되어 있다. 스로틀밸브를 지난 공기를 1차적으로 저장하는 공간이다. 엔진은 흡입행정시 공기가 들어간다. 그러나 흡기 매니폴드를 통해 실린더로 빨려 들어가던 중 흡기밸브가 닫히면 미처 들어가지 못한 공기가 밸브에 부딪히며 곧바로 3개의 다른 실린더에서도 공기를 빨아들이기 때문에 이런 상황이 반복되면 공기는 흡기 매니폴드 파이프사이에서 파도치는 듯한 맥동현상이 발생한다.

이런 현상을 막는 것이 서지탱크로 공기를 각 실린더로 안정되게 공급하는 역할을 하고, 서지탱크는 스로틀 바디를 지나 유입되는 공기를 또한 흡입계통에서 대기로부터 실린더로 공기를 흡입하기 위해 발생하는 진공을 생성 및 저장하기도 한다. 서지탱크에 생성된 진공에 의해 차량의 여러 부품들이 작동이 된다. 때문에 엔진의 성능에 영향을 미칠 수 있다. 출력에 비해 지나치게 큰 서지탱크는 진공도가 떨어져서 응답성에 저하가 일어날 수 있고 작은 서지탱크는 진공용량의 부족으로 전체 출력 저하와 부품들의 작동이 원활하지 못하게 된다.

그림 3. 서지탱크 및 흡기 매니폴드

1.1.5. 흡기 매니폴드(intake manifold)

매니폴드는 한 군데에서 파이프가 여러 갈래로 나온다는 뜻. 흡기 매니폴드는 서지탱크에서 대기 중인 흡입공기를 각 실린더에 공급하는 통로 역할을 한다. 여기서 중요한 점은 흡입공기의 저항을 줄여 각 실린더에 고른 분배 및 유도하는 것이다. 흡기 매니폴드는 주철 또는 알루미늄합금으로 만들어진다.

공기여과기를 통한 공기가 연소실로 이동하기 위한 통로이며 단기통 엔진에는 흡기다기관이라 하지 않고 흡기관이라 한다. 그러나 자동차는 최소 3개의 연소실이 있기 때문에 이 흡기관을 흡기다기관이라 한다. 흡기다기관은 실린더의 충진효율을 높이기 위해 관내의 표면이 아주 매끄럽게 처리되어야 되고, 보통 알루미늄합금을 사용한다.

그러나 최근 플라스틱을 이용하여 금속제를 대체하고 있다. 흡기다기관은 흡입저항을 최대한 줄여야 흡입효율을 증대시킬 수 있고 따라서 엔진의 성능을 향상시킬 수 있다.

또한 흡기다기관 내를 흐르는 혼합기가 정상적으로 유동하는 것이 아니라 매 행정마다 간헐적으로 유동하기 때문에 맥동이나 간섭, 관성효율 등을 고려하여야 한다. 매니폴드는 어느 한 쪽이 길거나 짧으면 안 된다. 흡기 매니폴드의 길이는 엔진성능과 깊은 관계가 있어 엔진 특성별로 가장 적당한 길이를 정하게 된다. 엔진회전수에 따라서도 유리한 매니폴드 길이가 있다. 고회전용 엔진일수록 매니폴드가 짧은 것이 유리하고 저회전용은 긴 쪽이 좋다.

1.2. 가변 흡입장치(VICS : variable induction control system)

1.2.1. 가변 흡입장치의 개요

가변 흡입장치는 엔진의 광범위한 회전영역에서 흡입효율을 향상시키기 위하여 개발된 것이다. 일반적으로 흡입밸브가 닫히는 시점은 피스톤이 하사점(BDC)을 지난 후로 설정하는데 이것은 흡기다기관 내로 흡입되는 공기의 관성에 의하여 하사점후에도 새로운 공기가 실린더 내로 들어오도록 하기 위함이다. 이를 관성효과라 한다. 즉 관성효과는 흡기다기관내에 발생한 압력파가 동일 흡입행정에 영향을 주는 것을 의미한다.

압력파는 흡기다기관 내의 공기 유동은 피스톤의 왕복운동과 흡입밸브의 개폐에 의하여 발생하는데 이 압력파를 이용하면 체적효율(흡입효율)을 증대시킬 수 있으며 흡기다기관 내의 공기 흐름속도와 길이 등에 따라 영향을 받는다. 또한 고속회전이나 흡기다기관의 길이가 긴 경우에는 다음의 사이클에 영향을 미치게 되는데 이를 맥동효과 또는 공명 과급효과라 한다. 즉 맥동효과는 다른 실린더의 맥동을 그 실린더의 흡입행정에서 영향을 받는 것이며, 서지탱크의 체적이 작을수록 그 영향이 커진다.

이와 같은 관성효과와 맥동효과는 흡기다기관의 길이와 체적이 일정하면 엔진의 어느 한정된 회전속도에서만 최적화가 된다. 즉 저속에서 체적효율이 좋은 경우에는 고속에서 체적효율이 저하하게 된다.

그림 4는 엔진 회전속도와 흡기다기관의 길이 변화에 따른 체적효율의 변화를 나타낸 것이다. 그림에서 저속에서는 흡기다기관의 길이가 긴 것이 체적효율이 높지만, 반대로 고속에서는 흡기다기관의 길이가 짧을수록 체적효율이 높아지는 것을 알 수 있다. 이에 따라 저속과 고속에서 동시에 체적효율을 향상시키기 위해서는 흡기다기관의 길이나 체적을 엔진 운전조건에 따라 가변시키는 것이 필요하며, 이러한 목적으로 사용되는 것이 가변 흡입장치이다.

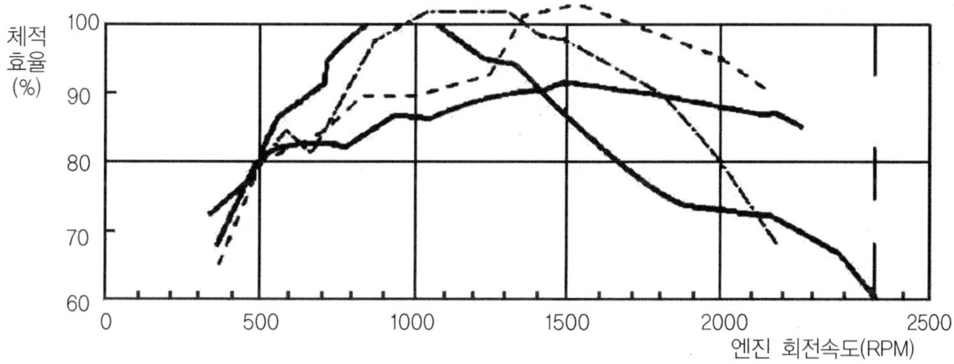

그림 4. 흡기다기관의 길이와 체적효율의 관계

1.2.2. 가변 흡입장치의 구조

이 장치는 실린더 내로 흡입되는 공기량을 증대시킴으로서 엔진 출력향상을 그 목적으로 한다. 즉 저속과 중속에서의 회전력과 고속에서의 출력증대를 양립시키기 위한 방법으로 운전조건에 따라 흡기다기관의 길이나 서지탱크(surge tank)의 체적을 변화시켜 제어한다. 이를 실현시키기 위한 방법에는 관성 과급효과를 이용하는 것으로 이것은 흡기다기관의 유효 단면적을 변화시키는 것, 흡기다기관의 유효길이를 변화시키는 것, 맥동 과급효과를 이용한 2개의 서지탱크를 연결하는 공명관의 유효길이를 변환시키는 방법 등이 있다. 그리고 관성 과급과 맥동 과급을 동시에 이용하는 방법으로 2개의 서지탱크의 칸막이 벽을 개폐하여 서지탱크 수를 2개에서 1개로 변환하고 유효길이를 변환시키는 방법이 있다. 그림 5는 흡기다기관의 단면적을 변환시키는 방법의 예를 나타내었다.

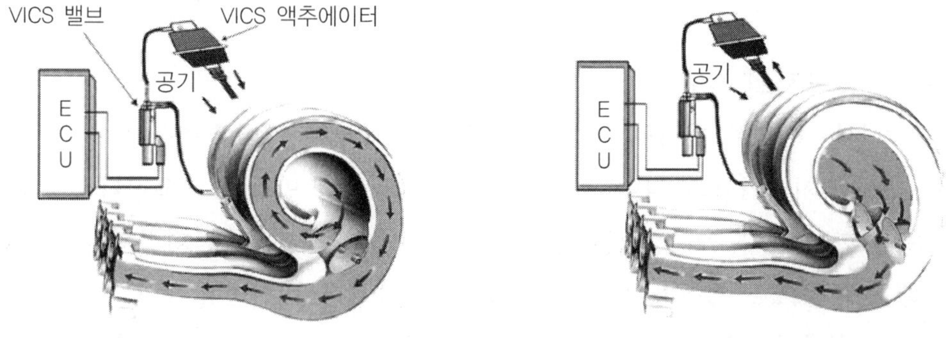

(a) 저속시 (b)고속시

그림 5. 흡기다기관 단면적 변화에 의한 가변 흡입장치

각 실린더의 흡기다기관 통로는 2개로 나누어, 한쪽에 흡입 제어밸브를 설치하여 엔진 회전속도에 대응한 밸브를 개폐를 한다. 즉 저속과 중속에서는 밸브를 닫아 통로의 단면적을 감소시켜 흡입공기의 흐름속도를 빠르게 한다. 이렇게 하면 체적효율 상승과 연소실 내에서 와류(swirl)를 형성시키는 것이 가능하게 되어 연소효율을 높을 수 있다. 따라서 저속과 중속에서의 회전력과 연료소비율 향상이 가능해진다. 반대로 고속에서는 밸브를 열어 2개의 통로로 흡입되므로 흡입저항이 감소하게 되므로 높은 출력을 확보할 수 있다.

그림 6은 실질적 서지탱크 수의 변화 및 흡기다기관 유효길이를 동시에 변환시키는 방법의 예이다. 이 방식에서는 서지탱크를 2개로 나눈 곳에 흡입 제어밸브를 둔다. 이 밸브를 열면 각 서지탱크가 연결되어 전체 실린더의 압력 변동이 탱크 내에서 상쇄되어 밸브 근처에는 흡입공기 흐름이 매듭(node)지어 진다. 밸브를 닫으면 각 서지탱크는 독립적으로 되어 상류의 집합부가 매듭지어진다. 따라서 전자의 경우는 흡기다기관의 실질적 길이가 짧아지고, 후자의 경우는 흡기다기관의 길이가 길어지게 되므로 엔진의 회전속도에 따라 밸브 개폐를 제어하여 엔진의 전체 작동영역에서 체적효율을 상승시킬 수 있다.

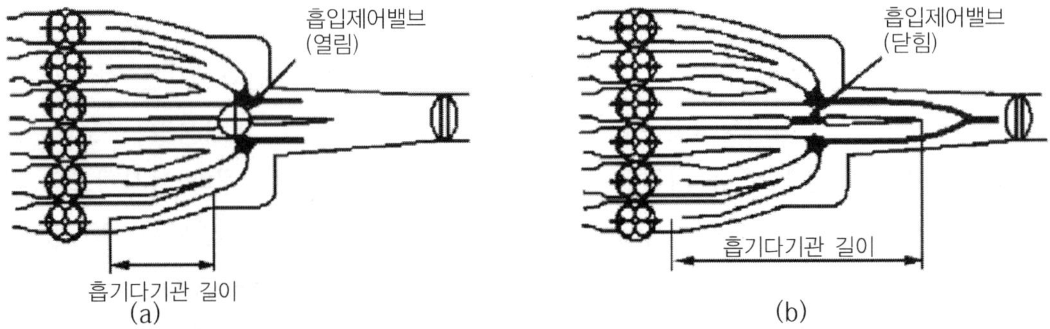

그림 6. 서지탱크 수 및 흡기다기관 유효길이 변환방법

1.2.3. 가변 흡입장치의 작동

가변 흡입장치는 다양한 형태로 구성할 수 있으나 대부분 제어밸브를 설치하여 엔진 회전 속도에 따라 흡기다기관의 길이나 단면적을 변화시키는 방법을 이용한다. 그림 7은 가변 흡입장치의 한 예이다. 이 장치는 엔진 회전속도에 따라서 최대 회전력이 되도록 흡입공기의 흐름을 자동으로 제어하여 저속에서는 흡기다기관의 길이를 길게 하고, 고속에서는 짧게 한다. 흡입제어밸브의 구동은 직류전동기(DC motor)로 하며, 이 전동기는 컴퓨터(ECU)로 제어된다.

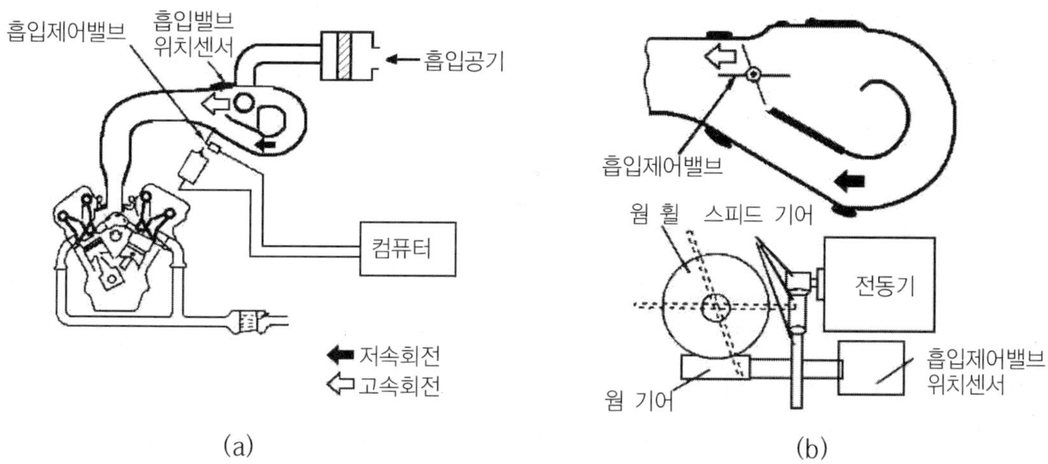

그림 7. 가변 흡입장치의 구조

엔진 회전속도에 따라 밸브의 목표위치를 미리 설정해 두고 목표값과 실제값 사이의 차이가 발생하면 이 차이를 흡입밸브 위치센서에서 감지하고, 밸브구동 전동기를 작동시켜 목표값과 실제값이 일치하도록 제어한다. 밸브 위치센서는 밸브를 개폐할 때 밸브의 위치를 정확히 파악하기 위해 밸브 축에 설치하며 홀 센서(hall sensor)방식으로 되어 있다.

점화스위치를 ON으로 한 상태에서 컴퓨터는 밸브구동 전동기를 작동하여 밸브가 충분히 닫히도록 하여 초기상태로 조정하고, 이후에는 펄스신호의 수에 따라 밸브 열림 량을 계산하여 제어한다.

1.2.4. 흡입의 동적효과(맥동효과)

흡입행정의 마지막에 흡입밸브를 닫으면 새로운 공기의 흐름이 갑자기 차단되어 정압파가 발생한다. 이 압력파는 음으로 흡기다기관의 입구를 향해서 진행하고, 입구에서 반사되므로 부압파가 되어 흡입밸브 쪽으로 음속으로 되돌아온다. 밸브가 닫혀 있으면 이 압력파는 부압파로서 다시 흡기다기관의 입구로 향해서 진행하고, 입구에서 반사되어 정압파로 되어 다시 흡입밸브에 도달한다.

이때 다음 사이클의 흡입밸브를 닫히기 직전으로 해주면 급기 밀도가 증가하므로 과급을 한 것과 같은 효과를 얻을 수 있다. 이것을 흡기다기관의 맥동효과라 한다. 흡기다기관의 입구 끝에는 대기압력이 작용하므로 압력은 항상 일정하지만 그 속도의 변화가 매우 심하다. 반대로 닫혀 진 흡입밸브에서는 속도가 0이 되므로 이때 압력의 변화가 가장 심하다.

이와 같이 흡입밸브가 닫히는 시기를 맥동효과에 의해서 발생하는 정압파에 맞출 수 있으면 출력을 향상시킬 수 있는 경우가 있다. 그러나 잘못 맞추어 부압파가 왔을 때 흡입밸브가 닫히면 오히려 출력이 감소한다.

1.3. 배기계통

배기장치의 가장 중요한 기능은 배기가스가 원활하게 공기 중으로 배출될 수 있도록 도와주는 것이지만, 엔진의 연소시 연소실의 온도는 매우 높으며 이로 인해 연소 후 생성되는 배기가스의 온도 또한 대략 950℃ 정도로 높으며 배기장치 또한 높은 온도에 노출된다. 엔진의 운전조건에 따라 다르지만 일반적으로 배기 매니폴드는 400~800℃, 촉매변환기는 100~500℃, 머플러는 50~200℃ 정도로 배기장치를 지나가면서 온도가 낮아진다.

이로 인해 배기장치는 높은 열에 장기간 노출이 되어 열적 부하가 발생한다. 또한 대부분의 배기장치는 엔진의 바디 하단을 따라 장착되기 때문에 차체의 진동 및 외부충격에 의한 기계적 부하와, 배기가스에 포함된 황산이나 수분에 의한 부식 등 화학적 부하도 가해지므로 배기장치는 소모품에 속하며 일반적으로 알루미늄을 도금한 스틸 계열을 사용하지만 크롬/니켈/티타늄 등이 포함된 합금 스틸로 제작하여 내구성을 높이기도 한다. 배기장치의 설계시 유의사항은 다음과 같다.

① 배기가스는 유독성을 가지고 있기 때문에 차실 내로 유입되지 않을 것.

② 배기가스가 배출되는데 저항을 최소화 할 것.

③ 배기가스가 배출될 때 배출가스의 강한 충격음을 감소시켜 일정수준을 넘지 않을 것.

배기장치는 크게 각 실린더에서 생성된 배기가스를 모아주는 배기 매니폴드, 공기정화장치인 촉매변환기, 소음과 열을 저감시키는 머플러로 구성된다. 이외에도 각 장치들을 연결하는 금속제 파이프인 배기관과 높은 온도의 배기가스의 온도를 측정하는 온도 센서, 배기가스에 포함되는 공기의 포함 비율을 측정하는 공기비 센서 등이 포함된다.

[1] 배기장치의 기능

① 배기가스의 원활한 배출을 통한 흡입행정의 효율을 높인다.

② 배기가스가 누출되는 것을 방지한다.

③ 배출가스의 높은 압력을 낮춰 소음발생을 억제한다.

④ 촉매변환기를 통한 배기가스 내 오염물질을 정화한다.

⑤ 적절한 배기음 디자인

1.3.1. 배기 매니폴드(exhaust manifold)

흡기다기관과 마찬가지로 단기통의 경우에는 배기다기관이 없이 바로 배기 파이프로 연결되지만 다기통의 경우에는 배기다기관이 설치되어 있다. 연소에 의해 만들어진 배기가스가 배기장치 중 가장 먼저 통과하는 것은 배기 매니폴드다. 배기 매니폴드는 각 기통의 연소실과 연결된 다기관으로 연소실로부터 배출되는 배기가스를 원활하게 배기장치 및 배기관으로 전달하는 역할을 하며 내열성이 좋은 주철로 만들어진다. 스테인리스 소재도 있기도 하다.

배기는 흡기에 비해 각 기통에서 생성된 배기가스의 흐름이 서로 영향을 끼치는 경우가 많다. 여러 기통에서 만들어진 배기가스가 매니폴드의 하나의 관으로 합쳐지면서 서로 부딪히며 배기의 흐름이 나빠지게 되는데 이를 배기간섭이라고 한다. 배기간섭이 발생하게 되면 한 실린더의 배기가스가 다른 실린더의 배기포트로 거꾸로 유입되어 해당 실린더의 배기를 방해하여 배기가 잘 이루어지지 못하게 한다. 배기간섭을 예방하기 위해 배기 매니폴드를 길게 하거나 배기관의 각도를 조절하는 방법을 기본으로 한다.

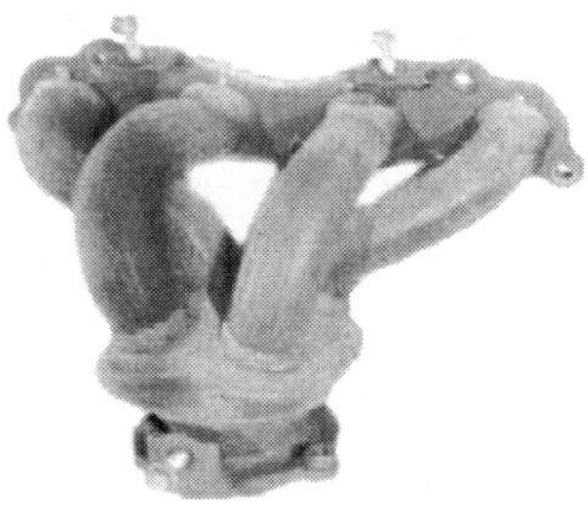

(a) 배기다기관

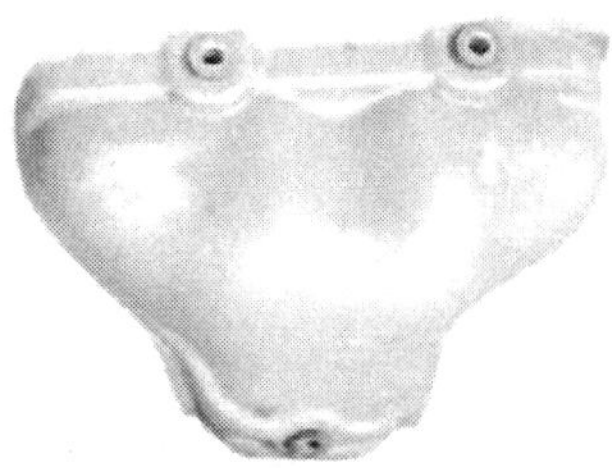

(b) 히트 프로텍터

그림 8. 배기다기관

이외에도 실린더의 배기 순서를 고려하여 배기관의 길이를 달리하거나 연소실을 그룹으로 나누어 배기관을 모으는 형태를 가지기도 한다. 즉 배기가스를 모아서 배기관으로 배출하는 것이다. 배기다기관도 유체가 유동하는 곳이므로 배기간섭을 받지 않도록 설계하여야 된다.

1.3.2. 촉매장치(catalytic converter)

배기 매니폴드에 의해 합쳐진 배기가스는 배기관을 통해 촉매변환기로 들어간다. 배기가스에는 대기 오염물질이 섞여 있다. 촉매변환기는 연소 후에 발생되는 이러한 인체에 유해한 오염 물질을 산화 또는 환원반응을 통해 무해한 성분으로 전환되도록 도와주는 장치다. 보통 촉매장치에는 1상 산화촉매기와 2상 촉매기, 1상 3원 촉매기 중에 대개 1상 3원 촉매장치를 많이 사용한다.

연료(탄화수소 혼합물)가 연소하게 되면, 공기 중 산소와 결합하여 수증기와 이산화탄소로 전환된다. 하지만 실제로는 이러한 전환을 일으키는 완전연소는 불가능하며 일반적으로 연소가 되지 않는 부분이 생기는 불완전 연소가 이루어지게 된다. 불완전연소에 의해 배기가스에는 수증기와 이산화탄소 외에 일산화탄소, 탄화수소, 질소산화물과 같은 유해 물질이 포함된다.

촉매변환기의 촉매란 사전적 의미로 자신은 변하지 않고 주위의 화학반응을 촉진시키는 물질을 말한다. 촉매변환기는 알루미늄을 베이스로 대부분 백금과 로듐, 팔라듐과 같은 희토류 금속을 추가한 물질을 촉매로 사용한다. 이러한 촉매가 설치된 촉매변환기를 배기가스가 통과하며, 배기가스 내 3대 오염물질이 화학반응을 통해 이산화탄소/물/질소와 같은 무해한 물질로 전환시킨다. 세 가지 물질의 화학반응을 일으키기 때문에 삼원촉매라고도 부른다. 촉매변환기에 의해 화학반응을 일으키기 위해서는 배기가스 내 유해 물질의 비율이 적정 범위 내에 있어야 한다. 따라서 배기장치 중간에 산소센서(공기비센서)를 장착하여 흡기 시 공기-연료 혼합비를 최적화하여 배기가스 내 유해 물질의 비율이 일정하게 유지되도록 한다.

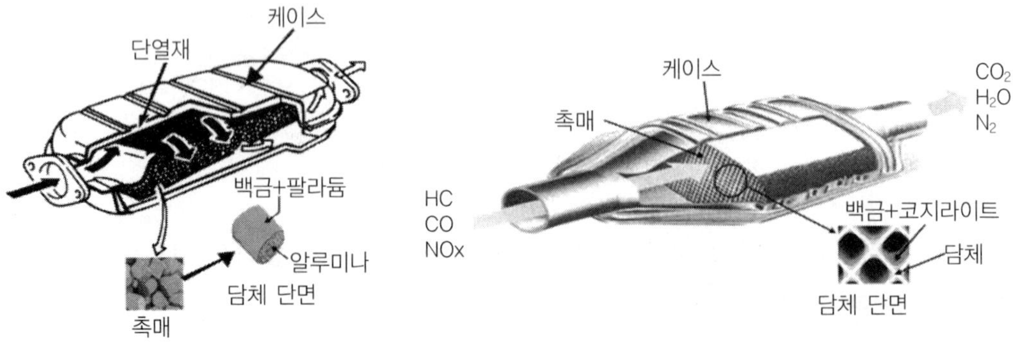

(a) 펠릿형 (b) 허니콤형

그림 9. 3원 촉매장치

가솔린엔진의 최적의 연료 공기 혼합비는 연료(1kgf) : 공기(14.7kgf)이다. 공기의 비율이 높으면 탄화수소(HC)와, 일산화탄소(CO)가 높아지고 질소산화물(NOx)은 낮아져 촉매 변환기가 제대로 작동하지 못하거나 망가지게 된다. 이러한 공기비의 유지는 공기비 센서에서 감지되어 ECU를 통해 제어된다.

촉매장치는 모양에 따라 펠릿형과 허니콤형이 있는데, 펠릿형의 경우 알루미나 담체 표면에 백금, 팔라듐이 부착되어있고, 벌집형의 경우는 담체 표면에 백금, 코지라이트가 부착되어 있다. 촉매장치는 환경 규제에 따라 개발되었으며, 현재 배기저항이 높아져 결과적으로 동력 손실을 가져오게 되었다. 그래서 현재 배기저항이 다소 낮은 벌집형 3원 촉매장치를 가장 많이 사용하고 있다. 3원 촉매장치의 작동온도는 약 250℃ 이상으로 가열되어야 촉매작용을 시작하게 되는데 이상적인 작동온도는 약 300~800℃사이의 범위이다.

1.3.3. 머플러(muffler, 소음기)

머플러는 연소실에서 동력 행정시 발생하는 폭발음이 배기관을 통해 머플러를 거쳐서 배기가스의 온도와 압력을 저하시켜 배기소음을 줄이는 것이 목적이다. 배기가스가 배출될 때 약 3~5bar 정도의 압력과 음속에 가까운 속도로 배출되기 때문에 머플러를 통해 배출시키지 않으면 대기와 충돌이 발생하여 충격음을 발생하게 된다.

삼원촉배기를 통과한 배기가스는 배기파이프를 통해 머플러로 가기 전에 레조네이터를 지난다. 흡기파이프에 설치된 것과 마찬가지로 소음을 줄이는 역할을 한다. 이곳을 거치며 배기가스는 소음을 걸러주는 머플러로 보내진다. 배기가스는 머플러 속까지 박힌 배기파이프의 무수히 작은 구멍들로 새어나간다. 보통 1mm 두께의 강판으로 만든 원통형이고, 그 안에 구멍이 많이 뚫린 여러 개의 타공 파이프와 칸막이를 설치하고 있다.

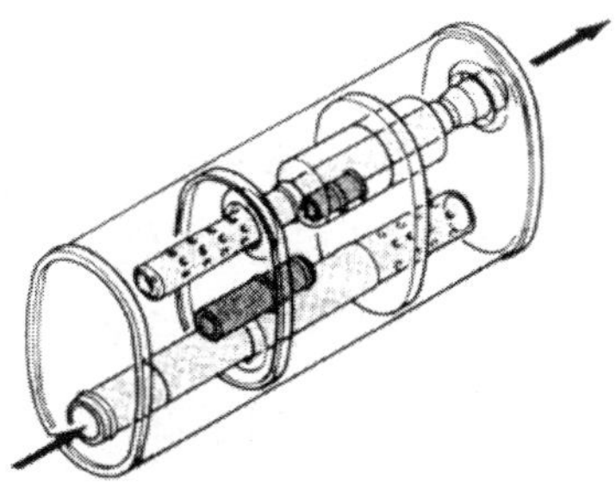

그림 10. 소음기

머플러에 들어가서 칸막이와 작은 구멍을 통과하면서 배기가스는 서서히 팽창되고 압력과 온도가 낮아지면서 소음이 줄어든다. 보통 머플러에 의해 엔진 출력이 15% 정도 영향을 받는다고 한다. 소리의 전달은 매질인 배기가스를 통해 전달됨으로 배기가스의 온도를 낮추고 압력를 낮추어 배기소음을 저감시키게 된다. 소음을 나타내는 기준을 데시벨이라고 하는데 이는 음압수준차를 소리는 사실상 에너지의 전달이다. 즉 질량의 전달이 있어야 한다. 소리도 공기와 같은 매질을 통하여 질량의 전달 없이 이동하게 되는데 즉 공기분자가 진동하여야 에너지가 전달된다.

음향학에서는 진동수의 단위 cycle/s를 헤르츠(hertz)라하며, 인간의 통상 가청영역(audible range)은 20~20,000Hz이다. 진동수는 음을 기술하는 두 기본 매개 변수중의 하나이며, 순음(pure sound)의 압력파 진폭을 시간에 대하여 나타내면 사인곡선이 된다. 또한 잡음(dirty sound)은 복합 사인파로 이루어지는데 이를 처음 입증한 이가 푸리에(fourier)이다.

순음이든 잡음이든 음파의 진폭은 압력단위로 측정하며, 사람이 분간할 수 있는 가청음의 범위는 0.00002~200,000N/m^{2}의 넓은 범위 때문에 표현의 불편한 점이 많다. 그래서 음압을 decibel(dB)로 나타내어 사용한다.

진폭은 음압 수준(sound pressure level)으로 나타내는데 그 정의는 아래 식과 같다.

$$dB = 20\log\frac{P}{P_{ref}}$$

위 식에서 ㏈는 음압수준을 나타내며, P는 음파압력, P_{ref}는 기준압력 즉 대개 가청한계인 0.00002N/m^{2}으로 한다. 배기소음 즉, 배기음향으로서 내연엔진의 배기는 배기밸브의 개폐에 따라 간헐적으로 음파가 기통에서부터 방출되기 때문에 큰 소음이 발생하게 되므로 이의 감소를 위해 소음기가 필요하게 된다.

자동차에는 통상적으로 2개의 소음기를 사용하는데 보조 소음기와 주 소음기로 구분되어 있다. 보조 소음기는 엔진의 출력과 조화를 위한 것이 목적이고 주 소음기는 소음을 감쇄시키는 것이 목적이다. 배기소음은 자동차 소음의 주 요인이므로 환경적인 측면에서 대단히 중요하다. 그렇기 때문에 각국에서는 자동차 배기소음에 대한 규제를 계속 강화하고 있는 추세이다. 소음 제거방식에 따라 여러 종류의 머플러가 있으며 그중 팽창식, 공명식, 흡음식의 세 종류의 방식이 가장 대표적이다.

일반적으로 이러한 팽창식, 공명식, 흡음식 등의 여러 타입을 1개의 소음기 내에 복합적으로 사용하여 소음발생을 억제시킨다. 또한 머플러는 각 나라의 소음기준과 배기가스 측정치에 적합하게 만들어진다.

[1] 팽창식

팽창식은 머플러 내부에 몇 개의 팽창실로 공간을 나누어 배기가스가 이러한 팽창실을 지나며 단계적으로 압력을 낮춰 소음발생을 억제한다. 이는 관의 단면을 갑자기 확대 또는 축소시켜 관을 지나가는 음파를 간섭시켜 소리를 줄이는 원리의 방식이다.

[2] 공명식

여러 소리가 합쳐지는 경우 소리가 커지거나 작아지는 현상을 소리의 공명현상이라고 한다. 이러한 공명현상을 이용해 소음을 줄이는 방식이 공명식이다. 팽창실 내부의 벽을 통해 배기가스의 소리가 반사되어 돌아오는데 이러한 벽 사이에 거리를 조절하여 반사되어 돌아오는 소리와 이후에 발생된 소리가 만났을 때 음파가 서로 상쇄되어 소리가 작아지는 지점을 찾아 공명 현상을 일으키는 방식이다.

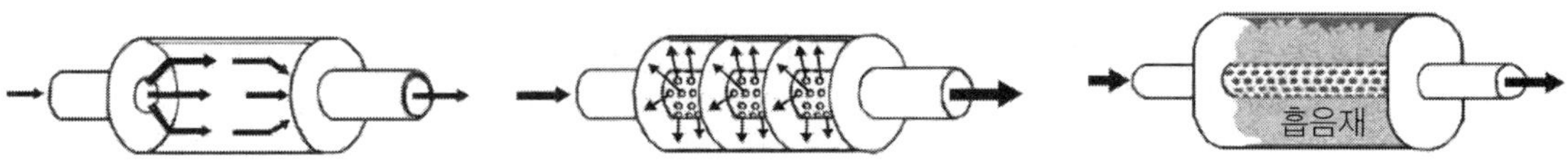

(a) 팽창식 (b) 공명식 (c) 흡음식

그림 11. 머플러 타입

[3] 흡음식

흡음식의 경우 배기가스가 다공질의 흡음재를 통과하며 소음 에너지를 마찰 에너지에 의한 열에너지로 변환하는 방식이다. 머플러 내에는 유리 섬유 등으로 만들어진 흡음재가 들어가 있다. 머플러로 들어온 배기가스는 흡음재와 만나 소리 에너지(운동에너지)를 빼앗기게 된다. 특히 고주파수 소음을 컨트롤할 때 자주 사용되는 방식으로 대부분의 복합 머플러 방식에 장착된다.

2 과급장치(super charger)

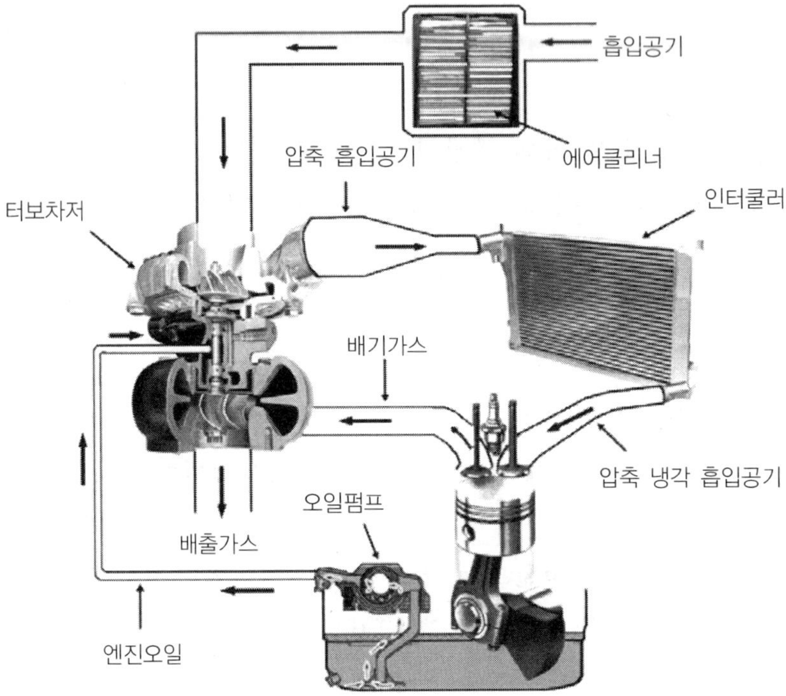

그림 12. 터보차저와 인터쿨러 공기흐름도

2.1. 터보차저(turbo charger)

2.1.1. 과급기의 개요

현재 엔진의 출력으로 보다 높은 출력을 얻고자할 때 과급기를 설치한다. 일반적으로 배기량이 적은 소형 엔진에서 많이 사용하고 있는데, 이러한 이유로는 한정된 체적에서 출력을 얻는데 한계가 있다. 그러므로 체적효율을 높이기 위해 많은 양의 공기를 연소실로 흡입할 필요성이 있다. 물론 출력만 높이기 위하는 것이라면 실린더 수를 늘리거나 회전속도를 높이고, 배기량을 증가시키면 된다. 하지만 실린더 수를 늘릴 경우 엔진의 무게가 증가되고, 부피 또한 증가하게 된다. 그리고 회전속도를 높이기 위해서는 기술적인 제약이 따른다. 하지만 과급기를 설치함에 따라 회전속도를 그대로 두고 출력만 증대시킬 수 있다.

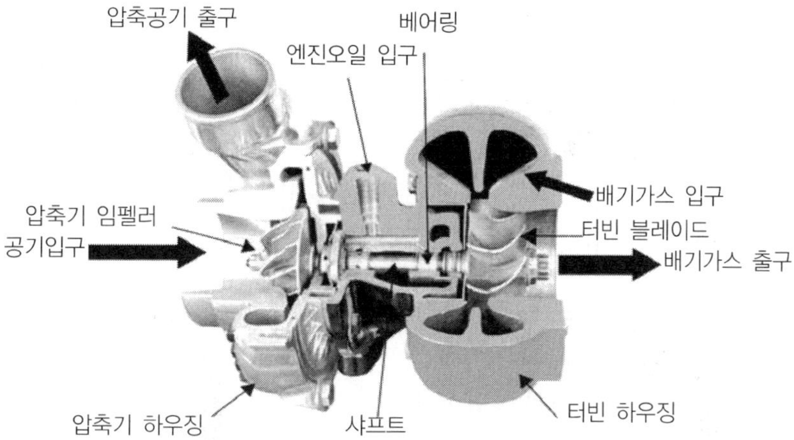

그림 13. 터보 과급기의 구성도

현재 터보 과급기를 많이 사용하고 있으며, 터보 과급기는 연소실에서 배출되는 배기가스를 이용하여 터빈 블레이드를 회전시켜 이를 거쳐 압축기 임펠러를 회전시키게 된다. 따라서 흡입공기는 압축기에 의해 압축이 이루어지게 되고, 높은 밀도의 공기가 연소실로 흡입하게 된다.

그러나, 압축공기는 온도가 고온이기 때문에 공기의 밀도를 증가시키기 위하여 냉각을 할 필요가 있다. 그래서 현재 인터쿨러를 사용하여 압축공기의 온도를 냉각시키고 있다. 현재 자동차에 사용 중인 과급기는 터보 과급기 외에도 크랭크축에서 발생하는 회전력을 이용하여 압축기를 구동시켜 과급을 하는 슈퍼 과급기도 있으나 현재 터보 과급기가 주류를 이루고 있다.

2.1.2. 터보 과급기의 작동원리

터보 과급기는 엔진에서 버려지는 에너지를 동력원으로 재활용한다는 점에서 전기식 과급기나, 원심식 과급기에 비해 엔진 동력의 부담을 줄일 수 있다. 압축공기가 연소실로 유입되는 과정을 보면 우선 공기여과기를 거친 공기는 압축기에 의해 공기가 압축되어 흡기다기관으로 이동하여 연소실로 유입된다. 이때 압축기의 회전 에너지는 배기다기관을 거친 배기가스가 터빈 블레이드를 통과하면서 회전력을 발생시키고 일직선상이 있는 압축기를 회전시키게 된다. 따라서 배기가스의 양이 증가할수록 즉 배기가스의 유속이 증가할수록 터빈 블레이드의 회전력은 증대되고 따라서 압축기의 회전력이 증대되므로 높은 밀도의 압축공기를 생산할 수 있다.

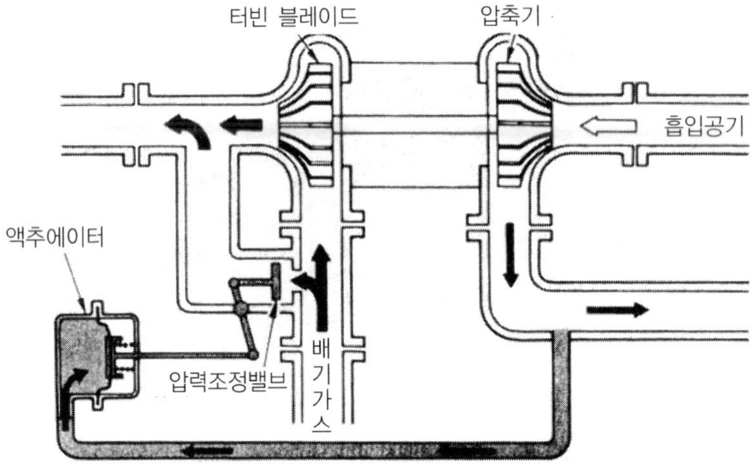

그림 14. 터보 과급기의 작동원리

그러나 너무 높은 압력이 생기게 되면 오히려 연소실 내에서 노킹을 유발할 수 있기 때문에 엔진의 요구조건을 만족시키기 위해 압력을 조절할 필요가 있다. 엔진 회전수가 상승하여 과급압이 규정치 이상 나오게 되면 흡기계의 압력에 의해 액추에이터가 작동하여 압력조정밸브가 열려 압력을 낮춰주게 된다. 또한 압력조정밸브가 소손될 경우를 대비하여 안전밸브를 설치해 두고 있다. 보통 압력 조절밸브의 경우 과급압력을 약 0.4~0.8bar 정도 제어하고 있다.

2.1.3. 터보 과급기의 특성

터보 과급기의 구동 에너지는 버려지는 배기가스로부터 얻어진다. 또한 흡입공기의 밀도를 높여 충진율을 개선함에 따라 출력이 증가한다. 또한 소형 엔진에 설치할 경우 동일 배기량의 엔진에 비해 높은 출력은 30~50% 향상되기 때문에 단위 출력당 엔진의 중량을 가볍게 할 수 있다.

그러나 터빈 축은 약 10만~15만rpm으로 회전하기 때문에 내열성이 우수한 재질의 금속을 선택해야 되고, 부가적으로 냉각을 시키기 위한 윤활장치가 필요하게 된다. 따라서 윤활유를 냉각시킬 수 있는 오일쿨러가 별도로 설치되어야 된다.

2.2. 과급압력 제어

터보차저에 의한 과급압은 과급이 늘어날수록 높아지지만, 너무 높아지면 인터쿨러로 냉각을 해도 이상을 일으킨다. 이 때문에 터보를 장착한 차에서는 엔진에 노크센서를 장치하여 이상이 발생할 듯하면, 과급압을 낮추도록 하고 있다. 또 일정한 과급압을 넘지 않도록 과급압 제어를 하도록 하기도 한다.

이와 같이 과급압 제어에 이용하는 것은 웨이스트 게이트밸브로서, 웨이스트 게이트 밸브는 배기가스의 흐름 도중에 설치된 밸브로, 이 밸브가 열리면 일부의 배기가스가 터빈 블레이드에 공급되지 않고 바이패스 경로에 의하여 배기장치에 직접 흐르게 된다. 밸브의 동작은, 공기압에 의해 작동되는 액추에이터에 의하여 행해지고 있다.

일정한 과급압에 의한 제어의 경우에는 과급후의 흡기가 액추에이터로 흐르며 액추에이터에는 스프링이 내장되어 과급압이 이 스프링을 이겨내면 웨이스트 게이트밸브가 열려 과급압이 저하한다. 이상 발생으로 인한 제어의 경우, 전자밸브를 사이에 두고 흡기압력이 액추에이터로 가게 된다. 과급압을 낮출 필요가 있으면, 이 전자밸브가 열려 액추에이터에 공기압을 공급하고 웨이스트 게이트 밸브를 작동시키게 한다.

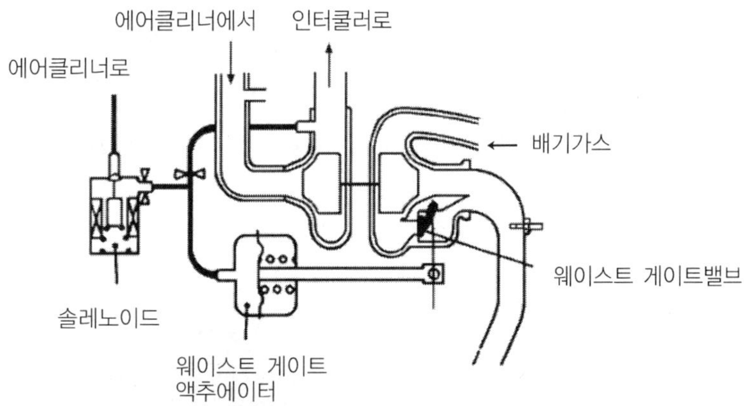

그림 15. 과급압 제어

2.3. 인터쿨러(inter cooler)

터보차저에서 공기를 압축하면 흡입공기의 온도가 상승하는데 일반적으로 100~150℃ 정도의 범위이다. 엔진에서 흡입공기의 온도가 상승하면 밀도 저하로 인하여 흡입 효율이 저하됨과 동시에 혼합기의 온도가 상승하여 노크가 발생한다. 따라서 흡입 공기를 냉각시켜 흡입효율 향상과 노크를 감소시키기 위하여 인터쿨러를 설치한다.

일반적으로 인터쿨러는 수냉식과 공랭식이 있으며, 수냉식 인터쿨러는 물 펌프, 냉각용 보조 라디에이터 등이 필요하며 냉각수와 주행 중 받는 바람으로 냉각된다. 공랭식 인터쿨러는 주행 중에 받는 바람이 직접 고온의 흡입공기를 냉각시키도록 바람을 쉽게 받을 수 있는 부분에 설치한다.

그림 16. 인터쿨러

2.4. 슈퍼차저(super charger)

슈퍼차저는 터보차저와는 달리 크랭크축의 동력으로 벨트에 의해 구동된다. 슈퍼차저로 가장 인기가 있는 것이 루트형(roots type)이나 근래에는 슈퍼차저의 로터를 헬리컬(helical) 모양으로 만들어 블로워(blower)에서 발생하는 과급압력 펄스를 감소시키고 소음도 낮추고 있다.

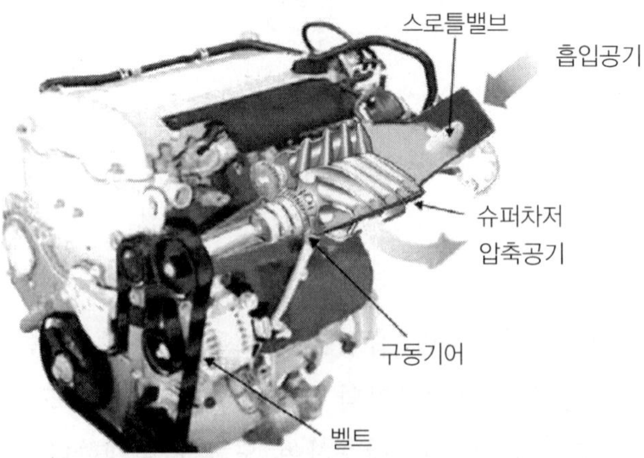

그림 17. 슈퍼차저

운전방법은 에어컨 압축기와 마찬가지로 슈퍼차저 구동 풀리에 마그네틱 클러치를 장착하여 ECU가 제어하는 방법을 주로 사용한다.

이외에도 엔진이 여분의 추가적인 출력을 요구하지 않을 경우 ECU가 바이패스밸브를 작동시켜 압축공기 일부를 슈퍼차저 입구로 되돌려 보내어 슈퍼차저의 부하를 경감시켜 주기도 한다. 이처럼 엔진이 출력을 요구하는 시기와 정도에 따라 슈퍼차저를 정밀하게 제어하기 위해 슈퍼차저의 ON/OFF는 물론이고 연료량과 점화시기도 ECU가 제어한다.

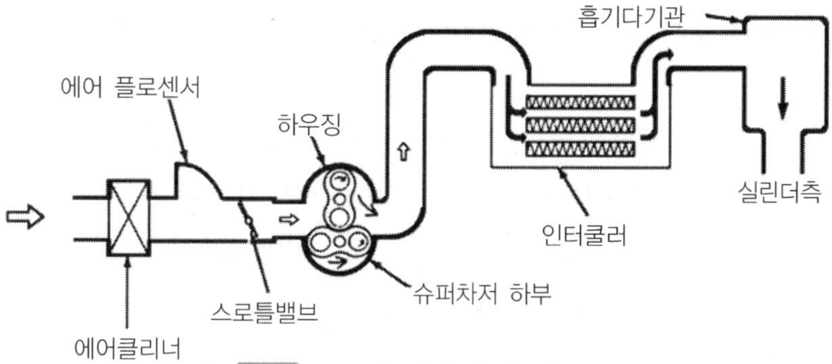

그림 18. 수퍼차저의 계통도

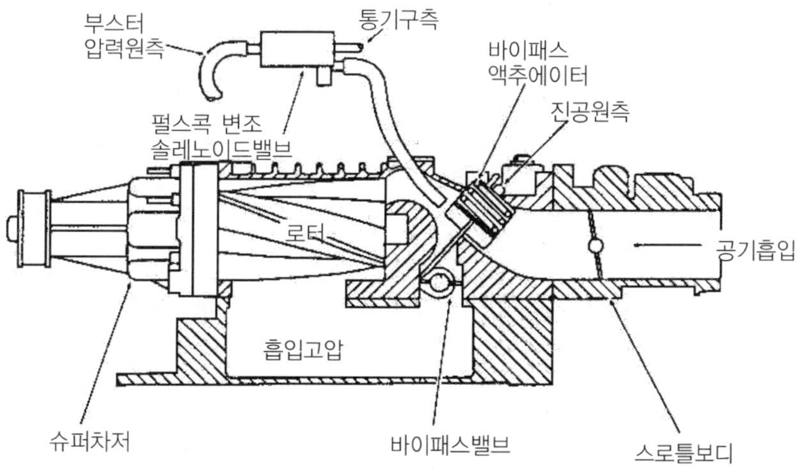

그림 19. 수퍼차저의 단면도

3 자동차 배출가스대책

3.1. 배출가스의 개요

자동차에서 발생되는 배출가스는 주로 배기파이프에서 배출되는 배기가스(exhaust gas), 엔진 크랭크케이스에서의 블로바이가스 및 연료탱크나 연료라인에서 발생되는 연료 증발가스(fuel evaporation gas)가 있다. 자동차에 의한 대기오염의 제 1주범은 주로 주행 중에 대기로 방출하는 배기가스이며 이들 배기가스 중에 포함되어 있는 일산화탄소(CO)는 혈액중의 헤모글로빈(hemo globin)과 결합되기 쉽고, 고농도로 되면 산소결핍증의 원인이 된다.

탄화수소(HC)와 질소산화물(NOx)은 대기 중에서 태양에너지에 의하여 광화학반응을 일으켜 오존(O_3), 팬(pan), 알데히드(aldehyde)류와 같은 옥시던트(oxident)를 형성하여 광화학스모그(photochemical smog)현상을 일으킨다. 일반적으로 자동차의 배출가스 중 배기가스는 약 60%, 크랭크실 블로바이 가스는 약 25%, 그리고 연료 증발가스는 약 20%의 비율을 가진다.

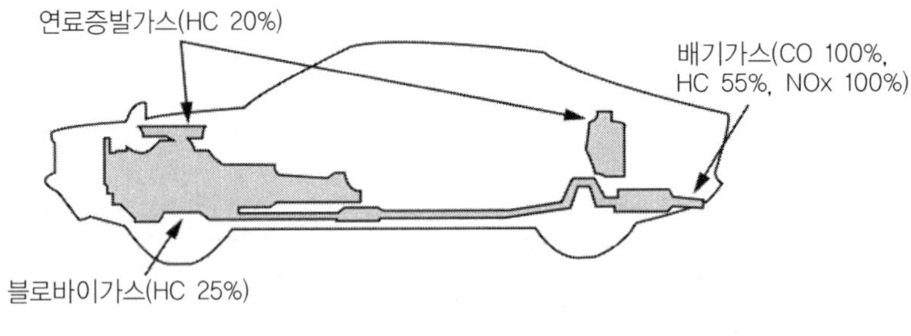

그림 20. 자동차에서 발생되는 유해 배출가스

3.2. 배기가스(exhaust gas)

엔진 연소실에서 연료를 완전 연소시킬 수 있다면 연료의 주성분인 탄화수소는 산소와 결합하여 수증기와 이산화탄소(CO_2)만을 배출시켜야 하나 실제 엔진에서 완전연소가 불가능하고 공기 중에는 산소 이외의 물질이 함유되어 있기 때문에 연소 후 유해 배기가스를 배출하게 된다.

가솔린엔진에서 연소 후 배출되는 유해 연소생성물에는 일산화탄소(CO), 미연탄화수소(HC) 및 질소산화물(NOx)이 있다. 연소 중에 연료는 공기 중의 산소(O_2)와 반응하며 그 일부가 불완전 연소하여 CO와 HC를 발생시키고, 공기 중의 질소(N_2)와 반응하여 NO, NO_2 등의 질소산화물(NOx)이 발생된다. 이들의 배출가스의 양은 공연비, 연소온도, 배기온도 등에 따라 변화하므로 엔진의 성능을 악화시키지 않는 조건하의 배기 정화장치를 장착하거나 엔진의 개량, 혼합기 형성장치의 개량, 점화장치의 개량 등을 통하여 이들을 저감시키고 있다.

디젤엔진에서는 과잉 공기율로 인하여 CO, HC의 배출은 적으나 NOx의 배출량이 많고 불완전연소에 의한 카본입자(PM, particular matter)가 배출된다. 따라서 디젤엔진의 배기가스 저감은 연소실의 개량, 분사장치의 개량 등으로 해결하고 있다.

3.2.1. 일산화탄소(CO, carbon monoxide)

자동차가 일정한 회전속도로 전부하 운전을 할 때 발생하는 유해가스의 배출 비율은 이론 혼합비를 중심으로 이보다 짙은 혼합비일 때는 공기가 부족하므로 불완전 연소가 되어 CO 발생비율이 높아진다. 최근에는 유해가스의 발생량과 관련이 있는 출력 및 연료 소비율에 대한 요구도 엄격하다. 출력은 혼합비가 12.5 : 1때 최대가 되고, 연료 소비율은 15 : 1 부근에서 최저값을 나타낸다. 또한 엔진의 성능과는 다음과 같은 관계가 있다.

① CO가 많이 발생할 때는 연료소비가 증가하는 것을 나타내고, 짙은 혼합기를 공급하는 최고 출력 시에는 CO의 발생량은 증가한다.

② NOx의 발생량이 감소할 때는 CO의 발생량은 증가하여 연료소비율은 악화된다.

일산화탄소는 무색, 무취로써 인체에 흡수되면 산소 대신 적혈구에 흡수되어 산소부족 현상이 발생하며 소량일 경우 두통, 현기증이 발생하나 대량이 흡수될 경우 사망을 초래한다. 일산화탄소의 배출량은 엔진에 공급되는 혼합기의 공연비에 좌우하며 희박공연비일 경우 CO 농도는 낮으나 농후공연비일 경우 높아진다.

3.2.2. 탄화수소(HC, unburned hydro carbon)

HC의 발생은 혼합비와 직접 관계가 적으며, 가솔린 연료는 탄소와 수소로 결합된 탄화수소 화합물로써 불완전연소에 의하여 발생할 뿐만 아니라 블로바이가스(blow by gas) 또는 연료증발가스에도 포함되어 있다.

탄화수소는 공기부족에 의한 불완전 연소시에 주로 발생되는데 실린더 또는 연소실 벽쪽은 저온이므로 이 부분(소염경계층)에서는 연소온도에 이르지 못하고 화염이 전달되지 못하므로 미연소 HC가 발생되며, 점화플러그의 불꽃이 약해서 완전히 착화가 되지 않을 때의 미연소 현상, 밸브 오버랩 시에 혼합기가 빠져 나가는 것이 원인이 된다. 따라서 혼합비가 17 : 1의 범위에서는 혼합비가 짙을수록 HC의 배출량은 증가하나, 혼합비가 17 : 1이 넘는 희박한 혼합비로 되면 연료 성분이 너무 적기 때문에 보통의 연소방식으로는 실화(misfire)이며 미연소 HC가 대량으로 배출된다. 그리고 인체에 흡입시 호흡기계통에 자극을 주며 산화되면 알데히드류로 변화하여 눈의 점막에 강한 자극을 준다.

엔진에서 탄화수소가 발생되는 조건은 다음과 같다.

① 불완전 연소시

② 감속시

③ 희박공연비 상태시

④ 밸브 오버랩시 혼합기배출

3.2.3. 질소산화물(NOx, nitrogen oxide)

공기 중에는 질소가 70% 이상이므로 연소시 질소와 산소가 반응하여 질소산화물을 배출시킨다. 질소산화물은 산화는 잘 되지 않지만 고온, 고압 하에서는 산화되어 발생량이 증대된다. 이 질소산화물 발생은 최고 연소온도에 좌우되며 연소온도의 상승과 함께 급격히 증가하나 역으로 최고 연소온도를 다소 낮추면 급격히 하락된다. 따라서, 배기가스를 연소실로 재순환(EGR)시킴으로써 최고 연소온도나 압력을 낮추어 질소산화물의 발생을 줄이고 있다. 재순환되는 배기가스 중 불활성가스인 CO_2는 연소온도가 1500~1700℃ 이상으로 되면 열해리 현상이 발생되며 이로 인해 연소온도가 저하(dir 100~150℃)된다.

일반적으로 질소산화물 배출은 이론공연비 부근에서 최대가 되며 희박하거나 농후한 공연비 상태가 되면 급격히 저하한다. 그리고 점화시기가 늦어짐에 따라 연소온도가 저하하여 탄화수소 및 질소산화물 배출은 저하된다.

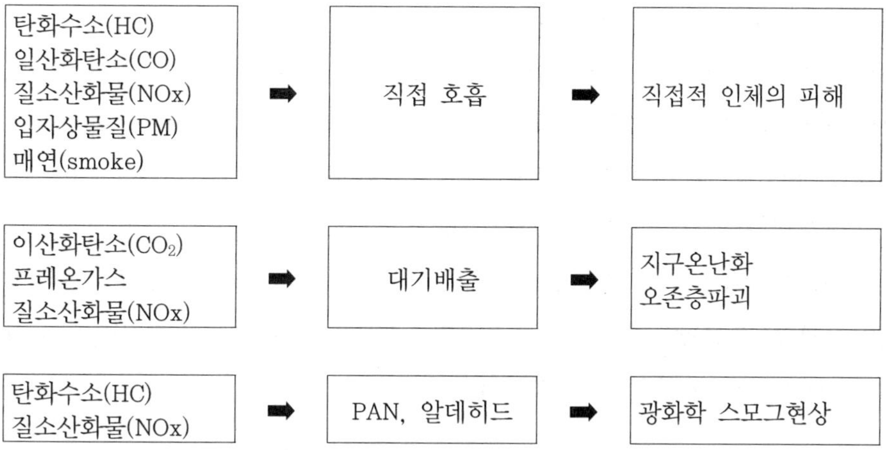

그림 21. 유해 배출가스의 영향

3.2.4. 입자상 물질(PM : particulate matter)

입자상 물질은 우리가 눈으로 볼 수 있는 입자성을 띠고 있다. 이들은 주로 불완전 연소시 발생하며 나쁜 연료와 윤활유도 원인이다. 입자상 물질의 입자는 75% 이상이 직경 1㎛ 이하의 미세입자이기 때문에 기관지 등에 침투하여 장기간 잠재하며 특히 폐암의 원인으로 판명되고 있어 위해성에 대한 논란이 가중되고 있다.

배기가스 온도가 500℃ 이상의 고온시 배출되는 입자상 물질은 대부분 직경 0.1~0.3㎛의 탄소 입자덩어리로서 "드라이 수트(dry soot)"로 불리며 배기온도 500℃ 이하에서는 유기성용제로 제거할 수 있는 성분인 SOF(soluble organic fraction)가 입자상 물질에 흡착되어 있으며 "웨트 수트(wet soot)"이다. SOF는 액상의 미연 탄화수소로서 연료의 미연분과 연소실내로 흡입된 오일의 미연분으로 구성된다.

입자상 물질은 국소적인 과농혼합기 상태의 공기부족상태에서 연료가 연소할 때 불완전 연소, 열분해에 의해 생긴 물질을 미립자핵으로 하여 응집, 표면 성장하여 합체 되면서 생성이 되는 것이다. 디젤연소기간 중에는 확산연소 중에 대량 생성되며 연소후기에 화염중에 공기를 도입하면 재연소가 일어나 급격히 감소하므로 그 생성을 억제할 수가 있다. 엔진 연소실 내의 연소온도, 혼합기 운동형태, 연료성분, 확산속도, 반응시간, 연료미립도 등의 요인에 따라 크게 변화한다.

3.2.5. 아황산가스(SO_2, sulfur dioxide)

이산화황 또는 아황산가스는 황산화물의 일종으로 물에 잘 녹고 비가연성의 폭발성이 있는 무색의 자극성 냄새를 갖는 기체이다. 화석연료의 연소과정에서 유황성분이 산화한 것으로 대부분 SO_2로 배출되고 1~2%는 불꽃 중에서 산화하여 SO_3(삼산화황, sulfur trioxide)로 배출된다. SO_2 노출시 증상은 노출된 농도와 기간에 따라 증상의 정도가 달라지고 두통 및 현기증, 눈이 쓰리고 아프며, 콧물, 악취로 인한 고통, 호흡을 곤란하게 하고 만성기관지염을 유발, 구역질, 가슴답답, 해소, 천식, 폐암의 원인, 소화기계통 증상, 혈행장애, 500ppm 이상시 사망위험이 있다.

3.2.6. 산소(O_2, oxygen)

이산화탄소와 마찬가지로 연소효율을 나타내는 지표이다. 연료가 완전 연소되면 이산화탄소와 물만 생성되기 때문에 이론적으로 산소(O_2)가 검출되어서는 안 된다. 그러나 자연환경에는 이렇게 될 수 없으므로 잔류산소가 발생되는데 배출 값을 항상 0.5% 이하로 유지해야 한다. 이처럼 최근에는 배기가스를 규제 차원에서 측정하는 것을 넘어 진단 면에서 4가스(일산화탄소(CO), 탄화수소(HC), 이산화탄소(CO_2), 산소(O_2))를 기본적으로 측정하고 있다.

3.3. 배기가스 발생량에 영향을 미치는 요소

3.3.1. 압축비

압축비가 높으면 엔진출력이 증가하고 열효율이 향상되며 연료 소비율이 향상되나 노크 위험성이 증가하고 배기가스 발생량이 증가한다.

3.3.2. 밸브 오버랩(valve over lap)

밸브 오버랩이 너무 길면 흡입행정에서 배기가스 일부가 다시 연소실로 유입되어 혼합기가 희박해져 내부 EGR효과로 인하여 연소 온도가 저하되어 궁극적으로 질소산화물의 감소를 가져온다.

그러나 공전에서 밸브 오버랩을 너무 크게 하면 탄화수소(HC) 발생량이 증가하고 혼합기가 희박해져 엔진 부조현상이 일어나므로 공전에서는 밸브 오버랩을 작게 하고, 고속에서는 크게 한다.

3.3.3. 워밍업(warming up, 난기운전) 시간

자동차에서 발생하는 상당량의 배기가스는 워밍업 동안 발생하므로 가능하면 빠른 시간 내에 워밍업을 마쳐야 한다. 모든 엔진에는 패스트 아이들(fast idle) 기구를 두어 시동 초기에 공전 속도를 높여 워밍업 시간을 단축시키고 있다.

3.3.4. 점화시기

점화시기는 엔진 출력과 배기가스 발생량에 영향을 미친다. 점화시기를 진각(빠르게)시키면 출력은 증가하나 노크 위험성이 증가하고, 점화시기를 지각시키면 출력은 감소하나 노크 위험성이 현저하게 줄어든다. 배기가스 발생 면으로 보면 다음과 같다.

[1] 점화 시기가 빠를 때

연소실 온도상승으로 질소 산화물(NOx) 발생량은 증가하는 반면 배기가스의 온도 저하로 탄화수소(HC)의 재 연소가 일어나지 않아 탄화수소(HC) 발생량은 증가한다.

[2] 점화 시기가 늦을 때

연소가 완만하여 최고 연소온도가 저하되어 질소 산화물(NOx) 발생량은 감소하는 반면 동력 및 배기행정에서 가스 온도가 상승되어 탄화수소(HC)의 재 연소가 촉진되어 탄화수소(HC) 발생량도 감소된다.

3.3.5. 공연비(혼합비)

공연비는 공기량(g)을 연료량(g)으로 나눈 것으로 공연비가 작으면 혼합기 상태가 진하고(rich), 공연비가 크면 혼합기 상태가 희박(lean)한 것이다. 그림 22는 공연비와 유해 배기가스 농도와의 관계를 그래프로 나타낸 것이다.

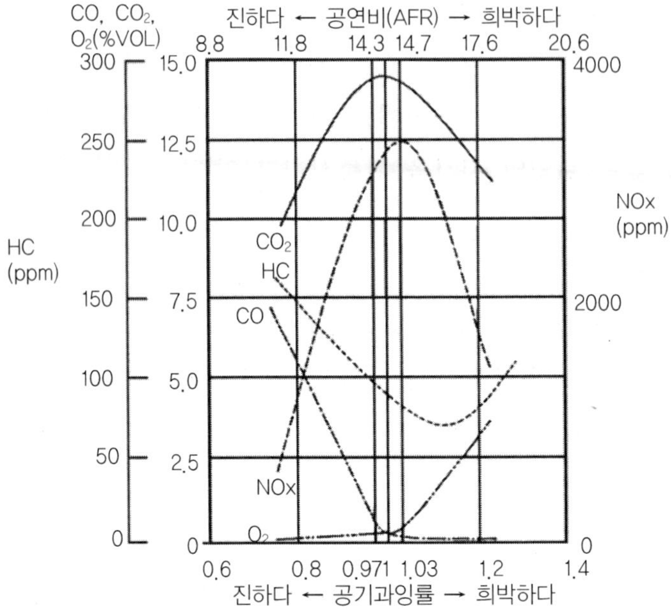

그림 22. 공연비와 배기가스 농도와의 관계

3.3.6. 블로바이 가스(blowby gas)

압축행정이나 폭발행정시 실린더와 피스톤사이의 간극으로 연소실 내의 연소가스가 크랭크케이스로 누설되는 가스를 블로바이 가스라 한다. 블로바이 가스의 대부분은 미연 탄화수소이며 이를 처리하기 위하여 PCV(positive crankcase ventilation)밸브를 로커암 커버에 장착하고 있으며 블로바이 가스를 흡기계통으로 보내어 재연소 시킨다.

3.3.7. 연료 증발가스(fuel evaporation gas)

연료 증발가스는 연료탱크 내의 가솔린이 증발하여 대기 중으로 방출되는 연료증발가스를 말하며 주로 탄화수소이다. 연료 증발가스는 블로바이 가스와 마찬가지로 대기 중에 방출되지 않도록 활성탄을 이용한 캐니스터(canister)에 저장한 후 설정 운전조건이 되었을 때 흡기계통으로 보내어 재 연소시키고 있다.

전처리시스템의 보완 및 개발	➡	전자제어화	➡	FB공연비제어 점화시스템(DIS) EGR 제어 OBD적용 실화감지 노킹제어
후처리시스템	➡	성능개선	➡	배기제어시스템 삼원촉매장치 2차 공기공급
보조처리시스템	➡	성능개선	➡	PCV canister PCSV EVAP 누설감지

그림 23. 유해 배출가스의 처리방안

표 유해배출가스 처리장치

처리항목	장 치
배기가스	삼원촉매장치(TCC, three way catalytic converter)
연료증발가스	차콜 캐니스터, PCSV(purge control solenoid valve)
블로바이 가스	PCV(positive crankcase ventilation)밸브
NOx 저감	EGR(exhaust gas recirculation)밸브

3.4. 배출가스 제어시스템

3.4.1. 블로바이 가스 제어

[1] 블로바이 가스 제어의 개요

실린더벽과 피스톤사이에 완전한 밀봉은 불가능하다. 따라서 압축행정이나 폭발 행정시 발생하는 압력으로 인하여 혼합기나 미연가스가 피스톤링 틈새를 거쳐 크랭크케이스로 유입되며 이를 블로바이 가스(blow by gas)라 한다. 이러한 블로바이 가스는 엔진오일의 윤활성을 저하시키고, 슬러지(sludge)를 형성시킨다.

또한 블로바이 가스에 포함된 적은 양의 수분은 PH2 정도의 산성 물질로 엔진 내부를 부식시키는 원인이 되기도 한다. 따라서 크랭크케이스 환기장치(PCV)를 장착하여 블로바이 가스를 흡기계통으로 순환시켜 재 연소시키고 있다.

[2] 블로바이가스 제어장치의 구성

최근의 자동차에는 대부분 밀폐식 PCV장치가 사용되고 있으며 PCV밸브의 형상이나 제어방식도 대부분 유사하다. 일반적으로 블로바이 가스의 발생량은 엔진에 작용하는 부하조건에 따라 달라진다. 즉, 경부하 또는 중부하 조건에서는 흡기다기관 부압의 정도에 따라 PCV밸브의 열림 정도에 따라 블로바이 가스량이 제어되어 흡기다기관으로 유입된다. 급가속 또는 고부하시에는 흡기다기관내 부압이 감소하여 PCV밸브의 열림 정도가 작아지므로 블로바이 가스는 PCV밸브보다는 브리더호스를 통하여 흡기다기관으로 유입되게 된다. 일부 차량에서는 블로바이 가스 중에 포함된 오일 미스트(기체(氣體)속에 함유되는 미립자) 를 제거하는 장치를 두기도 한다.

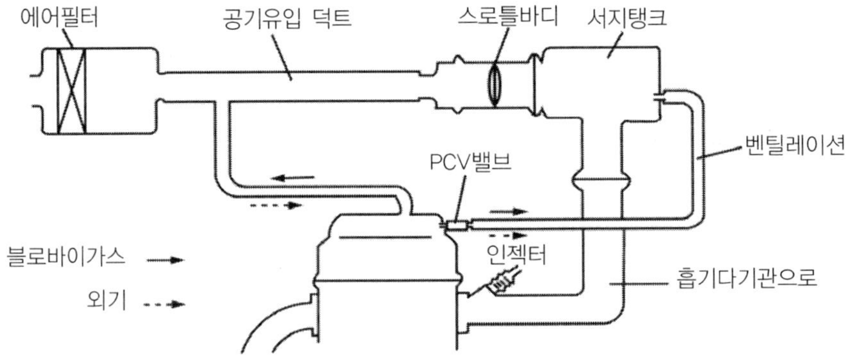

그림 24. 밀폐식 PCV시스템

오일 미스트가 흡입계통으로 들어오게 되면 엔진오일 소비 증대의 원인이 될 뿐만 아니라 흡입계통이 오일로 오염된다. 따라서 블로바이 가스 중의 오일을 분리시켜 오일을 오일팬으로 되돌리는 것이 필요하다.

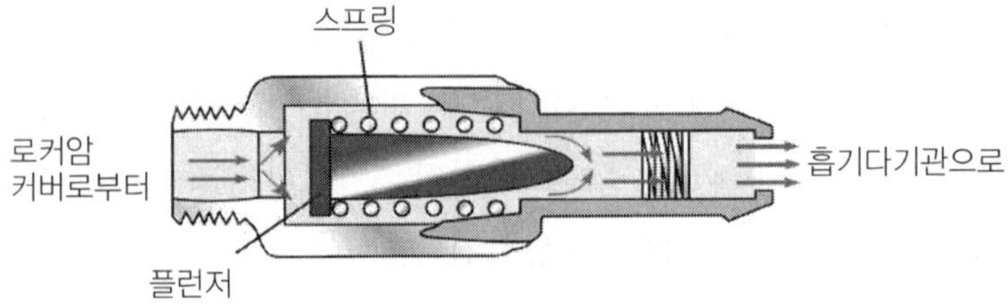

그림 25. PCV밸브의 구조

[3] PCV(positive crankcase ventilation)밸브의 작동

블로바이 가스를 제어하는 PCV밸브는 흡기다기관의 부압에 의해 작동되며 엔진의 작동 조건에 따른다. 엔진의 작동이 정지된 경우에는 PCV밸브가 작동하지 않으며, 진공통로는 닫히게 된다.

공회전 및 감속할 때에는 진공도가 매우 높으므로 PCV밸브는 완전히 열리고 진공 통로는 작아진다. 엔진이 정상 작동할 때에는 PCV밸브는 적당히 작동하며 진공 통로는 커진다. 가속 또는 고 부하 영역에서는 흡기다기관 진공도가 작아지므로 PCV밸브는 조금 작동하고 진공통로는 완전히 열린다.

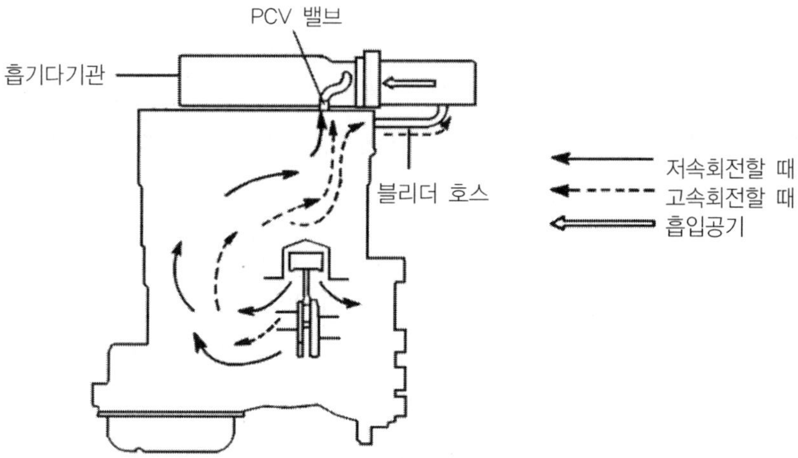

그림 26. 블로바이 가스의 흐름

3.4.2. 배기가스 재순환 제어(EGR)

[1] 배기가스 재순환 제어의 개요

배기가스 재순환(EGR, exhaust gas recirculation)장치는 배기가스 중의 일부를 배기계통에서 흡입계통으로 재순환시켜 혼합기에 혼합시켜 연소실에 공급하는 장치이다. 배기가스를 재순환시키면 새로운 혼합기의 충전효율은 낮아지며, 재순환된 배기가스는 불활성 가스(H_2O, N_2, CO_2) 등이 많이 포함되어 있기 때문에 연소온도가 낮아져 질소산화물의 생성을 억제시킬 수 있다. 즉, 배기가스를 재순환시켜 질소 산화물의 발생을 억제시키기 위해 사용하는 장치이다.

또한 적정량의 배기가스 재순환은 펌프 손실의 감소 및 연소가스 온도 저하에 따른 냉각수로의 냉각손실 저하, 가동 가스 조성의 변화에 의한 비열비 증대에 따라 사이클 효율 향상 등의 효과가 있으므로 점화시기를 적절히 제어하면 열효율 개선의 효과도 기대할 수 있다.

그러나 배기가스 재순환 량이 증가하면 연소의 안정도가 떨어지고, 탄화수소의 발생이 증가하며 연료 소비율이 증가된다. 따라서 질소산화물의 배출량이 많은 엔진의 작동 조건에서 적정량의 배기가스 재순환 량을 제어하는 것이 요구된다.

[2] 배기가스 재순환 제어장치의 구성

배기가스 재순환 가스를 흡입계통의 어느 위치로 공급하는 가에 따라 상류 배기가스 재순환과 하류 배기가스 재순환이 있다. 상류 배기가스 재순환은 스로틀밸브의 상류에 공급하는 것이며, 배기가스 재순환 가스 취 출구의 배압과 스로틀밸브 상류부 입구의 압력 차이에 지배되므로 새로운 혼합기와 배기가스 재순환 가스를 거의 일정 비율로 용이하게 제어할 수 있으나, 저온에서는 수분이 스로틀밸브에서 결빙되는 현상이 일어나거나 오염 물질이 퇴적되는 현상이 발생할 수 있으므로 주의가 필요하다.

하류 배기가스 재순환은 저 부하 영역일수록 흡기다기관 부압이 높게 되어 압력차이가 커지기 때문에 배기가스 재순환율이 커진다. 따라서 넓은 운전조건에서 적절한 배기가스 재순환율을 요구하는데 불리한 특성이 있으므로 배기가스 재순환량 제어장치가 필요하다.

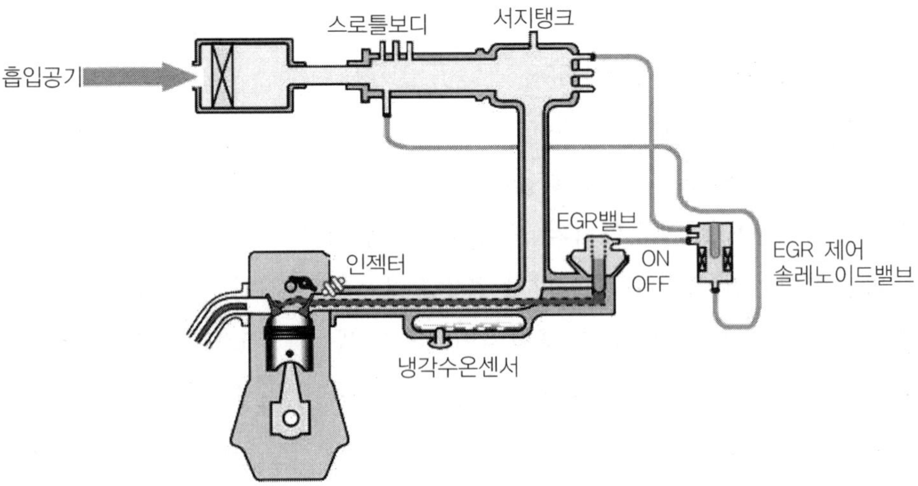

그림 27. 배기가스 재 순환장치의 구성부품

위의 어느 경우나 배기가스 재순환 제어는 흡기다기관 부압과 배기압력을 이용하는 기계적인 방법과 ECU에 의한 전자제어를 사용하는 방법이 있다. 일반적으로 배기가스 재순환율은 5~15% 정도의 소량 배기가스 재순환을 하는 경우에는 기계적인 방식을 채용하고, 배기가스 재순환율이 15~35% 정도의 대량 배기가스 재순환을 하는 경우에는 전자제어 방식을 사용한다.

전자식 EGR(E-EGR)밸브는 기계식 EGR밸브의 단점을 보완해 밸브를 보다 정밀하게 응답성이 우수하게 제어하기 위해서 흡기 부압라인을 없애고 밸브의 구동을 모터나 솔레노이드에 의해 제어하는 구조이다.

(a) 기계식 EGR (b) 전자식 EGR

그림 28. EGR밸브의 종류

전자제어식 배기가스 재순환장치의 구성부품은 EGR밸브, EGR제어 솔레노이드밸브, ECU 및 각 센서 등으로 구성되어 있다. ECU는 엔진 회전속도와 흡입공기량에 대응한 최적의 EGR량을 기준으로 하여 EGR제어 솔레노이드밸브에 통전되는 듀티비(duty ratio)를 제어하여 EGR량을 조절하고 있다.

일부에서는 EGR밸브에 밸브 위치센서를 부착하여 밸브의 개도를 직접 검출하여 운전조건에 따라 미리 설정된 목표개도로 되도록 제어한다. 이 경우 운전조건에 대응하는 EGR밸브 제어 값은 ECU 내의 ROM에 기억되어 있다. 그리고 가속시 또는 냉각수온에 따라 EGR량을 보정하며 높은 출력을 필요로 할 때, 냉간시, 공회전시, 시동시, 감속시에는 EGR을 정지시키도록 하고 있다. EGR을 하게 되면 NOx는 저감되나 착화성이나 엔진의 출력이 저하되므로 차속이나 엔진의 부하상태에 따라 적절한 EGR량을 제어할 필요가 있다.

연소실로 재순환 되는 배기가스의 온도를 낮추어 주기 위하여 EGR에는 냉각기(EGR 쿨러)가 장착되어 있는 형식도 있다.

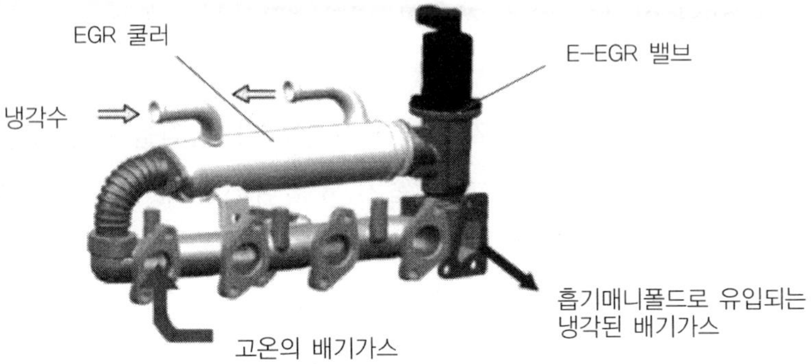

그림 29. EGR밸브 및 EGR쿨러

EGR제어량의 지표로써 EGR율(EGR rate)이 사용되며 다음과 같이 정의된다.

$$\text{EGR율} = \frac{\text{EGR량}}{\text{흡입공기량} + \text{EGR량}} \times 100(\%)$$

3.4.3. 연료증발가스 제어

[1] 연료증발가스 제어의 개요

자동차에서 연료증발가스는 연료탱크 등의 연료계통에서 발생하며, 주요성분은 탄화수소(HC)이다. 연료탱크는 연료의 온도상승에 따른 체적팽창으로 인한 연료탱크 내의 압력상승과 연료탱크 내에 부압(부분 진공상태)이 형성되지 않도록 대기와의 환기장치가 필요하다. 이때 연료탱크로부터 연료가 누출되는 것을 방지하기 위하여 롤 오버밸브(roll over valve)를 사용하며, 연료 증발가스가 대기 중으로 배출되는 것을 방지하기 위하여 연료증발가스 제어장치가 필요하다.

연료증발가스 제어방식에는 활성탄 저장방식(charcoal canister), 크랭크케이스 저장방식, 에어클리너 저장방식 등이 있으나 대부분 캐니스터방식을 사용하고 있다.

[2] 연료 증발가스 제어장치의 구성

활성탄은 연료증기를 잘 흡착하고 공기를 흐르도록 하면 연료 증기를 이탈시키는 특성이 있다.

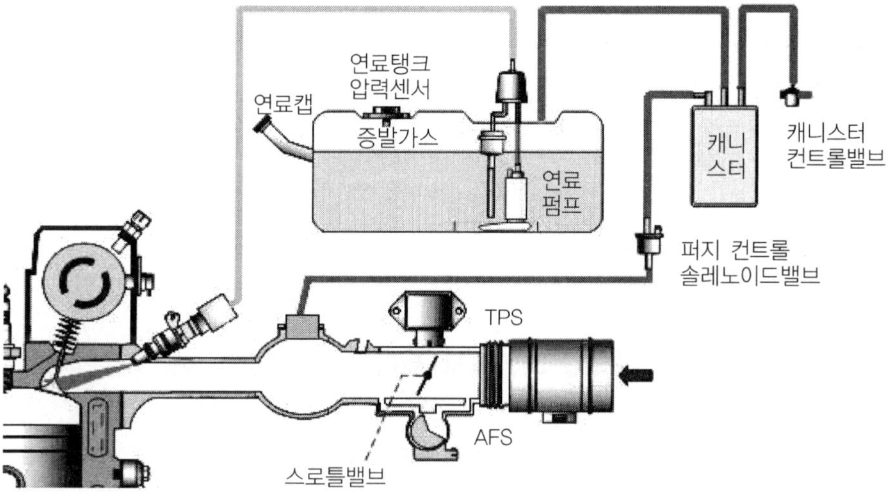

그림 30. 연료 증발가스 제어장치의 구성 예

따라서 엔진의 가동을 정지시킨 경우에는 증발된 연료를 채운 용기(활성탄 캐니스터, charcoal canister)에서 포집하고, 가동될 때에는 캐니스터 외부에서 새로운 공기를 도입하여 활성탄에 흡착된 연료를 이탈시켜 흡입계통으로 흡입, 퍼지(purge)시킨다.

캐니스터에 포집된 연료증발가스 순환량을 제어하기 위하여 퍼지 컨트롤밸브(PCV, purge control valve)를 사용하며, ECU에 의하여 듀티 제어하는 방식과 흡기다기관의 부압과 ECU에 의하여 ON, OFF 제어만 하는 방식이 있다. 이 밸브는 엔진의 냉각수 온도가 낮거나 공회전 중에는 닫히고, 엔진이 정상 온도로 가동할 때에는 밸브를 열어 캐니스터에 포집된 연료 증발가스를 흡기다기관으로 보낸다. 또한, ECU에 의해 듀티 제어를 하는 밸브를 퍼지 컨트롤 솔레노이드밸브(PCSV)라 하며, ECU에 의하여 흡기다기관의 부압, 수온센서 등의 신호에 따라 제어된다.

[3] 연료 증발가스 제어장치의 가동

연료 증발가스 제어장치는 엔진 ECU가 엔진부하, 엔진 회전속도 및 에어컨 스위치 신호를 입력받고 제어조건에 따라 퍼지 제어 솔레노이드밸브를 듀티 제어한다. 듀티 0%인 때는 밸브가 닫히고, 듀티 100%인 때는 완전히 열린다.

일반적으로 공회전할 때 듀티량은 1~3% 정도이며, 최대 제어량은 92%이다. 퍼지 제어 솔레노이드밸브(PCSV)가 가동되는 조건은 냉각수 온도가 80℃ 이상일 때, 공회전 이외에서 가동 상태, 공연비 학습을 하지 않는 때이다.

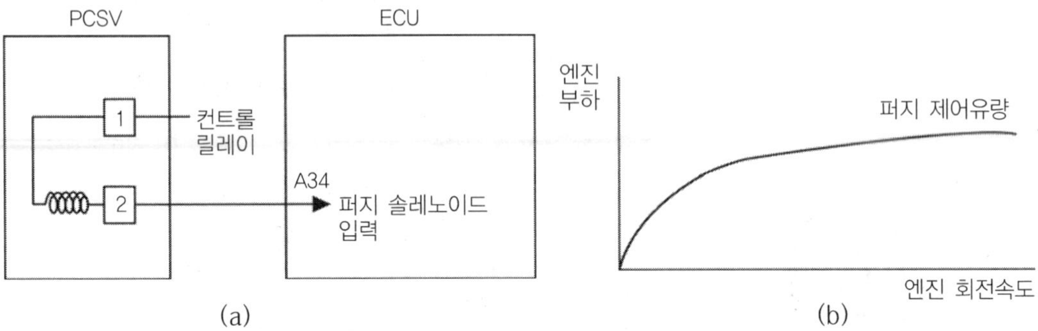

그림 31. 퍼지 제어 듀티량 결정 예

또한 퍼지제어는 지속적으로 수행하는 것이 아니라 일정시간(예 : 3분 정도) 가동하다가 캐니스터에서 연료 증발가스를 포집하기 위하여 일정시간 동안 가동하지 않는다. 퍼지 제어의 듀티량은 주로 엔진 회전속도와 부하 등에 의해 결정된다.

[4] 연료탱크 압력센서(FTPS, fuel tank pressure sensor)

연료탱크 압력센서는 증발가스 제어시스템의 구성요소로서, 연료탱크, 연료펌프, 캐니스터 등에 장착되어 퍼지제어 솔레노이드밸브의 작동상태와 증발가스 제어시스템의 누설 여부를 점검하기 위해 압전소자방식의 압력센서가 장착되어 있다. 연료탱크 압력센서는 연료탱크에서 발생되는 증발가스 성분이 대기로 방출되는 것을 규제하는 법규를 만족시키기 위해 사용된다.

그림 32. 연료탱크 압력센서

3.4.4. 삼원촉매장치

[1] 촉매장치(catalytic converter)

(1) 촉매의 작용

촉매란 그 자체는 변화하지 않고 적당한 조건하에서 반응물질의 산화 또는 환원을 도와주는 성질이 있는 물질을 말하며 촉매장치는 배기가스 중의 유해성분인 CO, HC 및 NOx를 산화 또는 환원반응을 이용하여 무해물질로 변화시킨다. 촉매반응의 기본 요인은 반응물질의 농도, 온도, 가스의 공간 이동속도에 따라 좌우된다.

일반적으로 촉매반응은 300℃ 이상의 조건이 요구되고, 반응물질의 농도에 있어서는 산소농도와 피 산화물질(CO, HC, H_2)의 농도 평형이 촉매반응에 중요한 역할을 하므로 반응효과를 높이기 위해서는 이들 인자에 대한 적절한 제어가 필요하다.

- 산화반응

  $2CO + O_2 \rightarrow 2CO_2$

  $HC + O_2 \rightarrow 2CO_2 + H_2O$

- 환원반응

  $2NO + 2CO \rightarrow 2CO_2 + H_2O + N_2$

  $NO + HC \rightarrow CO_2 + H_2O + N_2$

  $2NO + 2H_2 \rightarrow N_2 + 2H_2O$

- 수성가스 반응

  $CO + H_2O \rightarrow CO_2 + H_2$

  $HC + H_2O \rightarrow CO_2 + H_2$

  $2H_2 + O_2 \rightarrow 2H_2O$

(2) 촉매반응 물질(catalytic reaction metal)

촉매반응 물질에는 백금(Pt : platinum), 팔라듐(Pd : palladium), 로듐(Rh : rhodium)이 이용되고 있으며 촉매반응 형식에 따라 이들 물질의 사용이 달라진다. 일반적으로 산화촉매에는 백금, 팔라듐 또는 백금+팔라듐이 사용되며 3원 촉매에는 백금+로듐이 사용되고 있다.

(3) 촉매장치의 종류

촉매장치에는 그 형상에 따라 펠릿형(pellet type)과 모노리스형(monolith or honey comb type)이 있고, 촉매의 기능에 따라 산화촉매, 환원촉매, 3원 촉매가 있다. 펠릿형 촉매장치는 산화알루미늄(Al_2O_3), 산화실리콘(SiO_2), 산화마그네슘(MgO)을 주원료로 하는 2~4mm 직경의 구상 담체에 촉매성분을 도포하여 금속제 용기에 담아서 사용한다. 모노리스형 촉매장치는 벌집모양의 담체표면에 촉매성분을 도포하여 사용한다.

1) 산화촉매(oxidation catalyzer)

산화촉매는 백금 또는 팔라듐이 사용되고 있으며 CO, HC를 산화반응시켜 CO_2와 H_2O로 변환시킨다. 산화촉매의 기본적인 조건은 산화분위기를 조성할 수 있는 희박공연비상태 제어이나 일반적으로 후처리장치인 2차 공기 공급장치가 많이 사용되고 있다. 산화 촉매장치의 단점으로는 NOx처리가 되지 않기 때문에 EGR장치가 추가되거나 NOx배출량이 적은 엔진에 적용되고 있다.

2) 환원 촉매(reduction catalyzer)

환원촉매는 NOx의 환원처리를 주목적으로 하는 것으로 배기가스의 환원반응 분위기를 조성하기 위해 농후한 공연비가 요구된다. 환원 촉매장치를 장착하는 경우 CO, HC의 처리가 불충분하기 때문에 산화 촉매장치 및 2차 공기 공급장치를 추가로 설치할 필요가 있다. 따라서 환원 촉매장치는 구조가 복잡해지고, 농후한 공연비제어에 의한 연비의 악화 그리고 암모니아(NH_3)를 생성하는 등의 문제로 실용화되지는 못하였다.

3) 3원 촉매(3way catalyzer)

3원 촉매에는 백금+로듐이 사용되며 CO, HC의 산화반응과 동시에 NOx의 환원반응도 동시에 행한다. 즉, 배기가스내의 CO, HC, NOx를 하나의 촉매로 처리하는 것이다.

3원 촉매는 이론공연비 부근에서 CO, HC, NOx의 3성분에 대한 높은 정화율을 나타낸다. 따라서 이들 3성분의 높은 정화율이 얻어지는 좁은 범위(빗금 구간)의 공연비 제어영역으로 엔진의 공연비를 제어할 필요가 있다. 3원 촉매의 정화율은 공연비와 촉매 컨버터(catalytic converter) 입구에서의 배기가스 온도에 관계하며 이론공연비 부근과 배기가스 온도 약 300℃ 이상에서 높은 정화 율을 나타내므로 이론공연비(14.7 : 1)를 제어하기 위하여 산소센서를 이용한 크로즈 루프(closed loop)가 가장 바람직하다.

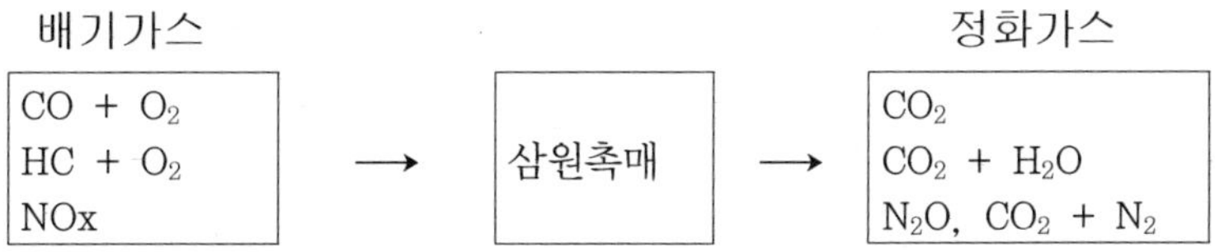

그림 33. 삼원촉매의 배기가스 처리의 개요도

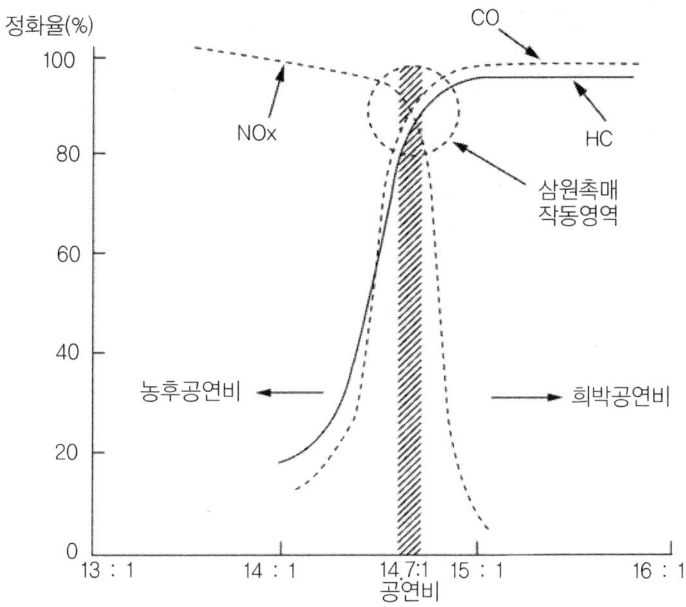

그림 34. 삼원촉매의 정화성능

일반적으로 산소센서는 배기가스 중의 산소농도를 검출하여 그 출력전압으로 ECU에서 공연비를 피드백제어 한다. 단, 삼원촉매는 일정한 온도이상(300℃~800℃)되어야 정상기능을 발휘하므로 난기운전 전에는 유해 배기가스가 배출되는 단점이 있다. 현재는 윤활유나 엔진 구성요소의 내구성을 향상시켜 난기운전 시간을 크게 단축시키고 있다.

[2] 촉매장치의 구성요소 및 종류

촉매장치는 금속제 하우징 속에 들어 있는 담체와 담체 위의 중간층, 그리고 중간층 위에 도포된 촉매물질의 얇은 층으로 구성 담체는 촉매기의 골격으로 구슬형(pallet type), 세라믹 일체형(monolith type), 금속 일체형 등이 있다.

(1) 작은 구슬형 담체(pellet type substrate)

세라믹으로 된 작은 구슬(pallet) 수천 개를 금속제 하우징에 삽입한 것으로 배압이 많이 걸리고 담체마모 손실이 커 거의 사용하지 않는다.

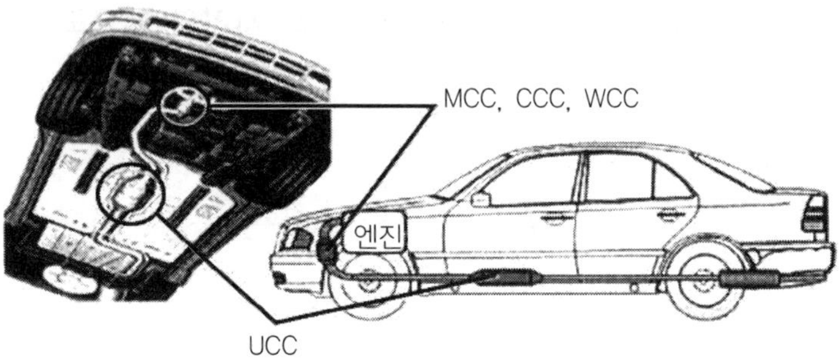

그림 35. 삼원촉매 장착위치

(2) 세라믹 일체형 담체(ceramic monoliths substrate)

오늘날 가장 많이 사용되는 형식이다. 재질은 내열성이 높은 마그네슘-알루미늄 실리케이트(magnesium-aluminium silicate : (예) $2MgO-2Al_2O_3-5SiO_2$)가 주성분이다. 이 형식의 담체는 벌집모양으로 배기가스가 통과하는 수천 개의 통로 즉, 셀(cell)이 뚫려 있다. 셀 밀도(cell density)는 보통 $1cm^2$에 약 65개 정도(약 420CPSI(cell per square inch))에서부터 120개(약 800CPSI) 정도가 실용화되어 있으나, 점점 증가하는 추세에 있다. 셀 밀도가 증가할수록 셀의 벽두께는 그 만큼 얇아지고 촉매기의 성능은 상승한다.

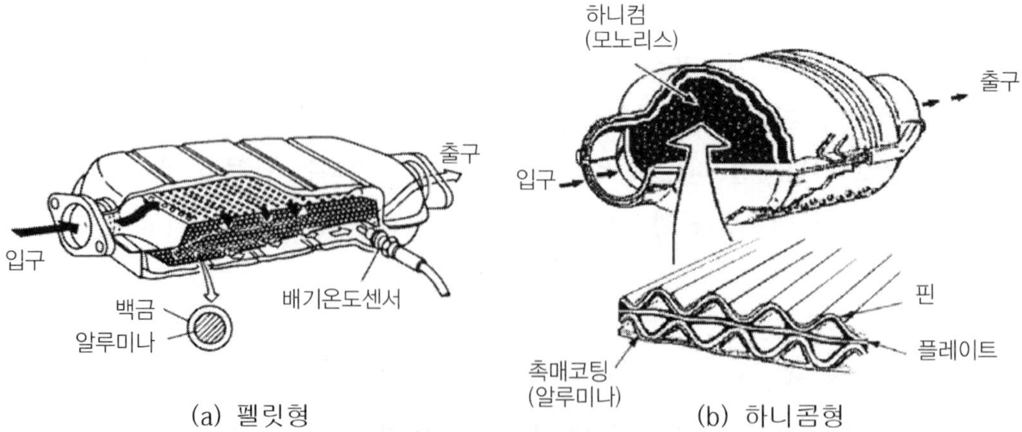

(a) 펠릿형 (b) 하니콤형

그림 36. 촉매장치의 형태

세라믹 담체는 진동이나 충격에 아주 약하기 때문에 하우징과 담체 사이에는 금속섬유(metal wool) 등과 같은 탄성물질을 채워두고 있다. 이 탄성물질은 운전 중 담체와 하우징의 팽창계수차를 보상해주며 기계적 응력을 흡수한다.

(3) 금속제 담체형 촉매장치

0.05~0.07mm 정도의 가느다란 내열, 내 부식성 철선으로 짠 그물망의 띠를 감아서 만든 담체를 사용하여 그 담체 표면에 촉매물질을 코팅한 것으로 세라믹 담체에 비하여 배압이 적게 걸린다. 그러나 가격이 비싸고, 고온부식의 위험이 있으며(약 1,100℃부터), 출발·정지가 잦은 경우 낮은 비열로 촉매가 쉽게 냉각되는 단점이 있다.

삼원촉매장치는 엔진 배기측과의 근접성, 배치위치 및 정화성능 등에 따라 MCC(manifold catalytic converter), CCC(closed-coupled catalytic converter), WCC(warm-up catalytic converter), UCC(under floor catalytic converter)형식 등이 있다.

MCC방식은 촉매장치를 배기 매니폴드에 볼트로 체결하며, CCC방식은 배기매니폴드에 용접하여 설치함으로써 엔진 배기 측과 근접시켜 촉매의 성능효율을 높인다. WCC방식은 냉간 시 정화성능이 우수하며 UCC방식은 차량바닥에 설치한 형식이다.

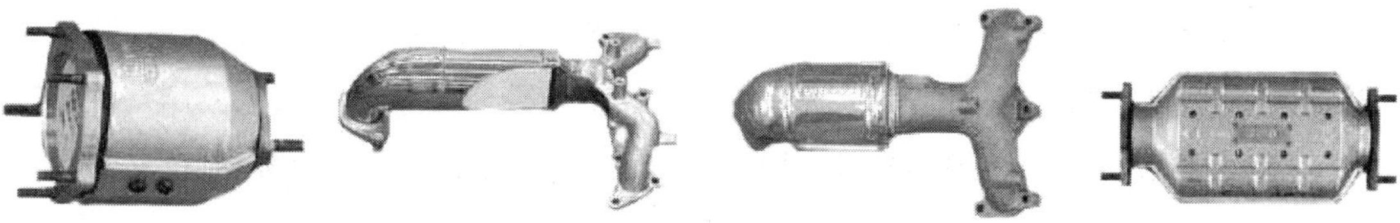

(a) MCC (b) CCC (c) WCC (d) UCC

그림 37. 삼원촉매의 구조

3.4.5. 공기비 제어(λ closed loop control)

산소센서는 전압신호를 ECU에 전달한다. 제어기준 조건이 충족된 상태이면 ECU는 산소센서의 전압신호에 따라 혼합비를 희박하게, 또는 농후하게 할지의 여부를 결정한다. 이때 기준이 되는 제어전압은 ECU에 프로그래밍 되어 있다. 예를 들면 $\lambda = 1$에 대한 기준전압이 450mV일 경우, 산소센서로부터 발생된 전압이 기준전압보다 낮으면(= 혼합기 희박) 분사량을 증량하고, 센서 전압이 기준전압보다 높으면(혼합기 농후) 분사량을 감소시킨다.

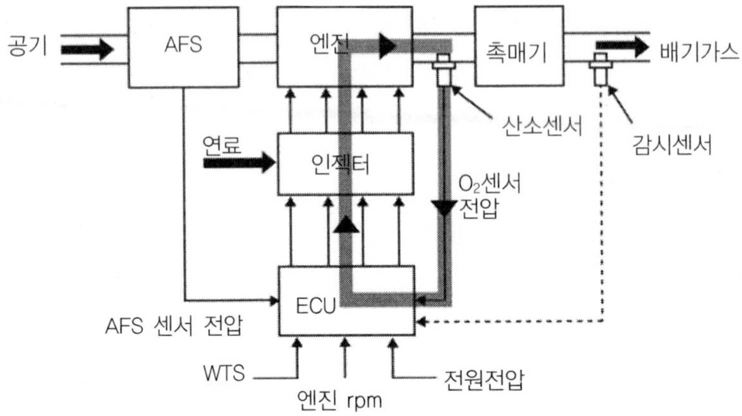

그림 38. 공기비제어 블록선도

그러나 공연비의 변화가 너무 급격하게 진행되면 엔진의 회전속도가 급강하 또는 급상승하게 되므로 ECU는 공연비가 시간함수에 의해 천천히 변화하도록 하는 적분회로(integrator)를 포함하고 있다.

공기비제어 블록선도에서 보면, 공기비 제어시스템은 공연비 제어시스템과 중복된다. 공연비 제어시스템에 의해 먼저 결정된 연료분사량을 공기비 제어시스템이 추가적으로 보정함으로서 최적연소를 실현시키게 된다. 흡기다기관에서 새로운 혼합기가 형성되는 시점과 산소센서가 배기가스 중의 산소농도를 측정하는 시점사이에는 연료분사 후 혼합기가 실린더에 유입되기까지의 소요시간인 약간의 무효시간(dead time)이 불가피하게 발생한다.

엔진의 작동 사이클 소요시간, 연소된 가스가 산소센서에 도달하기까지의 소요시간, 그리고 공기비 센서의 반응시간 등 때문에 이 무효시간을 피할 수 없기 때문에 공기비를 항상 정확하게 λ = 1로 유지할 수는 없으나, 적분회로(integrator)가 정확하게 작동하면 촉매기 효율이 최대가 되게 할 수 있다. 그리고 시동 시, 난기운전 시, 가속 시, 전 부하 시 등에는 농후한 혼합기를 공급해야 하므로, 이때는 공기비 제어시스템의 제어기능은 일시적으로 중단된다. 그러면 엔진은 공연비 제어시스템에 의해 결정된 연료 분사량을 공급받게 된다.

공기비제어의 전제 조건은 다음과 같다.

① 센서 온도가 적정온도 이상이어야 한다. 지르코니아 센서는 300℃ 이상, 티타니아 센서는 600℃ 이상, 광대역 센서는 700℃ 정도이어야 한다.

② 엔진이 공전영역 또는 부분부하영역에서 운전되고 있어야 한다.

③ 엔진 냉각수 온도가 40℃ 이상이어야 한다.

[1] 2단계 제어

λ = 1을 기준으로 출력전압이 급격히 변화하는 특성을 가진 지르코니아 센서는 2단계 제어에 적합하다. 전압 점프(jump)와 전압 램프(ramp)로 구성된 변조된 신호는, 희박 → 농후 또는 농후 → 희박으로의 변화를 나타내는 각 전압 점프에 대응하여 제어방향을 변경한다. 이 신호의 전형적인 진폭(amplitude)은 2~3%의 범위에서 결정된다. 이는 대부분이 무효시간(dead time)의 합계에 의해 결정되는 컨트롤러 응답이 제한되는 결과이다.

배기가스 구성성분의 변화에 센서의 전형적인 측정오류(false measurement)는 선택적 제어로 보정할 수 있다. 여기서, 변조된 변수곡선은 고의적인 비동기성과 결합하도록 설계되어 있다. 이때 센서 전압의 점프(jump)에 후속되는 제어된 드웰(dwell)기간 동안 램프값을 유지하는 방법은 많이 이용하는 방법이다.

[2] 촉매기 후방에 제2공기비 센서가 설치된 시스템에서의 2단계 제어

λ = 1에서 전압이 점프하는 바로 그 시점에서 외란의 영향은 수정된(modified) 표면 코팅에 의해 최소화되었다. 그럼에도 불구하고 노화와 환경적인 영향(오염)은 부정적인 결과를 가져오게 된다. 촉매기 후방에 설치된 제 2의 산소센서는 이러한 부정적인 영향을 거의 받지 않는다.

2단계 제어의 원리는 제어된 농후 또는 희박으로의 전환이 느린 수정 제어루프에 의해 추가적으로 변경된다는 사실에 근거를 두고 있다.

[3] 광대역 λ-센서를 이용하는 지속적인 동작 제어

2단계 제어의 역동적인 응답특성은 λ =1로부터의 편차가 정확히 측정될 때에만 개선시킬 수 있다. 광대역 센서를 사용하면 λ =1 제어 동작을 계속적으로 아주 안정되게, 아주 낮은 진폭으로 그러면서도 역동적으로 응답하게 할 수 있다.

이 제어의 변수들은 엔진 작동점의 함수로서 계산되어 그 상태에 적합하게 수정된다. 무엇보다도 이 방식의 공기비제어는 정상적인 그리고 비정상적인 파일럿 제어에서의 피할 수 없는 옵셋(off-set)을 더욱더 빠르게 보정할 수 있다. 엔진의 작동상의 필요에 따라서 배기가스 유해 배출물의 최적화 요구는 희박영역에서의 제어 설정점($\lambda \neq 1$)에서의 고유 퍼텐셜(potential)에 적용된다.

3.4.6. 2차 공기시스템(secondry air injection system)

2차 공기시스템은 제어식 촉매기와 산소센서가 아직 정상 작동온도에 도달하지 않은 기간에 혼합기는 농후하고, 미 연소된 상태로 방출되는 다량의 HC와 CO를 공기를 (산화)촉매기 바로 전방의 공기를 배기관에 분사하여 열적 후 연소방식으로 후처리하여, HC와 CO를 저감시킨다.

[1] 장점

① 촉매기는 냉시동 후에 빠르게 자신의 작동준비상태에 도달하게 된다.

② 촉매기를 배기밸브로부터 상당히 먼 거리에 설치해하여 심한 열적 노화를 방지하여 내구성을 증대시킬 수 있다.

CHAPTER

06 연료와 가솔린 연료장치

CONTENTS

1 연료의 개요

연료란 공기 중에서 용이하게 연소하고 그 연소열을 이용할 수 있는 가연물로써 자동차에 사용되는 연료는 다음과 같은 구비조건을 갖는다.

① 단위 용적당 발열량이 크고 연소 후 퇴적물이 적어야 한다.
② 공기와 잘 혼합되고 적당한 휘발성이 있어야 한다.
③ 착화온도가 낮고 연소상태가 안정되며 인체에 무해하고 대기오염도가 적어야 한다.
④ 취급이 용이하고 부식되지 않아 안전성이 있을 것
⑤ 생산량이 많고 가격이 저렴하며 보급이 잘되어야 한다.
⑥ 저장 및 수송이 용이할 것

1.1. 가솔린의 생산과정

원유의 형성을 설명하는 대표적인 이론은 무기 기원설과 유기 기원설이다. 지구의 내부에 풍부하게 존재하고 있는 금속탄화물이 물의 침투작용을 받아 지각 내부의 고온, 고압 조건에서 가스 상태로 반응하여 액체상태의 탄화수소로 변화했다는 것이 무기 기원설이다.

약 5억 년 전 지구표면이 물로 뒤덮여 있는 시기에 물에서 성장한 다량의 다양한 어류, 원생동물, 갑각류 등이 대규모 지각변동으로 인해 사멸되면서 모래 성분의 퇴적물과 섞여서 퇴적되었고, 많은 양의 생물 사체들이 공기와 접촉을 할 수 없는 상태에서 퇴적물 내 유기물과 금속화합물의 촉매작용과 특수 박테리아의 작용, 지층의 온도 및 압력으로 인해 장기간을 통하여 탄화수소로 변성되었다는 것이 유기 기원설이다. 또, 한 가지는 원유가 지구 깊은 곳에서 자연적으로 형성될 가능성이 있다는 “자연 발생설” 을 주장하고 나섰다. 이들의 이론에 따르면 이런 “자연발생” 석유는 운석 충돌 등으로 생긴 지각 균열 부위로 솟아 나와 지하 저유지를 형성한다는 것이다.

원유는 갈색・황색・적갈색・흑색 등, 중질유일수록 흑색을 띠며 형광반응을 보이며 일반적으로 비중은 0.65~1.97 정도이다. 지하나 해저로부터 채취한 석유는 일반적으로 원유로 불리어지고 그대로의 상태로는 정밀한 엔진의 연료로 사용할 수 없다. 원유의 주성분은 탄소(83~87%)와 수소(12~15%)의 화합물인 탄화수소이며 이 밖에 황(0.1 ~4%), 질소(0.05~0.8%), 산소(0~3%) 등의 화합물이 소량 함유돼 있다.

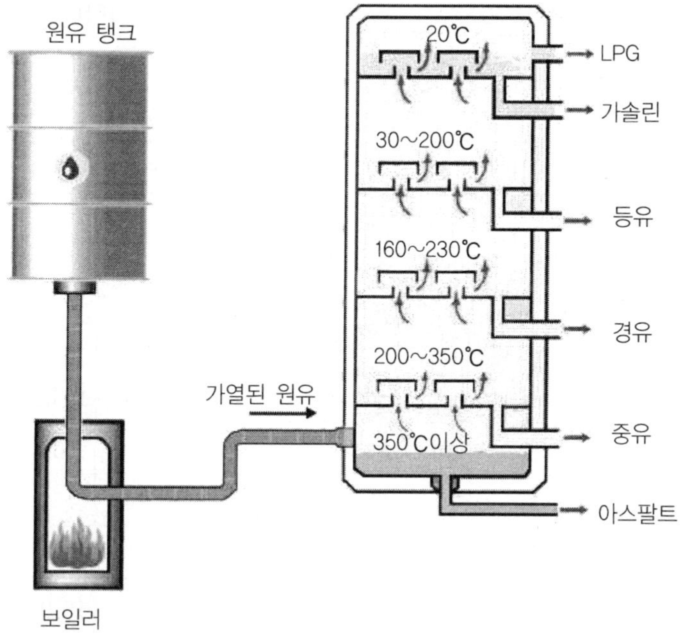

그림 1. 원유의 분별 증류에 따른 석유제품

이들 불순물을 제거해가면서 여러 가지 다른 성질을 가진 것을 만들어 내는 것을 석유의 정제라 한다. 최초의 정제가 이루어지는 기본적인 조작이 증류(蒸溜)로써, 이것은 굵은 원통 속에서 이루어지며 증발된 증기는 가벼울수록 위로, 무거운 증기일수록 아래에 남는다. 그 측면의 각 위치로부터 파이프에 의해 분류 송유 되며 증기는 온도별로 냉각시켜주면 액화하여 액체는 각각의 용기에 떨어지며 이것이 각각의 연료가 된다.

1.2. 연료의 분류

1.2.1. 연료의 인화점 및 발화점

연료에 불을 가까이 하였을 때 연료가 인화하는 점을 인화점이라 하며 불이 붙어 연소가 시작되는 온도를 발화점이라 한다. 내연엔진의 연료에는 고체연료, 액체연료, 기체연료가 있으나 현재는 고체연료는 사용하지 않으며 액체연료와 기체연료만이 사용되고 있다.

표 연료의 주성분

연료의 종류	탄소(%)	수소(%)	산소 및 기타(%)	C/H
고체연료	50~95	3~6	2~44	15~20
액체연료	85~87	13~15	0~2	5~10
기체연료	0~75	0~100	0~57	1~3

표 연료의 물리적 성질

연 료	인화점	발화점	비 중	발열량
가 솔 린	-40℃ 이하	300℃	0.65~0.75	11,000kcal/kgf
벤 젠	-11℃ 이하	538℃		9,600kcal/kgf
등 유	30~60℃	255℃	0.78~0.84	
경 유	50~70℃	250℃	0.84~0.88	10,500kcal/kgf
중 유	60~150℃	250~380℃	0.90~0.99	10,000kcal/kgf

1.2.2. 고체연료

고체상태의 석탄이나 목탄 등의 연료로 일반적으로 목재는 식물체 그대로 이지만 이 식물체들이 지중에서 장기간에 걸쳐 탄화작용을 받아서 된 것이 석탄이다. 고체연료는 일반적으로 회분과 수분을 함유하며 회분 및 수분이외의 부분은 탄소가 주성분이 되며 이 밖에 산소, 수소, 질소, 유황 등으로 되어 있다. 내연엔진에는 사용되지 않고 있다.

1.2.3. 액체연료

액체 연료의 주된 것은 석유류이지만 석탄의 건류에서 발생하는 타르(tar)계와 식물계 연료도 있다. 석유는 천연적으로 존재하고 지하로부터 퍼 올린 그대로의 광유를 원유라고 부르며 증류, 분해, 재질 수소처리, 용제처리, 약품처리 등의 공정을 조합시켜 정제하며 각각의 용도에 적합한 제품을 만든다.

① 석유계 연료 : 가솔린, 등유, 경유, 중유

② 석탄계 연료 : 벤졸

③ 식물계 연료 : 알콜, 야자유

[1] 장점

① 발열량이 크고 품질이 균일하다.

② 회분이 거의 없고 점화 소화 등 연소 조절이 쉽다.

③ 연소효율 및 열효율이 높다.

④ 운반·저장 및 취급이 쉽고 저장 중 변질이 적다.

⑤ 계량과 기록이 쉽다.

[2] 단점

① 연소온도가 높아 국부적인 과열을 일으키기 쉽다.

② 화재·역화 등의 위험성이 크다.

③ 엔진의 종류에 따라 소음이 크다.

④ 일반적으로 황분이 많고 대기오염의 주원인이다.

⑤ 국내 생산이 없어 값이 비싸다.

1.2.4. 기체연료

[1] 기체연료의 종류

기체연료에는 천연가스, 석유가스, 액화석유가스(LPG), 액화천연가스(LNG) 등이 있고 그 성분을 보면 대부분 포화탄화수소(CmH_2 n+2), CO, H_2 등으로 되어 있다.

① 천연가스 : 천연가스에는 습가스와 건가스로 분류된다.

㉮ 습가스 : 에탄, 프로판, 부탄

㉯ 건가스 : 메탄

② 용광로 가스 : 선철 제조시 코크스의 불완전 연소에 의하여 발생되는 CO, N_2 가스가 주성분으로 되어있다.

③ 코크스로 가스 : 코크스 제조시 발생되는 가스를 말한다.

④ 발생로 가스 : 코크스, 목탄, 석탄, 장작 등의 고체연료를 노중에서 가열하고 여기에 공기와 수증기를 보내어 불완전 연소시켜 발생되는 CO, H_2를 주성분으로 하는 가스를 말한다.

[2] 기체연료의 특징

① 연소효율이 높고 소량의 공기라도 완전연소가 가능하다.

② 고온을 얻기가 쉽다.

③ 연소가 균일하고, 연소조절이 용이하다.

④ 회분이나 매연이 없어 청결하다.

⑤ 배관공사비의 시설비가 많이 들어 저장이 곤란하며, 다른 연료에 비해 코스트가 높다.

⑥ 누출되기 쉽고, 폭발의 위험성이 크다.

1.3. 자동차용 엔진의 연료

현재 자동차에는 엔진의 종류에 따라 가솔린 연료, 디젤연료, LPG 연료가 사용되며 엔진의 구조 및 장치는 거의 비슷하나 연료장치는 서로 다르다. 가솔린엔진은 불꽃점화 엔진으로 연료를 공기와 혼합하여 실린더 내로 공급하고 혼합가스를 압축한 후 점화플러그에 의한 불꽃방전으로 전기 점화시키며 사용연료는 가솔린을 사용한다.

1.3.1. 가솔린엔진 연료

[1] 가솔린의 조성

가솔린은 석유원유에서 정제하여 생성되나 중질 가솔린은 옥탄가가 낮기 때문에 그대로는 자동차용으로 사용할 수 없으므로 고온으로 개질처리함으로써 고옥판 가솔린이 얻어진다. 현재 시중에서 사용되는 가솔린은 파라핀계 가솔린과 나프탄계 가솔린을 조합하여 생산한다.

① 파라핀계 가솔린의 성분 : C_6H_{14}, C_7H_{16}, C_8H_{18}, C_9H_{20}이 주성분으로 한다.

② 나프탄계 가솔린의 성분 : C_6H_{12}, C_7H_{14}, C_8H_{16}, C_9H_{18}이 주성분으로 한다.

원래 가솔린은 수소와 탄소의 화합물인 탄화수소의 혼합물로 구성되어 있고 다음과 같이 구성된다.

가솔린의 구성
- 파라핀계 지방족(50~60%) — 앤티노크성 최소
- 나프틴계(30~50%) — 앤티노크성 보통
- 오레핀계 지방족(0.5~2.0%) — 앤티노크성 제법 강함
- 방향족(2~4%) — 앤티노크성 최대

실제의 연료는 파리핀계, 나프틴게, 오레핀계, 방향족 등, 200여종의 탄화수소가 섞여 있다. 위와 같이 파라핀계가 가장 많아서 50~60%를 점유하고 있어, 파라핀계가 앤티노크성이 가장 낮다는 것이 문제가 된다. 또한 파라핀계 지방족을 분석하면 노말헵탄은 앤티노크성이 가장 적고 자연 발화점이 낮아 바로 폭발을 일으키는 탄화수소와 이소옥탄은 앤티노크성이 크고 자연 발화점이 높은 탄화수소가 포함되어 있다. 따라서 이소옥탄이 많을수록 앤티노크성이 크게 되며, 노말헵탄과 이소옥탄의 혼합비로 앤티노크성을 나타내는 옥탄가라는 단위로 표시하게 된다.

예를 들면, 노말헵탄 20%, 이소옥탄 80%의 비율이라면, 옥탄가 80이 된다. 그러나 이 방법으로는 옥탄가는 100%까지 밖에 되지 않고 연료도 비싸기 때문에, 4에틸납이라고 하는 앤티노크제를 첨가하여 비교적 용이하게 옥탄가를 100 이상 높이는 방법을 쓴다. 옥탄가 향상제로 종전에는 4에틸납, 4메틸납 등이 사용되었으나 최근에는 환경보호로 인해 무연연료를 사용하여 납 오염을 방지하기 위해 4에틸납은 쓰지 않고 MTBE(methyl tertiary butyl ether)를 이용하고 있다. MTBE는 탄소와 산소로 구성된 함산소화합물로 무색의 액체이며 가솔린의 옥탄가 향상제로 사용하고 있다.

[2] 가솔린의 성질

① 가솔린의 색 : 상온에서 기화하기 쉽고 무색, 투명하며 특유한 냄새
② 증유온도 : 40~200℃
③ 비 중 : 0.65~0.75
④ 인화점 : -40℃ 이하
⑤ 발화점 : 300~500℃
⑥ 발열량 : 11,100~11,500kcal/kgf

[3] 가솔린의 구비조건

① 발열량이 크고 연소 후 퇴적물이 적어야 한다.
② 공기와 혼합이 잘되고 적당히 휘발성이 있어야 한다.
③ 착화온도가 높고, 연소상태가 안정되며 인체에 유독성이 없어야 한다.
④ 취급과 수송이 용이하며 부식되지 않아야 한다.
⑤ 값이 저렴하여 경제적이어야 한다.

[4] 옥탄가(octane number)

가솔린 연료의 내폭성을 나타내는 수치를 옥탄가라며 내폭성이란 엔진 노크를 일으키기 어려운 성질을 말하며 이러한 성질의 연료성분을 이소옥탄(C_8H_{18})이라 한다. 또한 내폭성이 낮은 연료의 성분을 정헵탄(C_7H_{16})이라 하며 옥탄가는 이소옥탄과 정헵탄의 혼합비를 나타내 연료의 성질을 나타내는 척도가 된다.

보통 이소옥탄을 100으로 하고 정헵탄을 0으로 기준하여 혼합비율에 따라 옥탄가가 결정되며 엔진용 가솔린은 보통 옥탄가 80~90 정도로 하고 있다. 옥탄가는 다음 식으로 표현되며 옥탄가의 측정은 C·F·R시험엔진으로 측정한다.

$$\text{옥탄가} = \frac{\text{이소옥탄(체적)}}{\text{이소옥탄(체적)} + \text{정헵탄(체적)}} \times 100[\%]$$

또한 노킹을 안 일으키는 성질을 엔티 노크성이라 하며 고압축에 견디는 엔티 노크성이 큰 가솔린을 사용하면 노킹을 방지할 수 있으며 일반적으로 사용되는 가솔린은 옥탄가가 낮으므로 옥탄가를 높이기 위하여 엔티 노크제를 가솔린에 첨가하여 사용하며 엔티 노크제에는 다음의 것들이 있다.

① 벤젠(C_6H_6)

② 에틸알콜[(C_2H_5)OH] → 약 5~10% 정도 첨가한다.

③ 4에틸납[Pb(C_2H_5)$_4$] → 미소량(0.08%) 첨가한다.

④ 철 카보닐[Fe(C_{05})] → 약 1% 첨가한다.

[5] MTBE(methyl tertiary butyl ether)

환경오염에 대한 세계 각국의 우려에 따라 자동차 배기가스의 공해 배출물을 감소시키고자 하는 노력에 의해 80년대 중반부터 각광을 받기 시작했다. 그 동안 자동차 휘발유에는 옥탄가 향상제로서 알킬납(TML, TEL)이 유연 휘발유에 사용되어 왔다.

그러나 납성분의 독성 및 공해물질 발생으로 인해 이를 대체시키기 위한 노력의 일환으로 메탄올, 에탄올, TBA, MTBE, TAME, ETBE 등 산소를 함유하는 화합물 즉, 함산소화합물을 일정량 첨가하여 사용함으로써 자동차 배기가스중의 탄화수소, 일산화탄소 배출량을 감소시킬 수 있어 환경보호라는 범세계적인 요구에 부응하게 됐다.

이들 함산소 화합물 중에서 메탄올, 에탄올, TBA 등의 알콜 화합물은 증기압이 높고 금속 재질에 대한 영향, 수급에의 문제성 때문에 대중적으로 사용되지 못하고 있으나 MTBE, TAME, ETBE 등의 에테르 화합물은 증기압이 낮고, 각 정유사 및 유화업체들의 원료 구입이 쉬워 널리 사용되고 있으며, 특히 MTBE는 옥탄가, 증기압, 끓는점 등의 여러 측면에서 우위를 차지하고 있어 무연휘발유의 옥탄가 상향제 뿐만 아니라 자동차 배기가스 중의 CO를 줄일 수 있는 첨가제로 중심적인 역할을 하고 있다.

MTBE는 약간의 독특한 냄새가 나는 약간 노란빛의 무색투명한 휘발성의 액체이며 55℃의 낮은 비점을 가지며 옥탄가가 매우 높고 벤젠함유도 및 증기압이 낮아서 저공해 자동차 연료로의 사용이 증가하고 있다. 이러한 특성을 가지고 있는 MTBE는 메탄올과 이소부티렌의 액상발열 가역반응으로서 산성촉매 하에서의 접촉반응에 의해 생성된다.

1.3.2. 디젤엔진 연료

디젤엔진은 공기만을 실린더에 흡입하여 높은 압축비로 압축하여 고온고압의 상태에서 연료를 분사하여 착화시키는 압축 착화엔진으로 사용연료는 경유를 사용한다. 경유는 디젤엔진에 사용되어 디젤유라고도 하며 고속 디젤엔진, 소구엔진 등에도 사용된다.

[1] 디젤유(경유)의 성질

① 경유의 색 : 흑갈색 또는 담황색

② 증류온도 : 200~350℃

③ 비 중 : 0.84~0.89

④ 인화점 : 40~90℃

⑤ 발화점 : 250~350℃

⑥ 발열량 : 10,500~11,000kcal/kgf

[2] 세탄가(cethane number)

세탄가는 디젤연료의 착화성을 나타내는 수치로써 디젤노크를 일으키지 않는 성질인 세탄($C_{16}H_{34}$)과 디젤노크를 잘 일으키는 성질의 연료 α -메틸나프탈렌($C_{10}H_7-a-CH_3$)을 혼합하여 결정하는 기준치이며 세탄을 100으로 하고 α -메틸나프탈렌을 0으로 기준하여 혼합비율로 계산한다.

$$\text{세탄가} = \frac{\text{세탄(체적)}}{\text{세탄(체적)} + \alpha - \text{메틸나프탈린(체적)}} \times 100[\%]$$

세탄가 60이라 하면 세탄이 60%이고, α -메틸 나프탈린 40%라는 뜻이며 세탄가가 너무 낮으면 저온시 시동성이 좋지 못하고 워밍업시 흰색연기가 발생하는 원인이 되며 착화 지연기간이 길어지면 디젤노크가 발생한다. 보통 고속 디젤엔진의 세탄가는 45~70 정도이다.

[3] 디젤엔진 연료의 구비조건

① 착화성이 좋아야 한다.
② 적당한 점도가 있어야 한다.
③ 수분 및 불순물이 적어야 한다.
④ 유황성분이 적어야 한다.
⑤ 유동점이 외기온도보다 낮아야 한다.

1.3.3. 천연가스

천연가스는 흔히 원유와 함께 있는 지하 격리층의 벽을 드릴로 뚫어 개발하는 자연적으로 발생하는 탄화수소가스를 말한다. LNG(liquefied natural gas, 액화천연가스)와 CNG(compressed natural gas, 압축 천연가스)는 둘 다 메탄(methane)을 주성분으로 하는 천연가스이다. 메탄은 비중이 0.555이므로 LNG와 CNG도 공기보다 가볍다. 천연가스는 가솔린이나 LPG에 비해 황과 수분이 적게 포함돼 있고 열량이 높은 청정에너지이다.

성분비율은 매우 다양하고 72%~95%의 메탄, 3~13%의 에탄, 1~4%의 프로판, 1~18%의 질소가 혼합되어 있다. 천연가스(natural gas)는 기본적으로 저장방법에 따라 세 가지로 분류된다.

[1] LNG(liquefied natural gas)

천연가스는 기체 상태로 존재하기 때문에 이걸 그대로 배에 실어서 오려면 경제성이 너무 떨어진다. 무색, 무취, 무독성이며 비부식성이다. 위험 요인으로는 가스 상태로 증발하였을 때의 가연성, 냉동, 질식 등을 들 수 있다. 액화 공정과정에서는 먼지, 산성가스, 헬륨, 물, 중 탄화수소 등의 성분들은 제거한다.

그리고 천연가스는 대기압(최대 전송압력 설정은 25kPa(4psi))에 가깝게 하여 약 -162℃로 냉각하여 액체로 응축한다. 천연가스를 액화하면 부피를 600분의 1 수준으로 줄일 수 있어 저장이나 운반이 쉽다. LNG의 볼륨에너지밀도는 CNG의 2.4배 이상이고 디젤연료의 60%이다.

[2] CNG(compressed natural gas)

메탄이 주성분인 천연가스를 액화되지 않을 정도로 200~250kgf/cm^{2}의 고압으로 압축해서 연료용기에 저장해 사용하는 경우 CNG라고 한다. 에너지 밀도는 꽤 낮은 편으로, 같은 천연가스인 LNG의 절반도 못 되며 경유의 1/4 정도이다. 따라서 일산화탄소나 검댕의 발생은 적다. 공기보다 비중이 낮아 누출되어도 공기 중으로 전부 날아가 버리며 점화에너지도 높고 연소범위가 좁아 안전성이 좋다. 기체상태의 천연가스를 압축해 부피를 200분의 1 수준으로 줄인 것이다. 주로 자동차 연료로 쓰이는데, 국내에 상용화 되어있는 천연가스버스가 다 이 연료를 쓴다.

[3] PNG(pipe natural gas)

가스전에서 기체상태의 가스를 빼내 파이프라인을 통해 직접 공급하면 PNG가 된다.

1.3.4. LPG(liquefied petroleum gas)

LPG는 liquefied petroleum gas의 약자로 석탄을 파낼 때 나오는 천연가스나 원유같이 지하에서 나오기 때문에 성질은 천연가스와 가솔린의 중간 성질을 가지고 있으며 공기량 부족으로 불완전 연소하면 일산화탄소(CO)가 발생하므로 주의해야 한다. 무색, 무취로 독성은 없으나 마취성이 있어 가스누출을 쉽게 감지하기 위해 부취제를 첨가하며 가솔린 엔진과 비슷한 형태로 공기와 연료인 가스를 혼합하여 실린더 내부에 흡입하여 압축한 후 점화플러그에 의한 불꽃방전으로 점화한다.

LPG연료는 일반적으로 부탄(C_4H_{10})을 주성분으로 하며 겨울철에는 낮은 온도에서도 비등점과 기화성이 좋은 프로판(C_2H_8)을 약 30% 혼합하여 착화성을 향상시켜 시동성을 좋게 한다. 따라서 우리나라의 LPG조성은 겨울철은 부탄과 프로판이 약 70 : 30의 비율이고 기타 계절은 부탄이 100%의 조성비를 갖고 있다.

상온에서 LPG는 기체는 공기보다 무겁고 액체는 물보다 가벼우며 상온(15℃)에서 액화하면 프로판은 1/260, 부탄은 1/230의 부피로 축소된다.

[1] LPG의 종류

① 프로판($C_3H_8+5O_2 = 3CO_2+4H_2O$)

② 부탄($C_4H_{10}+6.5O_2 = 4CO_2+5H_2O$)

[2] 연소와 공기량

프로판은 발열량 12,000kcal/kgf이고, 부탄은 11,800kcal/kgf이다. 완전연소하기 위해서는 프로판은 5배의 산소량, 부탄은 6.5배의 산소량이 필요하다.

연소와 공기량

종 류	가스 $1m^3$ 완전연소 소요 산소량(m^3)	가스 $1m^3$ 완전연소 소요 공기량(m^3)	가스 1kgf 완전연소 소요 공기량(kgf)
프로판	5	약 24	약 15.7
부 탄	6.5	약 31	약 15.5

[3] LPG연료의 조성

① 부탄의 성분 : C_4H_{10}(n-부탄)

② 프로판의 성분 : C_3H_8

[4] LPG연료의 장점

① 공기와의 혼합 상태가 양호하다.

② 완전 기화되므로 연소시 카본조성이 적다.

③ 일산화탄소 함유량이 적어 대기오염도가 낮다.

④ 가격이 저렴하여 경제적이다.

⑤ 주성분은 프로판과 부탄으로 구성되었다.

⑥ 퍼콜레이션(percolation)이나 베이퍼 록(vapor lock) 현상이 없다.

⑦ 연료탱크인 봄베가 밀폐식이므로 연료가 방출되어 대기오염을 시킬 염려가 없다.

⑧ 발열량이 크다. 프로판이 12,000kcal/kgf 정도이며 부탄이 11,800kcal/kgf이다.

[5] LPG연료의 단점

① 한냉시 시동이 곤란하다.

② 출력이 가솔린보다 다소 낮다.

③ 연료가 가스(gas)상태이므로 안전성에 유의하여야 한다.

④ 공기보다 무겁고 물보다 가볍다. 자연적으로 환기를 시켜도 가스가 바닥에 잔류할 수 있기 때문에 누출 시에는 잔류가스에 의해서 폭발 우려가 있다.

⑤ 용기설치장소가 필요하고 용기 관리가 중요하다.

⑥ 유기화합물을 녹이는 용해성을 가지고 있다.

2 연소이론

연소란 연료를 산화시키는 산화반응을 말하며 연소에 영향을 미치는 인자는 다음과 같이 다양하다.

2.1. 연소에 영향을 미치는 인자

점화 지연기간의 화염이 연소실 벽면에 가까이의 경계층 영역에서 혼합기의 난류는 비교적 약하게 진행하기 때문에 화염온도가 높을수록 화염속도는 빠르다. 따라서 점화 지연기간은 주로 공연비의 영향을 받아 지나치게 농후하거나 지나치게 희박할수록 지연기간은 길어진다. 엔진의 성능을 지배하는 것은 연소기간이며 일반적으로 연소기간을 짧게 할수록 열효율의 향상과 연소 안정성의 개선을 얻을 수 있다.

2.1.1. 난류의 영향

화염속도는 혼합기 난류의 강도가 가장 큰 영향을 미친다. 난류는 화염선단의 반응면을 증가시켜 미연부로의 열전달 확산을 돕기 때문에 화염의 전파속도를 크게 할 수 있다. 일반적인 엔진에서는 부하가 작으면 흡기행정에서 발생한 실린더내의 난류는 압축행정에서 감쇄되기 때문에 린번이나 고 EGR시 등 난류를 이용하여 연소속도를 빨리하고 싶은 경우에는 흡입시에 발생하는 스월이나 피스톤의 상승에 의해 발생하는 압축시의 스퀴시 등의 강제적인 가스유동을 이용하고 있다. 또한 엔진 회전수가 빨라지면 난류도 강해지기 때문에 연소에 필요한 시간이 단축된다. 이것이 엔진을 고속으로 운전할 수 있는 이유이다.

2.1.2. 공연비

앞에서 설명한 바와 같이 점화지연에 비해 공연비의 영향이 지배적이다. 또한 공연비에 따라 연소속도가 변하여 일반적으로 최대출력 공연비(공연비 = 12.5~13 : 1 전후) 부근에서 연소온도가 가장 높으며, 연소속도도 가장 빠르다. 이로 인하여 린번 엔진에서는 그 자체로는 연소기간이 길어지기 때문에 난류의 강화 등을 이용하여 연소기간의 단축을 행하고 있다.

2.1.3. 온도, 압력

온도의 상승과 함께 반응속도가 빨라지기 때문에 결국 연소속도가 빨라진다. 압력의 영향은 연료에 따라 다르지만 일반적인 가솔린 연료에서는 압력이 상승되면 연소속도는 증대된다.

2.1.4. 잔류가스 비율

흡입부압이 큰 저부하 운전시에는 연소속도가 늦어진다. 이는 잔류가스의 비율이 늘어 연소속도가 낮아지기 때문이다.

2.1.5. 연소실 형상과 점화위치

화염전파거리를 단축하기 위해서는 컴팩트한 연소실의 형상과 다급점화가 효과적이다.

2.2. 완전연소

연료의 주성분은 탄화수소(CmHn)로 되어 있으며 일정량의 산소(O_2), 황(S)으로 구성되어 진다. 이들 원소들은 완전연소를 하며 가연원소는 모두 연소된 상태를 말한다.

C_6H_{14}의 화학식을 보면 $2C_6H_{14} = 2CH_4 + 2C_2H_6 + C_2H_4 + 2C_2H_2$ 중 CH_4는 $CH_2O + O_2 = CO_2 + H_2O$가 되어 CO_2, H_2O와 소량의 SO_2로 구성된다.

2.3. 불완전연소

연료가 연소될 때 연소되는 형태가 불완전하거나 공급 공기량이 부족할 경우에는 연료는 불완전 연소를 하게 되며 가연 원소가 완전히 연소되지 않으므로 유해가스가 발생하여 엔진효율의 저하와 화학적 기계적인 마모를 일으키게 된다.

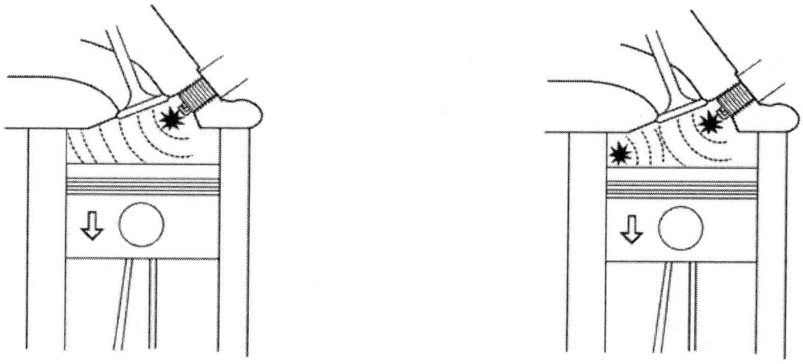

(a) 정상연소 (b) 이상연소

그림 2. 연소와 화염전파

2.3.1. 열해리

열해리란 실린더 내의 온도가 지나치게 높으면 실린더 내의 연소로 발생된 물질 CO_2, H_2O 등이 역 변화를 일으켜 열을 흡수하는 현상을 말한다. 즉, H_2와 CO의 반응식은 일반적으로 $2H_2 + O_2 = 2H_2O$, $2CO + O_2 = 2CO_2$으로 표시되나 내연엔진의 연소에서는 반응온도가 1400℃ 이상인 고온이므로 연소가스 중의 H_2O와 CO_2의 일부가 H_2와 CO_2 및 CO와 O_2로 분해되는 열해리현상이 발생할 수 있다. 이 반응식을 나타내며 다음과 같다.

$$CO_2 = CO + \frac{1}{2}O_2 - 67580\text{kcal}$$

$$H_2O = H_2 + \frac{1}{2}O_2 - 57750\text{kcal}$$

위 식에서 보면 CO_2의 열해리가 발생할 때에는 67,580kcal의 열이 흡수되고 H_2O의 열해리가 발생할 때에는 57,750kcal의 열이 흡수된다. 이와 같은 현상이 발생하면 완전연소가 이루어지지 않는다.

2.3.2. 중간 생성물 발생

C_mH_n가 연소하는 경우 이것이 CH_4, C_2H_6, C_2H_4 및 C_2H_2 등의 간단한 탄화수소로 분해되고 다시 이것이 산화하여 여러 가지 중간 생성물이 발생되며 최후에 CO_2 및 H_2O로 되어 완전 연소하는 것으로 생각할 수 있다.

그러나 불완전 연소하는 경우에는 HCOOH(포름산)의 중간 생성물이 그대로 남게 되면 공기중의 질소(N_2)나 연료 중의 황(S)과 반응하여 HNO_2(아질산) 또는 H_2SO_2(하이포아황산)를 생성하여 실린더 마멸부식을 일으키는 원인이 된다.

2.3.3. 실린더 부식 및 마모원인

연료가 불완전연소를 하면 미연소 가스인 탄소(C), 일산화탄소(CO), 산소(O_2) 등이 공기 중의 N_2와 연료중의 황(S)과 결합하여 HNO_3(잘산) 또는 H_2SO_4(황산) 등을 만들어 실린더의 부식이나 마모를 일으킨다.

2.4. 연소의 반응식

연료 중의 가연성 원소의 성분은 C, H_2, S 등이며, 이들은 연소시 아래와 같은 반응식을 갖는다.

[1] 탄소(C)의 연소반응식

$$C + O_2 = CO_2$$

$$1kgf + 2.67kgf = 3.67kgf$$

[2] 수소(H_2)의 연소반응식

$$H_2 + \frac{1}{2}O_2 = H_2O$$

$$1kgf + 8kgf = 9kgf$$

[3] 황(S)의 연소반응식

$$S + O_2 = SO_2$$

$$1kgf + 1kgf = 2kgf$$

[4] 일산화탄소(CO)의 연소반응식

$$CO + \frac{1}{2}O_2 = CO_2$$

1kgf + 0.571kgf = 1.571kgf

2.5. 연소에 필요한 공기량

2.5.1. 공기중의 각종 원소 함유비율

① 중량비율 : 산소 23.2%, 질소 76.8%

② 체적비율 : 산소 20.9%, 질소 79.1%

2.5.2. 연소에 필요한 공기량

연료 1kgf 중에는 탄소(C)kgf, 수소(H)kgf, 황(S)kgf, 산소(O)kgf 등이 함유되어 각각의 원소마다 연소를 하기 위한 필요 산소량이 있다. 다시 말해서 연료 1kgf 중에 함유된 원소들을 연소하기 위하여 필요한 공기량은 2.67C + 8H + Skgf/kgf의 계산식이 되지만 연료 중에 함유된 산소(O)kgf은 연소과정 중 수소와 결합하여 수증기가 발생되므로 이 분량을 수소에서 빼낸 8H-O가 된다.

표 연료 중의 원소를 연소시키는데 필요한 산소량

연료 중의 원소(kgf)	C	H	S	O
연소시 필요 산소량(kgf)	2.67kgf	8kgf	1kgf	

또한, 산소 1kgf을 얻기 위해서는 $\frac{100}{23.2}$ = 4.31kgf의 공기량이 필요하므로 이론 공기량을 A_0라고 하면 다음 식을 얻는다.

$$A_0 = 4.31(2.67C+8h-O+S)\text{kgf/kgf}$$

2.5.3. 공기 과잉률(λ)

연료를 연소하기 위하여는 14.7 : 1의 이론 공기량보다는 실제로 많은 공기량이 필요하며 이론 공기량과 실제 필요한 공기량의 비를 공기 과잉률이라 한다.

$$\text{공기 과잉률} = \frac{\text{실제흡입된 공기중량}}{\text{이론공기량의 총중량}}$$

공기 과잉률이 1에 가까워지면 엔진은 출력이 증대되며 연료별 이론공기량과 공기 과잉률은 다음 표와 같다.

표 연료별 이론공기량과 공기 과잉률

연 료	이론공기량	공기 과잉률
가솔린	11.3~11.5	
중 유	10.8~11.0	1.2~2.5
알 콜	~7.0	

2.5.4. 이론공연비 14.7 : 1의 체적비

가솔린은 탄소와 수소의 혼합물로써, 이것이 고온에서 분해하여, 공기 중의 산소와 반응하여 $C+O_2 \rightarrow CO_2$(이산화탄소), $H_2+\frac{1}{2}O_2 \rightarrow H_2O$(수증기)와 같이 수증기와 이산화탄소가 될 때 다량의 열을 방출한다. 공기가 부족하면 $C+\frac{1}{2}O_2 \rightarrow CO$(일산화탄소)와 같이 불완전연소를 일으켜서, 일산화탄소 및 분해 도중의 연료 HC(탄화수소)가 나오게 된다.

연소 온도가 높고, 혼합기의 공연비가 이상에 가까울 때, NOx(NO 및 NO_2, 질소산화물)이 생성된다. 공연비는 가솔린을 완전히 연소시키기 위한 공기와 연료의 혼합비율로써, 일반적으로 가솔린 1에 대하여 중량으로 약 15배(체적으로는 약 8500배)의 공기가 필요로 하고 있지만 자동차의 주행상태에 따라서 이 값은 약간씩 변화한다.

2.6. 엔진의 연소구분

엔진의 연소는 정상연소와 이상연소로 구분하며 이상연소는 다음과 같이 분류할 수 있다.

① 스파크 노킹(spark knock)

② 서드(thud)

③ 표면착화(surface ignition) : 프리 이그니션(pre-ignition), 포스트 이니그션(post-ignition), 와일드 핑(wild ping), 럼블 · 파운딩(rumble · pounding)

④ 런 온(run on)

⑤ 슬로 록(slow knock)

2.6.1. 정상연소(normal combustion)

가솔린엔진에서 알맞은 공연비의 혼합기가 규정대로 압축된 후 알맞는 점화시기에 충분한 에너지를 갖는 전기불꽃으로 점화되었을 경우의 연소를 말한다. 연소속도는 20~30m/sec 정도이며 회전속도 상승과 함께 화염은 항상 원활히 전파된다.

2.6.2. 이상연소(abnormal combustion)

이상연소에는 점화플러그 노킹 연소와 표면 점화연소가 있으며 어느 것이나 점화플러그에 의하여 점화되기 이전 또는 이후에 점화 에너지와는 관계없이 혼합기가 발화 연소하는 현상이다.

[1] 스파크 노킹(spark knock)

이것은 가솔린의 옥탄가가 엔진의 요구 옥탄가에 도달하지 못할 때에 주기적인 반복소리를 수반하여 발생하는 노킹이며 가솔린의 옥탄가를 높이거나 점화시기를 늦춰주면 그 경향이 감소한다. 이 경우 점화플러그의 과열, 카본 등의 적열에 의한 노킹은 포함되지 않는다.

[2] 서드(thud)

비교적 빠른 회전속도에서 발생하는 저주파(600~1200Hz)의 굉음이다. 혼합기의 급격한 연소가 원인이며 점화시기 지각으로 제어할 수 있다.

[3] 런 온(run on, dieseling)

점화스위치를 차단한 후에도 엔진이 회전이 계속되는 현상이다. 압축시의 자연 착화현상이며 냉각수 온도, 흡기온도, 압축비 등의 영향에 의해 발생한다.

[4] 슬로 록(slow lock)

엔진 정지 후 재 시동시에 압축에 의해 노킹과 비슷한 금속음이 1~2회 발생하는 현상이며 화염속도는 노킹의 경우보다 훨씬 느리고 가스 진동은 발생하지 않는다.

[5] 표면착화(surface ignition)

이것은 연소실 내의 카본 퇴적, 점화플러그의 오손 등의 적열부에 의하여 혼합기가 점화이전 또는 이후에 부분적인 자연점화에 의하여 연소가 일어나는 것이다. 이 경우 각각의 연소는 정상연소이나 실린더 내의 각 부분에서 연소가 시작되기 때문에 연소 말기에는 이상 연소가 되어 최고 압력이 상승하고 평균유효압력은 감소한다.

[6] 조기 점화(pre ignition)

이것은 연소실에 퇴적된 카본, 점화플러그 및 배기밸브 등이 엔진 과열로 인하여 발생한 적열이 점화원이 되어 점화시기 이전에 점화하는 것을 말한다. 이때는 옥탄가의 영향은 적으며 점화 진각과도 관계가 없다. 운전 중 엔진의 회전속도를 상승시키면 더욱 격렬해지고, 점화스위치를 OFF로 하여도 잠시 동안 지속된다. 이 현상을 런온이라고도 하며 조기점화는 반드시 노킹을 수반하지는 않는다. 그리고 적열 점화플러그 및 적열 배기밸브 등인 경우를 런어웨이(run away) 표면점화라고 한다.

[7] 후기점화(after fire, post ignition)

이것은 실린더 내의 적열부에 의한 혼합기의 자연점화이다. 이 경우는 혼합기가 먼저 점화플러그에 의해 점화되어 정상화염의 진행 도중에 미연소부에서 자연점화가 일어난다. 따라서 연소말기의 연소속도가 상당히 빨라져 노킹이 발생되기 쉽다.

2.6.3. 노킹(knocking)음의 분류

노킹음에 따라 구분하면 와일드 핑과 럼블 파운딩으로 구분한다.

[1] 와일드 핑(wild ping)

노킹음이 부정기적이고 예리한 금속성 소음이 나는 경우의 노킹을 말한다. 점화지각으로 제어할 수 없다.

[2] 럼블 파운딩(rumble & pounding)

노킹음이 굵고 낮은 소리(600~1200Hz)를 말하며 크랭크축이 공명진동(共鳴振動)하기 때문이라고 하며 압력 급상승을 수반한다.

2.7. 엔진의 이상연소

2.7.1. 노킹(knocking)

점화플러그에 의한 정상적인 과정으로 점화되지 않고 일시적인 연소로 연소실내에 충격을 주게 되는 현상으로 점화 후 또는 착화 후에 일어나는 현상이다.

[1] 노킹이 엔진에 미치는 영향

① 베어링 융착
② 피스톤 및 배기밸브 소손
③ 실린더 마멸
④ 엔진 과열
⑤ 출력 저하
⑥ 가솔린엔진인 경우 점화플러그 소손

[2] 노킹발생시 엔진의 상태

① 노킹음을 발생한다.
② 배기색이 황색이나 흑색이 된다.
③ 실린더의 온도상승으로 인한 조기점화가 발생한다.
④ 엔진 진동이 발생한다.
⑤ 배기온도가 떨어진다.

[3] 가솔린엔진의 노킹발생 원인

① 압축비가 너무 높다.
② 점화시기가 빠르다.
③ 흡기의 압력과 온도가 높을 때
④ 엔진의 과열
⑤ 엔진을 과부하로 운전할 때
⑥ 연료의 질이 불량하다(옥탄가가 낮다).

[4] 가솔린 엔진의 노킹방지법

① 압축비를 낮게 한다.

② 흡기온도를 낮게 한다.

③ 실린더 벽 온도를 낮게 한다.

④ 점화시기를 늦춘다.

⑤ 연료의 발화점을 높게 한다.

⑥ 옥탄가를 높은 것을 사용한다.

2.7.2. 조기점화(pre ignition)

피스톤의 압축과정 중 피스톤이 상사점 부근에 도달하기 전 자연 폭발하는 현상으로 점화시기를 빠르게 하였거나 연소실 내에 카본의 부착이나 돌출부에 의한 연소를 조기점화라 한다.

[1] 점화시기

조기발화는 점화진각을 시킨 것과 같은 결과를 가져오지만 반대로 진각을 시킨 경우는 조기점화를 일으키기 쉽게 된다.

[2] 혼합비

이론 혼합비나 이론 혼합비보다 약간 농후한 혼합비의 부근에서 조기점화가 일어나기 쉽다.

[3] 회전수

회전수가 빨라지면 엔진 내의 온도는 점점 상승하기 때문에 조기착화는 일어나기 쉽게 된다. 그러나 어느 회전수까지 증가하면 흡입효율의 저하 등으로 조기점화는 어렵게 된다.

[4] 압축비

압축비가 높은 경우는 엔진의 온도가 높고 열전달도 좋아 조기착화를 일으키기 쉽게 된다.

엔진 내에 퇴적물이 많은 경우는 압축비가 높게 되기 때문에 과열되어 조기점화를 일으키기 쉽게 된다.

[5] 가솔린의 노킹

가솔린의 화학구조의 영향은 발화지연 시간이 옥탄가에 의해 변환되나 조기점화는 가솔린의 질에는 거의 관계없이 일어난다고 할 수 있다. 이것은 노킹과의 현저한 차이이다.

2.7.3. 표면 착화(surface ignition)

표면착화라는 것은 연소실 내에 흡입된 연료와 공기의 혼합비가 가열된 배기밸브, 점화플러그, 적열된 퇴적물 또는 그 밖의 고열에 의해 착화되는 것이다. 바꿔 말하면 점화플러그에 의한 정상적인 점화 이외의 원인에 의한 미연소 혼합기의 착화를 말한다. 또한 연소 화염원이 단독인 경우도 있고 또한 다수인 경우도 있다. 표면착화는 마력손실, 엔진의 거친 작동 소음, 부품의 파괴 등을 초래할 수도 있다.

표면착화는 퇴적물 착화와 고열면 착화의 두 가지 원인이 있지만 퇴적물 착화는 적열된 연소실 퇴적물에 기인하고 고열면 착화는 점화플러그 또는 배기밸브와 같은 고열점에 의해 착화되는 것이다.

[1] 고열면 착화

고열면 착화의 가장 일반적인 원인으로써는 점화플러그 또는 배기밸브의 과열이다. 노크에 의해 엔진 각 부의 과열이 촉진되는 경우 또는 엔진의 냉각작용의 불량에 의해 충분한 냉각이 기대될 수 없는 경우에 밸브의 과열이나 점화플러그의 고열화가 생긴다.

밸브헤드에 생성된 산화철의 스케일이나 밸브의 작동 불량의 경우에도 또한 표면착화의 원인으로 된다. 점화플러그에 기인하는 표면착화를 방지하기 위해서는 적절한 온도범위의 열가를 가진 점화플러그의 사용이 필요하게 된다.

[2] 퇴적물 착화

연소실 퇴적물은 고온 운전시에는 가열하기 쉽고 흡입되는 혼합기를 착화시킨다. 퇴적물은 경하중의 보통 운전시, 예를 들면 시내에서의 운전 등의 경우에 급속하게 퇴적하기 쉽게 된다.

퇴적물 착화는 일부 연료 및 윤활유 성분에 의한 것이 실린더 내에서 고착되어 혼합기의 조기착화를 일으키는 일도 있다.

3 가솔린 연료장치(fuel system)

3.1. 연료장치(fuel system) 방식

연료장치는 엔진이 필요로 하는 연료를 연료탱크로부터 실린더까지 공급하는 장치로써 엔진의 성능에 중요한 역할을 담당하고 다음과 같은 요구 특성을 갖고 있다.

① 연소가 시작되기 직전까지 완전 기화된 혼합기를 공급한다.

② 엔진의 부하변동에 따른 정확한 혼합비율 공급이 가능해야 한다.

③ 감속이나 가속 등 전환기에 혼합비가 정밀하게 제어되어야 한다.

④ 혼합비의 분배가 고르게 이루어져야 한다.

가솔린엔진의 연료장치는 연료공급 및 제어방식에 따라 카브레터 방식과, 전자제어 카브레터(FBC), 전자제어 분사방식(MPI) 등으로 분류되며, 현재는 대부분이 전자제어 분사방식을 적용하고 있다.

3.1.1. 기화기(caburator) 방식

가솔린엔진의 기화기식 연료장치는 연료탱크와 연료여과기(fuel filter), 연료펌프, 기화기(carburetor) 그리고 연료파이프로 나눌 수 있다. 카브레터방식의 연료공급은 분무기의 원리를 이용하여 연료를 공급한다.

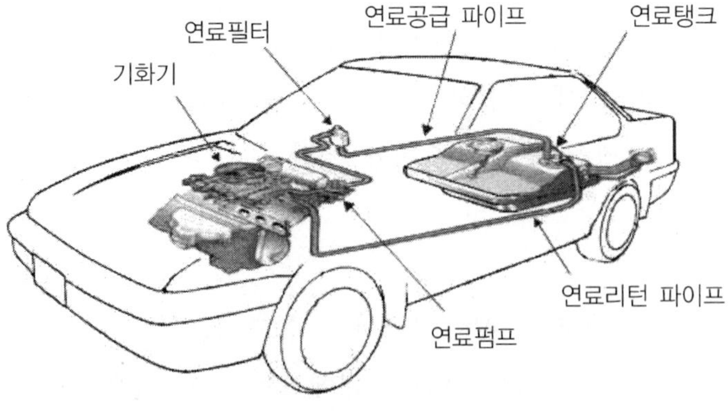

그림 3. 기화기식 연료공급시스템

분무기는 가느다란 관으로 공기를 불어 넣어 공기의 유속을 빠르게 하면 그 부분의 압력과 탱크내의 대기압과의 압력 차이에 의해 연료를 빨아올려 무화 상태로 분사한다.

기계식 연료펌프에 의해 연료탱크에 있던, 연료는 플로트실로 공급된다. 플로트실에는 대기압이 유면에 작용하고 있고 실린더 내에는 부압이 형성되어 압력차에 의해 연료는 벤투리 부분에서 무화 상태로 공급된다.

3.1.2. 전자제어 기화기(FBC : feed back caburator)

FBC는 기화기방식에 컴퓨터를 이용해 유량을 제어하는 것으로, 엔진 내부에 설치된 센서, 특히 산소 센서를 통해 감지되는 정보를 ECU에 입력, 그 출력신호에 의해 흡기계통의 3속 자동 전자밸브를 제어하는 방식이다.

3.1.3. 전자제어 연료분사방식

전자제어 연료분사장치는 기화기방식의 단점을 보완한 방식으로 인젝터와 연료분사량을 제어하는 엔진 컴퓨터(ECU)를 이용하여 엔진에서 필요한 혼합기의 공급을 기화기방식보다 유효적절하고 정밀하게 하는 장치이다. 이 장치는 엔진의 회전속도, 흡입공기량, 냉각수의 온도 등 엔진 상태를 엔진 컴퓨터(ECU)가 각종 센서로 검지 후 연산하여 각 운전조건에 가장 적합한 혼합기를 공급하므로, 경제적이면서 배기가스 대책에 유리하도록 한 장치이다. 현재 거의 모든 승용차에 적용하고 있다.

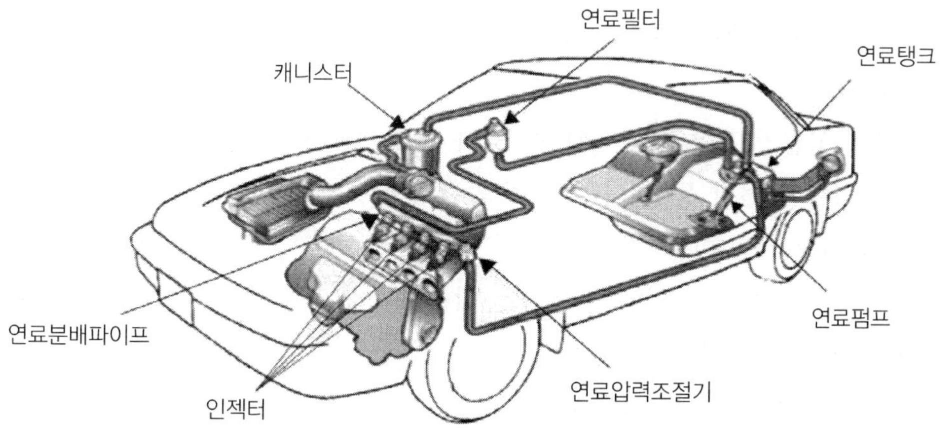

그림 4. 전자제어 연료분사장치 연료계통의 구조

연료공급 경로는 흡입필터를 통해 연료펌프에서 압송된 연료는 연료파이프를 거쳐 연료필터로 공급되며 연료필터에서 여과된 연료는 딜리버리(delivery) 파이프를 거쳐 인젝터에 분배된다.

3.2. 연료탱크(fuel tank)

연료탱크는 자동차의 주행에 소요되는 연료를 저장하는 탱크로써 강판(steel) 연료탱크 내면에는 녹스는 것을 방지하기 위하여 아연이나 주석 또는 알루미늄 등으로 피막 처리되어 있다. 일반적으로 플라스틱(plastic) 연료탱크에 사용되는 것은 HDPE로 불리는 고밀도 폴리에틸렌 플라스틱이다.

HDPE(high-density polyethylene)는 일상생활에서도 많이 사용되는 범용 플라스틱 중 하나로 분자가 적고 결정성이 높은 밀도 0.95 이상의 폴리에틸렌으로 경도, 기계적 강도, 내열성 등이 우수하나 가공성 등은 약간 열악하다.

플라스틱 연료탱크는 특수 표면처리, 내화 코팅을 한다. 플라스틱 연료탱크는 여러 장점을 가지고 있다. 플라스틱은 가공이 용이하여 매우 복잡한 형상으로 연출이 가능하다. 이러한 유연한 구조를 통해 추가적인 보조 장치 없이도 직접적으로 차량에 장착이 가능하다. 또한 플라스틱은 단일 부품에서 최대의 경량화 효과를 얻을 수 있는 재료 중 하나다. 이러한 특징들로 연비개선, 차량의 실내 공간 확보 등 다양한 이점을 가져다주는 연료탱크 타입이다. 연료탱크의 조건은 다음과 같다.

① 연료와 연료 증발 기체의 누수억제
② 전류 스파크 등의 발화로부터 안전
③ 연료잔량 표시
④ 연료탱크가 고압일 경우 압력 밸브를 열어 연료 증기를 배출하는 환기 기능
⑤ 차량의 쏠림이나 선회 등에 의한 연료 쏠림 현상에 적절히 대응을 하여 엔진으로 연료 주입이 원활이 이루어져야 함
⑥ 차량의 충돌이나 사고로 인해 발생되는 데미지에 견딜 수 있는 충분한 강도
⑦ 연료 공급 압력의 유지
⑧ 탱크 내 증발가스 정화 및 재연소

탱크의 구성은 연료 주입구(inlet pipe), 드레인 플러그(drain plug), 운전석에서 연료의 잔류량을 알 수 있도록 하는 장치인 연료계 송신장치(sender unit), 칸막이(baffle), 브리더 파이프(breather pipe) 등으로 구성되며 용량은 1일 사용량으로 보통 400~500km 주행 양으로 되어 있다.

① 연료탱크(fuel tank) : 주로 차량 뒷좌석 하단에 장착되어 연료를 저장한다.

② 연료펌프(fuel pump) : 주로 연료탱크 내부에 설치되어 연료탱크 내의 연료를 연료 분사장치로 공급하고 연료 양을 측정하는 장치(sender unit)가 설치되어 있으며, 연료라인 내 압력을 일정하게 유지한다.

③ 캐니스터(canister) : 자동차 시스템에 따라 연료탱크 또는 자동차 차체에 부착하며, 연료탱크 내에서 발생된 증발가스를 흡착하고 활성탄에 의해 정화된 공기는 대기로 방출한다.

④ 에어 필터(air filter) : 연료탱크에 장착되어 탱크 부압시 탱크 내로 유입되는 대기 중 공기 오염물을 정화한다.

⑤ CCV(canister close valve) : 연료탱크에 장착되어 연료시스템의 증발가스 누유여부 모니터링 시(약 2분소요, 수회/1일) CCV를 작동하여 닫으면 평상시 OPEN상태이다.

⑥ FTPS(fuel tank pressure sensor) : 연료탱크 혹은 연료펌프에 부착되어 증발가스 누유 모니터링 시 탱크 내부 압력평가이다.

⑦ 필러넥(filler neck) : 연료 주입구에 장착되어 연료주입 통로이다.

⑧ 히트 실드(hear protector, heat shield) : 머플러 장착부 윗면의 연료탱크 하단부에 장착되어 머플러 발생 열이 탱크 내 온도상승을 억제한다.

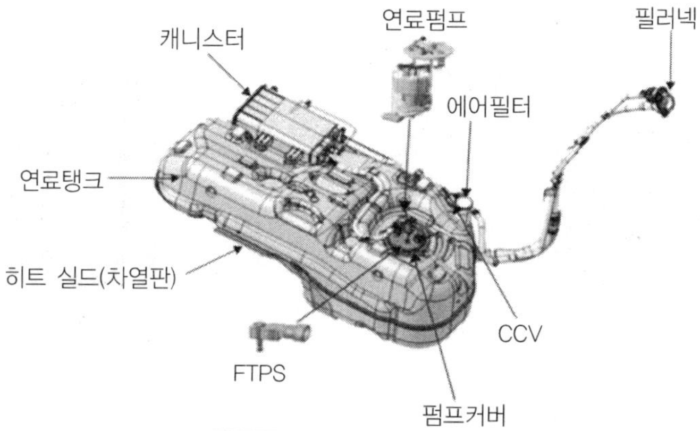

그림 5. 연료탱크의 구성품

⑨ 배플(baffle) : 연료탱크 내에 장착(조립 및 insert type이 있음)되어 차량의 주행 및 가・감속시 연료의 거동을 안정화 및 유동을 방지 기능이다.

3.3. 연료여과기(fuel filter)

연료여과기는 연료에 포함된 먼지나 수분 등 불순물을 제거하여 깨끗한 연료를 장치 내로 공급하는 역할을 하며 연료탱크와 분배파이프(기화기 차량은 연료펌프) 사이에 설치되며, 독립적으로 설치된 분배형과 연료펌프와 일체로 만들어진 비분배형이 있다.

연료여과기는 보통 분배형이 많이 사용되며 금속판 또는 플라스틱 케이스 내부에 여과지나 여과 포식의 엘리먼트를 넣어 밀봉시킨 카트리지식(cartridge type)으로 되어 있다. 여과지의 여과성능은 5~10㎛ 정도이며 연료여과기는 장시간 사용되면 오손으로 인하여 여과작용의 성능이 떨어지므로 교환하여야 하며 보통 40,000km주행 후 교환한다.

최근 자동차의 연료시스템은 상당히 정밀하고 부품의 허용공차도 아주 작아 제대로 여과되지 않은 연료가 인젝터 등 연료시스템을 통해 실린더로 공급되면 연료시스템은 물론 엔진의 성능에도 악영향을 미치게 된다. 연료펌프에서 발생하는 연료압력은 일반적으로 5bar 정도이다. 고압으로 유입되는 연료와 여과지가 직접 충돌하면 여과지가 파손될 수 있으므로 파이프를 통해 우회해서 유입되도록 설계되어 있다. 따라서 연료필터에 표시된 설치방향을 반드시 준수해야 한다. 설치방향은 주로 화살표 또는 IN/OUT 등으로 표시되어 있다. 전자제어식 연료분사장치에서 사용하고 있는 고압 연료필터는 기화기방식의 필터에 비하여 다음과 같은 특징이 있다.

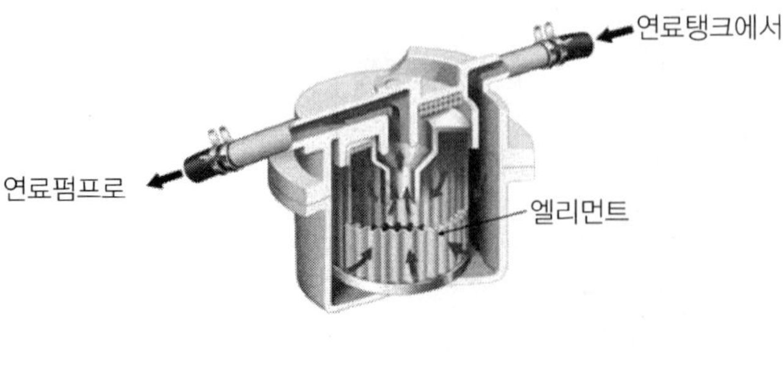

(a) 기화기식 연료필터

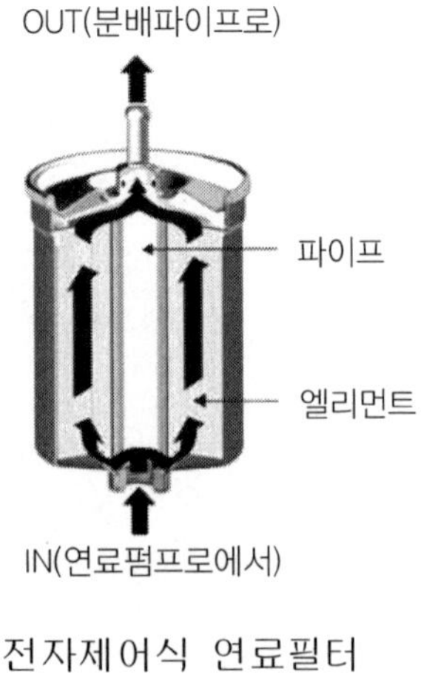

(b) 전자제어식 연료필터

그림 6. 연료여과기

① 먼지 등의 여과성능을 높이기 위해 엘리먼트의 눈이 작아 막히기 쉬우므로 여과면적이 크다.
② 연료의 압력이 높기 때문에 내압성(耐壓性)이 크다.
③ 여과면적이 크고 필터 자체가 크다.

3.4. 연료펌프(fuel pump)

연료펌프는 연료탱크에서 기화기 또는 인젝터(injector)까지 연료를 공급해 주는 장치이며 기화기식 엔진에서는 주로 기계식 다이어프램 펌프(diaphragm pump)를 가솔린 분사식 엔진에는 전기모터식 펌프(electrical motor pump)를 사용한다. 대부분의 기화기식 연료시스템에는 기계식 연료펌프가 사용되며 이 펌프는 주로 실린더블록 또는 헤드 측면에 장착되며 캠축에 의해 구동된다.

기계식 연료펌프의 일반적인 구조로써 캠축이 회전하면 편심 캠이 회전하여 작동레버(actuation lever or rocker arm)나 푸시로드(push rod)를 밀고 이에 연결된 다이어프램을 작동시켜 연료를 압송한다. 전기식 연료펌프에는 전기모터에 의한 방식과 솔레노이드(solenoid)에 의한 방식이 있으나 현재는 대부분 전기모터식 연료펌프를 사용하고 있다.

전기모터식 연료펌프는 기계식 연료펌프에 비하여 항상 엔진이 요구하는 이상의 충분한 연료를 공급할 수 있고 회로 내에 잔압을 유지시키므로 점화스위치가 작동되는 순간 연료를 공급할 수 있으며 베이퍼록(vapor lock)에 강한 이점이 있다. 이 펌프는 엔진 시동시, 점화스위치가 시동(start)에 있을 때는 시동스위치에 의하여 작동되며 엔진이 작동된 후부터는 ECU(ECM)에 의하여 ON/OFF제어 된다. ECU에서는 점화신호나 회전수 신호가 입력되지 않으면 연료펌프를 정지시킨다. 모터가 회전하면 측면에 장착되어 있는 로터가 회전하며 이 로터는 펌프하우징에 편심 되어 있어 회전시 체적차 만큼 하우징 내벽을 따라 회전하면서 펑핑작용을 한다.

3.4.1. 연료펌프의 종류

[1] 형식에 따른 분류

① 막판식(diaphram type)
② 플런저식(plunger type)
③ 베인식(vane type)

[2] 구동방식에 따른 분류

① 기계식(mechanical type)

② 전자식(electric type)

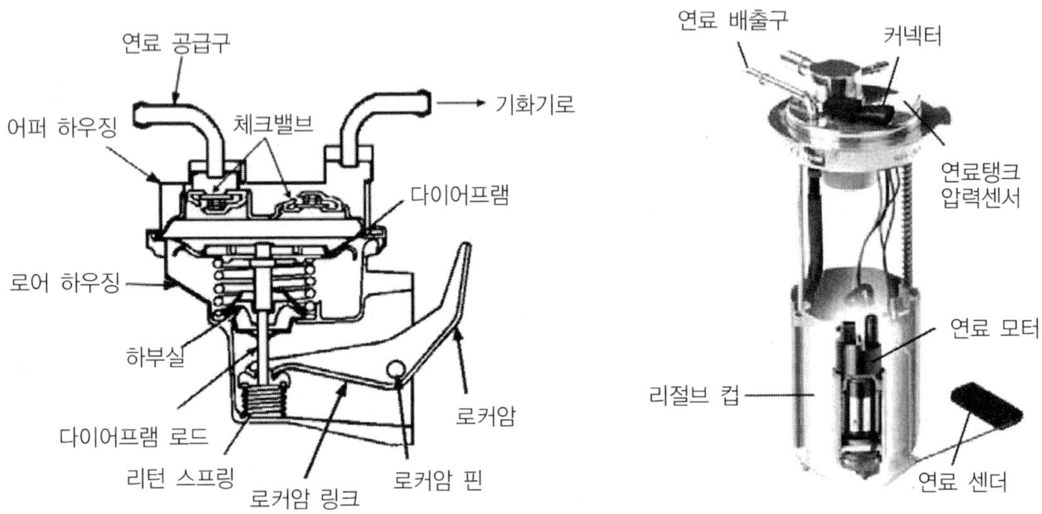

(a) 기계식 (b) 전자식

그림 7. 연료펌프

3.4.2. 연료펌프의 구조 및 작동

[1] 기계식 연료펌프

기계식 연료펌프는 캠축의 캠에 의하여 구동되며 다이어프램을 이용한 형식으로 널리 사용되고 있다. 이 펌프는 흡입 및 배출을 위한 2개의 체크밸브와 다이어프램, 스프링, 푸시로드, 로커암 등으로 구성되어 막의 상·하 운동에 따라 펌프체적을 변화시켜 펌프작용을 하게 된다. 펌프의 작동은 엔진회전에 따른 캠축의 회전으로 캠의 편심륜이 로커암을 작동시키어 다이어프램 작동레버를 밀어 올려 다이어프램이 상·하운동하고 체크밸브가 작동을 한다.

그림 8(a)은 펌프의 흡입작용이며 흡입 체크밸브가 열리고 그림 8(b)은 연료의 배출작용을 나타내고 있다. 이 작용이 반복되어 연료를 기화기에 압송하게 된다. 이와 같이 연료펌프는 기화기 뜨게실 내의 유면 높이에 의하여 펌프작동을 자동 조정되며 배출압력은 다이어프램 스프링 장력에 의해 보통 0.2~0.3kgf/cm^2으로 조정된다.

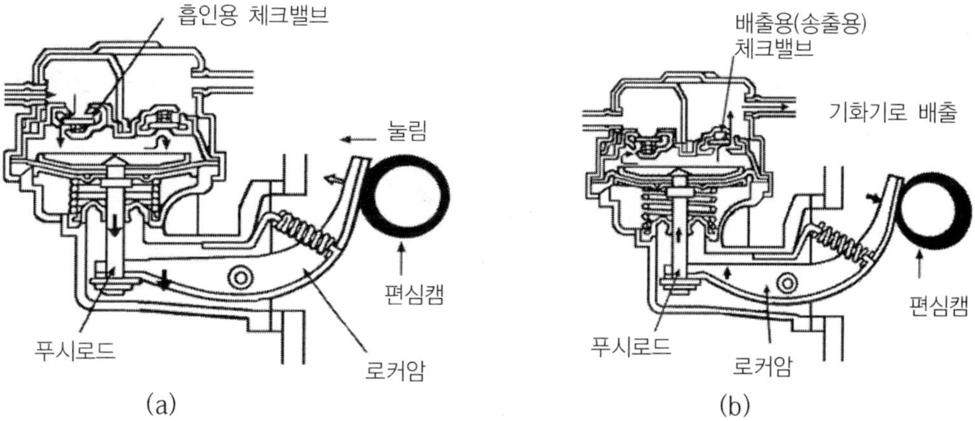

그림 8. 연료펌프의 작동

[2] 전동식 연료펌프

(1) 베인식펌프(vane type fuel pump)

이 형식은 전동기로 구동하는 임펠러(impeller)와 펌프를 구성하는 펌프 케이싱(pump casing) 및 펌프 커버로 구성되어 있으며, 흡입포트에 연료여과기를 두어 흡입되는 가솔린 속의 불순물을 여과한다.

작동은 임펠러가 회전하면 임펠러의 바깥둘레 있는 홈이 그 앞뒤에 생기는 액체의 마찰작용으로 압력차가 생기며 전동기의 회전에 따라 펌프 내부에 와류가 발생하여 가솔린의 압력이 상승되어 연료파이프로 송출된다. 이 형식은 내장형에서 주로 사용하며 사일런서를 두지 않아도 된다.

(2) 기어식 연료펌프(gear type fuel pump)

임펠러가 모터에 의해 회전되면 임펠러 바깥둘레에 있는 홈이 그 앞뒤에서 생기는 유체의 마찰작용으로 압력차가 생긴다. 모터의 회전에 따라 이 동작이 반복되면 펌프 내에서 소용돌이치는 연료는 모터를 통과한 후 압력을 가지게 되고 연료의 압력에 의해 체크밸브가 열리면서 연료출구를 통과하여 연료필터, 연료파이프를 거쳐 연료분배 파이프까지 공급되며 공급압력은 보통 3~6kgf/cm^2 정도이고 송유량은 엔진 요구량의 5~10배 정도로 되어 있다.

3.4.3. 전기식 연료펌프의 구성

[1] 펌프(pump)

펌프모듈의 주 부품으로 탱크 내의 연료를 엔진에 공급하기 위해 연료를 흡입한다.

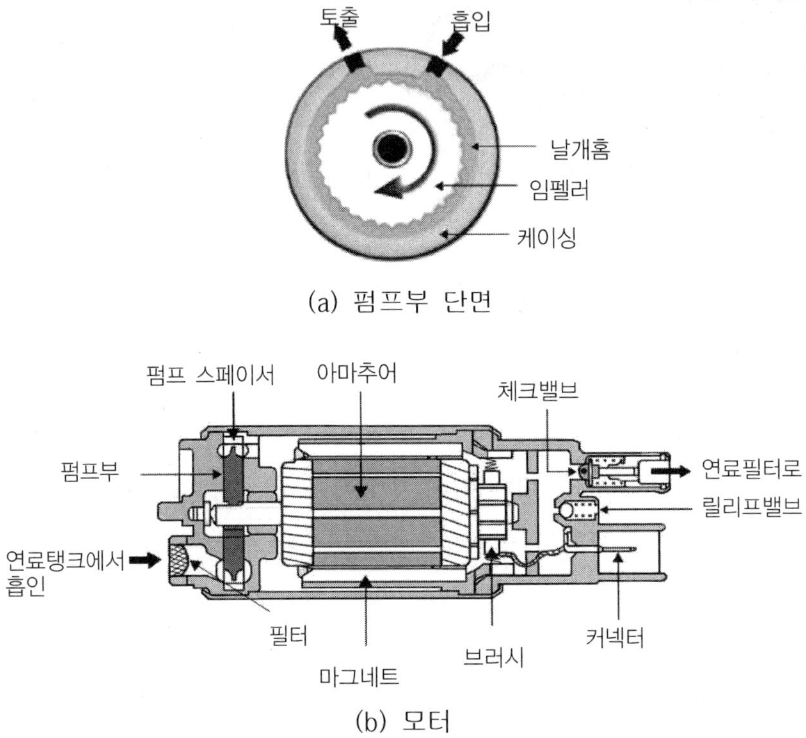

그림 9. 전기식 연료펌프의 구조

[2] 안전밸브(relief valve)

연료펌프가 작동 중 어떤 이유로 인해서든지 연료가 연료출구를 통과하지 못한다면 연료 펌프내의 압력은 비정상적으로 높아진다. 이런 경우에 안전밸브는 압력을 낮추기 위해 열리게 되며, 연료라인에서 일정압력보다 비정상적으로 올라가는 연료압력을 제어하여 항상 일정한 압력을 유지하도록 한다.

[3] 체크밸브(check valve)

연료펌프가 작동 중 멈추면 체크밸브는 스프링의 힘에 의해 닫히고, 일정압력이 연료라인에 남게 된다. 연료라인에 남은 일정한 압력은 엔진의 재시동을 용이하게 하며, 높은 온도에서의 베이퍼 록을 방지한다.

[4] 리저브 컵(reserve cup)

펌프와 필터를 감싸고 있는 케이스로 연료 끊김을 방지하기 위해 항상 연료를 저장하고 있다.

[5] 연료 센더(fuel sender)

연료의 양을 게이지로 나타내기 위한 센서가 달린 부표이다. 부표가 상하로 움직임에 따라 저항 값이 변하여 이를 이용하여 연료량을 측정한다,

[6] suction 필터(filter)

펌프 모듈 상에서 연료를 빨아드리는 곳으로 1차적인 필터 작용을 한다.

3.4.4. 전기식 연료펌프를 ECU가 ON/OFF 제어하는 이유

전기모터는 연료 속에서 작동되므로 연소 가능한 혼합기와 접촉되지 않아 폭발 위험성은 전혀 없고 모터작동 소음이 감소된다. 연료펌프는 엔진 시동시 시동위치가 시동(start)에 있을 때는 시동스위치에 의하여 작동된다. 그러나 엔진이 시동되고 나면 연료펌프는 ECU(ECM)에 의하여 ON/OFF제어 된다. ECU가 연료펌프를 ON/OFF 제어하는 이유는 다음과 같다.

첫째, 분사밸브에 고장이 발생하여 연료가 계속적으로 분사될 경우엔 해당 실린더에 과도한 연료가 유입되어 점화불능 또는 윤활유 희석 등의 원인이 되기 쉽다. 따라서 분사밸브에 이와 같은 고장이 발생한 경우에 ECU는 연료펌프의 작동을 자동적으로 중지시켜야 한다.

둘째, 시동스위치는 ON에 있으나 엔진이 정지했을 경우, 예를 들어 주행 중 사고에 의해서 엔진이 정지되었으나 시동 스위치는 ON위치에 그대로 있을 경우에는 고려되어야 할 문제가 있다. 기화기 엔진에서는 연료펌프가 엔진에 의해서 기계적으로 구동되므로 엔진이 정지하면 연료펌프도 동시에 작동을 멈추게 된다.

그러나 가솔린 분사엔진에서는 연료펌프가 전기적으로 구동 되므로 엔진이 정지한 상태에서도 연료펌프만 계속적으로 작동될 수 있다.

그리고 가솔린 분사장치에서는 연료회로 내의 증기폐쇄현상을 방지하고 회로 내의 압력을 항상 일정수준 이상으로 유지하기 위하여 연료펌프가 엔진에 필요로 하는 양의 약 5

~10배 정도의 연료를 송출하도록 하고 있어 엔진이 정지한 상태에서 연료펌프가 계속적으로 작동되면 위험이 따르게 되므로 시동스위치는 ON되어 있더라도 엔진이 정지되어 엔진의 점화펄스(회전수) 신호가 중단되면 연료펌프를 즉시 정지하도록 ECU에는 연료펌프를 정지시키도록 프로그램 되어 있다.

3.5. 연료파이프(fuel pipe)

연료파이프는 연료탱크에서 인젝터나 기화기까지 각각의 장치를 연결하며 보통 구리 파이프를 사용하며 비닐파이프나 내유성 고무파이프를 사용하는 경우도 있다. 파이프의 안지름은 보통 5~8mm 정도이며 파이프 이음매는 연료가 누설되지 않도록 원뿔형이나 구형의 유니언으로 되어 있고 파이프너트로 조여져 있다.

또한 연료파이프는 열에 의하여 가열되면 연료의 일부가 파이프 내에서 증기폐쇄를 일으켜 송유작용을 방해하므로 가열되지 않도록 주의하여야 한다. 그리고 차체와 기관 사이에는 진동이 심하므로 플렉시블 파이프(flexible Pipe)로 연결하는 것이 좋다.

3.6. 기화기(carburetor)

가솔린엔진과 등유엔진(燈油機關) 등 액체연료를 사용하는 엔진의 실린더 속에 미리 공기와 연료를 적당한 비율로 혼합시켜 공급하는 장치로 가솔린과 공기의 혼합 비율은 운전상태에 따라 다른데, 중량 비율로는 가솔린 1에 공기 15이고, 용적은 가솔린의 약 50배의 공기가 필요하다.

3.6.1. 기화기의 구비조건

기화기는 엔진의 회전속도 및 출력에 따라 알맞는 혼합기를 만들어 주어야 하기 때문에 다음과 같은 조건을 갖추어야 한다.

① 연료-공기 혼합기의 혼합 상태가 균일하고, 기화가 용이할 것
② 엔진 출력 및 운전조건에 알맞고, 경제적인 혼합기를 공급할 수 있을 것
③ 엔진 시동이 용이하며, 특히 겨울철에 동결이 없을 것
④ 시동된 후 곧 전부하 운전이 가능할 것
⑤ 기화기의 작동이 원활하고, 조절이 용이할 것

3.6.2. 기화기의 구조

[1] 초크밸브(choke valve)

벤투리부 앞에 위치하여 실린더로 흡입되는 공기의 양을 조절하는 밸브로서, 엔진의 온도 상태에 따라 열리고 닫힌다. 겨울철과 같이 한랭한 기후에서 엔진 자체가 지나치게 차가워진 상태에서 시동을 걸 때에는 무화된 가솔린이 흡기 매니폴드와 실린더 벽면에서 응축되어 실린더 안의 혼합기가 희박해지게 된다. 이와 같은 경우에는 기화기에서 일시적으로 농후한 혼합기를 만들어 공급해야 하는데, 이 때 초크밸브를 닫으면 농후한 혼합기를 얻을 수 있다.

[2] 플로트실(float chamber)

연료펌프로부터 보내진 연료를 기화기 내에 일시 저장하는 체임버로서, 플로트와 연동하는 니들밸브에 의하여 연료량을 항상 일정한 레벨로 유지하는 역할을 한다.

① 플로트(float) : 플로트실 내의 가솔린의 액면을 항상 일정하게 유지하며, 부력에 의해 작동한다.

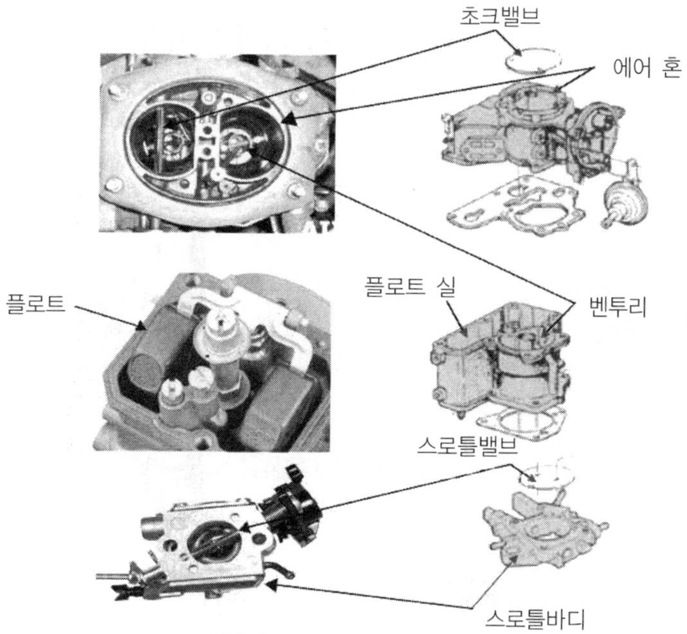

그림 10. 기화기의 구조

② 플로트 밸브(float valve) : 니들밸브이며 플로트의 작용에 따라 플로트 실의 입구를 개폐한다.

[3] 벤투리(venturi)

기화기의 유로 단면이 작은 부분으로서, 실린더 안으로 흡입되는 공기가 이 부분을 통과하는 사이에 유속은 증가하고, 압력이 저하한다. 이 때, 플로트실의 액면에는 대기압이 작용하고 있으므로 노즐 목부와의 압력차에 의하여 벤투리부에 메인노즐(main nozzle)에서 연료가 분출된다. 분출되는 연료는 흡입되는 공기와 혼합되면서 분무 상태로 되어 실린더 안으로 공급된다.

[4] 스로틀밸브(throttle valve)

스로틀밸브는 엔진으로 공급되는 혼합기의 흡입량을 조절하는 밸브로서 이 밸브를 열고 닫음에 따라 엔진의 출력이나 회전 속도를 제어할 수 있다.

3.6.3. 기화기의 기본 작동원리

중앙부가 좁게 된 관을 벤투리관(venturi tube)이라 한다. 이 관 내를 유체가 유동할 때 유체의 유동속도는 단면적이 큰 부분에서 보다는 단면적이 작은 부분에서 더 빠르며, 압력은 유속이 빠른 작은 부분에서 더 낮다. 즉, 유체의 유동속도와 압력은 정상류(正常流)에서는 일정한 관계가 성립한다. 이를 베르누이 정리(principle of bernoulli)라 한다.

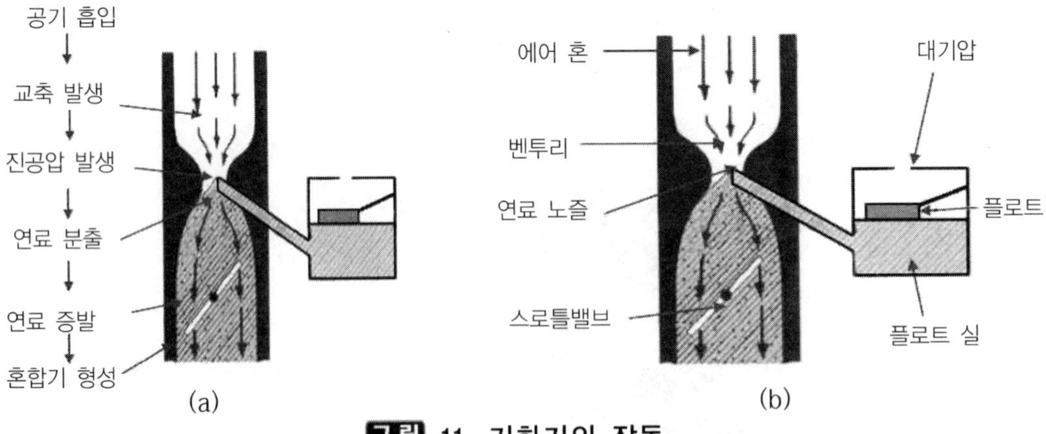

그림 11. 기화기의 작동

엔진의 흡입행정이 진행되는 동안 즉, 피스톤의 하향운동에 의해 실린더 내에 부압이 형성되면 공기는 기화기를 거쳐서 실린더에 공급된다. 기화기에 유입된 공기는 벤투리를 통과하면서 속도가 상승된다.

벤투리의 단면적이 가장 좁은 부분에서 공기의 유동속도가 가장 빠르고, 대기압과의 압력차도 가장 크기 때문에 바로 이 부분에 연료출구(메인노즐, main nozzle)를 설치한다. 메인노즐 선단의 압력과 대기압과의 압력차에 의해서 연료는 메인노즐로부터 분출된다. 메인노즐로부터 분출된 연료는 벤투리를 통과하는 공기에 의해 무화, 혼합된다.

연료의 무화를 촉진시키기 위해서는 연료가 메인노즐로부터 분출되기 전에 노즐 내부에서 공기와 혼합, 미립화 되도록 하면 된다. 노즐 내부에서 공기·연료 기포가 생성되도록 하기 위해서는 뜨개실의 유면보다 낮은 부분의 노즐 내부로 공기를 주입시키면 된다. 그리고 스로틀밸브의 개도(開度)를 변화시켜 공기·연료 혼합기의 양을 조절하면 엔진의 회전속도와 출력변화를 시킬 수 있다.

3.6.4. 기화기의 주요계통

[1] 플로트계통

플로트와 니들밸브로 구성되며, 플로트실에 있는 플로트의 상하작용으로 플로트 밸브를 개폐하여 연료 액면을 일정한 높이로 유지시키는 계통이다.

[2] 저속계통

엔진이 저속으로 회전할 때에는 1단 쪽의 스로틀밸브가 작게 열리고, 바이패스 포트나 아이들 포트 근처의 부압은 커진다. 이 때 연료는 저속제트에서 제어되고, 저속 에어 블리더(air bleeder)를 통하여 공기와 혼합된 후 아이들 포트로부터 분출된다.

[3] 주계통

엔진이 중속 또는 고속으로 회전하고 있을 때 작동하는 계통이다. 1단 쪽의 스로틀밸브가 열리게 되면 아이들 포트 부근의 부압이 작아지고, 벤투리부의 부압은 커진다. 이때 연료는 메인제트에 의하여 제어되고, 메인 에어 블리더를 통하여 공기와 혼합되어 메인노즐로부터 분출된다. 벤투리 부압이 더욱 증가하면 다이어프램이 작동하여 2단 쪽의 스로틀밸브가 열리면서 중속과 고속에서 알맞은 양의 연료를 분출한다.

[4] 고출력 계통

엔진이 고출력일 때에는 더 많은 연료의 공급이 필요하며, 이때 부족한 연료를 추가로 공급하는 계통이다. 스로틀밸브의 개도가 커지면 진공포트의 부압에 의하여 진공 피스톤이 내려가서 파워 밸브가 열리고 연료는 파워 제트로부터 메인노즐로 추가 공급되어 출력을 증대시키게 된다.

3.6.5. 기화기 엔진 혼합비

[1] 엔진의 시동

엔진을 시동할 때는 엔진의 온도는 낮고 특히 흡입 매니폴드의 온도가 낮기 때문에 혼합기 중의 가솔린이 응축 분리되어 흡기관의 안쪽 벽에 흡착되어 실린더 내의 혼합기는 희박해진다. 엔진의 시동시는 흡입 매니폴드 벽이 건조하므로 잠시 동안 연료입자가 흡착, 응축이 발생된다. 따라서 기화기는 특히 농후한 혼합기를 필요로 한다. 이때는 1 : 6~7의 혼합기가 필요하다.

[2] 공회전(Idling)

엔진이 공회전할 때는 피스톤의 운동속도가 느리므로 실린더 내에 잔류하는 배기가스의 양이 많아지므로, 잔류가스 중의 공기량을 고려하여 1 : 8~12의 농후한 혼합기를 만든다.

[3] 저속

운전 연소 잔류량이 많으므로 다소 농후한 혼합기 요구되며 1 : 12~14의 혼합비이다.

[4] 경부하, 중속

운전 이론혼합비 보다 약간 희박한 1 : 16~17의 혼합비이다.

[5] 중부하

운전 최대 출력과 최고 폭발압력이 요구되므로 약간 농후한 1 : 11~13의 혼합기가 요구된다.

[6] 가속

운전 순간 가속시는 약 1 : 8의 일시적 농후한 혼합비를 만들어 준다.

3.7. 딜리버리 파이프(delivery pipe, 연료분배 파이프)

이 파이프는 각 인젝터에 동일한 분사압력이 되도록 하며, 연료저장 기능을 지니고 있다. 분배파이프의 체적은 인젝터에서 분사되는 연료 공급량에 비례하므로 분사에 따른 파이프 내부 압력변동이 없도록 한다. 그리고 이 파이프에 각 인젝터들이 연결되어 있어 각각의 인젝터에 동일한 분사압력이 되게 할 수 있으며, 인젝터 설치도 쉽도록 해 준다.

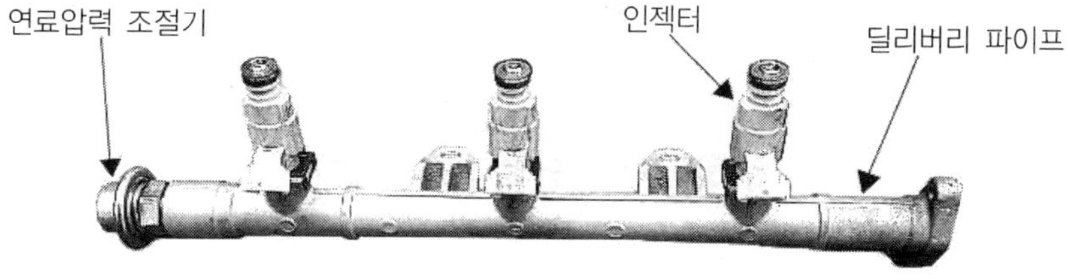

그림 12. 딜리버리 파이프

3.8. 연료압력 조절기(fuel pressure regulator)

인젝터를 통해 분사되는 연료량은 분사압력, 분사시간 및 분사노즐 홀 직경에 의해 결정된다. 따라서 분사노즐 홀 직경은 결정되어 있으며 인젝터에 대해 연료 분사량을 통전시간으로 제어하려면 분사압력이 흡기관 압력에 일정하게 유지하도록 해야 한다. 엔진이 요구하는 연료 분사량은 ECU가 통전시간에 의해 인젝터를 제어하게 된다.

그러나 연료압력이 제대로 제어되지 않으면 통전시간이 동일하다 하더라도 연료 분사량은 제대로 제어되지 않는다. 연료압력이 높은 경우에는 연료 분사량이 많고 연료 압력이 낮은 경우에는 적을 것이다. 흡기관 압력변화에 대응하여 연료압력을 항상 일정하게 하면 ECU는 인젝터 통전시간으로 정확한 분사량을 결정 할 수 있다.

연료 압력조절기는 흡기다기관의 부압을 이용하여 연료계통 내의 압력을 조절해주는 것으로 분배파이프 앞 끝에 설치되어 있다. 즉 연료계통 내의 압력을 2~3kgf/cm^{2}로 유지시켜 주는 다이어프램 조절의 오버플로(over flow)형식이다.

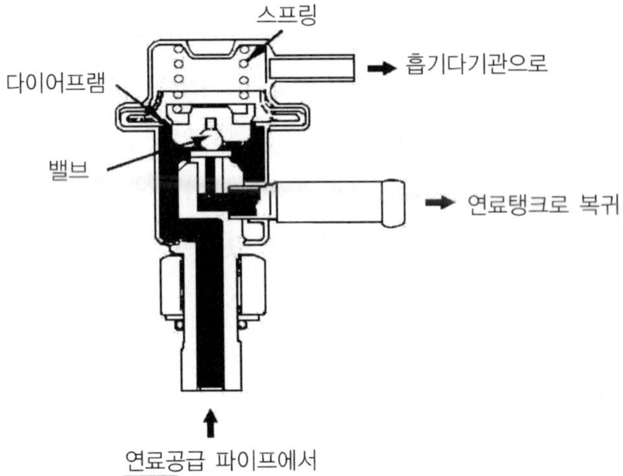

그림 13. 연료압력 조절기

연료계통 내의 압력이 규정 값 이상 되면 다이어프램에 의해 조절되는 밸브가 열려 연료 출구포트를 연다. 이에 따라 규정압력 이상의 연료는 밸브를 통하여 연료탱크로 되돌아간다. 그러므로 흡기 매니폴드에 진공도가 높으면 많은 연료를 리턴 하여 다이어프램 스프링에 설정된 압력은 항상 일정하다.

최근에 출고된 차량은 환경문제로 인해 HC 감시를 위해 연료탱크 내부로 들어가서 외부에는 찾아 볼 수 없는 경우도 있다. 일반적으로 연료압은 공전시에 약 2.0kgf/cm^{2}이며, 이때 연료압력 조절기의 진공호스를 빼면 약 2.5kgf/cm^{2}로 상승한다. 결국 엔진의 흡기 부압의 작동압이 0.55kgf/cm^{2}이다.

연료압 = 설정압력(2.55kgf/cm^2) - 흡기다기관의 압력

이 된다는 것이다. 흡기관의 압력은 운전상황에 따라 다르며 스로틀의 전개의 경우는 거의 대기압과 같으므로 흡기관의 부압은 "0" 이 된다. 이와 같이 연료압은 운전조건에 따라 높아지거나 낮아지는 변화를 계속하여 연료압과 흡기다기관 부압과의 차는 언제나 2.55kgf/cm^{2}이 유지되도록 한다.

- 아이들링시 2.0kgf/cm^2 - (-0.55kgf/cm^2) = 2.55kgf/cm^2

- WOT시 2.5kgf/cm^2 - (-0.05kgf/cm^2) = 2.55kgf/cm^2

3.9. 인젝터(injector)

인젝터는 각 실린더의 흡입밸브 앞쪽(흡기다기관)에 1개씩 설치되어 각 실린더에 연료를 분사하는 솔레노이드밸브이다. 인젝터는 컴퓨터로부터의 전기적 신호에 의해 작동하며, 그 구조는 밸브보디와 플런저(plunger)가 설치된 니들밸브로 되어 있다. 솔레노이드 코일에 전류가 흐르지 않을 경우 니들밸브는 스프링의 장력에 의해 밸브시트에 밀착되어 연료의 분사를 차단하고, 솔레노이드 코일에 전류가 흐르면 솔레노이드 코일이 니들밸브를 들어 올려 연료가 원통형의 분사구멍에서 분사된다. 인젝터의 분사각도는 10~40° 정도이며, 분사시간은 2~4ms(ms = 1/1,000sec), 분사압력은 2~3kgf/cm^{2}이다.

우리나라에서는 가솔린엔진에 전자제어시스템이 도입되면서 엔진에 흡입되는 공기량을 공기량 센서로 측정하여 공기량을 알고 가솔린의 이론공연비(14.7 : 1)에 맞는 연료량을 인젝터로 분사하면서 가솔린용 인젝터가 처음 사용되었다. 가솔린엔진용 인젝터는 연료로 사용되는 액체 상태의 가솔린을 연소실 입구인 흡기밸브 뒷면에 분사하여(간접분사식) 흡기밸브의 온도에 의해 액체상태에서 기체상태의 연료로 변화되면서 공기와 함께 연소실로 들어가도록 한다. 인젝터의 성능은 액체의 가솔린을 기체로 변환시키는 무화정도에 따라 결정되는데 이것은 분사식 전자제어 가솔린엔진에서 중요한 작동요소이며 초기의 분사식 엔진은 1개의 엔진에 1개의 인젝터를 사용하다(SPI, TBI, CPI).

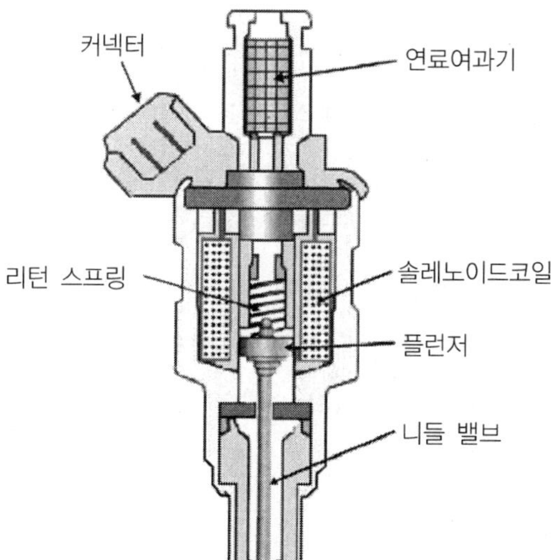

그림 14. 인젝터의 구조

최근의 엔진은 대부분 1 실린더당 1개의 인젝터(MPI, GDI)를 사용한다. 엔진 제어시스템은 엔진 배기량에 의해 결정된 인젝터 노즐포트의 크기(직경)와 일정한 압력으로 압축된 가솔린을 인젝터에 계속 공급하고 엔진에 흡입된 공기량에 알맞는 적절한 혼합비율에 따라 계산된 연료량을 인젝터의 개방시간으로 결정하게 된다.

3.9.1. 가솔린 인젝터의 구조

가솔린 인젝터는 응답성이 좋은 전자밸브로 구성되어 전기가 공급되지 않으면 스프링의 장력으로 아마추어와 연결된 니들밸브를 밀어 통로가 차단되고 전기가 공급되어 솔레노이드 코일이 자화되면 아마추어가 스프링의 힘을 이기고 움직이면서 니들밸브가 들리면서 통로가 열려 연료가 분사된다.

인젝터 외부에는 솔레노이드를 작동하기 위한 전기 커넥터와 연료가 공급되는 입구에서 이물질을 걸러주는 스크린(필터)가 설치되며 연료 입구 쪽에는 연료누출을 방지하는 고무제 리테이너와 O링이 있으며 분사노즐이 위치해 흡기 매니폴드에 설치되는 아래 부분에는 진공누설을 방지하는 고무제 O링이 설치되며 고정은 연료 분배파이프에 의해 눌러주는 방법을 주로 사용하며 엔진의 열이 인젝터에 전달되어 연료라인에 가스가 발생하지 않도록 단열을 위하여 적당한 방법을 사용한다.

3.9.2. 가솔린 인젝터의 종류

가솔린엔진용 인젝터는 분사위치, 인젝터 구동 회로형식, 솔레노이드의 저항값, 연료의 공급위치, 연료 분사노즐의 형태등 기계적 구조에 따라 분류한다.

인젝터를 제어하는 방법에는 인젝터는 항상 열고 연료압력으로 연료량을 조절하는 연속분사, 연료압력은 일정하고 인젝터 밸브의 열림시간으로 연료량을 조절하는 간헐분사, 크랭크축의 위치에 따라 이미 결정된 위치에 따라 분사하는 동기분사와 크랭크축의 위치와 상관없이 필요하다고 판단되는 시점에 모든 인젝터가 동시에 분사하는 비동기 분사, 실린더당 1개씩 인젝터를 설치하는 형식에서 2개의 인젝터를 동시에 구동하는 그룹분사, 1개의 인젝터를 구동하는 독립분사(순차분사), 높은 혼합비가 필요한 경우에 모든 인젝터를 동시에 구동하는 동시분사가 있다.

[1] 분사위치에 따른 분류

인젝터가 설치되는 부분에 따라 간접분사식과 직접분사식으로 분류하는데 일반적으로 많이 사용하는 간접분사식은 노즐의 방향(분사방향)이 흡기밸브 뒷면을 향하도록 흡기매니폴드에 설치되고 직접분사식은 인젝터의 노즐부분을 연소실에 노출시켜 연료를 직접 분사하는 구조로 되어 있다.

(1) 간접 분사식

일반적인 전자제어 분사 가솔린엔진에서 주로 사용되며 밸브오버랩 구간 중 배기밸브가 닫힌 직후의 흡기행정 초기에 연료를 흡기밸브 뒷면에 분사하여 연소열에 의해 뜨거워진 흡기밸브의 온도에 의해 액상의 가솔린이 가스 상태로 쉽게 변화되며 이때의 증발잠열 효과로 엔진의 열을 흡수하는 효과가 있으며 연료가 분사되는 지점은 흡입행정중이라 대기압 이하의 부분 진공상태이므로 연료 공급압력을 낮출 수 있어 연료계통의 기계적 내구성이 좋은 장점이 있다.

(2) 직접 분사식

실린더 내 연소실에 연료를 직접 분사하는 형식으로 가솔린엔진보다는 디젤엔진에서 주로 사용되는데 가솔린엔진에서는 연료 사용량을 감소하기 위한 목적으로 희박 혼합비(희박공연비)에서의 안정된 연소를 추구하는 엔진 제어시스템(미쓰비시/GDI)과 폭스바겐(VW)의 FSI시스템 등에서 가솔린 직분사 시스템를 사용하고 있는데 희박혼합비를 사용하는 GDI시스템은 희박한 혼합비가 엔진의 성능을 저하시키게 되고 모든 엔진 회전수 영역에서 초 희박 혼합비를 실현하기 어려운 단점과 희박한 상태의 혼합비는 질소산화물이 증가시켜 배기가스 후처리장치의 용량이 증가되는 단점, 고옥탄가 연료의 사용, 고압연료시스템의 기계적 내구성 문제, 배출가스 기준이 강화되면서 질소산화물 기준을 충족하기 어려운 기술적 한계나 고비용 등으로 최근에는 거의 사용되지 않고 간접분사식과 같이 이론공연비를 사용하는 직접분사식(FSI 등) 시스템이 일부 고급차종이나 고출력 엔진에서 사용되고 있다.

[2] 회로형식에 의한 분류

인젝터의 구동방식은 모두 배터리의 (+)전원을 메인릴레이를 거쳐 인젝터에 공급하고 (-)는 엔진제어시스템 모듈(ECU)에서 접지시키는 방법을 사용한다. 인젝터에 전기를 공급하면 인젝터의 솔레노이드 코일이 자화되어 인젝터 밸브(니들밸브)가 개방되기 까지는 약간의 시간이 경과되며 이것은 전자석 코일을 이용하는 형식에서는 필연적으로 발생하는 현상으로 이 시간을 무효분사시간이라고 하며 무효분사시간은 인젝터 코일의 인덕턴스에 따라 변화되고 가솔린 전자제어시스템에서는 실제 인젝터 작동시간에 무효 분사시간을 포함하여 설정한다.

전압제어식은 (+)전원은 인젝터에 직접 공급하고 엔진제어시스템 모듈에서 TR(트랜지스터)로 (-)를 접지시키는 방법으로 전압이 낮아 무효분사시간이 길어 응답성이 늦고 솔레노이드에서 열이 발생하는 단점이 있지만 회로가 간단하고 비용이 저렴한 장점이 있어 많이 사용하고 있다.

전류제어식은 메인릴레이와 인젝터 전원단자(+)사이에 직렬로 저항을 설치하고 엔진 제어시스템 모듈에 (-)를 접지(TR)시키는 전류조정 회로를 설치한 형식으로 인젝터 작동초기에는 많은 전류(약 2A)를 공급하여 전자력을 크게 하여 인젝터의 리턴스프링이나 작동부품의 무게를 이기고 빨리 작동되도록 하고 밸브가 개방된 상태에서는 큰 전류가 필요하지 않으므로 전류(약 0.5A)를 낮추는 방법으로 PWM(펄스폭 변조) 신호제어를 하는 형식이다. 전류제어식은 인젝터의 코일권수를 작게 할 수 있어 인덕턴스를 낮출 수 있으므로 무효분사시간이 짧아 응답성이 빠른 장점이 있으나 인젝터가 발열되면 분사특성이 변화되기 때문에 인젝터의 발열을 방지하기 위하여 전원(+) 공급계통에 저항을 설치하지만 이 역시 추가 설치한 회로 저항에 의한 발열이 발생하고 회로가 복잡하여 비용이 증가하는 단점이 있어 일부 고급차종에 제한적으로 사용되고 있다.

[3] 솔레노이드 고유저항 크기에 따른 분류

인젝터 솔레노이드 코일의 고유 저항값에 따라 저저항 인젝터와 고저항 인젝터로 분류하기도 하는데 솔레노이드 코일의 저항값이 작으면 인젝터의 응답성은 향상되지만 코일의 발열현상이 커지고 저항값이 높으면 반대로 응답성은 저하되지만 발열도 작아지므로 인젝터 솔레노이드 코일의 저항값은 연료 공급시스템의 압력이나 인젝터 리턴 스프링의 장력, 전자석에 의해 작동되는 작동부품의 무게, 회로 형식 등에 따라 결정된다.

저저항, 고저항 인젝터로 분류하는 인젝터의 고유 저항값의 기준은 저저항 인젝터는 보통 5Ω 이하의 인젝터를 말하고 10Ω 이상의 인젝터를 고저항 인젝터라고 하는데 저저항 인젝터는 엔진 배기량이 큰 고급 승용차용 엔진이나 엔진회전수가 높은 경주용/튜닝용 엔진에 많이 사용되고 고저항 인젝터는 일반 승용차용 엔진에 주로 사용된다.

[4] 연료공급 위치에 따른 분류

인젝터는 각 인젝터에 같은 조건에서 연료를 분사하기 위하여 동일한 연료압력이 필요하므로 하나의 연료레일에 연결되어 있는데 인젝터와 연료레일이 결합되는 위치에 따라 상부 공급식(탑 피드, top feed)과 하부 공급식(보텀 피드, bottom feed. 또는 사이드 피드, side feed)으로 분류한다.

(1) 상부 공급식

연료가 분사되는 노즐 쪽의 반대쪽 말단에 연료레일이 설치되는 형식으로 인젝터 한쪽 끝에서 반대편 끝 쪽으로 연료가 흐르게 되므로 인젝터의 직경이 작아 단위 시간당 연료 분사량에는 한계가 있다.

(2) 하부 공급식

인젝터 바디 중간에서 연료를 공급받는 형식으로 상부 공급식에 비하여 상대적으로 인젝터의 직경이 크기 때문에 노즐의 직경을 크게 설정하기가 쉬워 많은 연료를 분사할 수 있으며 이에 따라 연료의 흐름 량이 많아 인젝터의 냉각이 쉽고 공기가 잘 빠져 베이퍼록 현상이 없으며 초기 시동성이나 응답성이 향상되고 인젝터의 높이가 낮아 컴팩트화 할 수 있으므로 엔진의 설계자유도가 높은 장점이 있어 고급승용차나 경주용 엔진에 많이 사용되고 있다.

[5] 인젝터 분사노즐 형태에 따른 분류

인젝터에서 분사되는 가솔린의 무화도와 분무형태는 인젝터 노즐의 구조나 형태에 따라 변하는데 최종적으로 인젝터에서 분사된 연료가 연소실에 공급되는 공기와 얼마나 잘 혼합되어 균일한 혼합가스가 되느냐 하는 것이 인젝터의 성능이며 이것은 가솔린엔진의 성능을 결정하는 중요한 요소 중 하나이다.

핀틀 타입의 인젝터는 니들밸브 말단에 작은 원모양의 핀틀을 설치하여 인젝터에 전원이 인가되어 아마추어와 연결된 니들밸브가 열리면서 인젝터 홀로 연료가 분사될 때 핀틀에 의해 중심부분에는 연료가 없는 공동상태이면서 원주 쪽으로만 연료가 분사되면서 점점커지는 형태로 분사되는데 분사각은 핀틀의 크기와 인젝터 홀의 깊이와 각도(15°, 20°, 30°)에 따라 엔진메이커나 자동차 메이커에 따라 차이가 있다. 핀틀형 인젝터는 연료가 분사되는 구멍의 크기가 비교적 커서 연료 속에 포함된 이물질이나 흡기계통에 퇴적되는 카본류의 오염에 영향이 작아 내구성이 좋은 장점이 있다.

오리피스타입 인젝터는 볼타입 인젝터라고도 하며 아마추어와 연결된 볼 밸브와 인젝터 분사구사이에 얇은 철판(오리피스 플레이트)을 설치하고 이 철판의 적당한 위치에 1~12개 정도의 홀(구멍)을 뚫어 인젝터가 작동하여 연료가 분사구를 통과할 때는 하나의 통로이지만 오리피스 플레이트를 통과하여 실제로 분사되는 모양은 오리피스 플레이트에 설치된 홀의 숫자에 따라 변화되는데 홀의 수에 따라 1홀, 2홀, 3홀… 인젝터라고 부른다.

오리피스 타입 인젝터는 핀틀 타입 인젝터보다 무화도가 좋으며 무화도는 홀의 수가 많으면 많을수록 증가하므로 분사된 연료가 흡입되는 공기와 섞인 혼합가스 상태가 연소되기 쉽게 되므로 냉간 시동성능이 우수하지만 홀의 크기가 작아 연료나 흡기계 퇴적물 오염에 의한 영향을 쉽게 받는 단점이 있다.

CHAPTER

07

가솔린 전자제어

CONTENTS

1 가솔린 전자제어의 개요

1.1. 가솔린 전자제어의 개요

자동차에서 엔진제어는 엔진으로부터 원하는 토크와 동력이 나오도록 점화시기 뿐만 아니라 엔진으로 흡입되는 연료와 공기의 혼합기 또는 공기량을 조절하고, 이때 흡입되는 혼합기량에 따라 엔진에서 발생되는 동력과 토크가 조절된다. 일반적으로 엔진의 발생동력은 흡입되는 혼합기량에 따라 결정되며, 흡입량이 많을수록 발생동력은 증가한다. 기존의 기화기 및 기계식 연료분사장치를 대신하여 전자제어 연료분사시스템(D- jetronic과 L-jetronic시스템)이 본격적으로 엔진에 도입되면서부터 전자제어 기술은 엔진 및 자동차 전체 시스템에 급격하게 적용되고 있으며 GDI 및 CRDI시스템으로 발전되게 되었다.

전자제어 기술의 적용은 뛰어난 내구성을 가지고 정확히 시스템을 제어함으로써 엔진과 차량의 특성에 따라 다양한 센서를 적용함으로써 엔진성능 향상, 연비향상 및 배기가스 저감 등을 한꺼번에 만족시킬 수 있다. ECU, 컨트롤 릴레이, 수온센서, 흡기온도 센서, 스로틀 포지션 센서, 공전속도 조절기, 제1번 실린더 상사점 센서, 크랭크 각 센서 등으로 구성되어 있으며, 이를 기초로 연료분사량과 점화시기를 운전상태에 적합하게 결정한다.

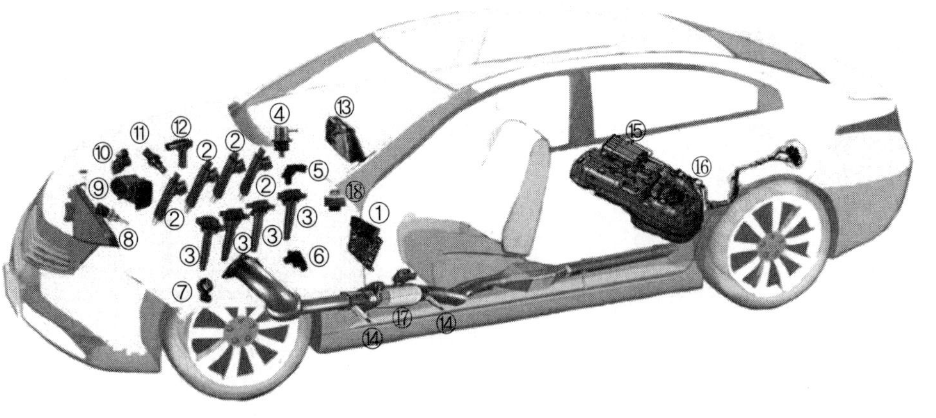

① ECU ② 인젝터 ③ 점화코일 ④ 연료압력조절기 ⑤ NO 1. TDC ⑥ CAS ⑦ 노크센서
⑧ WTS ⑨ 스로틀바디, TPS ⑩ ISA ⑪ ATS ⑫ AFS ⑬ 계기판(엔진경고등) ⑭ O_2센서
⑮ 캐니스터 ⑯ 연료탱크, 연료펌프 ⑰ 삼원촉매 ⑱ 컨트롤릴레이

그림 1. 전자제어 엔진의 구성부품

1.2. 전자제어 엔진의 특징

[1] 연비향상

기존의 기화기 엔진에서 연료공급은 흡입 매니폴드를 통하여, 각 실린더로 분배되므로 각 실린더에 동일한 양의 연료공급이 어렵다. 특히 냉시동 조건에서는, 매니폴드 벽에 부착되는 연료의 량이 증가하므로 연료의 손실이 많다.

그러나 전자제어 연료분사장치는 각 실린더마다 장착된 인젝터가 필요한 만큼의 연료를 연소실 입구(또는 연소실 내)에서 연료를 분사하므로 분배성이 향상되고, 엔진부하의 변동에 따라 최적의 공연비를 맞출 수 있어 필요 이상의 과다한 연료가 공급되지 않아 연료의 소모량을 줄이면서 최적의 성능을 확보할 수 있다. 또한 관성 감속운전 시에 연료 컷 기능을 활용하여 연료의 소모를 줄일 수 있다. 특히 GDI의 경우 희박연소시스템을 구성하는 것이 가능해짐에 따라 연료소모를 더욱더 줄일 수 있다.

[2] 출력성능의 향상

기화기를 이용한 혼합기 형성의 경우 벤투리부를 설치하므로 흡입계통의 통로면적이 줄어들게 되어 엔진의 흡입저항이 증가하고, 충전효율이 떨어진다. 그러나 전자제어 연료분사장치는 인젝터를 이용하여 연료를 공급하므로 벤투리부가 필요 없어 충전효율을 높여 엔진의 출력을 향상시킬 수 있다. 또한 출력성능을 높이기 위해 흡입공기의 관성 과급 효과를 이용하는 흡기계의 설계가 가능하다.

[3] 엔진의 응답성 향상

기화기 엔진의 경우 부하변동 시 매니폴드의 길이 때문에 혼합기가 실린더로 유입되는데 걸리는 시간 지연으로 인하여 응답성이 떨어지게 되지만, 전자제어시스템은 부하변동의 감지가 빠르고, 연소실 입구에서 분사되므로 보다 신속하게 부하변동에 대응할 수 있다.

[4] 냉 시동성능의 향상

외부공기의 온도와 냉각수온도에 따른 최적의 연료 분사량이 컴퓨터에 입력되어 엔진 냉각시의 시동성능이 향상되고 이때 발생되는 유해가스의 배출도 저감된다.

[5] 배기가스의 저감

엔진의 배기가스는 공기와 연료의 혼합비에 직접적인 영향을 받는다. 즉, 일산화탄소와 탄화수소의 경우 혼합기가 농후할수록 많이 발생하고, 질소산화물은 약간 희박한 영역에서 많이 발생한다. 또한 삼원촉매를 사용하는 경우에 이론 공연비 부근에서 연소가 일어나야만 촉매의 정화효율이 최적상태가 되므로 엔진에서의 연소는 이론공연비 부근에서 일어나도록 제어되어야 한다.

전자제어시스템은 산소센서를 이용한 피드백제어와 학습제어 등을 적용함으로써 공연비의 제어가 용이하고, 유해 배기가스의 배출량도 저감시킬 수 있다.

2 가솔린 전자제어 엔진시스템

2.1. 가솔린 전자제어 엔진시스템

가솔린 전자제어 엔진시스템은 흡기계통, 연료계통, 제어계통으로 구성된다. 흡기계통은 엔진의 연소에 필요한 공기를 계량 및 제어하고 연료계통은 연소실에 연료를 공급하는 것이며, 제어계통은 엔진의 부하와 속도에 따른 최적의 연료량과 점화시기를 결정한다.

2.1.1. 흡기계통

에어 덕트로부터 유입된 공기는 에어클리너를 통하여 흐르고 공기의 양은 에어플로센서(AFS), 에어플로미터(AFM), 맵(MAP)센서 등에 의해 측정된다. 공기는 스로틀보디를 통과하여 서지탱크로 들어간다. 매니폴드를 지난 공기는 인젝터에서 분사되는 연료와 혼합되어 실린더 안으로 흡입된다. 공기량의 비율은 스로틀밸브의 열림 각도에 따라 조정된다. 이 과정에서 중요한 것은 공기의 흡입저항이 적어야 하며, 흡입공기량의 계측이 정확하고 빠르게 이루어져야 한다.

공회전시 흡입되는 공기량은 ECU에 의해 조정되는 아이들 스피드 컨트롤(ISC)에 의해 조정된다. 흡기계통의 흡입공기의 유입경로는 다음과 같다.

에어클리너 → 에어플로센서 → 스로틀보디 → 서지 탱크 → 각 매니폴드에서 실린더로

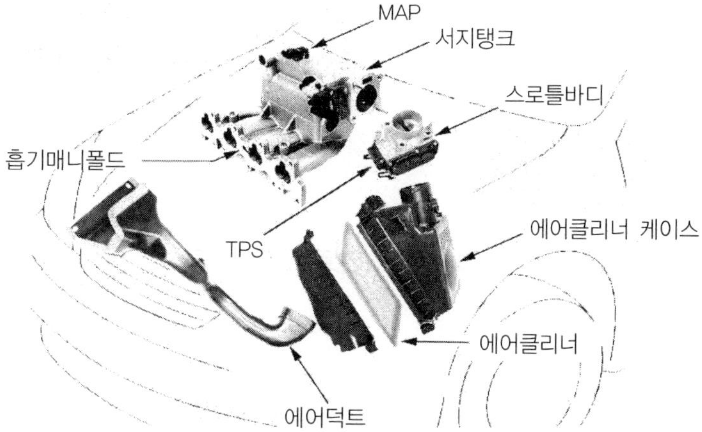

그림 2. 흡기계통의 구성

2.1.2. 연료계통

연료 공급장치는 엔진의 작동조건에 요구되는 양의 가솔린을 분사시켜 주기 위한 것이며 연료탱크(fuel tank), 연료펌프(fuel pump), 연료여과기(fuel filter), 연료 분배관(fuel delivery pipe), 연료압력 조절기(fuel pressure regulator), 인젝터(injector) 등으로 구성되어 있다.

인젝터에 공급되는 연료압력은 인테이크 매니폴드 내 압력보다 높은 2.55kgf/cm^{2}으로 일정하다. 그 압력은 압력 레귤레이터에 의해 조정된다. 압력조정 후 남는 연료는 회송파이프를 통하여 탱크 속으로 회송한다. 인젝터 코일에 전류가 흐르면, 인젝터밸브는 완전히 열려서 연료를 분사한다.

연료압력은 계속 일정하므로 분사되는 연료의 양은 전류가 흐르는 시간에 비례하여 증가 혹은 감소한다. 인젝터는 ECU의 신호를 기초로 하여 점화순서에 따라 흡기 매니폴드에 연료를 분사한다(GDI의 경우는 연소실 내에 분사).

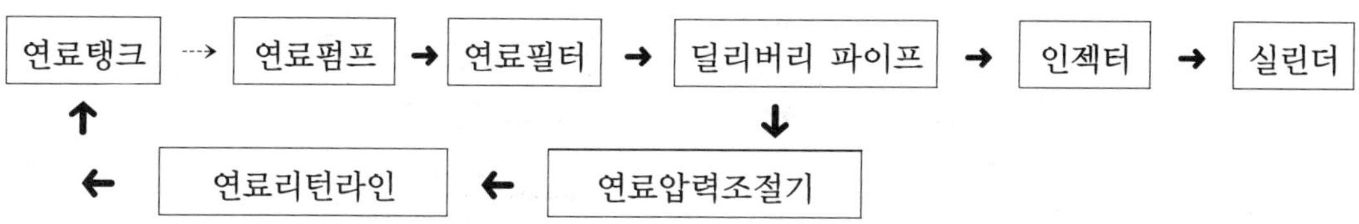

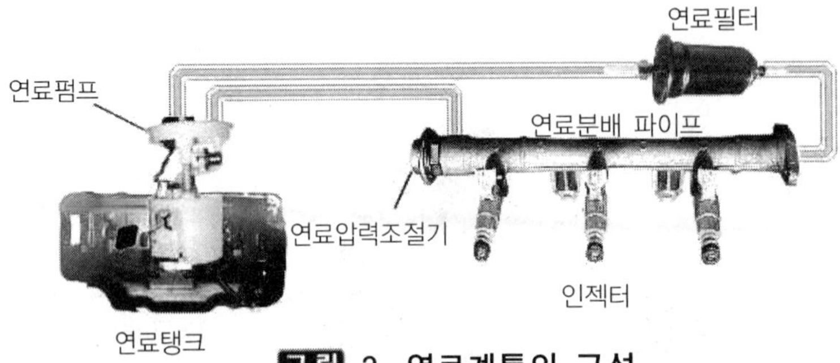

그림 3. 연료계통의 구성

2.1.3. 제어계통

제어계통은 엔진의 각 종 센서로부터 입력신호를 받아 부하 상태와 회전속도, 차량의 운전성능, 배기가스 저감 및 연료소모율 저감 등을 고려하여 최적의 연료분사량을 산출하고 이 데이터를 인젝터로 보내어 연료분사량을 조절하게 하는 것이다.

엔진을 전자제어하기 위해서는 입력부분(sensor), 제어부분(ECU) 및 출력부분(actuator)이 구성되어 있어야 하며 입력은 엔진의 각종 상태 즉, 흡입공기량, 냉각수온도, 흡기온도, 엔진회전수 및 차속 등의 상태를 센서에 의해 측정한 후 ECU에 입력된다. ECU는 일종의 컴퓨터로써 각종 센서로부터 입력된 신호를 바탕으로 연료분사량(기본 분사량, 보조 분사량), 분사시기, 점화시기 및 공회전속도제어 등의 각종 제어를 하는 것으로 전자제어 가솔린분사식 엔진의 핵심부에 해당된다.

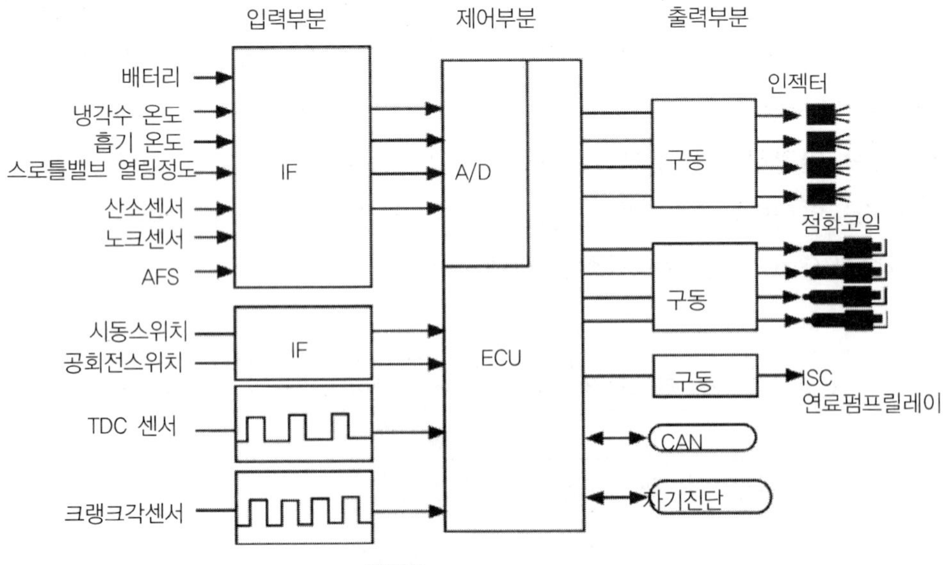

그림 4. 제어계통의 구성

[1] 연료제어

엔진의 작동상태는 운전자의 의지나 교통상황에 따라 다양하게 변화하므로 각 작동상태에 따라서 최적의 연료량을 산출하는 것이 연료분사 제어시스템에서 필요하다. 일반적으로 연료분사 제어에 영향을 주는 엔진의 작동상태는 엔진 회전수와 부하에 따라 구분되며 엔진정지, 시동, 웜업, 공회전, 부분부하, 전부하, 급가속 및 감속 연료차단 등이 있다.

(1) 엔진 시동 시(cranking)

엔진 시동 시는 엔진의 회전수가 낮고 부하가 없는 상태(즉 스로틀밸브가 닫힌 상태)이며, 일반적으로 고온 재시동 시를 제외하면 냉각수의 온도가 낮다. 공연비는 약간 농후한 상태로 고정되며 산소센서로 부터 입력 신호는 없다.

(2) 엔진 웜업(warm-up)

엔진이 시동되고 냉각수의 온도가 정상상태에 도달할 때까지의 운전 기간이다. 이 기간은 엔진 시동 시 냉각수의 온도에 따라 결정되며, 냉각수의 온도가 낮으면 엔진 웜업 기간은 길어진다. 공연비는 12 : 1~15 : 1에서 고정되며 산소센서로부터 입력신호는 웜업될 때까지 없다.

(3) 공회전 운전(idle)

스로틀밸브가 닫힌 무부하 상태를 말하며, 일반적으로 엔진 회전수는 600~900rpm 범위이다. 공회전 시 엔진 회전수는 스로틀밸브를 바이패스하거나 스로틀밸브 틈새로 들어가는 공기가 연소하여 발생하는 출력과 엔진의 마찰 등에 의한 손실과 평형을 이루며 안전하게 작동할 수 있는 최소 회전속도이다.

(4) 부분 부하운전(partial load)

부분 부하는 부하가 낮은 상태를 말하며, 일반적인 주행상태의 대부분이 해당된다.

(5) 전부하 운전(wot)

전부하는 스로틀밸브가 완전히 개방된 상태(wid open throttle)를 말하며, 엔진부하가 크고 회전속도도 상당히 높은 상태이다.

(6) 급가속 및 감속

스로틀밸브가 급격히 열리며 엔진으로부터 큰 힘과 속력을 필요로 하는 경우가 급가속이고 반대로 스로틀밸브가 닫히는 상태를 감속 상태라 한다.

(7) 연료차단(fuel cut)

연료차단은 인젝터에서 연료분사를 중지시키는 것으로 연료소모율 저감 및 배기가스 정화를 목적으로 하는 감속 시 연료차단과 고 회전에 의한 엔진의 손상을 방지하기 위한 고속 시의 연료차단이 있다.

[2] 연료 분사량 산출

일정한 공연비(A/F)의 혼합기를 만들기 위해 필요한 연료 분사량은 흡입공기의 질량을 계측하여 구할 수 있다. 또한 인젝터의 연료 분사량은 인젝터 솔레노이드 코일의 통전시간에 비례한다. 1회 흡입행정으로 실린더 내에 충전되는 공기의 질량은 흡기관 중에 부착된 공기유량센서(AFS), 공기온도센서(ATS)의 출력신호와 엔진의 회전수로부터 직접 계측하거나 흡기관의 압력과 엔진의 회전수로 부터 간접 측정할 수 있다.

따라서 엔진의 동력성능, 응답성, 배기가스 정화, 연료의 경제성 등을 고려하여 목표 공연비가 결정되면, 목표 공연비로 부터 연소 1회에 필요한 연료 질량이 결정된다. 엔진의 최적 연료분사 조건을 만족시키기 위한 각종 보정요소들이 필요하므로 최종연료 분사시간은 다음과 같이 나타난다.

(1) 기본 분사시간

기본 분사시간은 흡입공기량과 엔진 회전수로 부터 구해지는 목표 공연비를 실현하는 분사시간이다.

(2) 보정계수

엔진의 각 센서로 부터 입력된 신호에 의해 산출되는 것으로 냉시동, 급가속 등의 엔진 작동 상태에 따라 최적의 혼합기를 공급하기 위한 것이다.

(3) 시동 시 분사시간

시동 시는 흡입공기량이 적고 흡기관 압력도 불안정하여 흡입공기량을 정확히 계측 또는 추정하기 어렵다. 따라서 흡입공기량과 관계치 않는다.

(4) 시동 후 분사시간

시동 후 분사시간은 크랭크각 신호에 동기하여 분사하는 동기 분사시간과 급가속의 경우 등에 크랭크각 신호에 동기하지 않고 임의로 분사하는 비동기 분사시간이 있다.

2.2. 가솔린 분사시스템의 분류

2.2.1. 제어방식

[1] 기계식 제어방식(mechanical control injection)

이 방식은 분사량을 흡기관 내에 설치된 센서 플랩(sensor plate)에 의하여 연료분배기(fuel distributor) 내의 제어플런저(control plunger)를 움직여 인젝터로 통하는 통로의 면적을 변화시켜 제어하는 방식으로 기계식 연속분사방식을 말하며 Bosch사의 K-Jetronic이 여기에 해당된다.

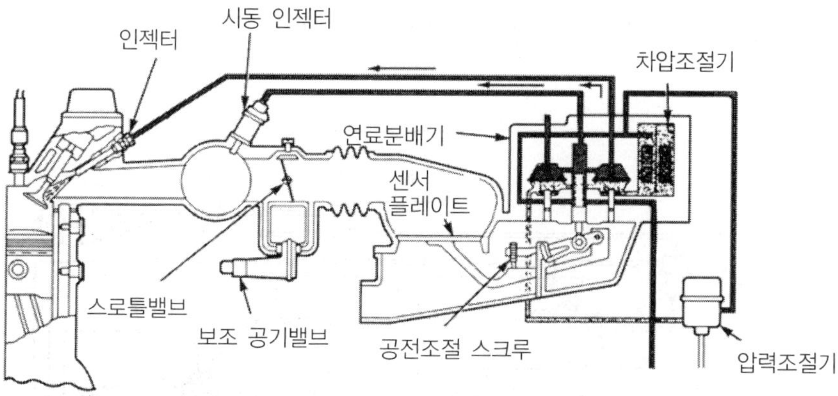

그림 5. K-제트로닉시스템의 구성

[2] 전자제어방식(electronic control injection)

각 사이클마다 흡입되는 공기량을 기준으로 ECU가 각 센서를 이용하여 연료 분사량을 제어하는 방식이다. D-Jetronic, L-Jetronic이 여기에 속한다.

(1) D-jetronic시스템

D-jetronic이란 독일의 전자제어시스템 메이커인 보쉬의 가솔린엔진 제어시스템의 명칭으로 영어로 압력을 나타내는 Pressure를 독일어로는 Druck의 머릿글자인 D와 연료를 분사하는 시스템이라는 뜻의 jetronic을 결합한 것이다.

초기의 D-jetronic은 기존에 사용되었던 가솔린 기계식 연료분사시스템(디젤엔진의 기계식 분사시스템과 유사한 시스템)의 한계를 극복하고자 개발된 시스템으로 흡기 매니폴드 압력을 다이어프램의 움직임으로 알려주는 정전용량형 매니폴드 프레셔 센서, 연료를 공급하는 전기식 연료모터, 연료 컷 스위치 기능을 포함한 접점형 스로틀 스위치, 펄스구동으로 간헐적으로 작동되어 흡기밸브 뒷면에 연료를 분사하는 인젝터, 흡기온도 센서와 냉각수온 센서, 냉간시동을 원활하게 해주는 콜드 인젝터, 콜드 인젝터 작동시간을 조절하기 위한 웜 업 타임스위치, 수동으로 연료압력을 조절할 수 있는 연료압력 조절기, 냉간시동시 추가공기를 공급하기 위한 보조 에어밸브, 실린더 수와 같은 숫자의 트리거 스위치를 사용한 기계식 배전기를 포함한 점화시스템, 컨트롤 모듈로 구성된다.

엔진 회전수와 흡기 매니폴드 압력으로 공기량을 측정한 시스템은 공기온도와 냉각수온도에 따라 인젝터의 펄스를 조절하여 공연비가 조절되며 일정 온도이하의 냉간 시동시에는 콜드 인젝터를 구동시키고 보조 에어밸브로 추가 공기량을 조절하며 냉각수 온도가 일정온도 이상이 되면 보조 에어밸브는 닫히게 된다.

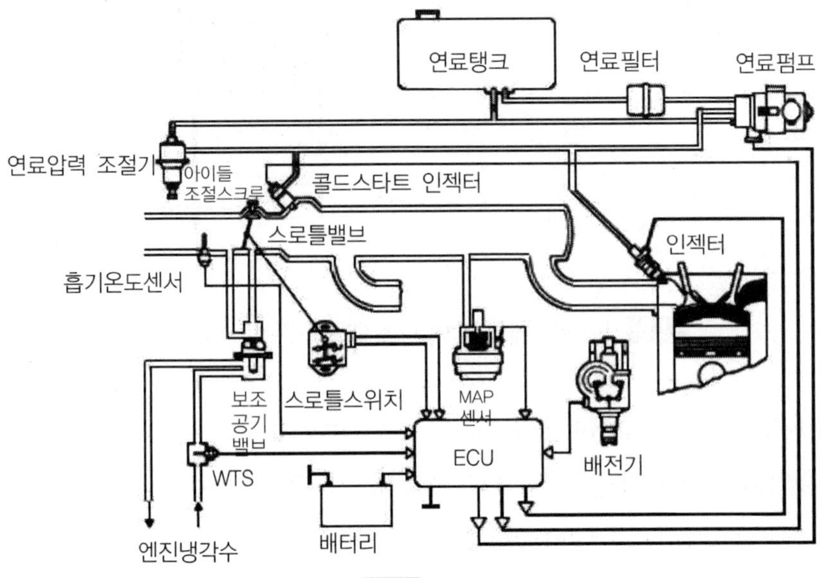

그림 6. D-jetronic

D-jetronic시스템의 연료압력은 2kgf/cm^{2}이며 주행 중 TPS 전폐 스위치가 작동되고 엔진회전수가 1500rpm에서 연료펌프 전원을 차단하고 900rpm 이하면 연료펌프 전원을 공급하는 연료 컷 기능이 있다. 콜드 인젝터 작동시간은 웜 업 타임스위치의 타이머를 수동으로 변화시켜 조절하며 공연비를 조절하는 방법은 수동으로 조절되는 연료압력 조절기를 이용하여 람다 테스터나 일산화탄소 테스터를 이용하는 방법으로 기존의 기계식 기화기 방식의 연료시스템처럼 모든 영역에서 공기연료비를 조절할 수 없고 기계적 편차나 사용시간에 따른 마모에 의한 보상, 흡배기계의 다른 외부적 장치에 의한 보상이 안 되는 단점이 있다.

엔진에 공급되는 공기량을 측정하는 방법이 배전기 트리거 스위치 신호를 이용한 엔진 회전수와 흡기 매니폴드 내의 압력(부압)을 이용하여 간접측정하는 스피드 덴시티(speed-density) 방법을 사용하기 때문에 당시의 전자제어 기술로는 어려운 점이 많아 일산화탄소 배출량이 약 2% 전후로 높은 편이었다.

D-jetronic시스템에는 매니폴드 압력과 엔진회전수로 공기량을 계산하는 스피드 덴시티 형식의 MAP-n과 스로틀 개도율과 엔진회전수로 공기량을 계산하는 스로틀-스피드형식의 Alpha-n형식이 있으며 스로틀-스피드형식의 스로틀 포지션 센서는 접점형 센서가 아니고 저항값이 연속적으로 변화되는 포텐시오타입이어야 한다.

이후 1985년 설립된 노바 센서사(nova sensor Co.)에서 현재까지 많이 사용되는 실리콘 다이어프램과 압전효과를 이용한 반도체를 일체로 제작한 MAPS(manifold absolute pressure sensor)가 생산되면서 MAPS의 성능이 향상되고 대량생산으로 인한 저렴한 가격, 기존의 D-jetronic과 L-jetronic에서 적용되었던 공연비 제어 등 엔진에 관한 기술, 마이크로프로세서 등 각종 기술이 발전하면서 기존의 정전용량형 압력센서 대신 반도체형 MAPS를 사용한 신형 D-jetronic시스템이 1988년부터 사용되었다.

(2) L-Jetronic

L-jetronic시스템의 머리글자 L은 공기량을 직접 측정한다고 하여 독일어로 공기(air)를 뜻하는 Luft의 첫 글자인데 현재 사용되고 있는 자동차의 가솔린엔진 전자제어시스템의 공기량 측정방법은 L-jetronic시스템과 기본적으로 동일하다.

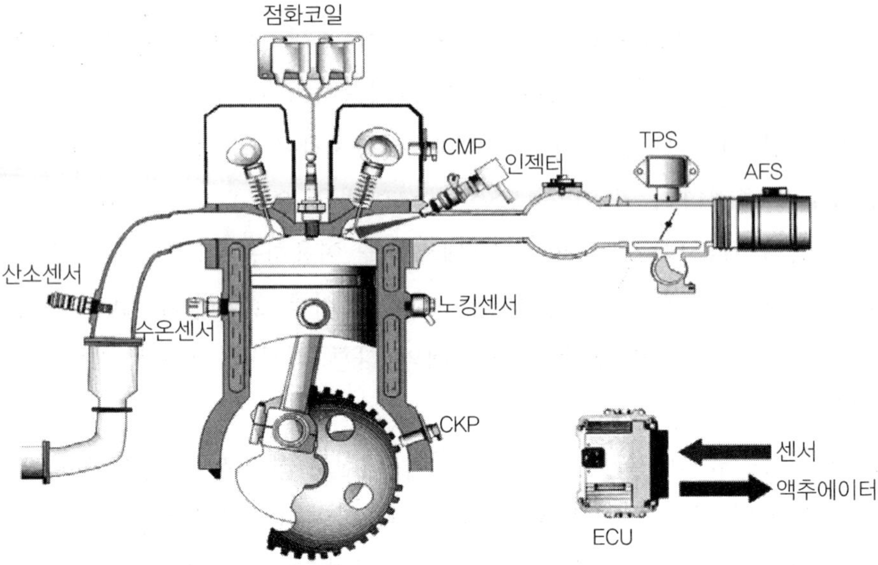

그림 7. LH-Jetronic

기본적인 L-jetronic시스템은 엔진흡기관에 유입되는 공기량에 따라 에어 플로우 미터의 플랩이 움직이면 엔진제어시스템 모듈(ECU)에서 공급되는 전압이 포텐시오 미터 위치에 따라 변화되고 변화된 전압이 다시 ECU로 돌아가 공기량으로 환산되어 이론공연비에 맞는 연료량을 분사하기 위하여 인젝터 작동시간을 조절하게 되며 인젝터 작동시간은 공기온도와 엔진 냉각수 온도에 따라 차이가 있다.

엔진 냉각수 온도가 낮으면 써모 타임스위치가 작동되어 콜드 스타트 인젝터를 구동시키고 엔진 냉각수 온도센서로 냉각수의 온도가 낮다는 것을 안 시스템 모듈은 보조 에어 밸브를 작동시켜 엔진회전수를 증가시키고 냉각수 온도가 상승하면서 서모 타임스위치의 작동이 중지되면서 콜드 스타트 인젝터의 전원이 차단되어 작동이 중지되며 보조 에어 밸브도 히팅 코일을 감은 바이메탈이 엔진 작동시간(전원공급시간)이 경과되면서 보조 공기통로를 서서히 닫아 최종적으로 완전히 밀폐시켜 아이들 상태가 된다.

L-jetronic시스템의 종류에는 유럽 배출가스 기준에 맞춘 유럽형 시스템인 LE-jetronic시스템과 유럽보다 엄격한 배출가스 기준을 가진 미국으로 수출하기 위한 미국형 시스템인 LU-jetronic시스템, 기존의 베인식 공기량 센서보다 성능이 우수한 핫 와이어 타입 공기량 센서(HW-MAFS)를 사용한 LH-jetronic시스템이 있으며 최근의 LH-jetronic시스템에는 핫와이어보다 가격이 저렴한 핫 필름 타입 공기량센서(HF-MAFS)를 많이 사용한다.

2.2.2. 분사위치

[1] SPI시스템(single point or throttle body injection)

이 방식은 단일분사라는 뜻으로 FBC와 MPI방식의 중간방식으로 1개 또는 2개의 인젝터를 스로틀바디(throttle body)의 벤투리부 즉, 스로틀밸브 상단에 장착하여 연료를 분사하는 방식으로 MPI시스템에 비하여 구조가 간단하다.

ECU는 동기(synchronized) 또는 비동기(unsynchronized)방식에 의하여 인젝터의 구동펄스를 제어한다. 동기분사방식은 배전기나 크랭크축에 의하여 발생되는 기준신호마다 1회의 분사펄스를 주어 연료를 분사하며 비동기 분사방식은 기준신호와는 별개로 주어진 기간 동안 인젝터에 분사펄스를 1회 주는 방식이다. SPI방식은 FBC식에 비하여 연료계량의 향상, 정비의 용이성, 제작비가 싼 이점이 있으나 기화기식과 같이 각 실린더로의 혼합기 공급의 불균등, 흡기다기관에서의 응축 등의 단점이 있다.

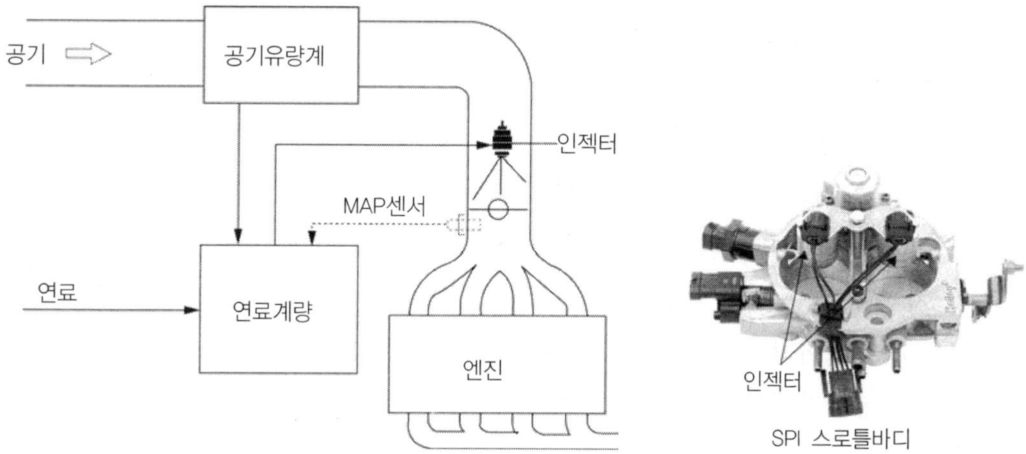

그림 8. SPI시스템

[2] MPI시스템(multi point injection or port fuel injection)

이 방식은 각 실린더에 해당하는 흡입포트(intake port)에 인젝터를 각각 1개씩 설치하여 연료를 분사하는 방식이다. 연료는 흡기밸브 바로 앞쪽에서 분사되기 때문에 월 웨팅(wall wetting)에 전혀 문제가 없으며 엔진의 냉·온시에 관계없이 최적의 성능이 보장된다. 연료분사는 배기행정 말에 분사되며 이미 분사된 연료는 흡입포트 부근에서 흡기밸브가 열릴 때까지 기다리는 동안에 기화되며 흡기밸브가 열리면 실린더로 공기와 함께 유입된다.

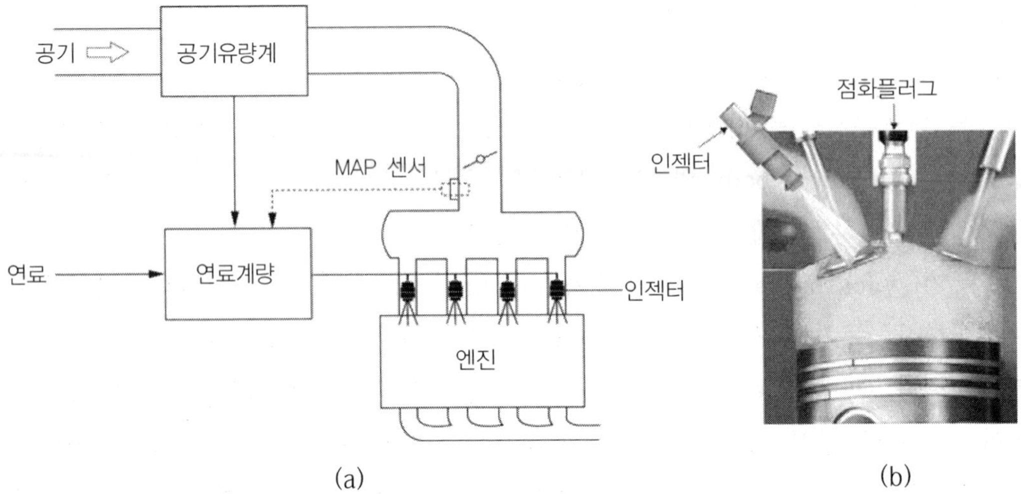

그림 9. MPI시스템

그리고 설계 시 최적 체적효율을 내는 흡기다기관의 설계가 자유로우며 저속 또는 고속에서 토크(torque) 영역의 변경이 가능하다.

[3] GDI시스템(gasoline direct injection)

이 방식은 디젤엔진과 같이 실린더 내에 가솔린을 직접분사하는 방식(GDI)으로 약 35~40 : 1의 초희박 공연비의 연소가 가능하다. 연료가 매우 적게 들어가게 되어 이론상 거의 완전연소가 가능하게 되며, 연료가 분사되어 기화되면 주위의 열을 빼앗기 때문에 연소실 내의 온도가 떨어져 혼합기 충전효율이 좋아지는 장점과 함께 연료의 혼합비율 조정을 통한 연비의 향상과 출력향상이 가능하다.

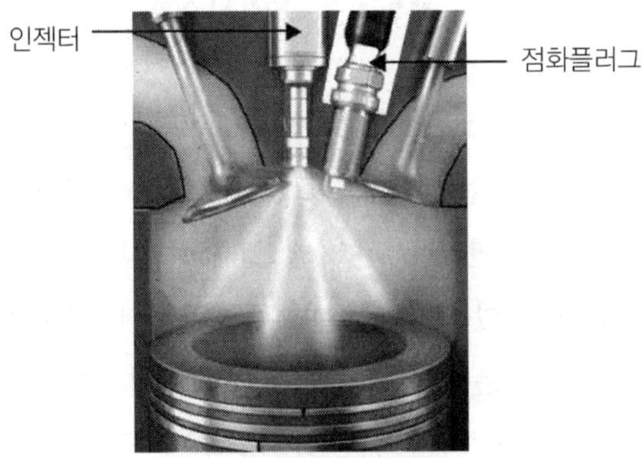

그림 10. GDI시스템

또한 불완전연소에 의한 일산화탄소의 양도 획기적으로 줄어든다. 연료분사시 연료에 의한 냉각효과가 있기 때문에 고온에 의한 노킹도 방지할 수 있어 압축비를 높일 수 있다. 흡기행정에 공기만 집어넣기 때문에 디젤엔진처럼 밸브 오버랩을 길게 해도 연료가 배기되지 않으므로 터보 같은 과급기를 사용하여도 좋아 엔진 다운사이징에 널리 활용되고 있다. 또한 시동시 촉매온도를 쉽게 올릴 수 있어 유럽 자동차 배기가스 규정인 유로 5에 대한 대응이 기존 엔진에 비해 빠르다.

연료공급압력은 일반 가솔린 분사식(흡기관 분사식)의 경우 약 2~4kgf/cm^{2}인데 비하여 약 50~100kgf/cm^{2}으로 매우 높으며, 실린더 내 유동을 제어하는 직립형 흡기포트, 여기 사용되는 인젝터는 디젤엔진에 쓰이는 것과 같은(엔진내부의 고 압력에 견딜 수 있는) 직분사 인젝터이며, 현재의 GDI는 그 옆에 점화플러그가 들어간다. 피스톤의 형상이 일반 엔진과는 다르다.

일반적인 엔진의 피스톤 형상은 평평하거나 살짝 볼록 튀어나온 모양에 밸브 홈(밸브리세스)이 파여 있는데 반해, 피스톤 중앙부가 오목하게 들어가 있다. 연소를 제어하는 만곡형 피스톤헤드, 고압 연료펌프, 고압 스월 인젝터(swirl injector) 등이 적용되고 있다. 미세먼지 배출량이 유로 5 기준보다 높아 유로 6에서는 가솔린 직분사 엔진에 디젤 직분사인 CRDi 디젤엔진처럼 미세먼지 필터를 의무적으로 장착해야 한다.

연료가 적게 주입될수록 출력이 떨어지며, CRDI(common rail direct injection)와 마찬가지로 인젝터 주위에 생기는 탄소화합물이 가솔린을 흡수하고 흡기밸브에 탄소 검댕이 쉽게 끼어 오래 운용할수록 출력과 연비가 점진적으로 떨어진다.

기존 간접분사의 경우는 흡기밸브 앞에서 가솔린을 분사하기 때문에 흡기밸브가 연료를 직접 맞아 카본이 세척이 되지만, 직분사는 실린더에 직접 분사하므로 흡기밸브가 자가 세척이 되지 않기 때문에 일정주기마다 스로틀밸브와 흡기밸브, 흡기 매니폴드 등의 엔진 흡기기구 청소를 해 줘야 출력과 연비가 유지된다. 또 압축비가 기존의 MPI엔진보다 높은 경우가 많기 때문에 대체로 엔진의 진동과 소음이 커진다. 그리고 인젝션의 연료 분사압이 기존의 것보다 높은 경우가 많아 그에 따른 소음이 생기는 경우가 많다. 배기온도가 일반 엔진에 비해 높기 때문에 일반적인 엔진용 촉매는 쓰지 못하고, 고온에 대응 가능한 촉매가 필요하다.

2.2.3. 분사량 제어방식

[1] AFC방식(air flow controlled injection)

AFC방식은 스로틀밸브 개도에 따라 공기청정기로 유입되는 흡입공기량을 직접 공기유량계(AFM, air flow meter)로 검출하여 이 신호를 기준으로 기본 분사량을 결정하여 분사시키는 방식으로 L-Jetronic이 여기에 속한다.

[2] MPC방식(manifold pressure controlled injection)

MPC방식은 흡입공기량을 에어 혼(air horn) 부분에 가해지는 정압에 의해 센서 플레이트를 이동시키고 이 움직임은 연료분배기의 제어플런저의 행정을 변화시켜 분사 량을 제어하는 방식으로 K-Jetronic이 여기에 속한다.

[3] MAP센서 방식(manifold absolute pressure sensor type)

이 방식은 스로틀밸브 개도의 변화가 흡기다기관내 진공도를 변화시키므로 흡입공기량을 흡기다기관 내 진공압력 변화를 이용하여 검출하며 이 압력변화에 상당하는 출력전압을 ECU에 보내면 ECU가 이 신호를 기초로 기본 분사 량을 결정하여 분사하는 방식으로 D-Jetronic이 여기에 속한다.

2.2.4. 분사방식

[1] 연속분사방식(continuous injection type)

엔진이 기동되면 시동이 꺼질 때까지 계속적으로 연료를 분사시키는 방식으로 K-Jetronic, KE-Jetronic이 여기에 속한다.

[2] 간헐분사방식(pulse timed injection type)

일정한 시간 간격으로 연료를 분사하는 방식으로 D-Jetronic, L-Jetronic, motronic (mono Jetronic)이 여기에 속한다.

2.2.5. 흡입공기량 계측방식

[1] 직접계측방식(mass flow type)

공기유량계(AFM : air flow meter)가 직접 흡입공기량을 계측하고 이것을 전기적 신호로 변환시켜 이 신호를 ECU로 보내어 분사 량을 결정하는 방식이다.

① 베인식(vane or measuring plate type)
② 칼만와류식(karman vortex type)
③ 열선식(hot wire type)
④ 열막식(hot film type)

[2] 간접계측방식(speed density type)

흡기다기관 내의 절대압력(진공을 0으로 한 압력 : 대기압력+진공압력), 스로틀밸브의 개도, 엔진의 회전속도로부터 흡입공기량을 간접적으로 계산하는 방식으로 D- Jetronic, motronic이 여기에 속한다. 흡기다기관내 압력의 측정으로 초기에는 아네로이드 기압계(aneroid anemometer)를 사용하였으나 현재는 피에조(piezo) 압전소자를 이용한 MAP(manifold absolute pressure sensor)센서를 사용하고 있다.

[3] 스로틀 스피드방식(throttle speed type)

스로틀 스피드방식은 1cycle 당 엔진에 흡입되는 공기량을 스로틀밸브의 개도와 엔진의 회전속도로 추정하며 이 공기량을 기초로 하여 분사 량을 결정하는 것이다. 흡입공기량은 엔진의 회전속도와 스로틀 개도에 대하여 복잡한 함수관계에 있기 때문에 공기량의 검출이 쉽지 않아 현재 잘 사용되지 않고 있으나 다른 방식의 AFM을 사용하는 시스템에서 AFM의 페일 백업모드(fail back up mode)로 채택되기도 한다.

2.2.6. 분사시기

[1] 동기분사(독립분사방식, synchronized or sequential injection)

독립분사식은 순차분사식이라고도 부르며 각 기통별로 흡입시기에 분사한다. 독립분사식은 흡입행정인 실린더에만 연료를 분사하기 위해서 엔진 회전신호와 실린더 기통 판별신호(No 1. TDC)가 필요하게 되는데 만약 기통 판별신호가 정상적으로 입력되지 않을 경우에 동시분사를 실시하게 된다.

그리고 엔진이 워밍업된 무부하 상태에서 연료를 1회 분사하는 시간을 약 3.5~4ms 정도로 제어한다.

표 동기분사방식

실린더	0°	180°	360°	540°	720°
No. 1	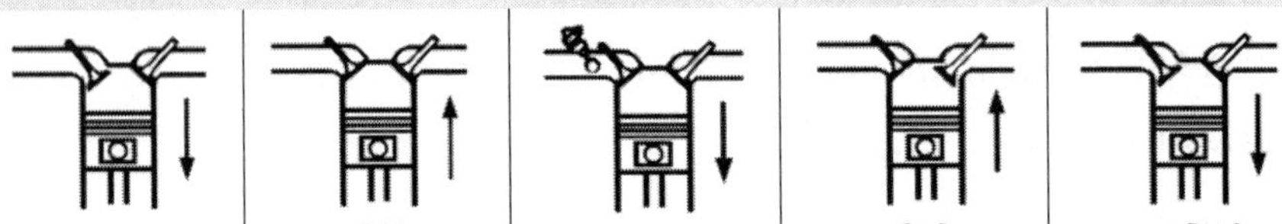 ★ 흡입	압축	폭발	배기	★ 흡입
No. 3	배기	★ 흡입	압축	폭발	배기
No. 4	폭발	배기	★ 흡 입	압축	폭발
No. 2	압축	폭발	배 기	★ 흡입	압축
시그널					
Ne-시그널					
G-시그널 (No 1. TDC)					

[2] 그룹분사(group injection)

그룹분사는 인젝터를 두 개의 그룹으로 결합하여, 각 그룹은 사이클 당 1회씩 분사한다. 4기통 엔진에서 점화순서가 1 → 3 → 4 → 2인 차량은 아래 표와 같이 1번 실린더가 흡입행정일 경우 2번 실린더는 압축행정, 3번 실린더 배기행정 그리고 4번 실린더는 폭발행정을 하고 있다. 따라서 1번, 3번 실린더의 인젝터가 1번 실린더 흡입행정시 연료를 분사한 후 크랭크축이 1회전한 다음 4번 실린더 흡입시 2번, 4번 실린더의 인젝터에서 연료를 분사하도록 하는 방식을 그룹 분사방식이라 한다.

그룹분사는 엔진 1회전시 흡입행정 근처인 인젝터에서만 연료를 분사하므로 인젝터를 기준으로 보면 엔진 1회전시 연료를 1회 분사하며 엔진이 워밍업이 된 경우 약 3.5~4ms 정도 ECU가 인젝터를 작동하여 연료를 분사하게 된다.

표 실린더 행정

크랭크 각도	1번 실린더	3번 실린더	4번 실린더	2번 실린더
0~180°	흡입행정	배기행정	폭발행정	압축행정
180~360°	압축행정	흡입행정	배기행정	폭발행정
360~540°	폭발행정	압축행정	흡입행정	배기행정
540~720°	배기행정	폭발행정	압축행정	흡입행정

표 그룹분사방식

실린더	0°	180°	360°	540°	720°
No. 1	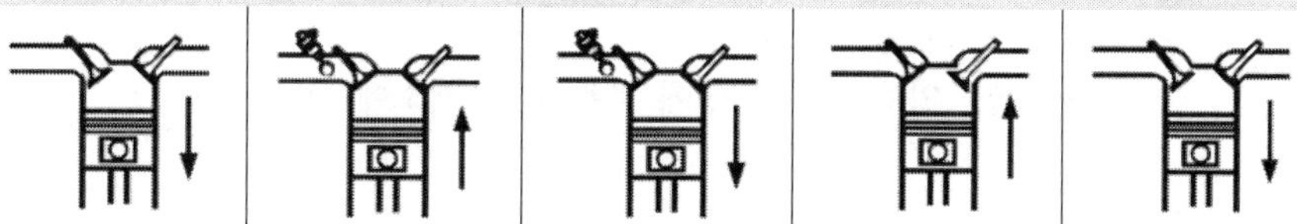 ★ 흡 입	압 축	폭 발	배 기	★ 흡 입
No. 3	★ 배 기	흡 입	압 축	폭 발	★ 배 기
No. 4	폭 발	배 기	★ 흡 입	압 축	폭 발
No. 2	압 축	폭 발	★ 배 기	흡 입	압 축
Ne-시그널	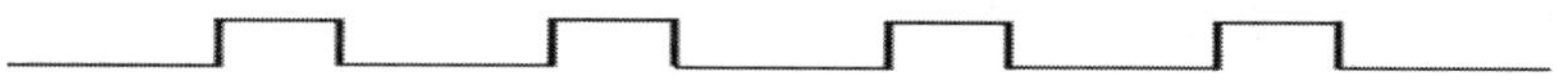				
특 징	• 각 기통을 그룹별로 구분하여 흡입행정 근처에서 분사 • 가속시 응답성 향상				

[3] 동시분사(simultaneous injection)

동시 분사식을 비동기 분사식이라고도 부르는데 각 실린더의 행정과 구분 없이 엔진 내 모든 인젝터를 동시에 작동시켜 연료를 분사하는 방식인데 엔진 1회전에 연료를 2회로 나누어 분사하며 실린더 기통 판별신호가 필요 없으며 인젝터 구동 회로도 공통적으로 사용하기 때문에 구조가 가장 간단하다. 이 분사방식은 ECU로 엔진 회전(RPM)신호만 입력되면 작동되며 엔진이 워밍업 된 상태에서 ECU가 인젝터를 1회 작동시키는 통전시간은 약 2.5~3ms 정도가 된다.

표 동시분사방식

실린더	0°	180°	360°	540°	720°
No. 1	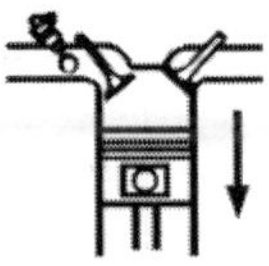 ★ 흡 입	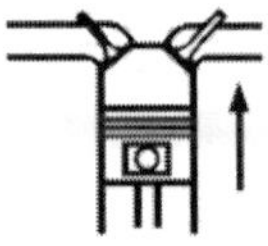 압 축	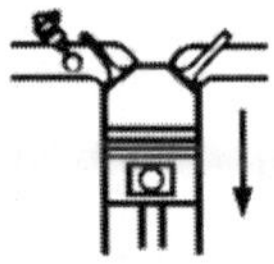 ★ 폭 발	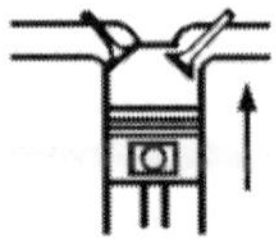 배 기	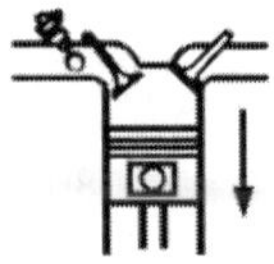 ★ 흡 입
No. 3	★ 배 기	흡 입	★ 압 축	폭 발	★ 배 기
No. 4	★ 폭 발	배 기	★ 흡 입	압 축	★ 폭 발
No. 2	★ 압 축	폭 발	★ 배 기	흡입	★ 압 축
Ne-시그널					
특 징	• 1사이클 당 2회 분사 • 흡입, 압축 등의 행정에 무관하여 1개소에 1회 분사				

2.2.7. 분사압력에 따른 분류

[1] 저압분사(low pressure injection)

인젝터가 흡기관에 연료를 분사할 때 흡기다기관의 압력과 분사압력의 차이가 2.039 kgf/cm^2 이하인 인젝터를 말한다.

[2] 고압분사(high pressure injection)

인젝터가 흡기관에 연료를 분사할 때 흡기다기관의 압력과 분사압력의 차이가 2.039 kgf/cm^2 이상인 인젝터를 말한다.

3 가솔린엔진 제어용 센서

일반적으로 센서란 물리, 화학, 생물 등의 자연현상으로부터 그 상태변화의 신호를 검출하여 전기적신호(전류, 전압, 임피던스)로 변환시키는 것을 말한다. 엔진의 기본적인 입력은 공기와 연료이며, 출력은 기계적 구동력과 배기가스의 배출이 된다. 센서는 엔진에서 발생하는 물리변수를 측정하고, 그 값은 신호처리기를 통하여 제어기(ECU)에 전기적 신호로 보내진다. 제어기는 엔진 동작에 필요한 각 종의 제어 변수를 계산 또는 운전 조건을 판단하여 액추에이터를 동작시키는 전기적 출력신호를 발생한다.

일반적으로 엔진 제어를 하기 위하여 측정될 변수들은 공기유량, 흡기관 부압, 대기압, 냉각수 및 흡입공기의 온도, 크랭크축 및 캠축 각도와 엔진의 회전속도 배기가스내의 산소밀도, 스로틀 각도, 노킹의 발생여부 등이 있다.

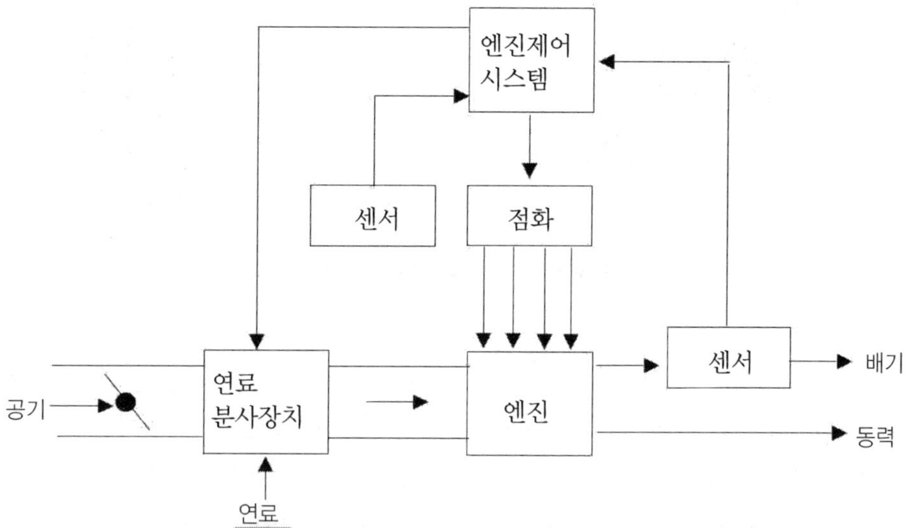

그림 11. 엔진 제어시스템의 개략도

3.1. 온도 검출용 센서(temperature sensor)

3.1.1. 흡입 공기온도센서(IATS, intake air temperature sensor)

엔진에 흡입되는 공기의 질량은 온도에 따라 변하므로 체적유량을 계측하는 AFM(베인식, 칼만와류식 등)에서는 이들 온도 및 압력에 대한 공기의 질량 보정이 요구되므로 분사 량의 보정을 행한다.

흡기온도센서는 흡입되는 공기의 온도를 검출하는 것으로 부 특성(NTC : negative temperature coefficient) 서미스터(thermistor)로 되어 있다. IATS의 역할은 ① 흡입되는 공기의 온도를 감지, ② 공기의 무게(공기 분자 수)를 정확히 알기 위함, ③ 엔진에 흡입되는 실제 공기량을 계산하도록 한다. ECU는 IATS로 부터의 출력 전압을 기초로 하여 흡입공기 온도에 대한 분사량의 보정을 행한다. IATS의 출력전압은 1~5V사이이며, 분사량에 미치는 영향은 그다지 크지 않다.

(a)

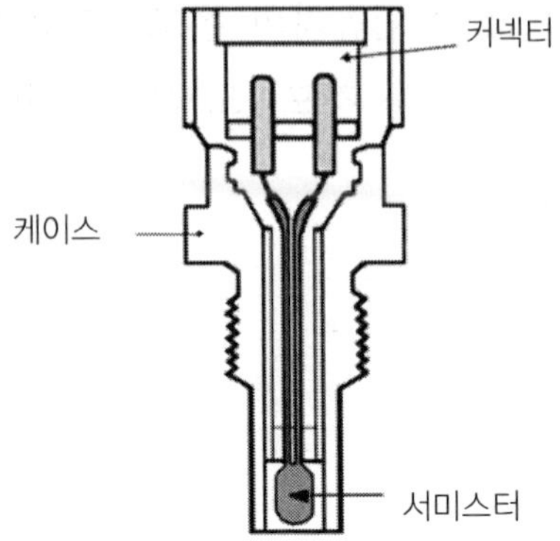

(b)

그림 12. 흡입 공기온도센서

흡기 온도센서(IATS : intake air temperature sensor)는 흡입공기량 계측기 내부 또는 별도로 흡입관로 상에 설치되며 일부 차종에서는 MAP센서 내부에 설치(T-MAP센서)하기도 하나 대부분 원리나 특성은 유사하며, 흡기온도를 ECU(ECM)가 검출하는 데 사용된다. 공기는 온도에 따라 밀도가 변화하기 때문에, 정확한 공기유량을 측정하기 위해서는 흡기온도에 따른 밀도 변화량을 보정하여야 한다. ECU(ECM)는 공기량 측정센서의 유량 정보와 흡기 온도센서의 온도 정보를 이용하여 정확한 흡입 공기량을 계산한다.

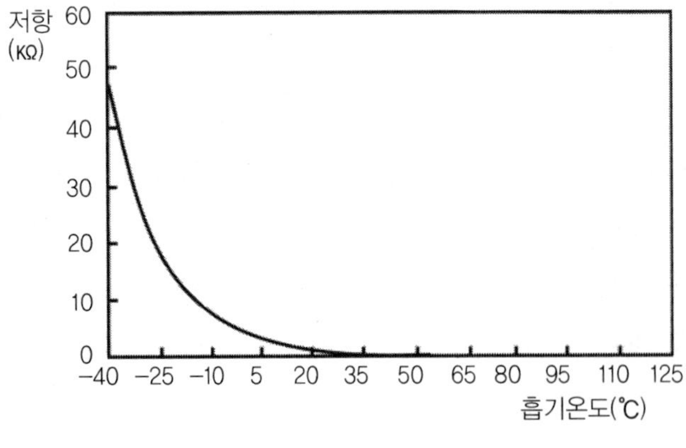

흡기온도(℃)	출력저항(kΩ)
-40	40.93~48.35
-20	13.89~16.03
0	5.38~6.09
10	3.48~3.90
20	2.31~2.57
40	1.08~1.21
50	0.76~0.85
60	0.54~0.62
80	0.29~0.34

그림 13. 흡입 공기온도센서의 특성

흡기 온도센서는 공기 중에 노출되어 있으며, 서미스터(thermistor)는 온도가 올라가면 저항이 감소하고, 온도가 내려가면 저항이 증가되는 부저항 온도계수(NTC : negative temperature coefficient) 특성을 가지고 있다.

3.1.2. 냉각수온센서(WTS : water temperature sensor)

엔진 냉각수온센서는 실린더블록 또는 서모스탯 입구의 냉각수 통로에 설치되며 냉각수의 온도를 검출하여 온도가 상승하면 저항 값이 작아지고, 온도가 내려가면 저항 값이 커지는 부특성 서미스터(NTC thermistor)로 일종의 저항기이다. 냉각수온 변화에 따라 낮은 냉각수 온도에서는 출력전압이 높아지고, 높은 냉각수 온도에서는 낮은 출력전압을 나타낸다.

서미스터의 저항변화는 전압으로 변화되며 출력전압 신호는 ECU의 A/D컨버터(analog/digital converter)를 통하여 입력 처리된다. 따라서 냉각수온센서는 엔진의 냉각수온 변화에 따른 연료 분사량의 증감 및 점화시기를 보정하는데 사용한다. WTS의 출력전압은 IATS와 마찬가지로 1~5V사이이다. ECU의 전원은 하나의 저항체를 거쳐 냉각수온센서에 공급되며, 그 저항체와 서미스터는 직렬로 연결되어 있다.

엔진(냉각수)의 온도는 엔진에 흡입된 공기의 밀도나 연료의 무화상태에 영향을 주어 연소시간을 변화시키고 엔진의 기계적 마찰계수나 엔진오일의 점도에도 영향을 주어 엔진의 내구성이나 성능을 변화시키는 중요한 변수이므로 엔진제어시스템은 WTS신호를 받아 점화타이밍이나 연료 분사량, 아이들 rpm, 쿨링 팬 작동, 에어컨 작동, 자동변속기의 변속시기, CVVT시스템, 증발가스 퍼지나 증발시스템 감시 등 다양하게 사용하고 있다.

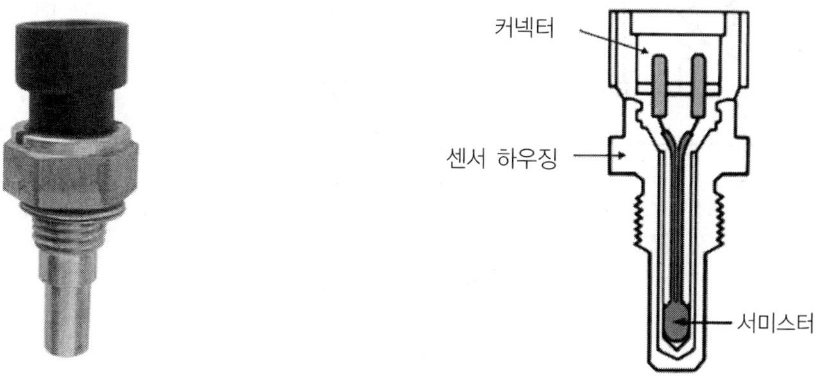

그림 14. 수온센서

엔진의 형식에 따라 차이가 있지만 냉각수 온도는 대부분 85℃~105℃사이이고 적정온도가 높을수록 엔진의 열효율이 높은 엔진이며 온도변화는 엔진의 속도나 부하에 따라 천천히 올라갔다 천천히 내려오는 과정을 반복하게 된다.

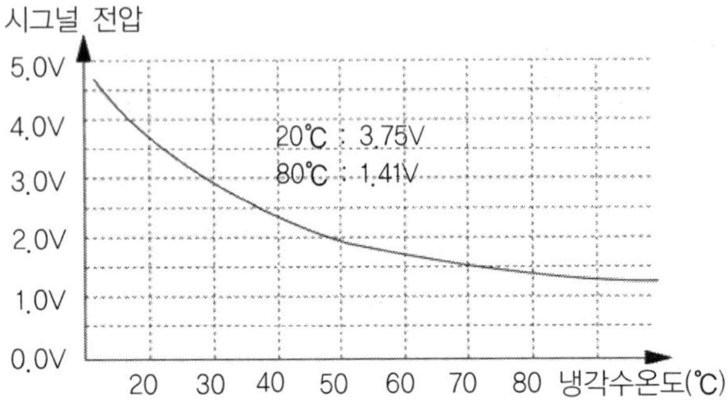

표 저항값 및 전압값

냉각수 온도(℃)	저항값(kΩ)	전압값(V)
0	5.18~6.6	4.05
20	2.27~2.73	3.44
40	1.06~1.30	2.72
80	0.29~0.35	1.25

그림 15. 냉각수온센서 출력전압

최근에는 반도체산업의 발전함에 따라 원가절감을 목적으로 엔진제어시스템용 WTS에 수온게이지용 센서를 일체로 조립하여 1개의 센서에 2개의 회로(3선이나 4선회로)를 사용한 WTS도 있다. 3선 회로는 온도 게이지용 센서 접지를 센서 바디에 연결하여 엔진 접지를 이용하거나 엔진제어시스템용 접지선에 같이 연결된 형식이고 4선 회로는 고장이나 오작동을 방지하기 위하여 두 센서 회로의 접지선을 독립적으로 설치한 형식이다.

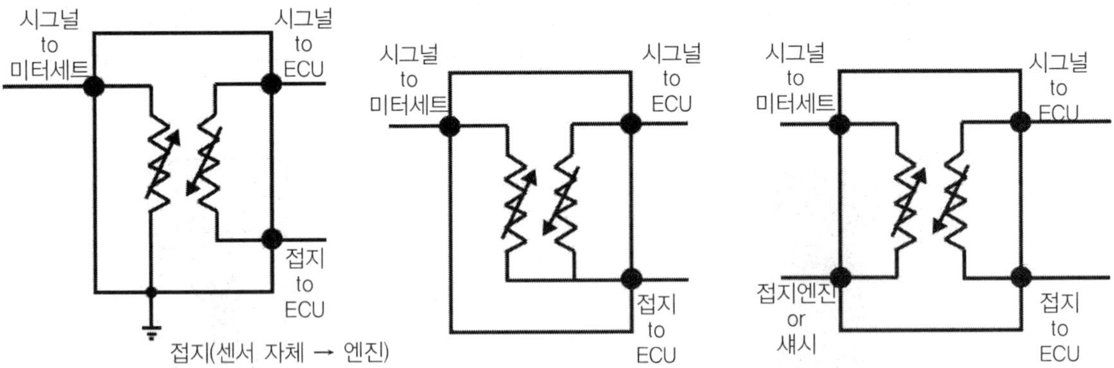

(a) 3pin 자체접지　(b) 3pin 공통접지　(c) 4pin 독립접지

그림 16. WTS 1센서 2회로

자동차 사용자에게 각종 정보를 알려주는 계기판(미터셋)이 전자식으로된 시스템을 사용하는 경우 엔진제어 시스템용 WTS 하나만 사용하고 수온게이지 유닛의 신호는 엔진 제어 시스템 모듈(ECU)에서 미터세트 모듈로 통신으로 전달하기도 한다.

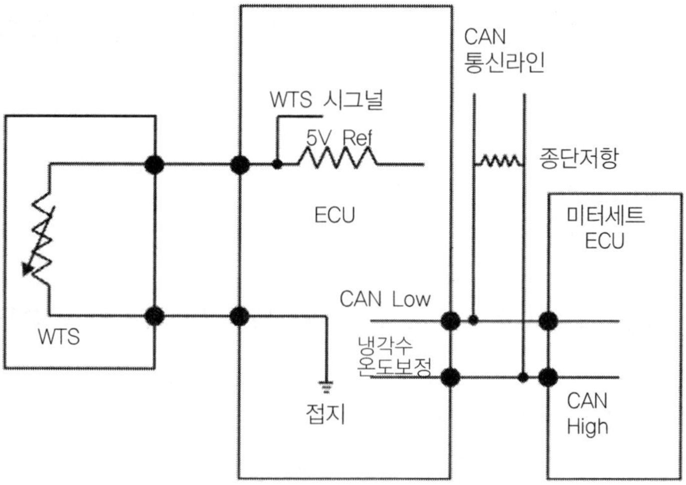

그림 17. 통신을 이용한 수온게이지 시그널 회로도

3.1.3. EGR 가스온도 센서(EGR sensor, exhaust gas recirculation sensor)

EGR밸브의 흡기포트 쪽에 장착되어 EGR가스 온도를 검출하는 센서로 NTC형 서미스터가 내장되어 재순환 하는 배출가스의 온도를 계측하고 EGR이 작용하고 있을 때와 그렇지 않을 때의 온도 차를 이용해서 EGR장치의 고장을 판단하기 위해 사용한다.

그림 18. EGR가스 온도센서

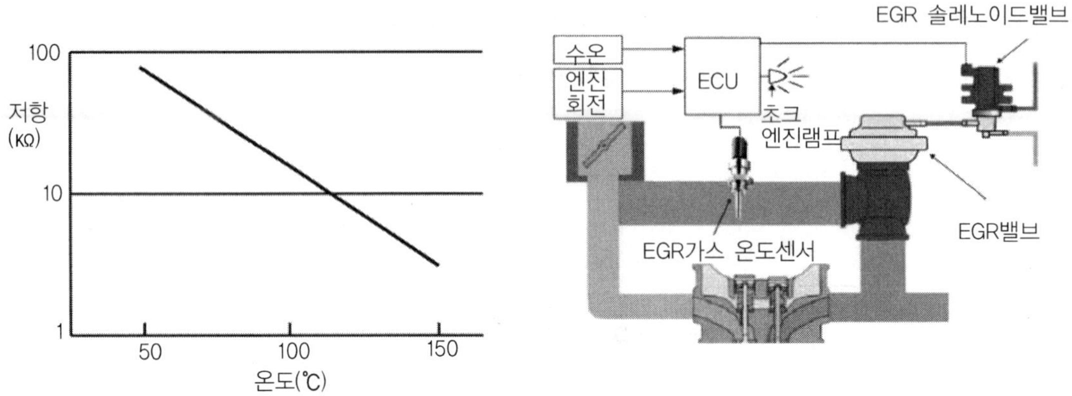

(a) 특성　　　　　　　　(b) 시스템 구성도

그림 19. EGR가스 온도센서의 특성 및 시스템 구성도

3.2. 압력 검출용 센서(pressure sensor)

차량용 압력센서는 기존의 단순한 공기압 등의 압력을 감지하는 기능에서 점차 발전되어 최근에는 파워트레인 제어, 주행안전 제어 등 구동계 등에 적용하여 연비향상, 배기가스 클린화, 안정성 향상 등의 목적을 달성할 수 있다.

압력센서는 출력신호의 방식에 따라 2가지로 나눌 수 있다. 스위치 신호를 내는 것은 "압력스위치"라고 부르며, 압력센서라고 하면, 압력의 정도를 전기신호로 만들어주는 것을 말한다. 전기신호는 대개 직류 0V에서 10V, 또는 5V, 또는 직류 4mA에서 20mA사이에 전류이고 보통 비례되는 신호를 발생하는 장치에 쓰이는 경우가 많다. 스위치로 분류되는 것도, 센서의 범위에 들기 때문에 혼동하는 경우가 많으니 확실히 구분해야 한다.

적용압력별로 압력센서를 구분하면, 저압・중압・고압으로 나눌 수 있다. 저압용은 주로 실리콘 MEMS(micro electro mechanical systems, 미소 전자 기계시스템)공법으로 제조하여 적용되고 있으며, 고압용은 금속소재를 기반으로 제조되고, 최고압력 10~60 bar 범위의 중압용 센서는 세라믹 멤브레인(membrane) 구조체를 응용한 세라믹형 압력센서가 적용되고 있다.

세라믹 멤브레인 방식에는 적용원리에 따라 다시 피에조저항식(piezo resistive)과 정전용량식(capacitive)으로 구분된다. 그리고 압력센서는 통상적으로 매우 세심한 센서들이기 때문에 취급에 각별한 주의가 필요하고 압력센서 특징은 다음과 같다.

① 반도체 압력센서는 온도 의존성이 크다.

② 압력센서 모듈에는 스위칭 타입과 아날로그 출력타입이 있다.

③ 반도체 압력센서의 바이어스 회로에는 정전류 구동법이 좋다.

④ 압력센서는 설치 중 부주의한 응력을 주어서는 안 된다.

3.2.1. 대기 압력센서(BPS : barometric pressure sensor)

대기압력은 공기의 밀도(密度)를 나타내는 하나의 지표이다. 고도(高度)가 높아짐에 따라 공기밀도가 낮아지므로 실린더로 흡입되는 공기량이 적어진다. 따라서 일정한 공연비(air/fuel ratio, 혼합비)를 유지하기 위하여 필요한 연료량은 고도가 높아질수록 작아지므로 점화시기도 공기밀도에 따라 조정이 필요하며, 일부의 자동차에서는 배기가스 재순환(EGR : exhaust gas recirculation)밸브의 가동 및 공전속도(idle speed) 조정을 보정하기 위하여 사용되기도 한다.

또한 고도 또는 기후에 따라 변화하는 공기의 밀도를 보정하기 위하여 대기압력 측정이 요구되는데, 이를 위한 장치가 대기 압력센서이다. 일반적으로 피에조 압전효과(piezo electric effect)에 의해 스트레인 게이지(strain gauge)의 저항치가 압력에 비례해서 변화하므로 이 압력변화를 출력전압으로 절대 압력을 측정한다.

그림 20. 대기 압력센서

3.2.2. 부스트 압력센서(BPS : boost pressure sensor)

부스트 압력센서는 VGT 차량에만 달려있고 인터쿨러 출력 파이프 상단(흡기 매니폴드)에 장착되어 있으며, 터보차저에서 과급된 흡입공기의 압력을 측정하는 역할을 한다. 엔진 컨트롤 모듈(ECU)은 이 정보를 이용하여 가변 터보차저를 제어한다. 이 센서는 흡기다기관 내의 압력을 측정하여 전압으로 변환하여 솔레노이드를 듀티제어 한다.

(a)

(b)

그림 21. 부스트 압력센서

부스트 압력센서는 흡기관 내의 압력을 계측하여 흡입공기량을 간접적으로 산출하는 간접 계측방식으로 흡기다기관 내의 압력변화에 따라 절대압력에 비례하는 아날로그 출력 신호를 엔진 컨트롤 모듈로 전달하고, 엔진 컨트롤 모듈은 이 신호를 이용하여 엔진 회전수와 함께 흡입공기량을 산출하여 기본 정보로 사용한다.

부스트 압력센서는 흡기다기관의 압력을 측정하기 위해 흡기매니폴드에 장착되어 있으며 흡입 압력센서는 압력변환 소자(피에조)와 변환소자의 출력신호를 증폭하는 하이브리드 IC로 구성되어 있다. 압력 변환소자는 반도체의 압전저항 효과를 이용한 실리콘 다이어프램식이며 실리콘 다이어프램의 한쪽은 100% 진공실이고 다른 한 쪽은 흡기관의 압력이 작용되는 구조로 되어 있다. 즉, 흡기관의 압력변화에 따른 실리콘 변화에 따라 출력값을 얻게 된다.

페일세이프시 차량은 주행이 가능하나 엔진출력을 제한한다. 흡기압에 따른 타이밍 보정이 정지하고, 부스터압을 100kPa으로 고정제어 및 연료량을 40mm^2/st 이하로 제한하므로 매연 발생과 출력이 떨어지는(3009rpm 이상 가속이 어렵다) 원인이 될 수 있고, 또 다른 기능으로 EGR 작동금지 등을 결정한다.

압력(kPa)	출력전압(V)
32.5	0.5
284	4.5

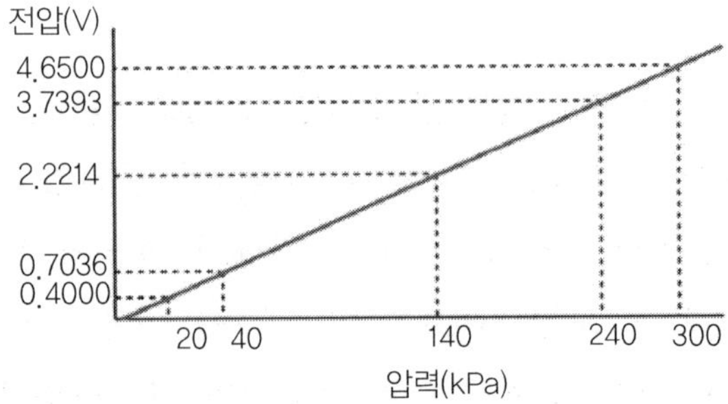

그림 22. 부스트 압력센서의 출력전압

3.2.3. 연료 탱크 압력센서(FTPS : fuel tank pressure sensor)

연료탱크 압력센서는 연료계통의 증발가스 제어시스템의 구성요소로서, 연료탱크, 연료펌프 또는 캐니스터 등에 장착되어 있으며, 퍼지 컨트롤 솔레노이드밸브(PCSV) 작동 상태와 증발가스제어시스템의 누기 여부를 점검하기 위해 압전소자 방식의 압력센서가 장착되어 있다. 증발가스 제어시스템(the evaporative emission control system)은 광화학 스모그를 발생시킬 수 있는 탄화수소(HC)가 연료탱크로부터 대기로 방출되는 것을 막기 위한 시스템이다. 연료탱크로부터 증발된 연료는 캐니스터에 응집된다. 응집된 증발 연료는 ECU가 제어하는 퍼지컨트롤 솔레노이드밸브(PCSV)를 통해서 엔진으로 유입된다.

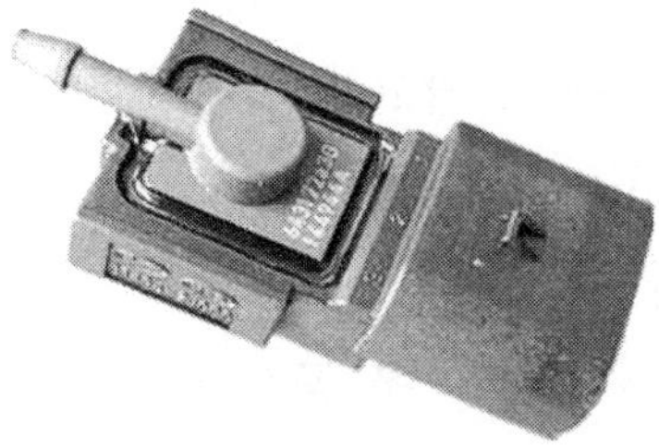

그림 23. 연료탱크 압력센서

연료탱크 압력센서는 연료탱크의 압력을 검출하여 ECU로 입력시키면 ECU는 연료압력센서 신호로 퍼지 컨트롤 솔레노이드밸브 작동상태를 점검하며 캐니스터 컨트롤밸브(CCV)작동시 연료탱크의 압력을 모니터하여 증발가스제어시스템에서의 리크(leak)발생을 검출한다.

압력(kPa)	출력전압(V)
−6.67	0.5
0	2.5
+6.67	4.5

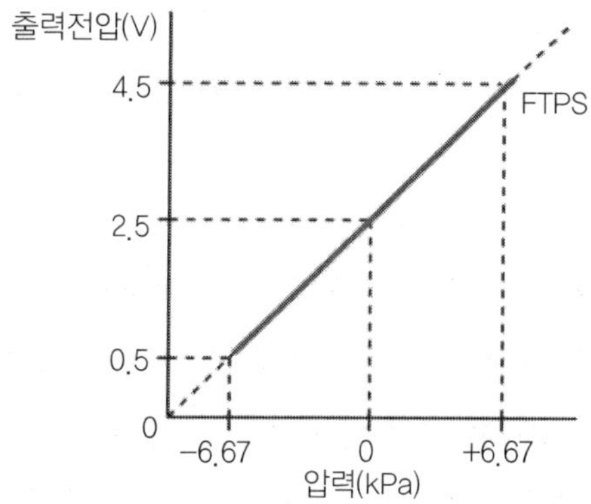

그림 24. 연료탱크 압력센서의 출력전압

3.3. 공기유량센서(AFS : air flow sensor)

유량은 단위시간 당 흐르는 공기의 양으로 정의되며, 공기의 양이 체적인 경우에는 체적유량이고, 질량인 경우에는 질량유량이 된다. 따라서 유량의 단위는 체적유량의 경우는 ℓ /s 또는 m^3/s이고, 질량유량인 경우에는 kgf/s이다. 엔진제어장치에서 흡입공기의 유량은 엔진의 성능, 운전성능, 연료 소비율 등에 직접적인 영향을 미치는 요소이다. 공기유량 센서에는 측정 영역이 넓고(최대 유량 : 최소유량(40:1)) 응답이 빠른것(수~수10ms) 등이 요구된다.

흡입공기량의 계측방법에는 직접계측방식과 간접계측방식이 있으며 직접계측방식은 흡입공기의 체적이나 질량을 측정하는 방식으로 체적유량 측정방식(volumetric flow measuring type)과 질량유량 측정방식(mass flow measuring type)으로 나누며 간접계량방식은 흡입공기량을 직접 검출하지 않고 흡기매니폴드 내의 절대압력을 측정하는 MAP 센서(manifold absolute pressure sensor)가 있고, 스로틀밸브의 각도 및 엔진의 회전속도로부터 공기량을 측정하는 방식이 있다.

직접계측방식은 AFM(air flow meter)에 공기가 직접 접촉하여 계측되며, 공기의 흐름량을 전기적 신호로 변환시켜 ECU로 보내는 방식으로 베인식, 칼만와류식, 열선식, 열막식 등이 있다.

(a) MAP센서 (b) 칼만 볼텍스타입 (c) 핫 필름타입 (d) 베인, 메저링 플레이트타입

그림 25. 흡입 공기량 센서

3.3.1. MAP센서(manifold absolute pressure sensor)

MAP센서(흡기다기관 절대압력 센서)는 흡기다기관 내의 절대압력을 측정하여 실린더로 흡입되는 공기량을 간접적으로 알아내는 것이며, MAP센서는 절대압력에 비례하는 아날로그 출력신호를 ECU로 전달하고, 이 출력신호는 실린더로 흡입되는 공기량으로 환산하여 흡입 공기량에 대응하는 인젝터 구동시간의 제어에 이용된다.

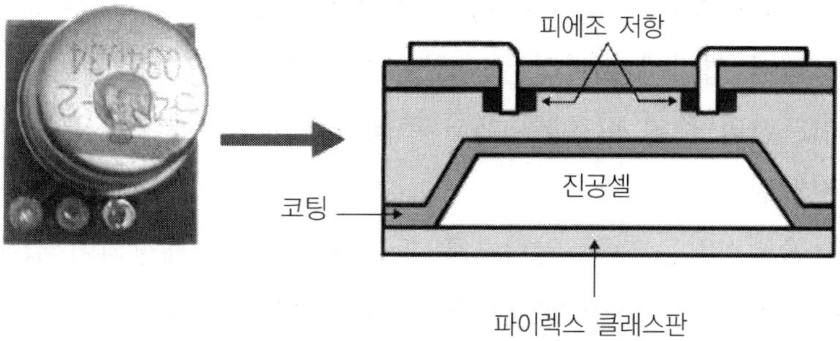

그림 26. MAP센서의 구조

MAP센서는 피에조 압전소자를 이용하고 있다. MAP센서는 흡기다기관의 압력변화에 따라 흡입공기량을 간접적으로 검출하여 연료의 기본 분사 량과 분사시간 및 점화시기를 결정하는데 사용된다.

맵 센서(MAPS : manifold absolute pressure sensor)는 서지탱크에 장착되어 있으며 맵 센서는 압전소자(piezo-electric element)와 압전소자의 출력신호를 증폭하는 하이브리드 IC로 구성된다. 압전소자는 반도체의 압전 저항효과를 이용한 실리콘 다이어프램 형식이며, 실리콘 다이어프램의 한쪽은 100% 진공실이고 다른 한 쪽은 흡기관의 압력이 작용되는 구조로 되어 있다. 압력측정은 MAP센서 내부에 설치된 센서 칩에 의해 이루어진다. 센서 칩의 압력 도입구멍으로 인가된 압력은 압력에 따라 저항 값이 변화하는 실리콘 다이어프램 뒤쪽에 작용한다.

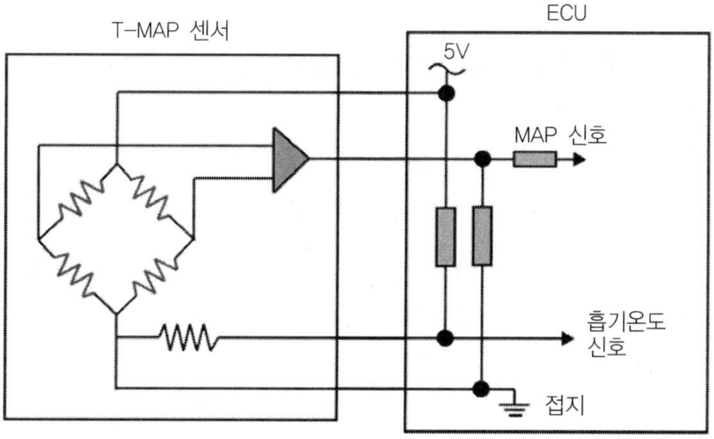

그림 27. T-MAP 센서 회로도

실리콘 다이어프램 상에는 4개의 저항으로 구성된 휘스톤 브리지가 형성되어 압력이 인가되면 다이어프램에 변형이 발생하며 이때 피에조 저항 효과에 의해 4개의 저항 값들에 변화가 발생하게 되어 압력에 비례하는 선형(線型)적인 출력 전압을 얻는다. 이 출력전압은 실리콘 다이어프램의 주위 회로부분에서 증폭작용 및 특성 조정을 거친 후 출력단자를 통하여 ECU로 전달된다.

ECU로 전달된 출력전압은 다시 압력으로 환산된 후 미리 내장되어 있는 엔진 회전속도(rpm)와 압력에 따른 공기량 환산방식에 따라 흡입공기량으로 환산하고, ECU는 이 흡입공기량에 대응하는 연료분사를 위해 인젝터 구동시간을 제어한다. 즉, MAP센서는 흡기다기관의 압력변화에 따라 흡입공기량을 간접적으로 검출하여 연료의 기본 분사 량과 분사시간 및 점화시기를 결정하는데 사용된다.

공전 시에는 흡기다기관내의 진공도가 낮은 전압 0.9~1.7V(250mmHg)를 출력하고, 스로틀밸브가 완전히 열린 상태에서는 진공도가 낮아 높은 전압 4~5V(760mmHg)을 출력한다.

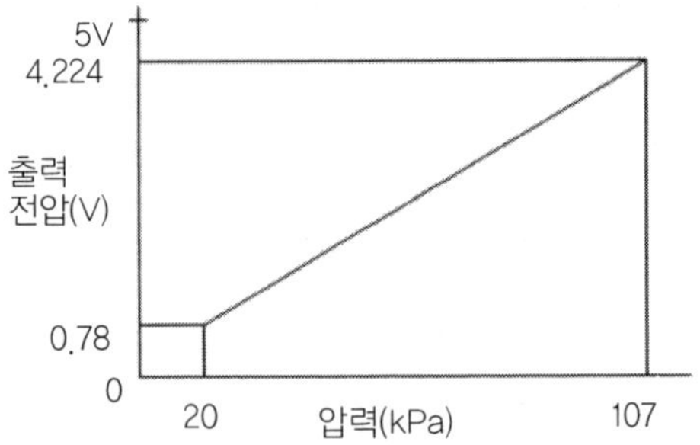

표 전압값과 진공도의 관계

전압 / 압력	5V	4V	3V	2V	1V
mmHg	760	608	456	304	152
kPa	101.3	81.04	60.78	40.52	20.26
mbar	1013	810.4	607.8	405.2	202.6

그림 28. MAP센서의 출력값(T-MAP센서)

3.3.2. 베인식 AFS(vane type air flow sensor)

흡입되는 공기량을 에어크리너 케이스에 장착되어 엔진 내로 흡입되는 공기의 부압에 의해 가동베인(미저링 플레이트)이 흡입되는 공기량에 따라서 회전운동하여 가변되면 미저링 플레이트 반대편에 설치되어 있는 포텐셔미터의 슬라이더와 일축으로 연동하여 저항판 위를 움직이게 된다.

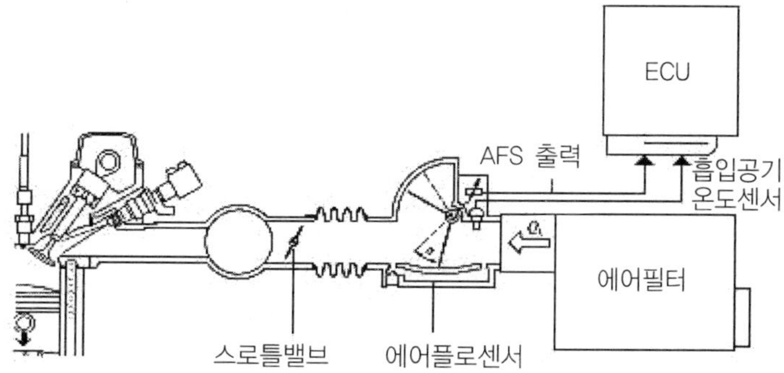

(a) 장착위치

(b) 구조

그림 29. 베인식 AFS

그러면 입력된 전압에 저항이 걸린 전압만큼 공기량을 직접적으로 검출하여 측정된 공기량을 전기적 신호로 변환하여 ECU으로 입력하는 장치로 연료의 기본 분사량을 결정하는 중요한 신호이다. 연료펌프 스위치가 AFS내부에 장착되어 메저링 플레이트에 공기가 검출됨과 동시에 접점이 붙어 연료모터가 작동된다.

3.3.3. 칼만와류식 AFS(karman vortex type air flow sensor)

칼만 와류방식 공기유량센서의 계측원리는 균일하게 흐르는 유동부분에 와류(vortex)발생장치를 놓으면 칼만 와류라는 와류 열(渦列)이 발생하는데 이 칼만 와류의 발생 주파수와 흐름속도와의 관계로부터 유량을 계측한다. 따라서 칼만 와류의 발생 주파수를 측정하면 흐름속도를 알 수 있고, 흐름속도와 공기통로의 유효 단면적의 곱으로부터 체적유량을 구할 수 있다.

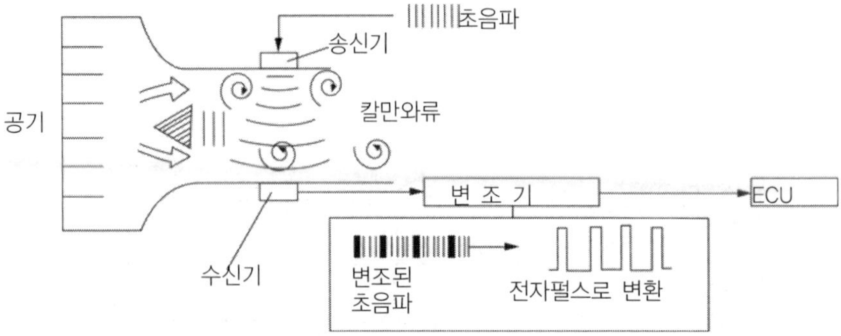

그림 30. 칼만 와류방식(초음파 검출방식)

초음파 검출방식은 와류에 의한 공기의 밀도 변화를 이용하여 관로 내에 연속적으로 발신되는 일정한 초음파를 수신할 때 밀도변화에 의해 수신신호가 와류의 수만큼 흩어지는 것으로 와류의 발생 주파수를 검출한다. 출력신호는 디지털(digital)신호이기 때문에 마이크로프로세서(micro processer)에서 처리하기에 매우 유리한 장점을 지니고 있다.

또한 출력신호는 흡입공기량에 비례하는 주파수신호를 나타낸다. 즉, 공기량이 적을 경우는 주파수가 낮고, 공기량이 증가하면 주파수가 높아지는 특성이 있다(700rpm은 약 30Hz, 2,500rpm은 약 95Hz, 4,000rpm은 약 140Hz).

(a) 공기량이 적을 때(공전시 : 낮은 주파수) (b) 공기량이 많을 때(전부하시 : 높은 주파수)

그림 31. 칼만 와류방식의 출력신호

그러나 측정하는 유량이 체적유량이므로 질량유량으로 변환하기 위하여 흡입공기 온도 및 대기압력에 따른 보정이 필요하기 때문에 흡기 온도센서와 대기압센서(BPS)가 함께 설치되어 있다.

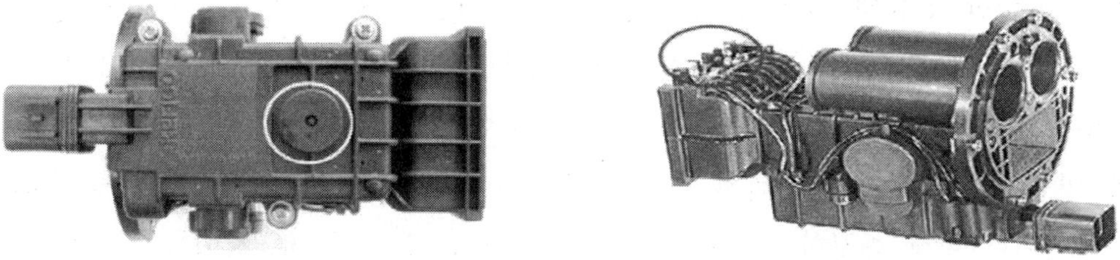

(a) 대기압력센서 (b) 흡기온도센서

그림 32. 칼만 와류방식 공기유량 센서의 형상

3.3.4. 핫 와이어 에어플로우 센서(hot wire air flow sensor)

핫 와이어 타입의 경우 흡기의 온도, 압력, 밀도와는 상관없이 엔진에 유입된 흡기질량을 직접 계측한다. 따라서 외부의 온도나 고도 등에 영향을 받지 않는 특성이 있고 따라서 대기압 센서나 흡기온도 센서를 생략할 수 있는 장점이 있어 최근에는 배출가스 규제 강화로 인하여 이들 센서를 사용하여 정밀도를 높이고 있다.

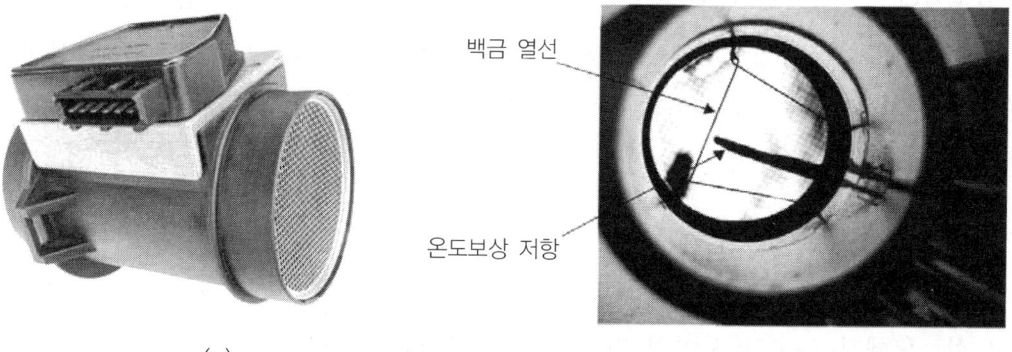

(a) (b)

그림 33. 핫 와이어 에어플로우 센서

장착위치는 에어클리너와 스로틀바디사이이며 열선과 저항들은 원통내부에 설치되고, 입구에 설치된 미세한 철망은 이물질로 인한 열선의 기계적 파손을 방지하는 역할도 한다. 원통 안에 가운데 뾰족하게 튀어나온 부분이 온도보상 저항이고, 아주 가는 실선이 온도 변화에 저항 값의 변화가 일정하고 고온에서 산화가 되지 않는 백금 열선이다.

열선은 항상 100℃를 유지하도록 전기적으로 가열된다. 열선을 통과하는 공기가 많을수록 열선은 더 많이 냉각되므로 열선의 온도를 일정하게 유지하기 위해서는 전류를 더 많이 공급해야 한다. 전류의 증가는 열선의 원래의 설정온도로 될 때까지 계속된다.

따라서 공급한 전류의 값이 흡입공기량을 측정하는 기준이 된다. 열선은 자체 질량이 아주 작기 때문에 아주 급속히 일정한 온도로 가열된다. 보통 1초에 1,000회 정도 반복해서 측정이 가능하며 반응시간이 짧은 것이 장점이다. 열선이 흡기통로에 설치되어 있기 때문에 열선에 오염물질이 퇴적될 경우 측정결과에 오차가 생기므로 이를 방지하기 위해서 핫 와이어는 항상 깨끗한 상태를 유지해야 하므로 정기적으로 청소를 해 주어야 한다.

청소방법은 엔진이 작동 후 정지신호가 ECU로 입력되는 시점, 즉, 키 스위치가 ON상태에서 OFF가 된 후부터 일정기간(약 4~5초)이 지난 후 순간적(약 1초간)으로 많은 전류를 공급하여 핫 와이어의 이물질을 약 1,000℃ 정도로 가열하여 순간적으로 퇴적물을 연소시켜 제거한다. 이러한 작동은 자기 청정회로(burn-off circuit)에 의해 이루어지며 이것을 클린 버닝(clean burning)이라고 한다. 통과 공기유량이 증가하면 열선은 냉각되어 저항이 감소하고 제어회로에서는 즉시 통과 전류를 증가시키게 되며 이 전류의 증가는 열선의 온도가 원래의 설정온도(약 100℃)가 될 때까지 계속된다. 따라서 ECU는 이 전류의 증가을 감지하여 흡입 공기량을 계산한다.

"흡입공기량 ∝ 열선의 방열량 = 전류 I의 증가 = 전압의 증가" 로 아래 회로도에서 열선 RH는 들어오는 흡입공기에 노출되어 있고 흡입공기량이 많을수록 RH(열선저항)를 일정온도로 유지하기 위하여 제어회로는 더 많은 전류를 흘려주어야 한다.

그러면 열에 걸리는 전압은

$$V = I \times RH(\text{열선저항})$$

이 되고 회로도에서 A-B점 사이의 전위차에 해당된다. 그리고 이 전압과 공기질량유량과의 관계는 다음과 같다.

표 전압값과 공기질량과의 관계

출력전압(V)	공기질량(kgf/h)	출력전압(V)	공기질량(kgf/h)
0.3	7.34	3.0	149.07
0.5	10.06	3.5	226.66
1.0	19.85	4.0	335.66
1.50	35.58	4.5	500.16
2.0	58.79	4.76	614.61
2.5	94.70	5.00	730.01

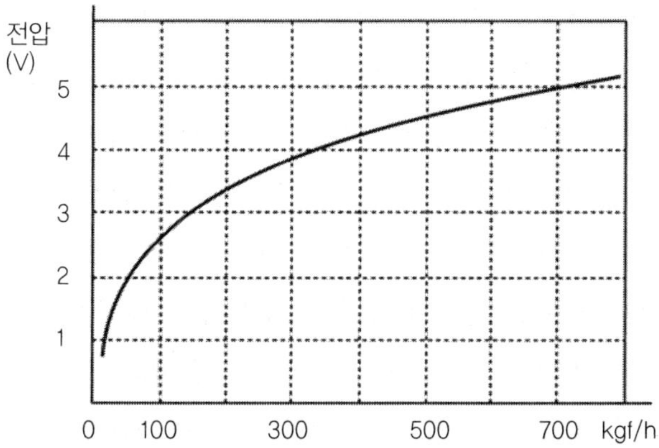

그림 34. 흡입공기량과 신호전압

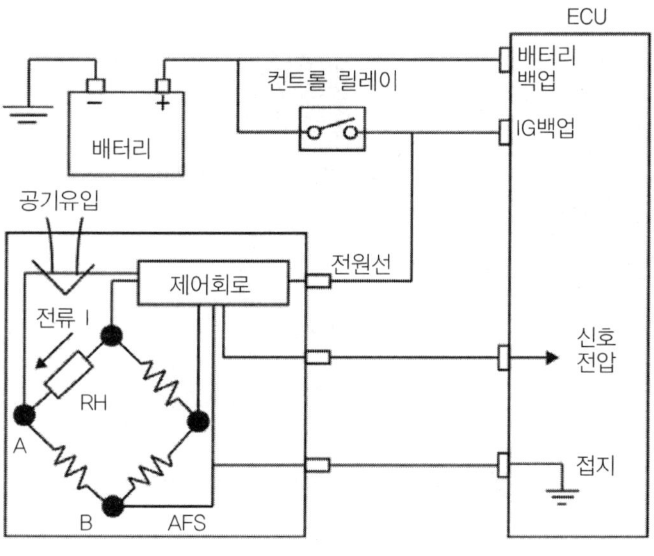

그림 35. 핫 와이어 AFS 회로도

3.3.5. 핫 필름 AFS(hot film type air flow sensor)

핫 필름 공기유량센서는 열선방식의 단점을 보완하여 등장한 것이다. 핫 필름방식은 열선방식의 백금열선(약 70㎛ 두께의 가느다란 백금선), 온도센서, 정밀저항기 등을 센서저항필름(백금필름)과 온도센서, 브리지 트리밍저항 그리고 히팅저항 등이 세라믹(ceramic) 기판(약 0.2mm)에 층 저항으로 집적시킨 것이며, 계측원리는 열선방식과 같다.

핫 필름방식은 열선방식에 비하여 열손실이 적기 때문에 작게 하여도 되며, 오염정도가 낮고 온도차를 일정하게 유지하도록 하이브리드 IC가 제어한다. 따라서 공기량 출력은 공기의 밀도변화에도 상응될 수 있으므로 온도나 압력에 의한 ECU의 보정이 필요 없다.

핫 필름(hot-film) 형식의 센서는 흡입공기량을 측정하여, 주파수 신호를 ECU에 전달하는 역할을 한다. ECU는 흡입공기량이 많을 경우는 가속상태이거나 고부하 상태로 판정하며, 반대로 흡입공기량이 적을 경우에는 감속 상태이거나 공회전 상태로 판정한다. ECU는 이러한 센서 신호를 이용하여, EGR량과 연료량을 보다 정확하게 제어할 수 있다.

통과 공기유량이 증가하면 열막은 냉각되어 저항이 감소하고 제어회로에서는 즉시 통과전류를 증가시키게 되며 이 전류의 증가는 열막의 온도가 원래의 설정온도(약 100℃)가 될 때까지 계속된다. 따라서 ECU는 이 전류의 증감을 감지하여 흡입 공기량을 계산한다.

(a) (b) (c)

그림 36. 핫 필름방식 AFS의 구조

3.4. 위치 및 회전각센서

엔진 제어에서의 위치 정보를 제공하는 센서는 스로틀밸브의 열림 정도를 나타내는 스로틀포지션센서(TPS), 액셀러레이터 포지션센서(APS), 배기가스 재순환장치에서 EGR밸브포지션센서, 크랭크축포지션센서(CPS : crank shaft position sensor), 캠축포지션센서(phase sensor) 등이 사용된다.

이와 같은 센서는 엔진제어에서 엔진 부하상태에 대한 정보를 제공하고, 연료분사 및 점화시기의 결정, 공전속도 조정과 배기가스 재순환 제어 등에서 매우 중요한 역할을 한다.

위치를 검출하기 위한 계측원리는 일반적으로 전위차계(potentiometer), 전기저항, 홀(hall)효과, 전자유도, 광학적인 방법 등이 사용된다.

3.4.1. 스로틀 위치센서(TPS : throttle position sensor)

스로틀 위치센서는 스로틀밸브의 열림 정도를 검출하여 공회전, 가감속 등의 엔진부하 상태를 판별하는 센서로 스로틀밸브의 축과 같이 연동되는 가변저항기의 일종인 전위차계(potentiometer)이다. 스로틀밸브가 회전하면 저항 값이 변화하며 이 변화되는 저항 값은 전압변화로 출력되고 ECU는 이 출력 전압 값과 엔진의 회전수 등 다른 센서로 부터의 입력신호를 바탕으로 엔진의 운전조건을 판정하여 분사량과 점화시기를 결정한다.

TPS의 종류에는 선형방식(linear type)과 접점방식(switch type)이 있다. 전위차계는 저항선이나 저항물질로 만든 일종의 가변 저항기이다. 전원 공급단자와 접지단자, 미끄럼 운동을 하는 브러시에 연결된 신호단자로 구성되어 있다. 전원 공급단자와 접지단자사이의 저항은 전위차계 전체의 저항이다.

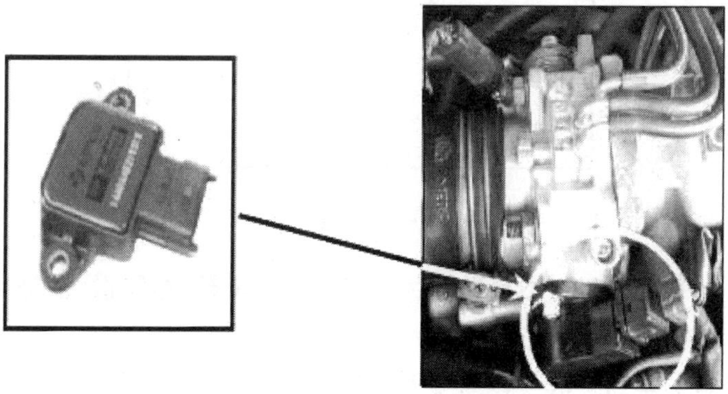

그림 37. 스로틀 위치센서

그러나 신호단자와 접지단자사이의 저항은 미끄럼 운동하는 브러시가 움직임에 따라 변화되며, 이것은 공급된 일정한 전압을 분압된 형태로 신호를 발생한다. 스로틀밸브와 연동하여 움직이는 2개의 브러시가 있고, 1개의 접점이 저항 물체 위를 미끄럼운동하여 움직이는데 따라 스로틀밸브의 열림 정도에 대응하는 선형적인 출력전압을 얻을 수 있다. 또한, 스로틀밸브의 완전 닫힘 상태를 검출하기 위한 공전 접점이 있다. 먼저 ECU로부터 센서는 센서 전원 5V가 인가된다.

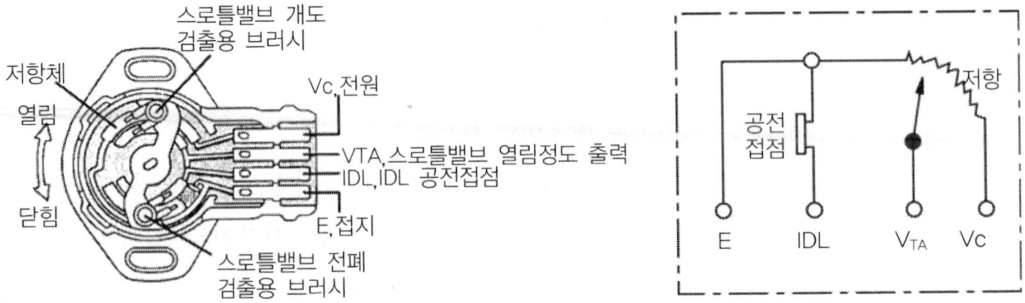

(a) 구조 (b) 내부회로

그림 38. 선형방식 스로틀포지션 센서 위치 및 구조 내부회로

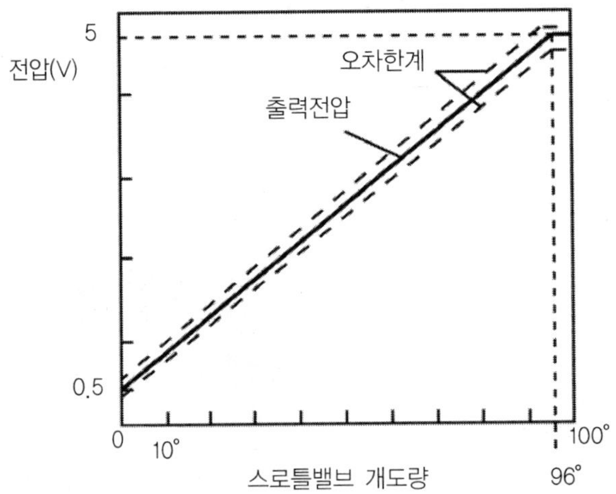

그림 38. 스로틀밸브 개도량에 따른 전압값 변화

가속시에는 스로틀밸브의 개도가 커짐에 따라 센서 전원단자와 신호단자사이의 가변 저항 값이 감소하여 출력전압이 커지며, 반대로 감속시에는 가변 저항 값이 증가하여 출력전압이 작아진다. 즉, 센서 출력전압은 스로틀밸브의 개도량에 비례한다. 스로틀밸브가 완전히 닫혔을 때 전압은 대략 0.5V 정도이며, 완전히 개방되었을 때는 약 4.7V정도가 된다.

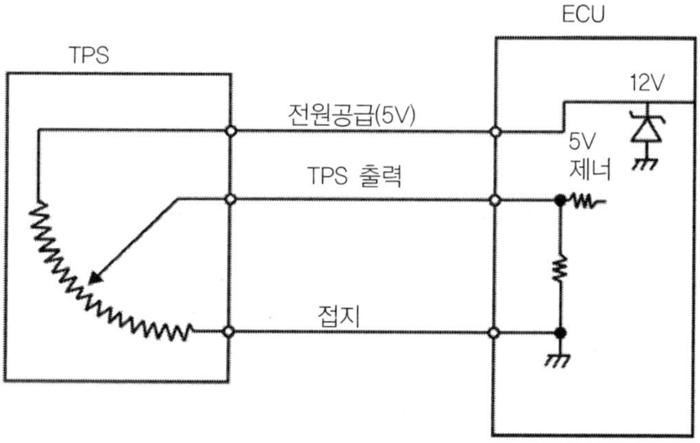

그림 39. TPS 회로도

3.4.2. 액셀러레이터 포지션센서(APS : accelerator position sensor)

액셀러레이터 위치 센서는 가속페달의 밟힌 양을 감지하는 센서로 액셀러레이터와 일체로 구성되어 있다. 2개의 센서가 조합된 더블 포텐시오미터 형식으로 엔진 ECU는 센서 1의 신호로 연료 분사량과 분사시기를 결정하는 주된 역할을 하며 센서 2의 신호는 센서 1의 이상 신호를 감지하는 역할을 한다.

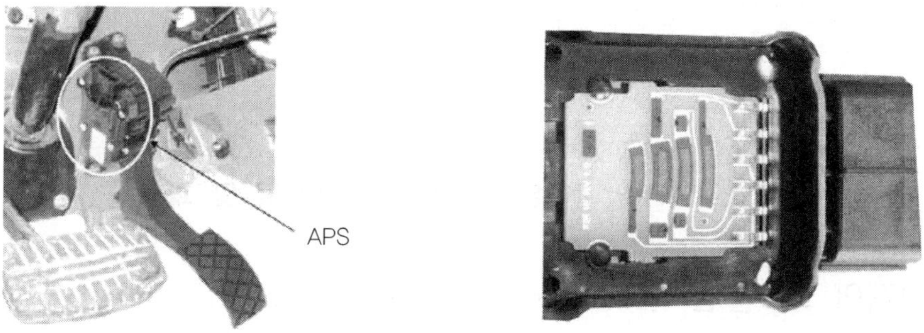

(a) 설치위치 (b) 내부 구조

그림 40. 액셀러레이터 포지션센서

엑셀 페달 위치센서(APS)는 엑셀 페달 모듈에 장착되어 있으며, 운전자의 가속의지를 ECU에 전달하여, 가속 요구량에 따른 연료량을 결정하게 하는 가장 중요한 센서이다. 페달 위치 센서는 신뢰도가 중요한 센서로, 주 신호인 센서 1과 센서 1을 감시하는 센서 2로 구성되어 있다.

센서 1과 2는 서로 독립된 전원과 접지로 구성되어 있으며, 센서 2는 센서 1 출력의 1/2 출력을 발생하여, 센서 1과 2의 전압 비율이 일정 이상 벗어날 경우 에러로 판정된다.

표 액셀러레이터 포지션센서 출력전압

조건	출력 전압	
	APS 1	APS 2
공회전	0.7~0.8	0.275~0.475
완전히 밟음	3.8~4.4	1.75~2.35

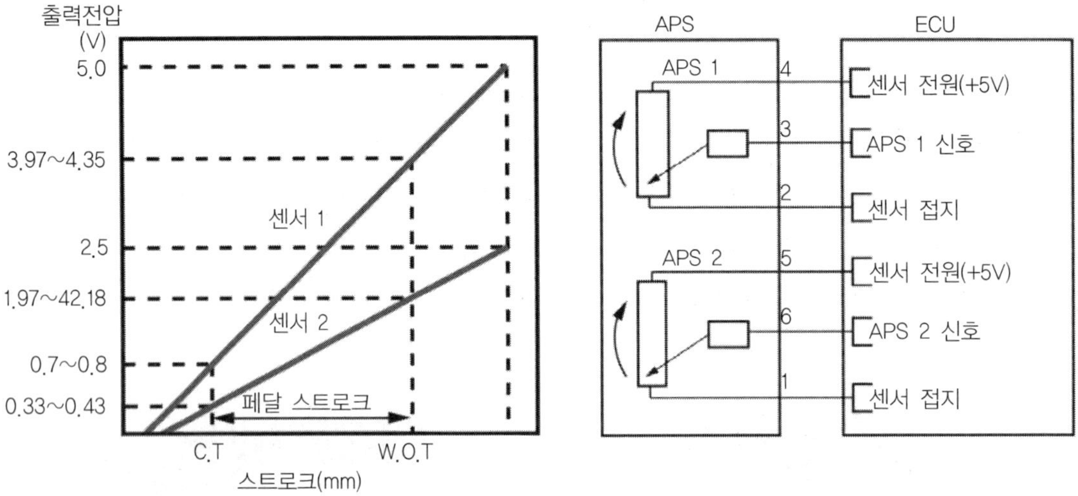

(a) 출력전압 (b) 회로도

그림 41. 악셀페달 위치센서 출력전압 및 회로도

3.4.3. 전자제어 스로틀밸브(ETC : electronic throttle control)

기존의 가속페달과 스로틀밸브를 케이블에 의해 기계적으로 연결한 것과는 달리 스로틀밸브를 모터에 의해 제어하는 시스템이다. 액셀러레이터 센서의 신호를 2계통으로 ECU에 송부하고 전자제어 스로틀 역시 스로틀밸브를 구동하는 스로틀 모터, 기어기구 및 스로틀 개도를 검출하는 2계통의 스로틀센서로 구성되어 있다. 보조 공기량은 모두 전자제어 스로틀로 실시해 아이들 회전수를 제어하기 때문에 아이들 회전수 제어시스템이 필요 없다.

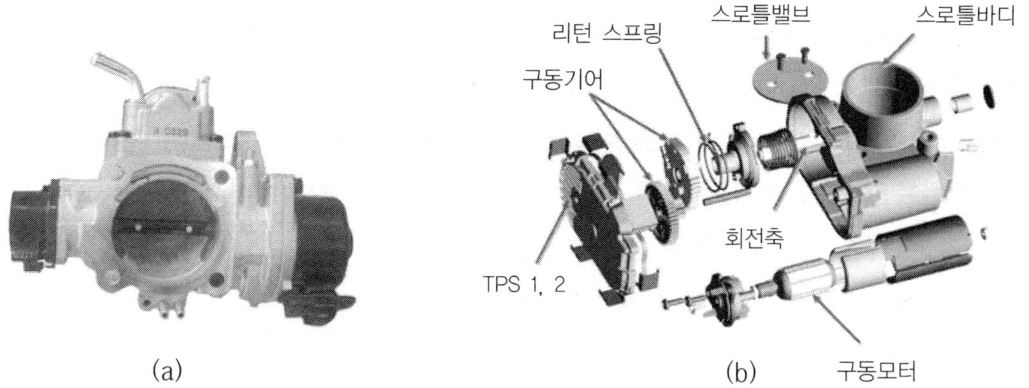

그림 42. 전자제어 스로틀밸브

엔진 공회전 속도제어, ABS(TCS)제어, 정속주행 등의 여러 가지 기능을 하나의 모터로 제어하기 때문에 각종 액추에이터 및 배선, 연결 커넥터 등을 삭제시켜 시스템 간소화로 인한 고장을 저감 및 신뢰성을 확보하였다.

ETC시스템은 스로틀밸브를 전자적으로 제어하는 전자제어 스로틀시스템이며, ETC모터, 스로틀밸브 및 스로틀 포지션센서(TPS : throttle position sensor)로 구성되어 있다. 엑셀 페달과 연결된 와이어 케이블로 스로틀밸브를 제어하는 기존의 기계식 스로틀시스템과 달리, ETC시스템은 전자식 엑셀 페달 모듈에 장착된 엑셀 페달 위치센서(APS : accelerator position sensor) 신호에 따라 ECU가 ETC모터로 스로틀밸브의 개폐를 제어하여 흡입 공기량을 정밀 제어하여 배출가스 속에 포함되어 연소실로부터 배출되는 유해물질 즉 일산화탄소(CO), 탄화수소(HC), 질소 산화물(NOx) 등을 최적의 상태로 한다.

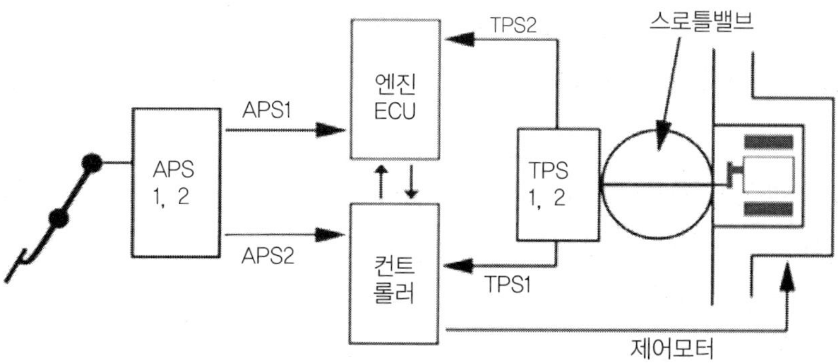

그림 43. 전자제어 스로틀밸브의 계통도

또한 ETC시스템은 별도의 추가장치 없이 크루즈 컨트롤기능을 구현할 수 있는 장점이 있고 TCS, ESP의 각 바퀴의 스피드 센서에서 슬립을 감지하게 되면 엔진 출력을 줄이라는 명령을 엔진 ECU로 내리게 되는데 이때 개방된 스로틀을 닫아야 한다.

케이블방식의 경우 운전자가 스로틀을 개방하고 있는 상태에서 출력을 줄이려면 반대방향으로 케이블을 다시 당겨야 하기 때문에 액셀러레이터 페달 주변에 반대방향으로 당겨주는 액추에이터를 설치해야하는 등 원가 상승요인과 제어난이도 및 급발진 가능성 요소 추가라는 뜻하지 않은 부작용까지 생기게 된다.

[1] ETC 특징

① 별도의 추가장치 없이도 크루즈 컨트롤기능을 구현할 수 있다.
② 차체 자세 제어장치의 출력조절을 쉽게 가능하게 한다.
③ ECU가 스로틀을 조절하므로 ISC를 사용하지 않아도 된다.
④ 금속 케이블을 사용하지 않아 차량의 무게를 줄일 수 있다.
⑤ 액셀러레이터 조작을 ECU에서 보정해줌으로써 더 나은 승차감을 얻을 수 있다.
⑥ 차량의 설계 자유도가 굉장히 높아진다.
⑦ 금속 케이블의 탄력에 의해 지연되던 반응속도가 개선된다.
⑧ 전자식 케이블은 움직이는 부품이 아니므로 케이블의 노후화 또는 마모로 인해 끊어지는 문제가 사라진다.
⑨ 스로틀 조작까지 ECU가 개입함으로써, ECU 오류로 인한 급발진의 가능성이 생긴다.

[2] 주요 구성부품의 장착위치 및 기능

(1) 액셀레이터 위치센서(APS : accelerator position sensor)

① **적용목적** : 운전자의 가속의지를 판단하기 위해 액셀레이터 페달의 밟은 양을 감지한다.
② **구성요소** : 엔진룸 우측 대시패널에 장착되어 ETS ECU용 APS(서브) 및 엔진 ECU용 APS(메인)로 구성되어 있고 APS ASS'Y 내부에 아이들 스위치가 내장되어 있다.
③ **주요기능** : ETS용 APS는 엔진 ECU용 APS의 고장 검출 및 엔진 ECU와의 통신라인 이상 시 ETS ECU가 목표 스로틀 개도를 연산할 수 있도록 보정신호로 사용한다.

고장의 경우에는 APS의 신호값을 2개의 독립된 신호 중 하나에 이상이 생기는 경우이거나 커넥터의 이탈의 경우이고, 이 경우에는 신호값이 정상 범위 바깥으로 나가서 ECU에서 엔진체크 경고등을 띄우고, APS의 나머지 하나의 신호를 사용하거나, 스로틀을 일정 각도로 고정시켜 주행을 가능하게끔 한다.

(2) 스로틀 위치 센서(TPS : throttle position sensor)

① 적용목적 : 스로틀밸브의 움직이는 양을 감지한다.

② 구성요소 : 스로틀바디에 장착되어 ETS ECU용 TPS(메인) 및 ECU용 TPS(서브)로 구성되어 있다.

③ 주요기능 : ETS ECU용 TPS(메인)는 목표 스로틀 개도 피드백제어 및 엔진 ECU용 TPS의 고장검출을 하고 ETS ECU용 TPS의 고장검출 및 ETS ECU용 TPS의 고장시 보정신호로 사용한다.

전위차계의 주요 결점은 전위차계는 저항성이 있는 원형 서브스트레이트 상에서 와이퍼(브러시)를 미끄러트리는 방식을 통해 아날로그 전압을 만들며 그 크기는 축의 회전에 비례하므로 먼지와 마모에 민감하다.

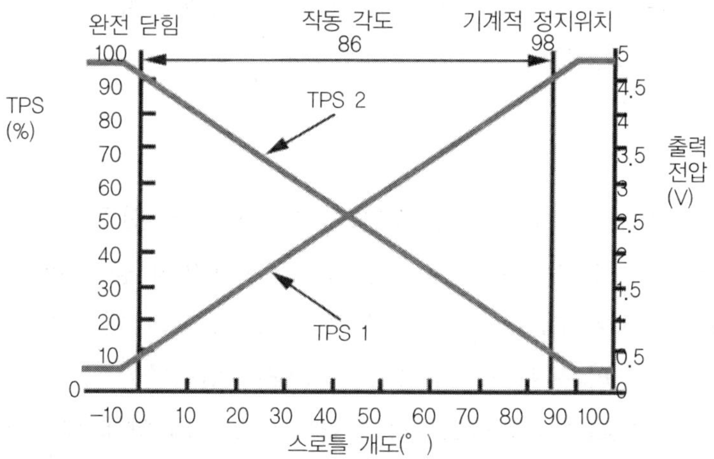

그림 44. ETC 스로틀 포지션센서의 특성곡선

안전을 중시하는 자동차 용도에서 전위차계는 상대적으로 신뢰도와 내구성이 낮다. 이에 따라 ETB(electronic throttle body)는 홀-효과(자기) 무접점 센서를 사용한다. 자기위치감지 센서에서 양극(SN) 자석 디스크는 밸브 축에 설치한다. 그 각 위치는 자석디스크와 작은 공극으로 정렬된 IC센서에 의해 탐지된다. 전위차계와는 달리 자기 위치센서는 기계적 마모가 되지 않고 먼지나 그리스 오염에 대한 내성을 갖는다.

(3) 스로틀 모터(throttle motor)

① 적용목적 : 3상 코일을 적용하여 정밀한 구동이 가능하며 ETS ECU로부터 작동 전류를 입력받아 스로틀밸브를 구동한다.

② 구성요소 : 스로틀바디에 장착되어 ETS ECU용 TPS(메인) 및 엔진 ECU용 TPS(서브)로 구성되어 있다.

③ 특징 : ETS는 스로틀 위치를 검출할 수 있는 HALL IC가 없으므로 스로틀 모터 교환 시 또는 탈부착 시 ETS를 초기화 실행을 해야 하며 ETS는 스로틀 바디의 카본 누적 등에 목표 스로틀 개도를 학습하여 보정함으로 스로틀 바디 카본 누적에 의한 엔진 부조 현상은 발생하지 않는다.

(4) 페일 세이프 밸브(fail safe valve)

스로틀바디 하단부에 장착되어 있으며, ETS시스템 정상시 페일세이프밸브는 닫히고 ETS시스템에 주요 결함이 발생 시 스로틀 모터가 구동하지 못하므로 시동 불가 및 주행 불가를 방지하기 위해 엔진 ECU는 페일세이프밸브를 구동하여 밸브를 열어 일정양의 공기가 유입되도록 하여 최소한의 주행이 가능하도록 한다.

[3] 구동원리

엔진 ECU는 ABS(TCS) ECU, APS, 엔진회전수, A/CON 신호 등 각종 센서로부터 정보를 입력받아 TCS 작동유무, 엔진 부하, 운전자의 가속의지 등을 판단함으로서, 목표 스로틀밸브 개도를 연산하여 ETS 컴퓨터로 목표 스로틀밸브의 개도량을 명령하고 ETS 컴퓨터는 엔진 컴퓨터로부터 목표 스로틀밸브 개도량을 입력받아 스로틀 모터로 전류를 분배한다. 스로틀 모터는 ETS 컴퓨터로부터 입력되는 전류의 양에 따라 회전하여 스로틀밸브를 구동한다.

3.4.4. 크랭크각 센서(CAS : crank angle sensor)

엔진의 점화시기를 제어하기 위해서는 피스톤의 위치를 알아야 하는데 크랭크각과 피스톤의 변위는 서로 상관관계가 있으므로 크랭크 각도를 검출하면 피스톤의 위치를 알 수 있다. 그리고 점화 시기는 적어도 크랭크 각 1° 단위의 정도를 요구한다. 예를 들어 엔진 회전속도가 3000rpm인 경우 크랭크각 1° 는 시간적으로 56㎲라는 극히 짧은 시간이 되므로 타이밍을 정확히 제어하기 위해서는 크랭크각을 정확히 검출해야만 한다.

일반적으로 CAS는 점화시기의 기준인 크랭크각과 함께 회전수의 검출도 병행하고 있다. 크랭크각 센서는 엔진 회전속도 및 크랭크각의 위치를 감지하여 연료분사시기 및 연료 분사시간과 점화시기 등의 기준 신호를 제공한다. CAS는 CPS(crank position sensor, CKP sensor)라고도 하며 1번 상사점을 검출하기 위해 #1 TDC센서 또는 cam angle sensor를 별도로 캠축에 장착하기도 한다. 크랭크각의 검출방법에는 발광다이오드(LED) 및 포토다이오드 등으로 구성된 광전식(optical type), 마그네틱 픽업(magnetic pick up)과 톤 휠(tone wheel) 등을 이용한 전자식(inductive pulse generator type), 자기저항형, 홀 센서식(hall generator type) 등이 있다.

[1] 자기 저항형 센서(Reluctance Sensor)

자기 저항형은 타이밍로터(timing rotor)와 로터의 바깥쪽에 설치된 픽업코일(pick up coil), 자석 등으로 구성되어 있다. 자석의 자속은 타이밍로터를 거친 후 픽업코일을 통과하고 있으며, 타이밍로터가 회전하면 로터 돌기부분의 간극이 변화하기 때문에 픽업코일을 통과하는 자속량이 변하게 된다.

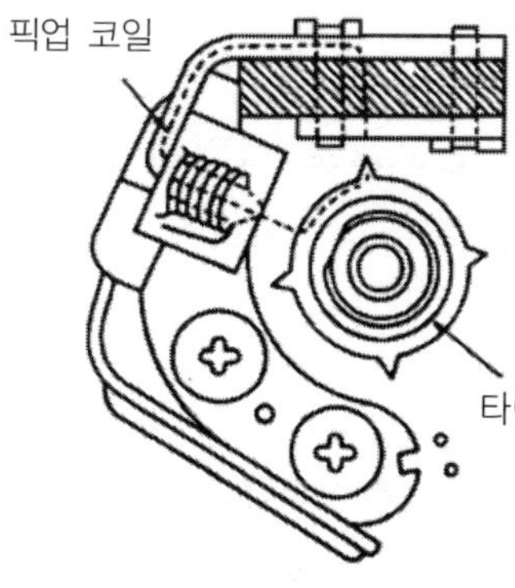

그림 45. 자기 저항형 회전센서의 구조

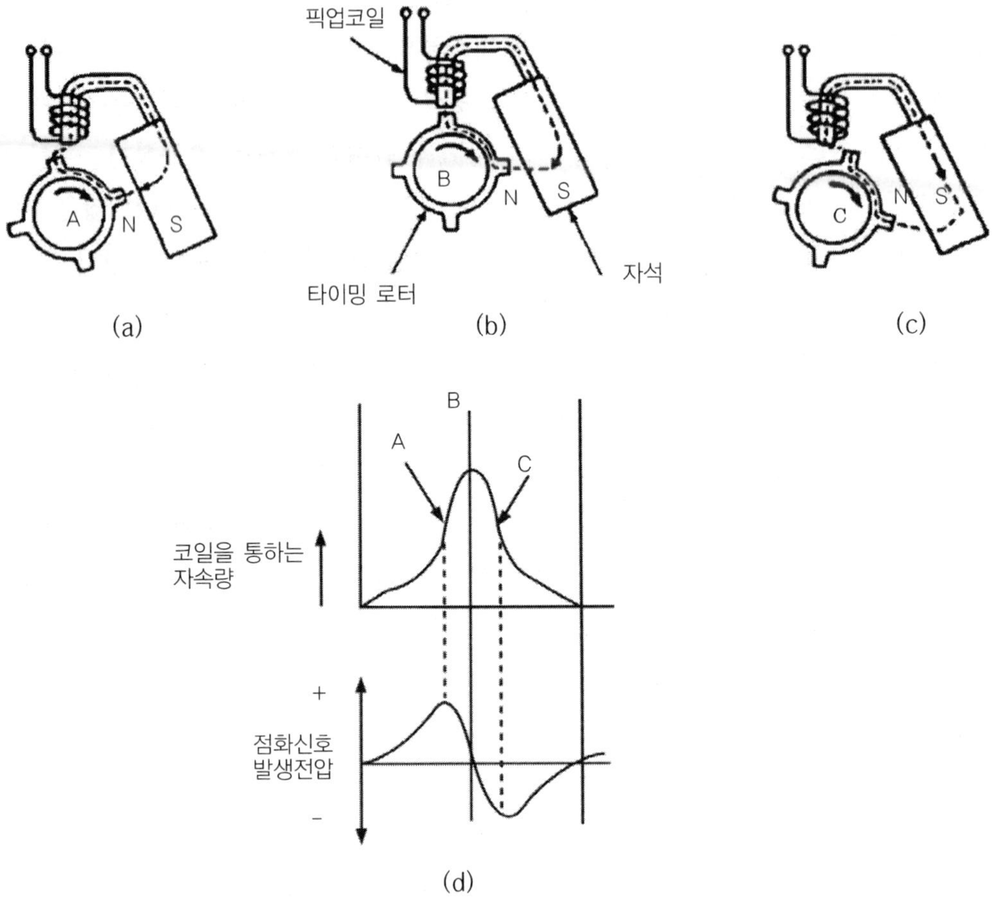

그림 46. 픽업코일의 전압발생

이때 자속 량의 변화에 상응하여 전압이 코일의 양끝에 발생하며, 발생전압은 자속의 변화를 방해하는 방향으로 발생하므로 교류전압의 형태로 나타난다. 이때 픽업코일에서 전압이 유지되기 위해서는 자속이 변화하고 있어야 한다는 점이 중요하다. 즉, 엔진이 가동되지 않을 때에는 자속의 변화가 없으므로 출력전압이 0이 되기 때문에 엔진을 가동하여야만 위치를 알 수 있고 타이밍을 맞출 수 있다.

[2] 홀센서(hall sensor)

홀센서는 일종의 반도체 발전기로서 홀효과(hall effect)를 이용한 것으로 홀소자는 게르마늄(Ge), 칼륨(K), 비소(As) 등을 사용하여 작고 얇으며 편평한 반도체 물질로 만들어진다.

홀 효과(hall effect)란 도체에 전류가 흐르는 상태에서 전류의 방향과 수직으로 자기장이 형성될 때, 전류가 흐르는 도체 내에서 전류와 수직방향으로 전위차가 발생(전기장 형성)하는 현상을 말한다. 전류가 같은 방향이라도 전하를 운반하는 입자의 전하 부호에 따라 발생하는 전기장의 방향이 달라진다. 그리고 입자의 농도에 따라서도 전기장의 세기가 달라진다.

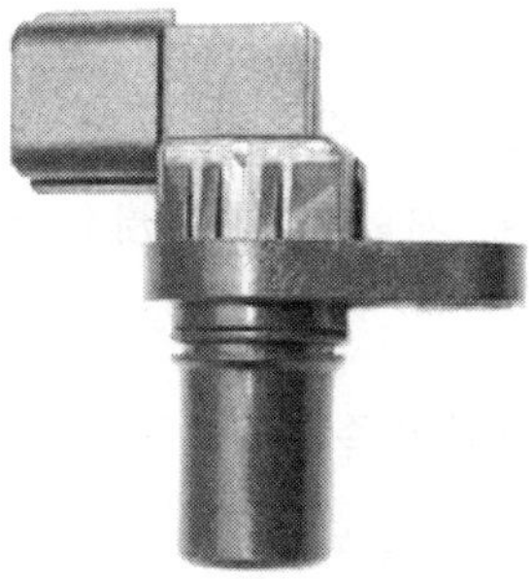

(a) 홀 센서

(b) 홀 센서 설치상태

그림 47. 홀센서와 설치상태

자기장 내에서 전하가 움직이면 로렌쯔의 법칙을 따르는 힘(lorentz force)이 전하에 작용하여 전하가 이동방향에 수직으로 힘을 받는다. 이 원리에 의해 전류가 흐르는 도체에 자기장이 가해지면 도체 내부를 흐르는 전하가 진행방향에 수직으로 힘을 받아 도체의 한 쪽으로 치우쳐 흐르게 된다. 이렇게 전하가 한 쪽으로 치우침으로 인해 전하가 몰려있는 곳과 그렇지 않은 곳 사이에 전위차가 발생하는 현상을 홀 효과라고 한다.

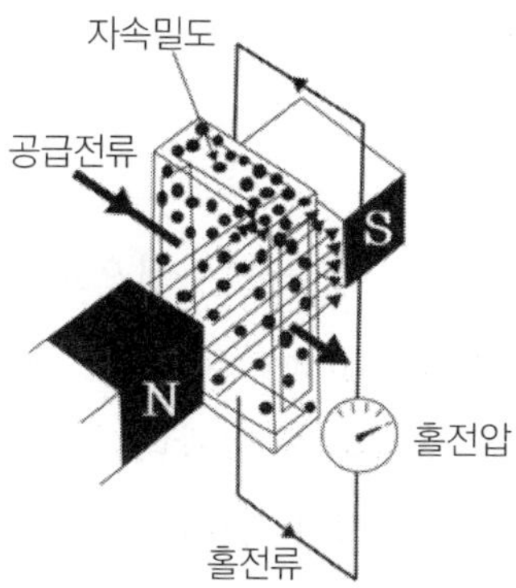

(a) 홀 효과

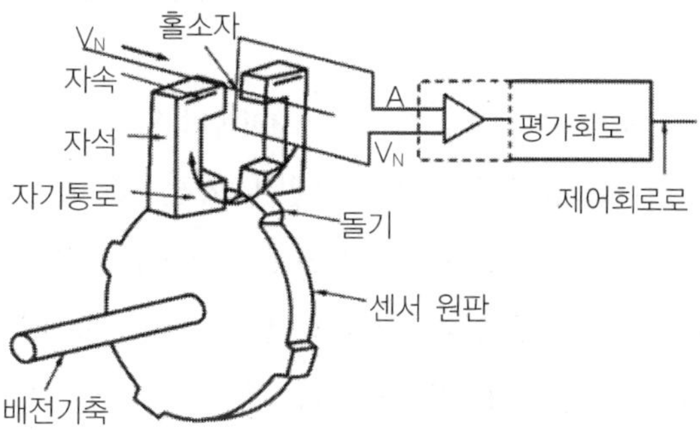

(b) 홀센서 구성

그림 48. 홀효과

도체, 전류, 자기장이 있을 때, 전자는 도체의 아래쪽으로 힘을 받아 위쪽-아래쪽에 전압이 형성된다. 이 때 발생하는 전압(전위차)을 홀 전압이라 한다. 홀센서는 센서 내부의 회로 판에 도체가 접근하면 신호가 발생하는 반도체인 홀소자와 증폭기가 기본적으로 설치되고 홀 전류를 흘리면 발생된 전압은 ECU에 입력되고 컴퓨터는 아날로그/디지털 변환기(A/D컨버터)를 거쳐 디지털 펄스가 발생된다. 이 펄스를 트랜지스터의 베이스에 걸면 트랜지스터가 ON, OFF되면서 스위칭을 한다. 이때 오픈 컬렉터전압을 출력전압으로 하여 ECU으로 입력된다.

홀 소자는 반도체로 전원이 공급되어야 작동하기 때문에 자동차 엔진에서 사용되는 홀센서와 엔진컨트롤 모듈과의 회로는 기본적으로 홀 소자에 전원을 공급하는 (+)선과 (-)선, 그리고 시그널이 출력되는 선등 3선을 필요로 한다.

자동차에서의 홀 센서 회로센서의 입력전압은 주전원(배터리쪽)에서 직접 공급되는 회로에서는 12V이지만 전자제어 엔진 컨트롤 모듈(ECU)에서 공급되는 경우에는 센서 기준전압인 5V를 사용하고 있으며 센서의 출력전압은 입력전압이 5V일 때는 5V이고 입력전압이 12V일 때는 12V가 출력되기도 하지만 5V가 출력되는 회로도 있다.

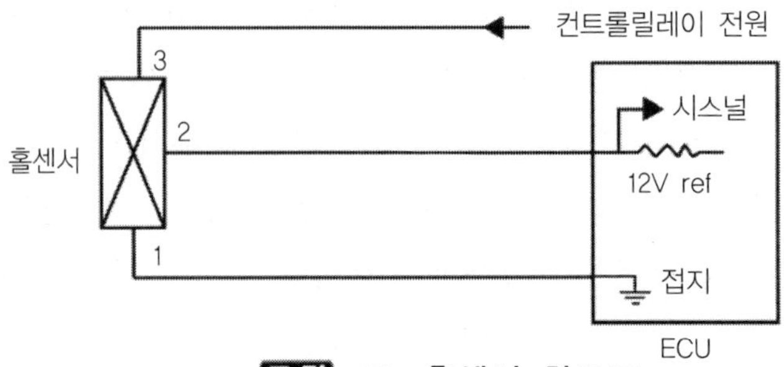

그림 49. 홀센서 회로도

[3] 광학식 크랭크각 센서(optical type CAS)

광학식 크랭크각 센서는 엔진 회전속도를 광센서를 이용하여 검출하는 것으로 각각 2개씩의 발광다이오드(LED, light emitting diode)와 포토다이오드(photo diode) 어셈블리와 No.1 TDC 및 회전수 검출용 Slit Plate를 배전기 축 내에 설치하여 발광다이오드에서 나온 빛이 디스크가 회전할 때 슬릿을 통과하면 포토다이오드가 빛을 받아 일반다이오드와는 반대방향으로 통전되어 ECU에 5V가 입력되고 빛이 차단되면 0V가 입력된다.

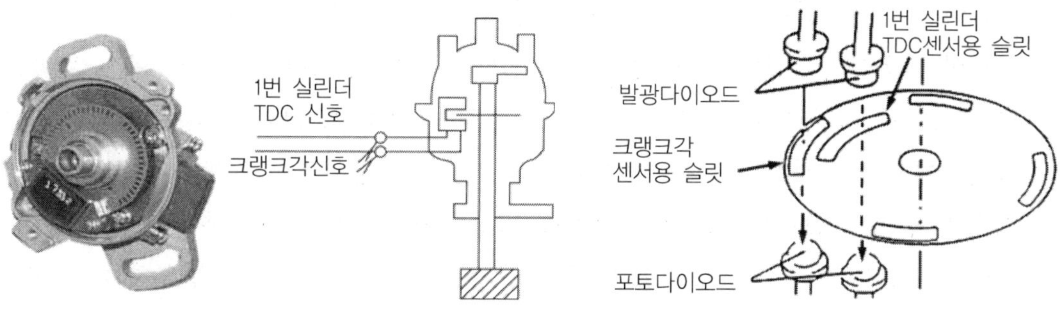

(a) (b) (c)

그림 50. 광전식 CAS의 구조

4개의 슬릿에서 얻어지는 신호는 엔진 회전수를 연산하는 기준신호로써 크랭크축의 압축상사점이 정 위치에 있는지 검출하는 크랭크각 센서이다. 신호는 연료분사순서와 점화시기를 결정하는데 가장 중요한 신호로 이용된다.

[4] 마그네틱방식 크랭크각 센서(magnetic type CAS)

마그네틱방식 회전센서는 영구자석, 코일, 코어 등으로 구성되어 있으며, 이 방식은 target wheel의 톱니(tooth : long tooth와 short tooth로 구성)가 마그네틱센서로 된 CAS를 지나칠 때 센서에서 발생되는 전자력을 차단하면서 전압이 발생된다.

마그네틱방식 크랭크각 센서는 크랭크축에 설치된 톤휠(또는 타킷 휠이라고도 함)에 여러 개의 돌기(장치마다 다르며 일반적으로 6° 간격으로 58개의 돌기를 설치하고, 2개는 제거하여 참조 점으로 사용하는 경우도 있다)를 설치하고 돌기 가까이 센서를 설치한다.

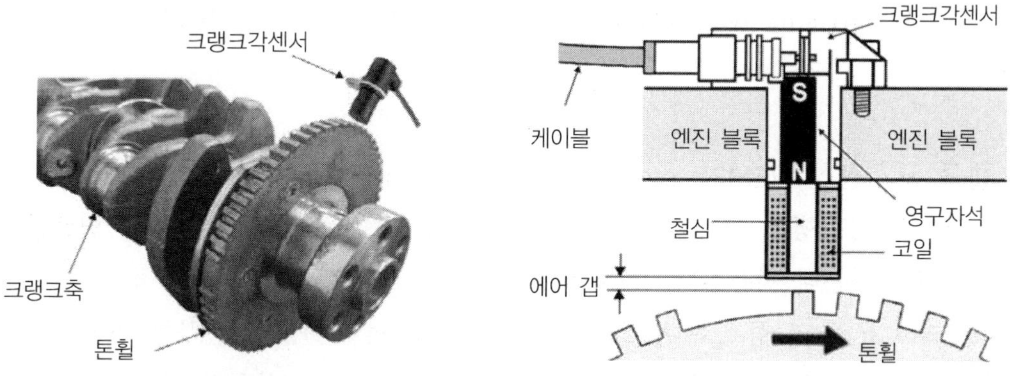

(a) 톤휠, 크랭크각 센서 (b) 크랭크각 센서 구조

그림 51. 마그네틱방식 크랭크각 센서의 구조

따라서 엔진이 가동됨에 따라 크랭크축에 함께 설치된 톤휠이 회전하고 이에 따라 센서 내의 자속이 변화하며 전압신호를 발생한다. 이때 돌기와 센서사이의 간극(에어갭)이 매우 중요하다. 즉, 규정간극보다 작을 경우에는 정상적인 출력신호보다는 높은 전압이 발생하여 고속운전에서 불안정한 상태를 발생시킬 수 있으며, 반대로 규정보다 간극이 클 때에는 정상적인 출력신호보다 낮은 출력전압을 발생하여 크랭킹할 때 문제가 발생할 수 있다. 따라서 크랭크 각 센서를 설치할 때에는 규정토크와 규정 간극을 정확히 하여 설치하는 것이 매우 중요하다. 발생전압은 에어갭이 작을수록 회전수가 높을수록 높게 나오며 에어갭이 클수록 회전수가 낮을수록 낮게 나온다.

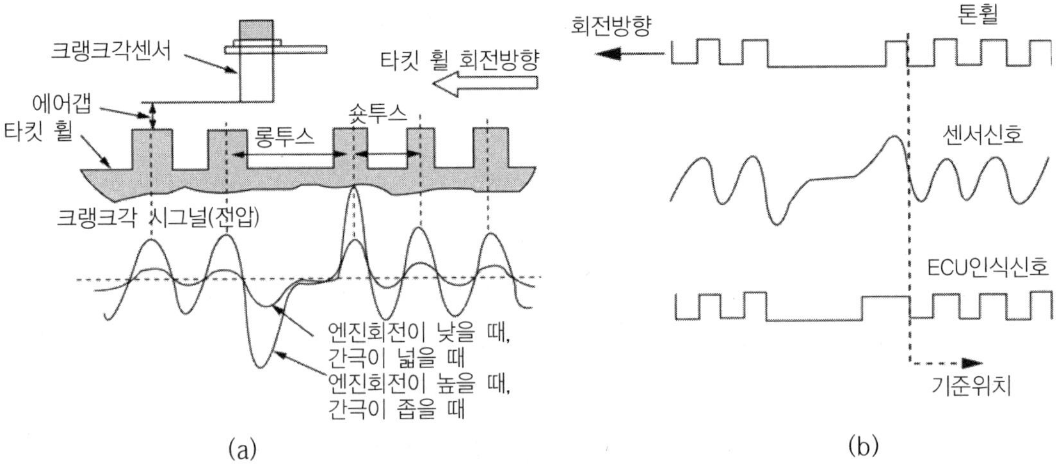

그림 52. 마그네틱방식 크랭크각 센서의 출력특성

크랭크각 센서는 시그널의 높이(peak)로 판정하는 것이 아니고 시그널이 낮은데서 높은 곳으로 올라가는가(rising edge)와 높은데서 낮은 곳으로 내려가는가(falling edge)를 판정한다.

3.4.5. 캠축 포지션센서(CMP : cam shaft position sensor & No. 1 TDC sensor)

1번 실린더의 압축행정 상사점을 감지하는 것으로 각 실린더를 판별하여 연료분사 및 점화순서를 결정하는데 사용한다. 제조회사에 따라서 1번 실린더 상사점 센서 또는 페이스 센서(phase sensor) 등으로 부르며, 홀 효과(hall effect)를 이용하는 센서의 경우는 홀 센서라 부르기도 한다. 크랭크 각 센서와 같은 측정원리를 사용하며, 홀 효과를 이용하는 것과 광학방식 센서의 경우는 크랭크 각 센서와 함께 설치되기도 한다.

캠축 포지션센서는 캠축에 설치된 돌기가 캠축과 같이 회전하면서 홀 센서의 감지 부분과의 간극이 변화하여 기전력을 발생하는 원리를 이용한 것으로, 캠축 1회전(크랭크축 2회전)에 1번의 디지털 펄스신호를 출력한다. 즉, 홀소자에 전류가 흐르면 소자 내부의 전자가 한쪽 방향으로 편향되어 전위차가 발생하므로 이 전압을 검출하는 것이다. 출력전압은 전류와 자계의 세기에 비례하며, 소자의 두께가 얇을수록 크게 된다.

(a)

(b)

그림 53. 캠축 포지션센서와 캠축에 설치상태

3.5. 산소센서(O_2 sensor, lambda sensor)

배기가스 규제에 대응하여 다양한 기술을 개발하고 있지만 그 중에서도 3원 촉매(TWCC : three way catalytic converter)를 이용한 배기가스의 뒤처리기술을 가장 많이 사용하고 있다. 3원 촉매는 일산화탄소(CO)와 탄화수소(HC)의 산화와 질소산화물(NOx)의 환원작용을 동시에 하여 유해 배기가스의 발생을 억제시키는 장치이다.

삼원 촉매의 정화율은 혼합기 상태가 이론공연비 부근일 때 가장 양호하다. 3원 촉매는 이론 공연비 부근에서 일산화탄소, 탄화수소, 질소산화물의 정화효율이 가장 높다. 즉, 이론 공연비 보다 농후하면 일산화탄소와 탄화수소의 배출량이 증가하고, 이론 공연비 보다 희박하면 질소산화물의 배출량이 증가한다. 따라서 3원 촉매가 효율적으로 가동되기 위해서는 이론 공연비에서 연소가 될 수 있도록 제어하는 것이 필요하다.

산소센서는 혼합비를 이론공연비(14.6~14.7) 부근으로 정밀제어(공연비 feed back control : closed loop)하기 위해 배기가스 중의 산소농도를 감지하여 출력전압을 ECU로 전송한다. 이를 공연비 피드백제어(feedback control) 또는 람다제어(λ -control)라 한다.

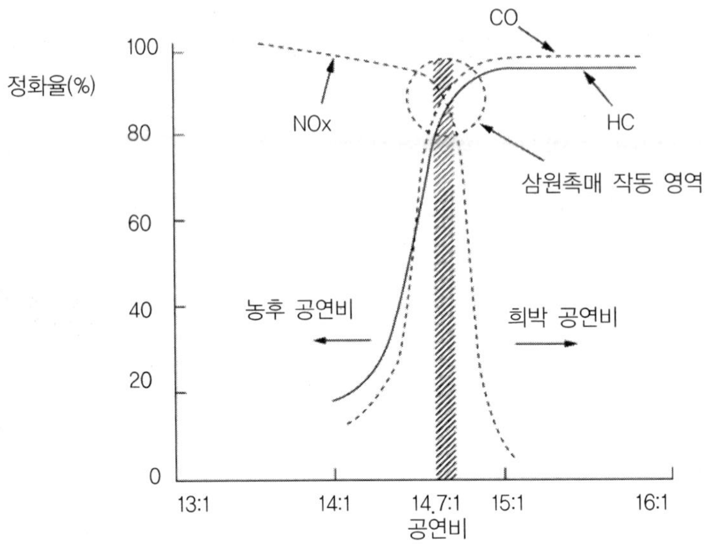

그림 54. 공연비에 따른 3원 촉매의 정화효율

산소센서는 배기가스 중의 산소농도에 따라 전압을 발생하는 일종의 화학적 전압 발생 장치이다. 즉, 배기가스 중의 산소농도가 높아(희박한 연소의 경우)대기 중의 산소와 농도 차이가 적으면 발생전압은 낮고, 반대로 배기가스 중의 산소농도가 낮으면(농후한 연소의 경우)대기 중의 산소와 농도차이가 커져 발생전압도 높다.

특히 이와 같은 변화가 이론 공연비를 중심으로 급격하게 나타나므로 산소센서는 공연비 제어에 매우 유리한 점을 지니고 있다. 일반적으로 엔진 제어장치에서 산소센서가 갖추어야할 조건은 다음과 같다.

① 이론 공연비에서 전압의 급격한 변화가 있을 것

② 배기가스 내 산소 변화에 따른 신속한 출력전압 변화가 있을 것

③ 농후・희박사이의 큰 차이가 있을 것

④ 배기가스의 온도 변화에 대하여 안정된 전압을 유지할 것

산소센서가 정상적으로 작동하기 위해서는 센서 팁부분의 온도가 일정 온도(통상 370℃) 이상으로 유지되어야 하는데, 이를 위하여 센서 내부에는 듀티 제어형식의 히터가 내장되어 있다. 이는 배기가스 온도가 일정 온도보다 낮을 경우, 센서가 정상적으로 작동하도록 센서 팁 부분의 온도를 일정 온도 이상으로 가열하는 역할을 한다.

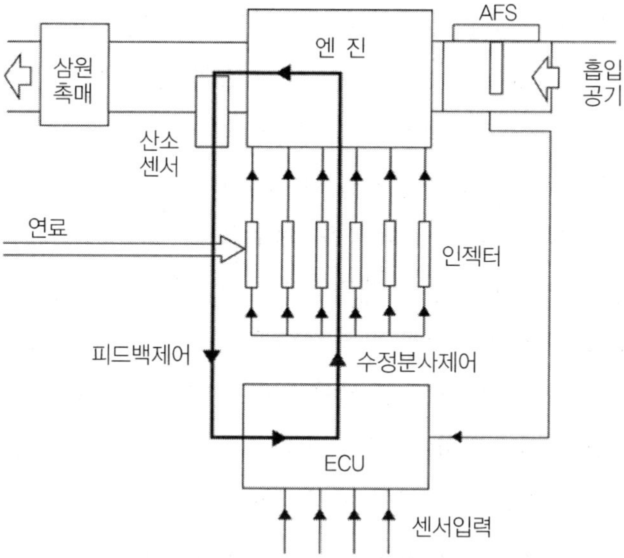

그림 55. O_2센서에 의한 공연비 피드백제어

표 산소센서의 특성 비교

종류 / 항목	산화 지르코니아 산소센서	산화 티타니아 산소센서
원리	이온 전도성을 이용한다.	전자 전도성을 이용한다.
출력	기전력이 변화한다.	저항 값이 변화한다.
감지	산화 지르코니아 표면	산화 티타니아 내부
특징	배기가스와 표준 가스 분리	배기가스 중 소자 삽입
첨가물	안정화용 이트륨 첨가	-
공연비	조정이 쉽다.	조정이 어렵다.
내구성	작다.	크다.
응답성	불리하다.	유리하다.
가격	유리하다.	불리하다.

3.5.1. 지르코니아(zirconia) 센서

세라믹 즉, 지르코니아(ZrO_2)와 이트륨(Yttrium, 원소기호-Y)으로 지르코니아(ZrO_2)는 티탄족인 지르코늄의 산화물로 산화지르코늄이라고도 부르며 분자량 123.22, 녹는점 약 2700℃의 내식성이 강한 금속으로 제작된 고체 전해질 소자의 양쪽 표면에 아주 얇은 초미세 백금피막을 도금하였다.

센서부 표면의 백금코팅(전극)을 보호하기 위하여 프로텍트 캡을 씌우고 배기가스가 백금코팅(전극)과 접촉될 수 있도록 원형이나 긴 홈형의 구멍을 판다. 외부표면은 산소농도가 낮은 배기가스에 노출되어 있으며, 백금피막을 통해 센서 하우징과 접촉하여 (-)극을 형성하고, 백금피막 위에 다공성 세라믹을 코팅하고 내부표면에는 산소농도가 높은 대기에 노출되어 있으며, 제2의 백금피막을 통해 외부로 나가는 (+)배선과 연결되어 있다.

산소센서의 U자형 튜브 내부에는 대기공기가 들어갈 수 있는 구조(일반 산소센서/EGO/LS)로 되어 있고 일반 산소센서의 활성화 시간을 단축시키기 위한 가열식 산소센서(HEGO/LSH)는 튜브 내에 히팅코일이 설치되며 센서부가 U자형이 아닌 평판(Planar)형 구조로 되어 있는 가열식 산소센서(LSF)도 있다.

고체 전해질 소자는 고온(300℃ 이상)에서 양측 표면에서의 산소농도차가 크면 기전력을 발생시키는 성질이 있다. 대기 측의 산소농도와 배기가스 측의 산소농도 즉, 양쪽의 산소분압차가 크면, 산소이온은 산소분압이 높은 대기 측에서 산소분압이 낮은 배기가스 측으로 이동한다. 그 결과 두 전극사이에는 네른스트 식(Nernst equation)에 의한 기전력이 발생된다. 센서 양쪽 표면 간의 산소농도차가 크면 클수록 기전력은 증가한다.

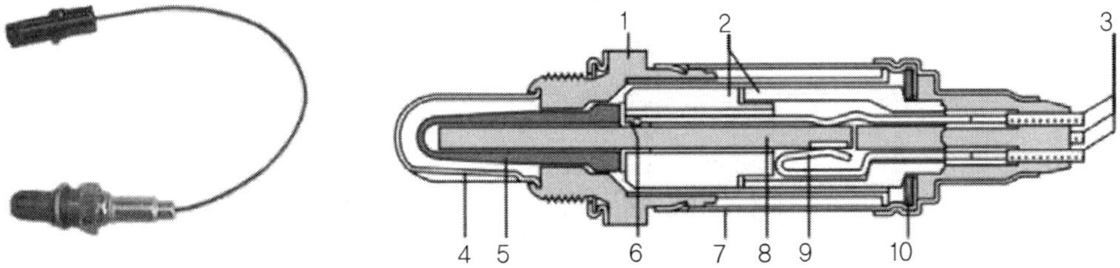

1. 센서하우징 2. 세라믹튜브 3. 배선 4. 내부 보호캡 5. 센서 엘리먼트 6. 전극연결 포인트
7. 외부 보호캡 8. 히터 엘리먼트 9. 히터연결 포인트 10. 스프링 와셔

그림 56. 지르코니아 타입 O_2센서의 구조

지르코니아 산소센서는 공기와 연료의 비율이 이론공연비보다 농후하면 약 1V, 희박하면 약 0V를 출력하며 이론공연비 부근에서 출력전압이 급변한다. 백금의 촉매작용이 기전력의 발생에 영향을 미치는 이유는 다음과 같다. 농후한 혼합기($\lambda < 0.99$)가 연소되었을 경우, 배기가스가 센서 소자 외부표면의 백금에 접촉되면 백금의 촉매작용에 의해 배기가스 중의 저 농도의 O_2는 배기가스 중의 CO나 HC와 반응하여 거의 소진된다.

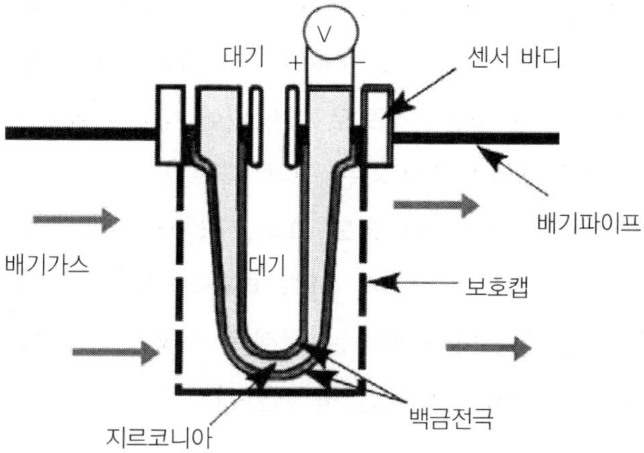

그림 57. 일반 산소센서(EGOS/LS)의 구조

결과적으로 센서소자 외부표면의 산소농도가 크게 낮아지면, 센서 소자 양측 표면 간의 산소농도 차는 아주 커지면서 약 800mV~900mV 정도의 기전력을 발생시킨다. 이론 혼합비(λ = 1.0)에서의 발생전압은 약 450~500mV 정도이다. 희박한 혼합기(λ > 1.0)가 연소되었을 경우에는 배기가스 중에 O_2는 많고 CO는 그 양이 적기 때문에 CO와 O_2가 백금에 접촉, 반응하여 CO_2가 되어도 배기가스 중의 O_2 농도는 크게 낮아지지 않는다. 즉, 센서소자 양측의 O_2 농도차가 상대적으로 크지 않기 때문에 약 300mV~100mV 정도의 기전력이 발생한다.

지르코니아 산소센서는 저온에서는 산소이온(ion)의 이동이 적기 때문에 출력특성이 크게 변화한다. 산소센서의 출력특성이 안정되는 작동온도는 약 600℃ 정도로 온도가 300℃ 이하일 경우에 반응속도는 초(second) 단위이지만, 약 600℃ 정도의 정상작동온도에서는 50ms 이내에 반응한다. 이런 이유 때문에 공기비센서 온도가 300℃ 이하일 경우에는 제어회로가 기능하지 않도록 한다. 그러나 온도가 지나치게 높으면 센서의 수명을 단축시키게 된다. 보통 산소센서의 수명은 주행거리 약 100,000km 정도가 된다.

산소센서의 내부에 가열코일(heating coil)은 엔진의 배기가스 온도가 낮을 때는 가열코일에 의해 20~30초 정도면 센서를 작동온도까지 가열시켜 곧바로 공기비제어를 시작할 수 있으며, 배기가스 온도가 높을 때는 배기가스에 의해 가열된다. 센서의 온도를 항상 일정 범위로 가열하여 공기비제어 정밀도를 높게 유지할 수 있고 산소센서가 설치된 엔진에서도 무연 연료를 사용해야 하며 산소센서 고장 시 촉매기가 손상될 수 있다.

3.5.2. 티타니아(titania) 센서

센서 세라믹의 재질로는 티탄-디옥사이드(TiO_2) 또는 스트론튬 티탄산염(strontium titanate)이 주로 사용된다. 세라믹 절연체의 끝(tip)에 티타니아소자가 설치되어 있다. 센서 세라믹의 표면은 다공성 백금전극으로 코팅되어 있다. 외형은 지르코니아 센서와 비슷하지만, 작동원리는 지르코니아 센서와는 크게 다르다.

티탄-디옥사이드는 센서 세라믹의 온도 그리고 센서 세라믹의 산소 정공 농도의 변화에 따라 도전성(conductivity)이 변화한다. 산화 티타늄(TiO_2)이 주위의 산소분압에 대응해서 산화 또는 환원되어 전기저항이 변화하는 성질을 이용하고 있다. 이 센서는 공기비 $\lambda=1$을 기준으로 저항값이 급격히 변화하는 특성을 가지고 있다.

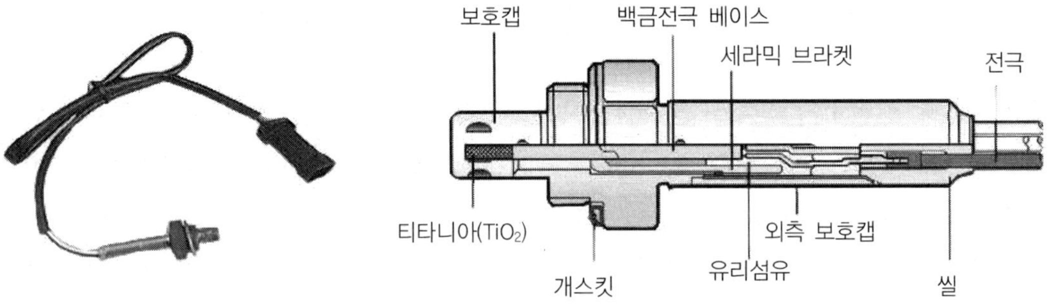

(a) (b)

그림 58. 티타니아타입 O_2센서의 구조

티타니아 산소센서는 이론공연비 부근에서 저항이 급변하는 성질을 이용한 것으로 농후한 공연비에서 0.3~0.8V, 희박한 공연비에서 4.3~4.7V를 출력한다. 최근에는 산소센서의 활성도를 높이기 위하여 내부에 히터를 장착하기도 한다. ECU에는 센서소자와 직렬로 측정저항이 연결되어 있다.

배기가스의 산소농도에 따라 티탄 세라믹소자의 저항 값이 변화하기 때문에, 측정저항에서의 전압은 0.4V(농후 혼합기)와 3.9~5V(희박 혼합기)사이에서 변화한다. 지르코니아-센서와는 달리 기준 공기를 필요로 하지 않는다. 제어 주파수는 센서의 정상작동 온도범위(600℃~700℃)에서 1Hz 이상이다. 센서는 200℃부터 작동을 시작하지만, 이때의 신호 주파수는 혼합기의 정확한 수정을 위한 제어주파수로는 너무 낮다. 센서의 온도가 850 ℃ 이상일 경우, 센서는 파손될 수 있다.

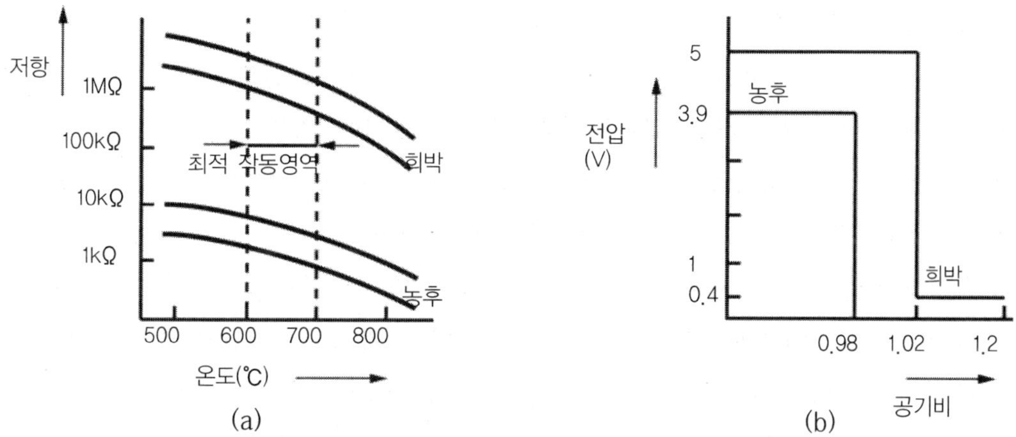

그림 59. 티타니아타입 O_2센서의 특성곡선

3.5.3. 광역 산소센서(wide band oxygen sensor)

광역 산소센서는 이론 공연비보다 넓은 범위의 공기연료비를 정량적으로 정확하게 알아낼 수 있는 산소센서로 자동차용으로는 희박연소 엔진용(가솔린 린번엔진이나 GDI엔진)으로 사용되며 전영역 산소센서라고 부르기도 한다. 한쪽 백금전극에 직류전압을 공급하면 산소를 펌핑하는 작용을 하기도 한다. 너무 희박한 상태나 너무 농후한 상태에서는 반응폭이 작아 혼합비를 정확하게 나타낼 수 없는 단점이 있다.

광역 산소센서는 기존의 지르코니아 산소센서에서 사용되는 농담 전지셀(센서셀)과 지르코니아 산소센서와 같은 구조이지만 직류전압을 공급하면 산소가 펌핑되는 제한 전류셀을 연결한 구조로 되어 있다.

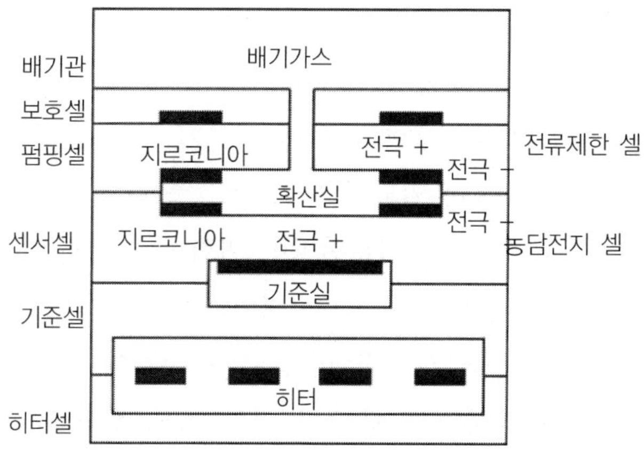

그림 60. 광역 O_2센서의 내부구조

광역 산소센서의 구조는 배기가스가 접촉되는 부분부터 보호셀, 펌핑셀(전류 제한셀), 센서셀(농담 전지셀), 기준셀, 히터셀이 순차적으로 연결되고 펌핑셀과 센서 셀사이의 배기관과 연결된 확산실을 만들고 센서 셀과 기준 셀사이에 기준 셀을 만들어 대기공기를 넣어 밀폐시킨 구조로 되어있으며 펌핑셀과 센서 셀 양쪽에는 백금전극이 설치되었다. 보호셀은 펌핑셀의 전극을 보호하기 위하여 전극과 배기가스사이에 설치된다.

펌핑셀은 산화성 가스인 배기가스중 산소가 많을 때 전류를 공급하면 지르코니아 소자는 확산실의 산소를 배기관 쪽으로 펌핑하고 환원성 가스인 일산화탄소나 이산화탄소가 많은 농후한 공연비상태의 배기가스가 확산 실에 들어오면 전류가 발생하면서 배기관 쪽의 산소를 확산실로 펌핑하게 된다. 센서셀은 지르코니아 타입 일반 산소센서와 같이 기준실과 확산실의 산소량 비율에 따라 0~1V의 전압이 발생하게 되고, 기준셀에는 대기공기를 밀폐시킨 기준실이 있으며 히터셀의 온도를 산소센서 전체에 전달하는 역할을 한다. 히터셀은 히터 코어를 외부로 부터 보호하고 열을 차단하는 기능을 한다.

광역 산소센서는 희박상태에서는 기준실의 공기를 배기관 쪽으로 펌핑하고 농후상태에서는 배기관 쪽의 일산화탄소를 환원하여 산소를 기준 실 쪽으로 펌핑하면 컨트롤 회로는 기준실의 센서 출력전압이 기준전압에 맞게 일정하게 유지시키려 펌핑셀의 전류를 제어하게 된다.

광역 산소센서 컨트롤시스템은 이론공연비인 람다 1(14.7 : 1)일 때 센서 셀의 출력전압이 일정하도록(예 : 450mV)하고 확산 실에 산소가 많은 희박영역에서는 펌핑셀(전류 제한셀)에 전류를 공급하여 확산실의 산소를 배기관 쪽으로 펌핑하고 확산실에 일산화탄소가 많은 농후영역에서는 펌핑셀에서 전류가 발생하면서 배기관의 산소를 확산실 쪽으로 펌핑하게 되면 시스템은 전류의 방향과 크기에 따라 공기연료비를 정확하게 알 수 있으므로 시스템에서 요구하는 공기연료비에 해당하는 전압이 센서셀에서 출력되도록 연료량을 조절한다. 즉 엔진에 유입된 공기량에 비하여 연료가 부족해 산소가 남는 희박상태의 배기가스가 기준실 옆의 확산실에 유입되면 배기가스 중에 포함된 산소농도와 기준실의 산소농도차이로 산소가 이동하게 되어 기준전압이 변화되며 이것을 감지한 센서 컨트롤회로에서 펌핑셀에 전기(전류)를 공급하면 지르코니아소자는 확산실의 산소를 배기관 쪽으로 통과(펌핑)시키게 되며 산소 통과량은 전기공급량(전류량)에 따라 비례하여 증가하게 되어 엔진제어시스템은 전기공급량(전류량)에 따라 어느 정도 희박한지를 공기연료비로 환산하게 된다.

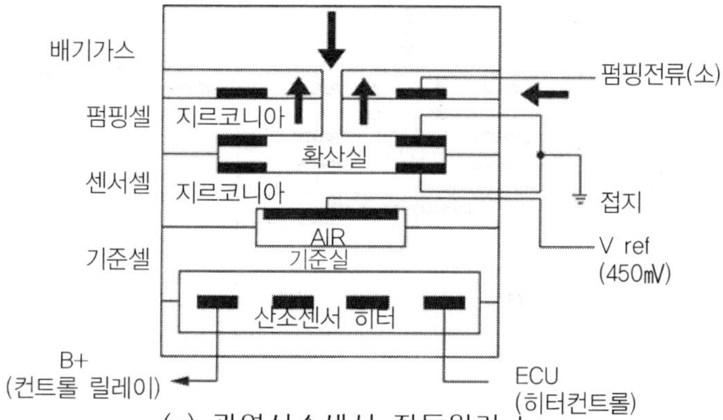

(a) 광역산소센서 작동원리-Lean

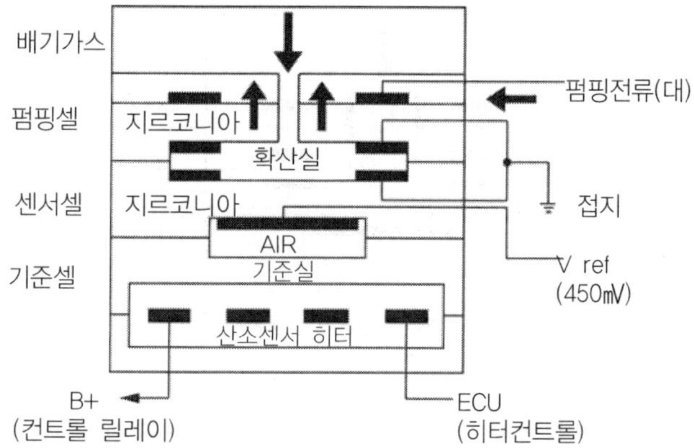

(b) 광역산소센서 작동원리-Very Lean

그림 61. 희박시 광역 O_2센서의 작동원리

반대로 공기연료비가 농후하여 배기가스 중에 일산화탄소가 증가하게 되면 펌핑셀의 지르코니아 소자는 배기관 쪽의 일산화탄소와 이산화탄소에서 산소를 환원하여 확산실로 통과시키게 되는 동시에 전기(전류)를 발생시켜 컨트롤회로 쪽으로 흐르게 되고 엔진 제어 시스템은 이때 발생된 전기량(전류량)으로 현재 엔진 연소실에 공급된 농후한 공기연료비가 얼마나 농후한지를 계산하게 된다.

희박과 농후의 기준은 기준실 백금단자(+)에 이론공연비(14.7 : 1, 람다 1)에 준하는 기준전압(약 450mV)을 공급하고 확산 실에 들어온 배기가스중 산소농도와 기준실의 산소농도에 따른 전압이 기준전압과 차이가 없을 때를 람다 1이라 정하고 기준전압보다 낮다면 펌프셀 백금전극(+)에 전기(전류)를 공급하여 산소를 펌핑하고 기준전압보다 높다면 일산화탄소를 환원하여 확산실로 펌핑 되면서 전기(전류)가 발생되어 펌프셀 백금전극에서 컨트롤회로 쪽으로 흐르게 된다.

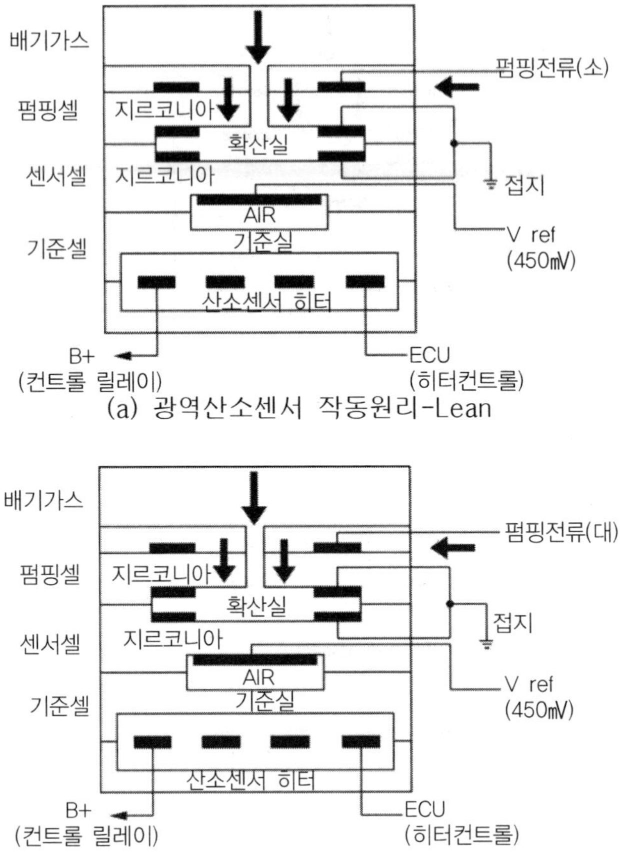

(a) 광역산소센서 작동원리-Lean

(b) 광역산소센서 작동원리-Very Lean

그림 62. 농후 시 광역 O_2센서의 작동원리

따라서 컨트롤 회로와 펌핑셀 사이의 전류흐름 방향과 크기에 따라 희박과 농후가 결정되는데 펌핑셀에서 컨트롤회로로 전류가 흐르면 희박상태를 나타내고 컨트롤회로에서 펌핑셀 쪽으로 전류가 흐르면 농후상태를 나타내며 전류의 크기에 따라 공기연료비를 확인하는데 이때의 전류는 ±3mA 정도이다.

3.6. NOx 센서

배기가스 중 질소산화물을 감지하는 NOx 센서는 가스감지 원리에 따라 반도체 방식, 제한전류 방식, 혼합전위 방식이 있다. 반도체 방식의 가스센서는 절연 기판위에 전극, 금속산화물 세라믹 소재로 이루어진 감지막이 증착되어 있는 구조를 갖는다.

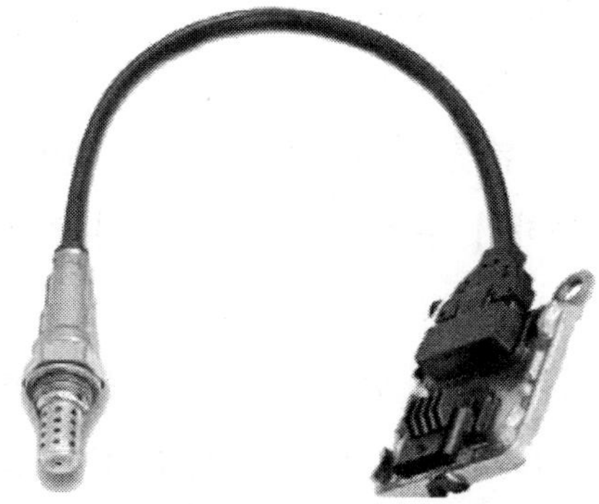

그림 63. NOx 센서

이산화 타이타늄(TiO_2), 산화주석(SnO_2), 삼산화 텅스텐(WO_3)과 같은 금속산화물 감지막 표면에 산소가 흡착된다. 감지막이 150℃ 이상의 온도로 가열되면 흡착된 산소의 전자들이 여기되면서 전기전도도를 갖게 된다.

3.6.1. 반도체방식(semiconductor type)

반도체방식의 가스센서가 자동차 배기가스와 같은 수백 ℃ 이상의 고온에서 작동하기 위해 고온에서 비교적 안정적인 TiO_2를 감지막으로 사용할 수 있다. 반도체방식의 가스센서는 간단한 구조와 저렴한 제조비용을 가지고 있고, 검침대상이 되는 가스에 대한 감도가 매우 우수한 편이다. 하지만 NOx 외에 CO, O_2, 암모니아(NH_3) 등의 이종의 가스에 의해 신호의 변화가 비교적 큰 단점이 있다.

그림 64. 반도체형 가스센서의 구조

3.6.2. 제한 전류방식(amperometric type)

일산화질소(NO, nitric oxide) 및 이산화질소(NO_2, nitrogen dioxide)를 질소와 산소로 분해하여 얻어진 산소에 의한 전류를 측정하는 방법인 제한 전류방식 NOx센서는 배기가스의 NO, NO_2를 NO로 단일화하기 위한 산소 펌핑셀과 NO의 분해로 생성된 산소를 펌핑하는 측정셀로 구성되어 있다.

첫째 셀은 산소의 농도를 일정하게 만들어 주기 위한 목적으로 외부공기에 비해 약 150mV의 전압을 가하면 배기가스 중의 산소를 펌핑시켜 셀 내의 산소분압을 약 1,000 ppm 정도가 되도록 한다.

둘째 셀은 NO_2를 NO로 만들어 주기 위해 외부공기에 비해 약 450mV의 전압을 가하여 산소를 펌핑하여 산소의 양을 약 10^{-10}atm이 되도록 만들어 NO_2로부터 형성된 NO와 기존의 NO를 로듐(Rh)전극을 통해 측정 셀에 인가전압을 400~450mV가 하여 그 전류량으로부터 NO의 양을 측정하기 위한 Rh전극이 있는 셀이다.

측정 셀에 존재하는 산소는 오직 NO의 분해에 의해서만 생성된 것으로 측정 셀에 인가된 전압에 의한 산소흐름의 크기는 NO의 농도에 연관된다. 그러나, 이러한 방식의 NOx 센서의 신호는 수 ㎶로 자동차의 여타의 전기적 신호에 비하여 그 크기가 작으며, 산소 펌핑을 위한 구멍의 재현성이 어렵다는 문제점이 있다.

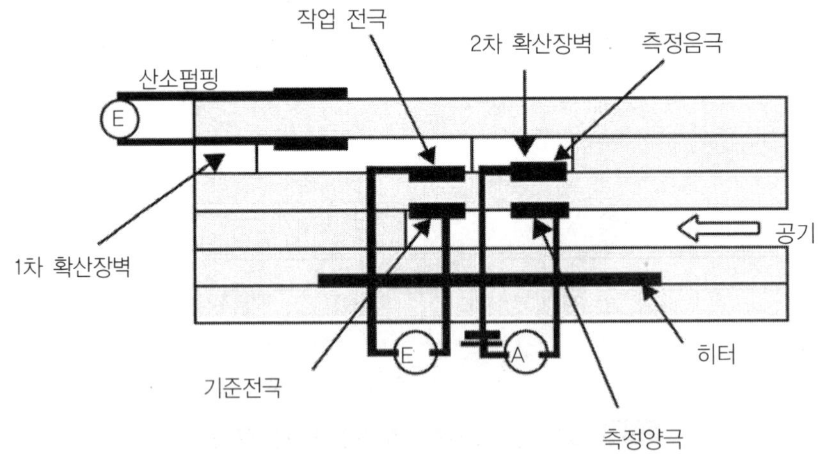

그림 65. 제한 전류방식 NOx센서의 소자구조

3.6.3. 혼합 전위방식(mixed potentiometric type)

혼합 전도방식의 NOx센서 방식은 열역학적으로 평형상태에 있지 않는 가스를 검지하는 방법으로, 귀금속 촉매전극과 산화물 촉매 전극사이의 촉매반응 차이를 이용한다. 센서의 구조는 매우 간단한데 사용되는 산화물은 주로 첨정석(spinel)형으로서 $ZnFe_2O_4$, $NiCr_2O_4$, $CdCr_2O_4$, $CdMn_2O_4$ 등이 있다. 그러나 혼합전도방식의 경우 기전력에 영향을 끼치는 두 가스, NO와 NO_2가 서로 상쇄되는 기전력 값을 나타내므로 두 가스를 동시에 측정할 수 없는 단점이 있고 감도 또한 작아서 분해 한계가 1ppm 정도이다.

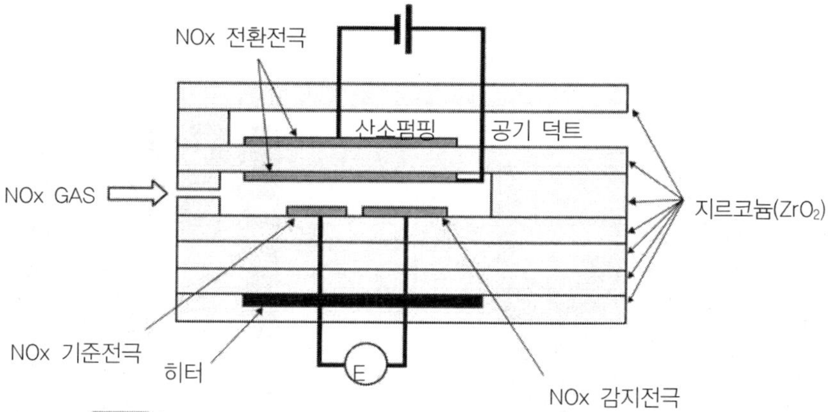

그림 66. 혼합 전도방식의 NOx센서의 소자 구조

3.7. 노크센서(knock sensor)

3.7.1. 노크센서의 개요

엔진의 효율 향상을 위하여 높은 압축비의 엔진 개발이 요구된다. 그러나 압축비가 상승하면 연소 최대 압력이 증가하여 엔진의 효율은 향상되지만 그 만큼 노크의 발생 가능성이 커진다. 엔진의 정상적인 연소는 점화불꽃에 의해 혼합기에 점화되고 점화된 화염면(flame front)이 전파되면서 이루어진다.

그런데 화염 면이 정상적으로 도달되기 전에 부분적으로 자기착화(self ignition)에 의해 급격하게 연소가 이루어지는 경우가 있다. 이 비정상적인 연소에 의해 발생하는 급격한 압력상승 때문에 실린더 내의 가스가 진동하여 충격적인 타음을 발생시키게 되며 이 현상을 노크 또는 노킹(knock or knocking)이라 한다. 노크센서(KS : knock sensor)는 실린더블록 측면에 장착되어 있으며, 노킹 발생시 진동을 감지하여 ECU로 전달하는 역할을 한다.

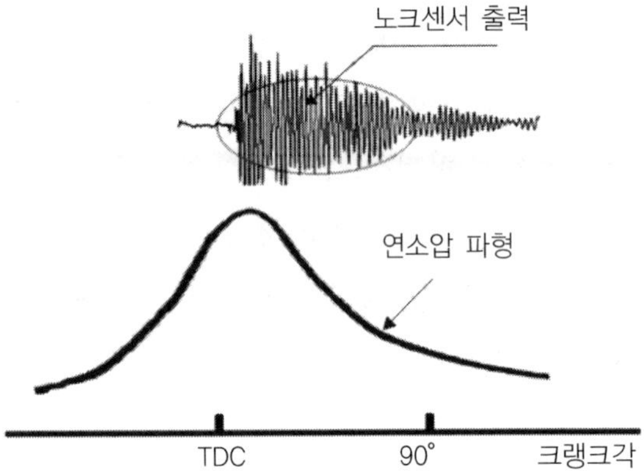

(a) 노크센서의 출력특성

(b)

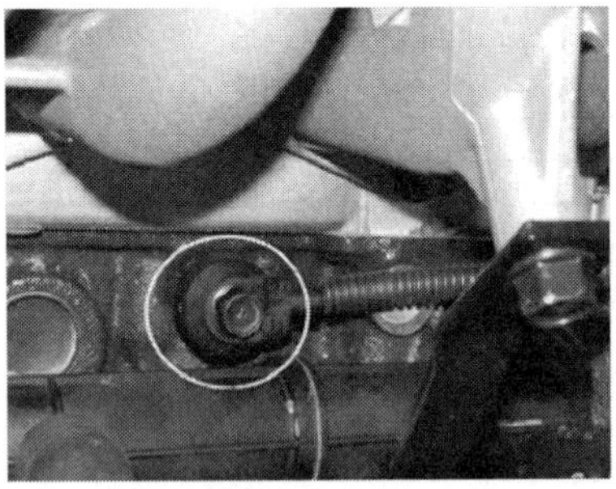

(c)

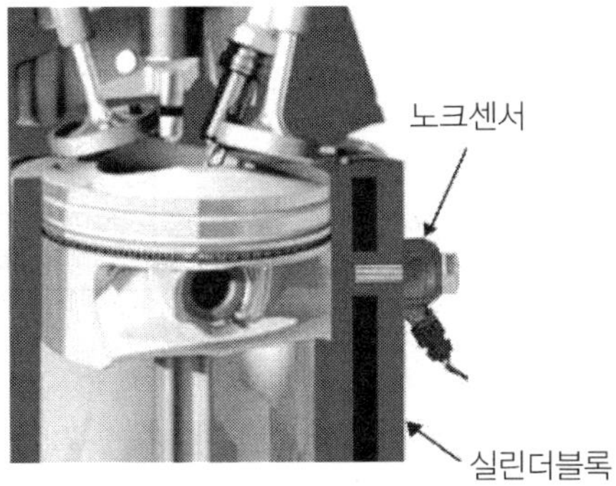

(d)

그림 67. 노크센서

[1] 노크 발생원인

① 연소실의 형상

② 연소실에 퇴적물이 쌓였을 때

③ 혼합기가 희박할 때

④ 흡기다기관의 형상

⑤ 연료의 질이 떨어질 때

⑥ 공기밀도가 높을 때

⑦ 엔진의 온도가 높을 때

⑧ 점화시기가 너무 진각 되었을 때

3.7.2. 노크센서의 종류와 그 특성

[1] 전자 유도방식(jerk sensor)

코일 속에 자석의 철심을 넣고 철심의 끝 면 부근에 진동자(vibrator)를 설치하고 철심과의 사이에 작은 틈새(air gap)를 둔 구조이다. 실린더블록의 진동에 의해 진동자가 진동을 하면 진동자와 철심사이의 간극이 변화하여 자기저항이 변화하므로 코일 속의 자속이 변화하고, 전자유도 원리에 의해 코일에 기전력이 발생하게 된다. 이때 진동자의 고유 진동수를 엔진에서 노크가 일어나 발생하는 실린더블록의 진동수와 일치시키면 노크가 일어날 때 최고로 진동자가 공진하여 코일에 교류전압이 발생한다.

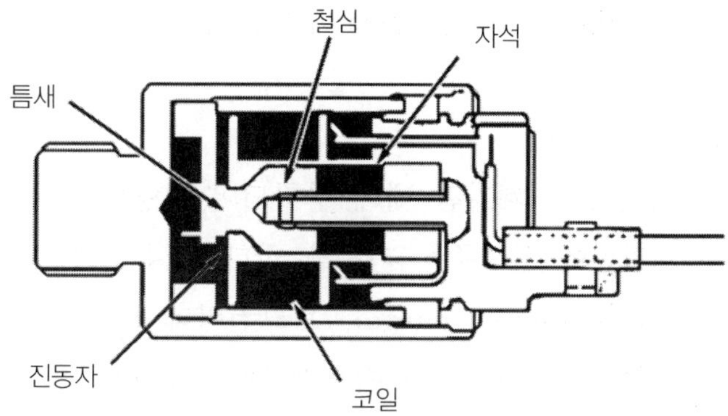

그림 68. 전자유도식 노크센서의 구조

[2] 압전방식 노크센서

압전방식 노크센서는 힘(압력)이나 기계적 진동을 받으면 전압을 발생하는 압전소자(피에조 반도체형 소자)를 이용한 것이며, 공진형과 비공진형이 있다. 공진형 노크센서는 축에 얇은 금속판에 고정시키고 압전소자를 붙이면 외부진동에 의해 금속판이 진동되면서 압전소자가 작용하므로 발생전압이 높아 반응이 빠르고 성능이 우수하며 전기적 노이즈에도 안정적이지만 엔진에서 발생되는 노킹 주파수와 센서의 공진주파수를 맞춰야 하는 단점이 있다.

비공진형 노크센서의 진동식은 금속추가 진동하는 것에 따라 압전소자가 작용하는 형식으로 금속파이프 아래 부분에는 압전소자를 위부분에는 금속 추를 조립하고 압전소자 윗면과 아랫면에 전극을 설치한 형태로 발생 주파수가 빠르고 범위가 넓지만 발생전압이 낮아 필터회로와 증폭회로가 필요하지만 모든 엔진에 적용이 가능한 장점이 있으며 압전소자를 점화플러그와 실린더헤드사이에 개스킷 형태의 센서로 만든 형식이다.

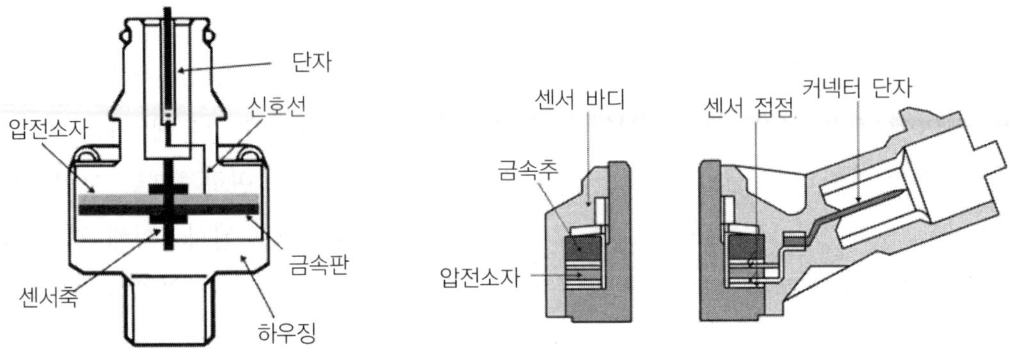

(a) 공진형 (b) 비공진형

그림 69. 압전방식 노크센서의 구조

3.8. 차속센서(speed sensor)

차속센서는 변속기 하우징이나 계기판 내에 장착되어 차량이 정지 상태인지 또는 주행 상태인지를 컴퓨터 및 계기판에 알려주는 기능을 한다. 컴퓨터는 이 신호에 의해 공전속도 조절밸브, 캐니스터 퍼지(canister purge), 토크컨버터 클러치 및 자동변속기 변속단수 등을 결정하거나 제어한다. 차속센서는 속도계 내에 내장된 리드 스위치 형식과 변속기에 설치되는 홀방식 또는 마그네틱 방식을 등이 있다.

3.8.1. 리드 스위치식 차속센서

밀폐된 유리관 내부에 2개의 전극을 적당한 거리를 두고 평행으로 설치하는데 2개의 전극 중 1개는 자성에 반응하는 리드 플레이트를 사용하고 유리관 외부에 자성체를 가까이 접근시키면 리드 플레이트가 자화되어 자체 탄성보다 자성이 강해지면서 떨어져 있던 접점이 닫히면서 회로가 작동하여 스위치 작용을 하게 된다.

스피드미터(속도계) 내의 회전자석 부근에 장착되어 리드 스위치에 의해 차속에 비례한 회수의 ON, OFF 신호를 만들고 차속을 검출한다. 리드 스위치가 작동하면서 접점이 붙거나 떨어질 때 불꽃이 발생되는 것을 방지하기 위해 유리관 내부에는 비활성가스를 채워 내구성을 증가시킨다. 영구자석에 4~6개의 투쓰를 설치하여 스피드미터 케이블의 회전에 의해 영구자석이 회전하면서 발생되는 투쓰의 숫자(스위칭 수)를 확인하여 자동차의 속도를 알아낸다.

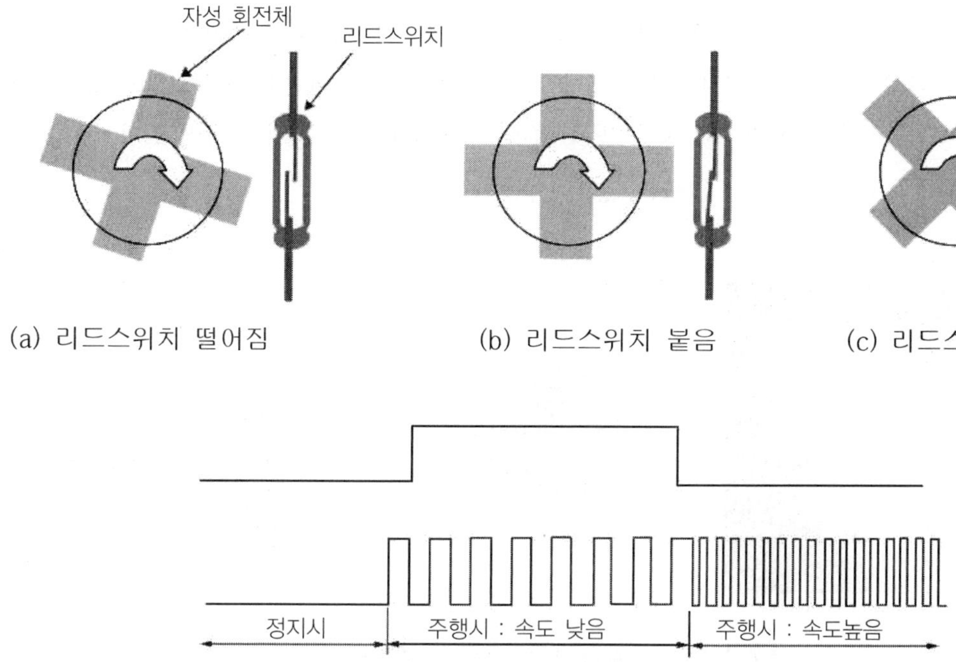

(a) 리드스위치 떨어짐 (b) 리드스위치 붙음 (c) 리드스위치 떨어짐

(d)

그림 70. 리드 스위치식 차속센서

3.8.2. 광전식 차속센서

스피드미터 내의 발광 다이오드와 포토트랜지스터를 대향시켜서 조합하는 포토커플러와 스피드미터 케이블로 구동되는 차광판(날개차)에 의해 차속을 검출한다. 스피드미터 케이블의 회전에 의해 발광다이오드 빛이 차단되며, 이로 인해 포토트랜지스터가 ON, OFF가 되어 신호가 만들어진다.

3.8.3. 전자식 차속센서

전자식 차속센서는 트랜스미션에 설치되어 있고, 차속센서에는 마그넷과 IC가 내장되어 있다. 트랜스미션에 스피드미터나 미터 드블링 기어의 회전은 회전축을 통하여 마그넷으로 전달되고, 마그넷의 회전은 자계의 변화를 일으킨다. 이것을 IC로 감지하여 차속을 검출한다.

3.8.4. 홀 타입 VSS

홀 센서 타입은 CMPS로 많이 사용되고 있는 형식으로 회전판에 4~8개의 요철을 설치하여 시그널을 얻고 있다. 마그네틱타입보다 최대 회전수에 제한을 받으므로 홀 타입 VSS는 1 회전당 투쓰가 4~8개 인 타킷 휠을 주로 사용한다. 최근에는 정밀도가 높은 마그네틱 타입이나 홀 타입 스피드 센서를 많이 사용한다.

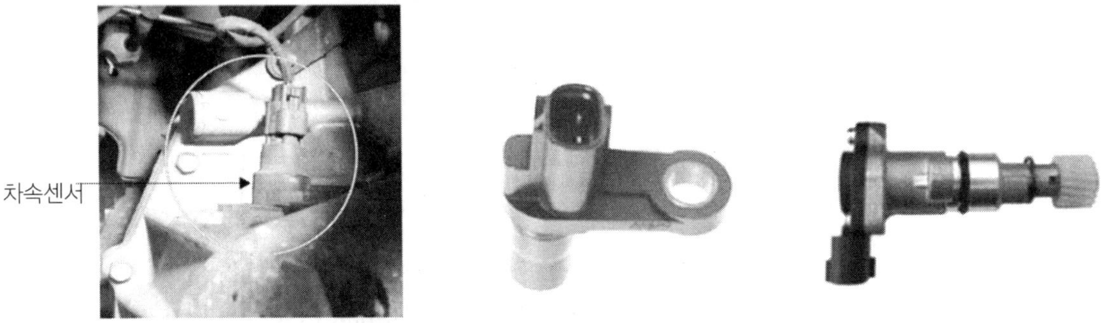

(a) (b) (c)

그림 71. 변속기에 설치된 차속센서

3.9. 인히비터 스위치(inhibitor switch)

인히비터 스위치는 P레인지와 N레인지에서만 기동전동기가 작동될 수 있도록 회로를 연결하여주고, 크랭킹하는 동안 연료분사 시간을 조절하기 위해 설치된 스위치로 점화스위치를 ST위치에서 크랭킹하는 동안 크랭킹 신호를 ECU에 입력시켜 P레인지와 N레인지에 알맞은 공전속도 제어 서보를 조절하고 그 외는 자동변속기의 각 위치에 따른 신호를 TCU에 입력시키는 역할을 한다.

그림 72. 인히비터 스위치

4 ECU(electronic control unit)

4.1. ECU의 개요

엔진을 전자제어 하기 위해서는 MICOM(micro computer)이 필요하며 자동차에 사용되고 있는 MICOM은 ECM(electronic control module)이라 부르기도 하며 마이크로프로세서(CPU), RAM(random access memory), ROM(read only memory) 및 입출력 단자로 구성되어 있다. 즉, ECU는 일종의 컴퓨터로써 엔진의 상태를 감지한 각종 센서로부터의 입력 신호에 따라 연료분사량(기본 분사량, 증량보정), 분사시기 및 점화시기 등을 제어하는 것으로 전자제어 가솔린 분사장치 중 핵심부에 해당한다.

ECU는 전자부품을 포함한 기판은 플라스틱 또는 금속케이스에 들어 있다. 센서, 액추에이터 그리고 전원은 다수의 핀으로 구성된 커넥터를 통해 ECU에 접속되고 ECU 케이스 내에 내장되어 액추에이터를 직접 구동하는 고출력 최종단계는, 케이스와 대기로 열 방출이 잘 되도록 설계되어 있다.

대부분의 전자부품들은 SMD(surface mounted device, 표면에 조립된 부품) 기술을 이용하기 때문에 무게와 크기를 최소화할 수 있다. 아주 소수의 출력부품과 커넥터만이 삽입식 조립기술로 제작된다. ECU는 가혹한 부하조건에 노출되므로, 가혹한 기후조건(−40℃~+125℃까지)의 영향, 급격한 온도변화의 영향, 습기의 영향, 엔진의 진동에 의한 영향 등에 견딜 수 있는 요구조건을 충족시켜야 한다.

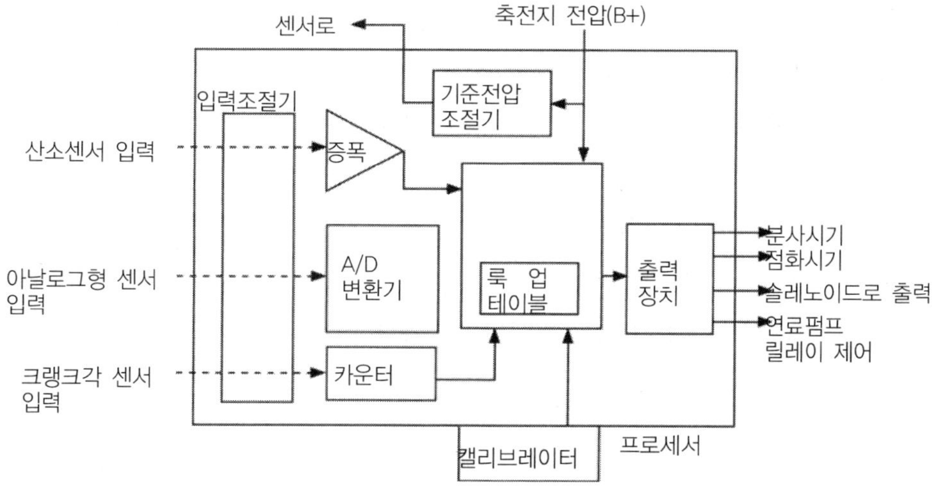

그림 73. ECU 내부 블록선도

엔진에 직접 설치하기 위해, 소형이면서도 내열성이 우수한 하이브리드 기술을 이용한 ECU 사양도 있다. 또 다른 필요조건은 전자파 간섭에 대한 저항력이다. 전자기적 간섭에 대한 민감도 및 고주파 간섭신호 방출의 제한에 대한 요구수준은 아주 높다.

엔진 ECU는 입력부분과 제어부분 및 출력부분으로 구성되어 있으며, 입력은 엔진의 각종 상태 즉, 흡입공기량, 냉각수온도, 흡입공기온도, 엔진 회전수 및 차속 등의 상태를 각 센서를 이용하여 측정한다. 그리고 이 측정된 신호를 입력 연산 처리하여 엔진의 상태에 대응하는 최적의 연료분사 및 점화시기를 출력회로를 통하여 제어함으로써 각 액추에이터를 구동시킨다. ECU는 전원부, 센서 신호 입력부, 마이크로프로세서, 출력부 등으로 구성되어 있다.

먼저, ECU는 AFM과 CAS로부터 엔진의 흡입공기량과 회전속도를 검출하여 기본 분사량 즉, 기본 분사시간을 계산하고 여기에 엔진의 상태를 감지하는 각종 센서(ATS, WTS, BPS, TPS 등)로부터 입력신호를 이용하여 보정분사량(보정 분사시간)을 결정하여 총 분사량(총 분사시간)을 결정한다. 그리고, 각종 엔진 관련 센서의 신호를 기초로 최적 점화시기의 제어와 노크제어, 공회전 피드백제어를 한다. 엔진에는 다양한 형태의 기계, 전기, 자기적으로 가동되는 센서가 부착되어 있다. 센서는 주행속도, 엔진 회전속도, 대기압력, 배기가스 중의 산소 농도, 흡입공기 유량, 냉각수 및 흡입공기의 온도 등을 전압 형태로 컴퓨터에 보낸다.

컴퓨터는 입력되는 기본적인 입력신호를 사용하기 전에 입력신호를 적절히 조절하게 된다. 즉, 미약한 신호의 증폭, A/D(analog/digital)변환, 노이즈(noise) 제거, 전압 수준 조정 등의 처리과정을 거쳐 입력데이터를 만든다. 프로세서에 입력된 데이터는 기억장치에 저장된 프로그램의 명령에 따라 다양한 산술 및 논리 연산과정을 거치고, 일부는 기억장치에 저장되며, 최종출력은 출력장치로 보내어 액추에이터를 구동한다.

ECU는 제어 및 입·출력과정을 통하여 주위의 다른 컴퓨터와 통신기능을 수행한다. ECU가 정상적으로 작동하기 위해서는 ECU로 작동전원이 공급되어야 한다. 이 전원은 ECU의 작동뿐만 아니라 차량의 센서 작동전원으로도 공급된다. 따라서, 이 전원이 공급되지 않을 경우 ECU가 작동되지 않으며 센서로 전원이 공급되지 않아 점화시기 및 분사시간(량)을 결정하지 못해 시동이 걸리지 않는다.

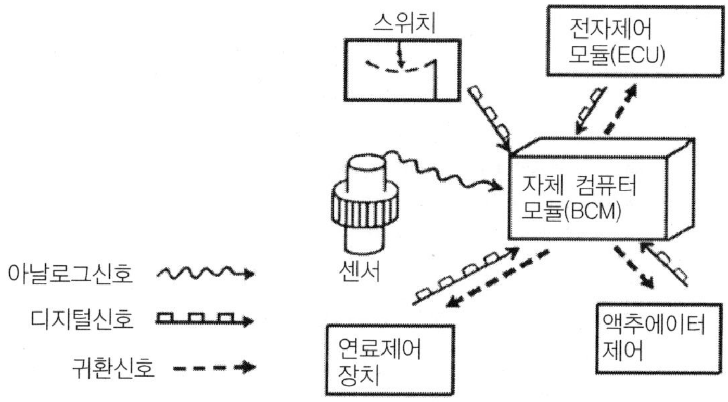

그림 74. 컴퓨터의 통신기능의 예

ECU로 전원공급은 크게 배터리에서 ECU로 직접 공급되는 전원, 키스위치를 거쳐서 ECU로 공급되는 전원, 메인릴레이를 거쳐서 ECU로 공급되는 전원 등과 같이 다양하게 입력된다. 이중 배터리에서 ECU로 직접 공급되는 전원은 ECU 내부의 마이크로컴퓨터 내의 기억공간인 KAM(keep alive memory)에 전원을 공급하여 줌으로써 차량의 정보를 기억하게 된다. 또한, 배터리 전원을 이용하여 ECU는 각 센서로 공급되는 5V의 전원을 공급하게 되며 이 전원이 공급되지 않을 경우 시동이 걸리지 않는다.

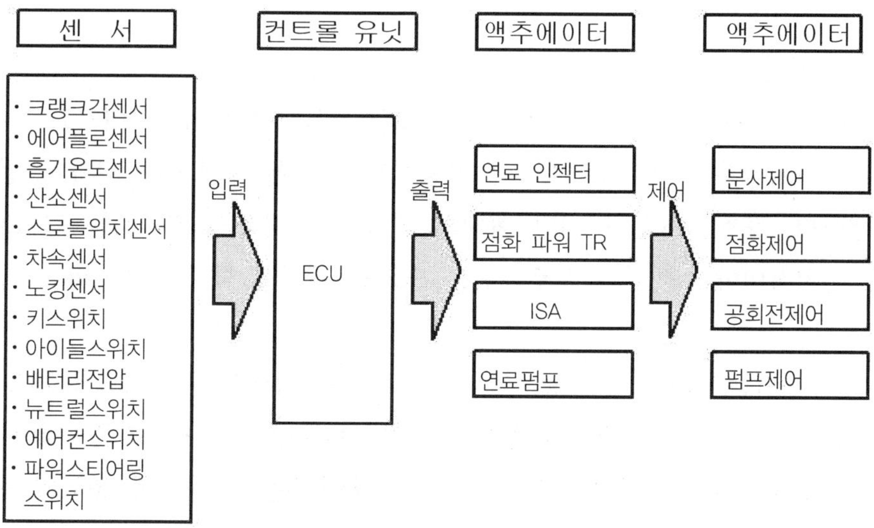

그림 75. ECU의 입 · 출력 및 제어 flow

엔진제어 항목 및 내용

항 목	제어내용
연료분사	• 엔진회전수와 흡입공기량에 맞는 기본 분사량 제어 • 워밍업 전후 연료량 보정제어 • 가감속에 대한 연료 증/감량 제어 • 공연비 피드백 제어 • 인젝터 구동시간 및 연료차단 제어
점화시기 제어	• 기본점화시기 제어 • 점화시기 보정제어(공회전, 주행조건, 촉매가열상태 등·노크제어 및 시동시 점화제어
공회전속도 제어	• 시동시 제어 • 패스트아이들 제어 • 공회전 보상제어(idle up/down : 에어컨, 동력조향, AT 등의 부하 시) • 대쉬포트 제어(dashpot)
연료증발가스 제어	캐니스터 PCSV(purge control solenoid valve)제어
메인릴레이 제어	이그니션키 On/Off시 제어(설정시간 : 제작사양)
연료펌프릴레이 제어	이그니션키 On/Off시 제어(설정시간 : 제작사양)
에어컨릴레이 제어	엔진시동 및 가속 시 에어컨 컴프레셔 Off제어
자기진단 및 고장통제 기능	• 각 센서의 고장을 사전에 진단하여 경고등(warning lamp)으로 운전자에게 알림 • 고장발생 시 ROM에 기억된 설정값으로 제어하는 기능(fail safe function / limp home function)

4.2. ECU의 작동

ECU가 작동하는 동안 마이크로프로세서가 모든 것을 제어한다. 마이크로프로세서의 클럭(clock generator)은 모든 프로세서의 가동시간에 맞게 수행하기 위하여 일정한 전압 펄스를 발생한다. 또한, ECU가 어떤 형태의 기능을 수행하기 위해서는 그 ECU에 제어 프로그램을 설치하여야 하며, 그 프로그램은 ECU를 제작할 때 ROM(read only memory)에 저장된다.

마이크로프로세서는 적당한 순서로 각각의 프로그램 명령을 읽어내도록 ROM에 지시한다. ROM에는 일반적으로 기본 엔진제어 프로그램뿐만 아니라 기준 데이터(look-up table, mapping data)도 입력되어 있으며, 이들 데이터는 각 센서를 통하여 측정된 값들과 서로 비교되어 결정될 수 있도록 구성되어 있다. ECU는 제어할 기능이 많으면 많을수록 ROM에 입력시켜야할 기준데이터가 많아진다. 센서로부터 받아들인 정보는 입력장치에 의하여 ECU가 처리할 수 있는 형태로 입력신호들을 허용된 전압수준으로 제한하게 된다.

이어서 여과(filtering)과정을 거치면서 중복된 간섭신호들을 제거하면 이용 가능한 깨끗한 신호가 얻어지게 된다. 경우에 따라서는 증폭하여 마이크로프로세서의 허용 입력전압 수준(통상적으로 0~5V)에 맞추게 된다. 신호를 사용 가능하게 준비하는 능력은 센서에 집적된 기능부품들의 성능에 따라서, 센서가 이를 부분적으로 또는 전체적으로 수행할 수도 있다. 변환된 신호들은 마이크로프로세서에 공급된다.

마이크로프로세서는 입력신호를 표준화하고 계산을 수행하여 기준 데이터와 비교하며, ROM에 저장된 프로그램을 기초로 하여 최종 결과를 결정한다. 이때 RAM(random access memory)은 데이터를 일시적으로 저장하기 위하여 사용된다. 프로그램의 최종 결과는 출력장치로 보내지며, 출력장치는 액추에이터를 가동할 수 있도록 신호 변환을 한다. 센서 신호와 스위치신호가 입력되면서 작동하기 시작하여 엔진을 시동할 때의 제어, 공전할 때의 제어를 하며, 연료분사 량과 점화시기 등을 연산하여 적절한 시기에 각각의 액추에이터에 출력신호를 보낸다. 또한 센서의 아날로그신호를 처리하기 위하여 A/D 변환 처리를 한다.

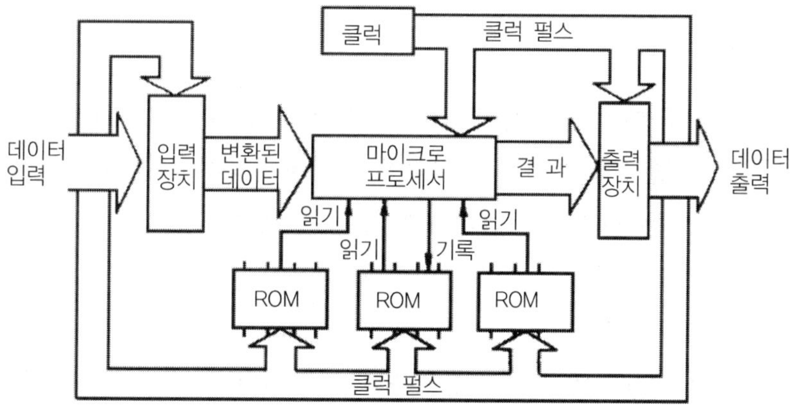

그림 76. 컴퓨터의 가동 예

[1] 입력신호

센서들은 처리유닛(processing unit)으로서 자동차와 ECU사이의 인터페이스를 형성하며 센서의 전기적 신호는 케이블 하니스와 커넥터를 거쳐 ECU에 입력된다. 이 신호들의 형태는 아날로그, 디지털, 펄스신호 등 다양한 형태이다.

(1) 아날로그 입력신호

아날로그 입력신호는 특정한 범위 내의 어떠한 전압 값이라도 받아들일 수 있다. 아날로그 측정값으로 준비되어 있는 물리적인 양에는 예를 들면, 흡기질량, 축전지전압, 흡기다기관 절대압력, 과급압력, 냉각수온도, 흡기온도 등이 있다. 아날로그 신호들은 ECU에 내장되어 있는 A/D변환기에 의해 디지털신호로 변환되며, 마이크로프로세서의 CPU (central processing unit)는 이 디지털신호를 이용하여 연산할 수 있다. 이들 아날로그 신호의 최대 분해 능력은 5mV이다. 따라서 측정범위가 0~5V일 경우, 전체 측정범위는 약 1000단계로 분해된다.

(2) 디지털 입력신호

디지털 입력신호는 단지 High(논리적으로 1)와 Low(논리적으로 0) 2개의 상태뿐이다. 디지털 입력신호로는 예를 들면, 홀센서나 전계효과 센서의 회전속도 펄스와 같은 디지털 센서 신호들 그리고 스위칭 신호(ON/OFF)이다. 마이크로프로세서는 디지털신호들을 직접 처리할 수 있다.

(3) 펄스 입력신호

회전속도나 상사점에 대한 정보를 포함하고 있는 유도(induction)센서의 펄스형 입력신호는 ECU 내에 있는 별도의 특정한 회로부에서 사용가능하게 준비된다. 이때 간섭펄스는 억제되고, 펄스형 신호는 디지털형식의 구형파로 변환된다.

[2] 신호처리

ECU는 엔진제어의 기능적인 처리과정을 담당하는 회로의 핵심이다. 개회로제어와 폐회로제어는 마이크로프로세서에서 실행된다. 센서들과 인터페이스들로부터 다른 시스템(예 : CAN bus)에 사용 가능하게 준비된 입력신호들은 입력변수로서의 역할을 수행한다.

이들 입력변수들은 컴퓨터에서 다시 한 번 타당성을 검증받게 된다. 그런 다음에 ECU 프로그램의 도움으로 액추에이터를 제어하기 위한 출력신호를 연산하게 된다.

(1) 마이크로프로세서

마이크로프로세서는 ECU의 핵심부품으로서, ECU의 기능적인 작동과정을 제어한다.

마이크로프로세서에는 CPU 외에도 입력채널과 출력채널, 타이머 유닛, RAM, ROM, 직렬 인터페이스 그리고 다수의 주변기기 그룹이 1개의 마이크로 칩에 집적되어 있다. 1개의 수정 발진자가 마이크로프로세서를 클로킹(clocking)한다.

(2) 프로그램 메모리 및 데이터 메모리

마이크로프로세서는 연산용 프로그램(소프트웨어)을 필요로 한다. 이 소프트웨어는 2진수의 형태로 프로그램 메모리에 저장되어 있다. CPU는 이 값을 판독하여, 이를 명령으로 번역한 다음, 순서적으로 실행한다. 프로그램은 영구 메모리(ROM, EPROM, 또는 플래시 EPROM)에 저장되어 있다.

프로그램 메모리는 마이크로프로세서에 집적되어 있으며, 용도에 따라 추가로 별개의 외부 EPROM 또는 플래시 EPROM을 사용하여 확장할 수 있다.

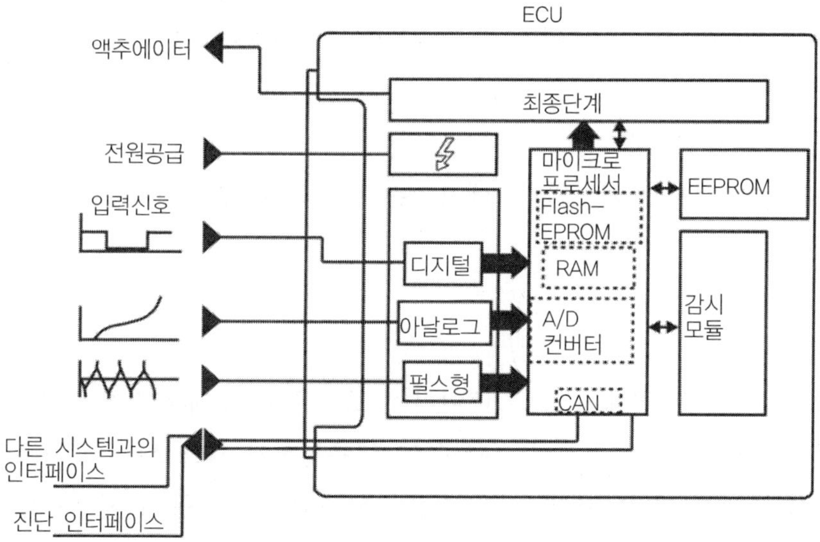

그림 77. ECU 신호처리

1) ROM(read only memory)

읽기전용 메모리로 프로그램 메모리는 ROM으로서 제작할 수 있다. ROM은 읽기만 가능한 메모리로서 생산단계에서 그 내용을 기록하고, 그 이후에는 기록된 내용을 다시 변경할 수 없도록 제작한다. 마이크로프로세서에 집적된 ROM의 기억용량은 제한된다. 따라서 복잡한 용도에는 추가 메모리를 필요로 한다.

2) EPROM(erasable programmable ROM)

소거와 프로그래밍이 가능한 ROM으로 EPROM으로 대표적인 것에는 강한 자외선을 조사하여 기억되어 있는 프로그램을 소거하고 프로그램 라이터(writer)를 이용하여 다시 프로그래밍 할 수 있는 제품이 있다. EPROM은 대부분 별도의 부품으로 제작된다. CPU는 주소버스/데이터버스를 거쳐 EPROM과 통신한다.

3) 플래시 EPROM(FEPROM)

플래시 EPROM은 불휘발성 메모리로서 전기적으로 소거하고, 다시 프로그래밍 할 수 있다. 이때 ECU는 직렬 인터페이스를 통해 프로그래밍 스테이션과 연결된다. 마이크로프로세서에는 추가로 1개의 ROM이 있는데, 여기에는 플래시 EPROM을 프로그래밍하기 위한 프로그램이 내장되어 있다.

플래시 EPROM은 마이크로프로세서와 함께 1개의 마이크로 칩에 집적되어 있을 수 있다. 플래시 EPROM은 자신의 장점 때문에 기존의 EPROM보다 더 많이 사용된다.

(3) 변수 메모리 및 작업 메모리

계산값과 신호값과 같은 쓰기, 읽기, 메모리는 변화하는 데이터(변수)를 저장하기 위해 필요하다.

1) RAM(random access memory)

임의 접근 기억장치로 현재의 모든 데이터의 보관은 RAM에서 이루어진다. 용도가 복잡할 경우에는 마이크로프로세서의 RAM용량이 충분하지 않으므로, 추가로 RAM 모듈을 필요로 한다. 이 추가 RAM 모듈은 주소버스, 데이터버스를 거쳐 마이크로프로세서에 접속된다. 전원으로부터 ECU를 분리할 때, RAM에 들어있는 모든 데이터는 휘발성 메모리이므로 상실된다.

엔진의 상태 및 작동상태를 통해 학습한 값은 다음 시동 시에는 반드시 다시 사용 가능해야 하므로 이를 피하기 위해서는 RAM에 지속적으로 전원을 공급해야 한다. 축전지의 단자 케이블을 분리하게 되면, RAM에 저장된 데이터들은 상실되게 된다.

2) EEPROM(E2PROM)

전기적으로 소거 가능한 PROM으로 축전지의 단자케이블을 분리해도 중요한 학습값, 운전방지용 코드 같은 데이터가 삭제되지 않게 하려면, 데이터를 비휘발성 영구메모리에 저장하여야 한다.

EEPROM은 전기적으로 소거할 수 있는 EPROM으로서, 플래시 EPROM과는 대조적으로 각각의 메모리 셀을 개별적으로 소거할 수 있다. 따라서 EEPROM은 비휘발성 쓰기, 읽기, 메모리로 사용할 수 있다. 일부 ECU 버전에서는 플래시 EPROM의 별도의 소거 가능한 영역을 영구메모리로서 사용하기도 한다.

(4) ASIC(application specific integrated circuit)

ASIC는 일반적인 집적회로와 달리 특정한 용도에 맞도록 주문에 따라 제작된 주문형 시스템 반도체로 고밀도 집적회로에 비해 신뢰성이 높고 고속처리가 가능해 엔진 ECU에 사용되는 ASIC은 ECU가 필요로 하는 기능회로를 기본적인 게이트들로 구성된 IC들을 조합하여 만드는 것이 아니고, 그 회로를 통째로 통합하여 하나의 IC로 만든 주문형 IC가 주로 사용된다. ASIC은 추가로 RAM 및 입력과 출력 채널을 보유하고 있으며, 펄스폭변조(PWM) 신호를 생성, 출력할 수 있다.

(5) 감시 모듈

마이크로프로세서와 감시모듈은 소위 질의 및 응답기능을 이용하여 서로 상대방을 감시한다. 오류를 감지하면, 쌍방은 서로 독립적으로 해당하는 대체기능을 찾게 된다.

[3] 출력신호

마이크로프로세서는 출력신호를 이용하여 최종 단계를 트리거링(triggering)한다. 최종 단계는 대부분 액추에이터를 직접 접속하는데 충분한 출력을 공급한다. 특별히 많은 전류를 소비하는 액추에이터의 경우에는, 해당 출력단계가 릴레이를 제어하여 미리 정해진 시간 동안만 동작하도록 하기도 한다.

최종 단계들은 접지 또는 축전지전압에 대한 단락 그리고 전기적 또는 열적 과부하 때문에 발생하는 파손으로부터 보호되어 있다. 이러한 고장들과 파손된 배선들은 최종단계 IC에 의해 오류로 감지되어 마이크로프로세서에 보고된다.

(1) 스위칭 신호

스위칭 신호를 이용하여 액추에이터를 스위치 ON · OFF할 수 있다.

(2) 펄스폭 변조(PWM) 신호

디지털 출력신호는 PWM신호로서 출력될 수 있다. 이 펄스폭 변조신호는 일정한 주파수를 갖는 구형파 신호이지만, 스위치 ON시간이 가변적이다. 이 신호를 이용하여 여러 가지 액추에이터인 EGR밸브나 과급압력 액추에이터 등의 작동위치를 임의로 제어할 수 있다.

[4] ECU 범위 내에서의 통신

마이크로프로세서의 작업을 지원하는 주변 부품들은 마이크로프로세서와 통신할 수 있어야 한다. 통신은 주소-버스 데이터들은 데이터-버스를 통해 이루어진다. 자동차 개발 초기단계에는 8-Bit-버스구조를 사용하였다. 즉, 데이터-버스는 8개의 배선으로 구성되어 있으며, 이를 통해 256개의 값을 전송할 수 있다.

오늘날의 복잡한 시스템들은 16-Bit(65,536개의 주소) 또는 32-Bit 데이터-버스를 필요로 한다. 부품에서의 핀들을 절약하기 위해서, 데이터-버스와 주소-버스를 하나의 멀티-플렉스시스템에 통합할 수 있다. 즉, 주소와 데이터는 시차를 두고 전송되고 동일한 배선을 이용한다.

4.3. 자기진단기능(self diagnostic function)

ECU는 엔진 전자제어 각 시스템의 고장여부를 자기진단 할 수 있으며 고장 발생시 계기판의 엔진 체크 경고등(warning lamp, MIL, malfunction indicate lamp)을 점등시켜 운전자에게 엔진을 정비하도록 경고 한다. 센서의 고장검출은 software 처리로서만 행할 수 있다. 마이크로컴퓨터는 센서가 엔진 운전 상태를 판단해서 정상상태에서 아주 벗어난 신호를 보내오고 있을 때에 고장으로 판정한다. ECU는 정상적으로 작동하는 엔진에서 나타나는 각 데이터를 인식하도록 되어 있다, 즉, 각 센서의 출력을 모니터하여 그 값이 정상적인 값에서 벗어날 경우 이 값을 코드화 된 고장코드(DTC : diagnostic trouble code)로 기억시키고 경고등을 점등시키며 향후 엔진 정비시 정비사가 고장진단 장비를 이용하여 고장내용을 쉽게 파악할 수 있도록 하고 있다.

ECU가 우발적인 고장을 일으키면 제어 프로그램의 컴퓨터에 원하는 작업을 시킬 수 있도록 올바른 순서로 배열된 1쌍의 명령계열이 정상적으로 동작하지 못하게 되어 작동 이상 상태에 빠지게 된다. 엔진 제어시스템의 핵심인 ECU가 이상 동작 또는 정지하면 차량은 주행 불능 상태가 되는 경우가 있으므로 센서, 액추에이터 등의 고장으로 정상적인 제어가 불가능한 경우에도 안전하게 주행할 수 있도록 페일 오퍼러블(fail operable) 기능이 적용되고 있다.

감시회로는 컴퓨터 내에 있는 중앙처리장치(CPU)의 고장을 검출하는 타이머 워치 독 타이머(watch dog timer)를 내장한다. 이 타이머는 통상 마이크로컴퓨터가 정기적으로 리셋을 걸도록 되어 있지만, 루틴이 정상적으로 돌아가지 않으면 타이머가 오버플로 시켜 이상을 검출한다. 이상 시 루틴이 정상적으로 돌지 않게 되면 ECU를 리셋 시키도록 하고 있다.

4.4. 페일 백업기능(fail back up)

엔진제어시스템에 어떤 결함이 발생되면 엔진 체크 경고등을 점등하고 고장코드를 메모리에 기억시키게 되며 ECU는 페일 백업모드(fail back mode, fail safe mode)를 수행하게 된다. 예를 들어, 수온센서는 정상적인 사용범위 인 -30℃~150℃에서 출력전압 0.3~4V를 나타내도록 설계되어 있으므로 그 범위를 넘는 출력을 ECU가 검출한 경우 센서 신호계의 단선 또는 쇼트라 판정한다.

그리고 엔진 경고등을 점등시킴과 동시에 엔진제어에 이용하도록 냉각수온 값으로서 미리 ECU 메모리 내에 기억시킨 대체값(예 : 엔진 냉각수온 고정값 80℃)을 주어서 엔진 작동 불능이 되는 것을 방지한다. 최근의 엔진제어시스템에서는 대체값 보다는 소프트웨어 처리에 의해 대체값을 거의 정확히 연산하도록 하기도 한다.

이와 같이 ECU는 어떤 센서에 고장 발생 시 그 센서 신호를 무시하게 되며 대신 미리 입력된 프로그램 또는 수치로써 제어할 수 있도록 하는 백업기능을 가지고 있다.

4.5. 적응 학습제어(adaptive learning)

적응 학습제어는 엔진의 가동 상태를 모니터하고 있는 센서 등의 신호에 의해 엔진의 상태, 부품의 성상, 흐트러짐, 열화상태, 사용연료, 기상조건 등과 같은 엔진의 제어 성능에 관계되는 변수를 기억하고, 그 기억 값에 따른 최적의 제어 상수를 설정하는 것이다.

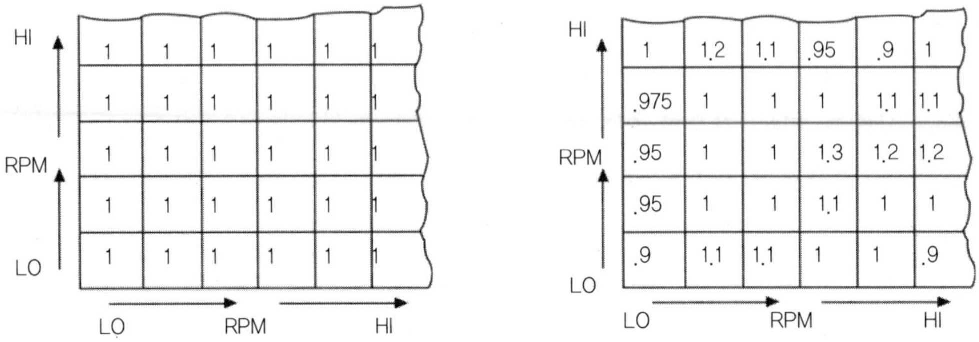

(a) (b)

그림 78. 공연비 적응 학습제어의 예

적응 학습제어는 공연비 보정, 노크제어, 공전속도 제어 등에서 사용되고 있으며, 컴퓨터는 룩업 테이블(look-up table)에 있는 정보를 조금씩 조정하여 적응 학습제어를 실행한다. 예를 들어 연료분사장치의 인젝터가 부분적으로 막힌 경우 컴퓨터는 인젝터로 보내는 신호의 펄스폭을 조정한다. 즉, 인젝터 열림시간을 길게 하여 감소된 연료 분사량을 보상한다. 테이블은 흡기다기관 압력과 엔진 회전속도를 기초로 하여 만들어지며, 수정은 테이블에 있는 수에 대한 승수이다. 만약, 엔진이 설계된 대로 정확하게 가동을 하고 있다면 룩업 테이블은 변화가 없을 것이다.

그러나 변화가 필요하다고 판단되면 필요한 영역에서 계수가 조정된다. 따라서 어떤 영역에서는 공연비가 증가할 것이며, 어떤 영역에서는 감속될 것이다. 적응 학습 값은 KAM(keep alive memory)에 저장된다. 이것은 축전지 단자의 케이블을 분리하면 학습한 정보가 손실된다. 따라서 적당한 기능을 회복하기 위해서는 축전지 단자의 케이블을 연결한 후 얼마 동안의 주행으로 다시 학습시켜야 한다.

4.6. 점화스위치 Off시 ECU의 가동

자동차에서 ECU는 점화스위치를 OFF로 하였을 때 KAM을 위하여 축전지로부터 전류를 공급받으며, KAM을 제외한 컴퓨터 회로는 점화스위치를 OFF로 하였을 때에는 가동하지 않는다. 이 전류는 축전지의 방전을 방지할 수 있을 정도로 매우 적지만, 자동차를 장시간 가동하지 않을 경우에는 축전지를 방전시킬 수도 있다. 일부의 자동차에서는 점화스위치가 OFF되었을 경우에도 ECU가 가동되어야만 하는 경우도 있다.

예를 들어 도어를 열었을 때 발밑을 비추는 등화(커티시 라이트)가 점등되며, 이것은 ECU에 의해 가동된다. 따라서 점화스위치가 OFF된 경우에도 ECU 회로가 계속 가동하면 축전지가 지나치게 소모될 가능성이 있다. 이런 장치는 축전지 방전을 방지하기 위해 웨이크 업 기능을 가지고 있다. 즉, ECU회로가 꺼져 있으면 전류는 흐르지 않으나, ECU가 웨이크 업 신호를 받으면 마이크로프로세서는 기억된 프로그램을 가동하기 시작한다.

5 OBD(on board diagnosis)

5.1. OBD의 개요

5.1.1. OBD-I의 개요

자동차대수의 증가에 따른 배출가스의 대기오염문제가 심각해짐에 따라 EPA(environmental protection agency, 미국환경보호청), CARB(california air research Board, 캘리포니아주 대기 자원국) 등에서 엄격한 자동차 배출가스 규제를 마련하게 되었다. 이에 따라, 배기가스를 포함한 자동차의 Emission Gas 발생 억제장치를 장착함과 동시에 엔진에 전자제어시스템을 적용하고 운전자에게 이들 시스템 이상 시 경고등(warning lamp, MIL, malfunction indicator lamp)으로 알려주고 가능한 한 빨리 정비를 할 수 있도록 하고 있다.

OBD란 ECU가 고장부품과 고장내용에 따라 고장코드 DTC(diagnostic trouble code)를 정하여 ECU 메모리 내에 기록시킴과 동시에 센서나 장치류(actuator) 고장시 페일 백업 기능을 부여하여 공장까지 주행시킬 수 있도록 하여 정비를 받도록 하는 기능을 말한다(limp home function/fail safe function).

그림 79. 계기판의 엔진 경고등

OBD체제는 점차적으로 엄격해 지고 있는 배기규제에 대응하도록 ECU의 자기진단은 물론이고 각 장치 관련 데이터의 모니터링 등 그 기능을 점차 확대 강화시키고 있다(OBD-I, OBD-II..., EOBD).

OBD-I 체제의 특징으로는, 고장발생 시 ECU 내에 자기진단기능을 부여하여 각 센서로부터의 입력신호를 감시하고 단선, 단락 등의 불량이 발생한 경우에 불량개소를 기억시켜 고장부위별로 고장코드(diagnostic trouble code)를 부여하고 있다. 고장코드의 판독은 code reader나 스캔툴(scan tool)로 ECU의 자기진단 커넥터(test connector)에 연결시켜 DTC(data trouble code)를 읽어 낼 수 있다. 그리고 진단테스터(scsn tool)로 모든 고장을 완전히 해결할 수 없으므로 각각의 부품에 대해 종래와 같은 테스터를 이용하여 점검개소 불량을 계통적으로 체크해야 한다.

5.1.2. OBD스시템의 문제점

기존 OBD-I 적용 차량의 경우, 각 전자부품과 배선(wiring)의 단선 단락에 의한 고장이 아닌 촉매나 O_2센서의 열화, 관련배선의 문제, 센서나 액추에이터의 비정상적인 작동에 의해 에미션가스 배출이 증가하는 것은 알 수 없다. 그리고 차량의 자기진단 커넥터(DLC : data link connector)가 표준화되어 있지 않아 차량마다 다른 자기진단용 어댑터가 필요한 단점을 가지고 있다.

또한, 제작업체에 따라 고장코드가 다르므로 이를 해석하기 위한 정보가 제공되어야 하며 경고등을 점등시키는 기준이 제작사마다 다르며 진단 시 저장된 정보의 형태가 제작사별로 상이한 문제를 안고 있다.

5.2. OBD-II

5.2.1. OBD-Ⅱ의 개요

점차적으로 배기규제가 엄격해 짐에 따라 각국에서는 OBD-I보다 엄격한 OBD-Ⅱ 규제를 적용하게 되었으며 자동차 배출가스가 매우 완벽한 수준으로 배출되도록 규제하고 있다. OBD-Ⅱ 체제에서는 전자제어관련 장치 특히 배기 관련시스템이나 부품의 경우 고장나기 전 상황을 사전에 계속 감시(monitoring)하여 고장발생 전에 고장이 예측되면(특히, 배기관련 장치류) 점멸신호로 반복해서 경고신호를 보내 운전자가 관련 부품이 고장 나기 전에 교환 수리하도록 하고 있다(고장 발생 시에는 점등신호).

그림 80. OBD-II 자기진단 커넥터

실제로 사용되고 있는 자동차의 배출가스를 조사하는 데에는 CVS장치(constant volume sampler, 배출가스 측정장치)를 이용하여 계측하며 1대 측정에 상당한 시간이 걸리므로 연방정부나 캘리포니아주에서 협력하여 실제 사용상태에 있는 자동차의 배출가스 제어에 관계하는 장치의 데이터를 모니터하는 방법을 고려하였다. 즉, OBD-Ⅱ(OBD의 Phase Ⅱ)에서는 자동차 측의 구조를 배출가스 관련 장치의 데이터가 계측될 수 있는 구조로 하는 것을 의무화하였다.

OBD-Ⅱ차량은 96년형부터 의무화하였으나 실제 일부 Maker에서는 94년형부터 일부차종에 적용하였다. OBD-Ⅱ 규제 목적은 자동차의 유해배출가스 배출수준을 낮추는 제어장치가 정상 작동하는가를 모니터링하는 방법을 자동차 측에 의무적으로 적용하고 이들 장치의 성능저하를 감지하도록 하는데 있다. 규정 테스트에 합격된 자동차가 판매 후 사용 중에도 그 품질유지가 가능한가를 조사하여 악화되면 인정방법을 개선하거나 리콜을 실시하도록 하고 있다.

5.2.2. OBD-Ⅱ체제에서 차량 측에 부여된 기능

① 진단 커넥터의 표준화(16핀 : 전원공급 단자 포함)

② 고장 경고 기능의 확장(배기관련 장치의 고장 예측 시 경고등 점등)

③ 고장코드와 용어의 통일

④ 배출가스 제어장치의 현재 파라미터(data list)표시가 가능 할 것

⑤ 통신방식 프로토콜(protocol)의 통일

⑥ 프리즈 프레임(freeze frame)기능 부여(고장발생시 데이터 리스트의 ECU기록)

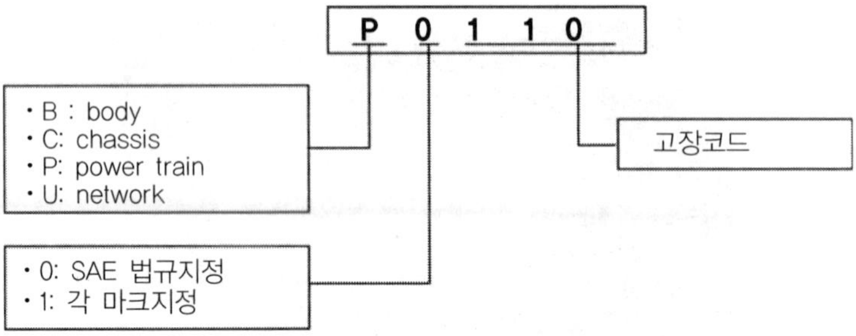

그림 81. OBD-II 고장코드 예

⑦ 레디니스(readiness)기능 부여(배출가스 제어장치의 연속, 비연속 모니터링)

⑧ 연속 모니터링 증대(실화, 연료공급, 촉매, EGR, EVAP, 산소센서 등 광범위한 제어 시스템 모니터링)

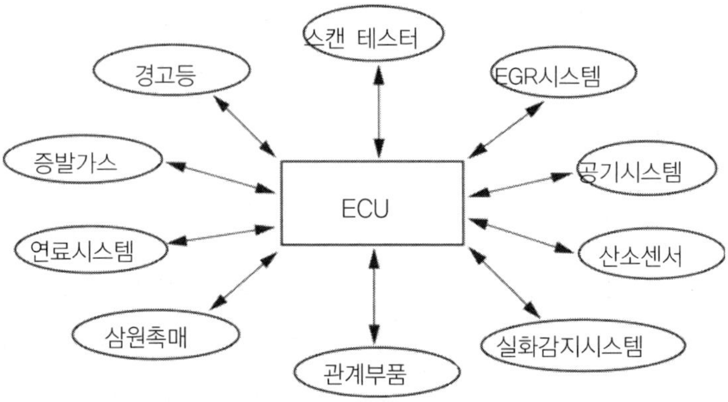

그림 82. OBD-II시스템 모니터링 개요도

5.2.3. OBD-Ⅱ시스템 조건

OBD-Ⅱ시스템을 적용하는 엔진에서는 기본적으로 다음과 같은 장치들을 갖추고 있어야 한다.

① 공기 흡입계에는 흡기의 질량유량 또는 흡기다기관의 절대압력을 계측할 수 있는 센서들을 갖추어야 한다.

② 산소센서(공기비센서)는 반드시 가열식이어야 한다.

③ 각 뱅크(bank) 별로 설치되어 있는 촉매기에도 가열식 산소센서가 설치되어야 한다.

④ 촉매기의 전방/후방에 각각 산소센서가 설치되어야 한다.

⑤ EGR-시스템에는, 핀틀 포지션 센서(pintle position sensor)를 갖추고 있으며 전자적으로 제어되는, 선형 EGR-밸브가 사용되어야 한다.

⑥ 연료분사 제어방식은 순차(sequential) 분사방식이어야 한다.

⑦ 증발가스시스템은 OBD-Ⅱ에 적합하게 수정되어야 한다. 벤트(vent) 솔레노이드, 연료탱크 압력센서 그리고 증발가스 누설 감지센서가 설치되어 있어야 한다.

5.2.4. OBD-Ⅱ시스템의 감시기능

[1] 촉매기의 기능감시

엔진 ECU는 촉매기의 앞・뒤에 설치된 2개의 O_2센서의 출력신호를 서로 비교한다. 촉매기 전방에 설치된 제1 O_2센서의 신호에 공기비 제어를 하고 배기가스 중의 산소농도에 비례하여 전압이 변화하는 특성을 가지고 있으며 정상 작동온도는 약 750℃인 O_2센서가 사용되며, 촉매기의 기능감시는 촉매기 후방에 설치된 제2 O_2센서가 담당한다.

제2 O_2센서로는 $\lambda = 1$에서 전압값이 급격히 변화하는 특성을 가지고 있으며 정상작동온도 약 350℃인 O_2센서가 주로 사용된다. 제2 O_2센서의 출력전압은 촉매기의 정화효율이 높으면 중간값 부근에서 맥동하게 된다. 촉매기가 노후되면 촉매기 전방・후방의 산소농도에 차이가 거의 없게 되고, 따라서 제2 O_2센서의 신호는 제1 O_2센서의 제어신호와 비슷한 형태가 되어 ECU는 이를 촉매기의 기능저하로 감지하여 고장으로 저장하고 동시에 운전자에게 고장을 알린다.

[2] O_2센서 감시

센서가 열적으로 노후화되면 센서의 반응속도가 느려지게 되어 공기/연료 혼합기의 변화에 대한 제어주파수가 감소하게 된다. ECU에는 제1 O_2센서의 공기비제어 주파수의 한계값이 저장되어 있어 제어주파수가 한계값 이하로 낮아지게 되면 엔진 고장을 저장한다.

[3] 엔진 실화 감시시스템(engine misfire monitoring system)

유도센서가 크랭크축에 설치된 특수 기어 휠(증분 기어휠)에서 실화에 의해 엔진의 작동상태의 거칠기를 감지하여 엔진 ECU에 맥동신호로 전송한다. 엔진의 맥동이 한계값을 초과하게 되면 고장이 기록된다.

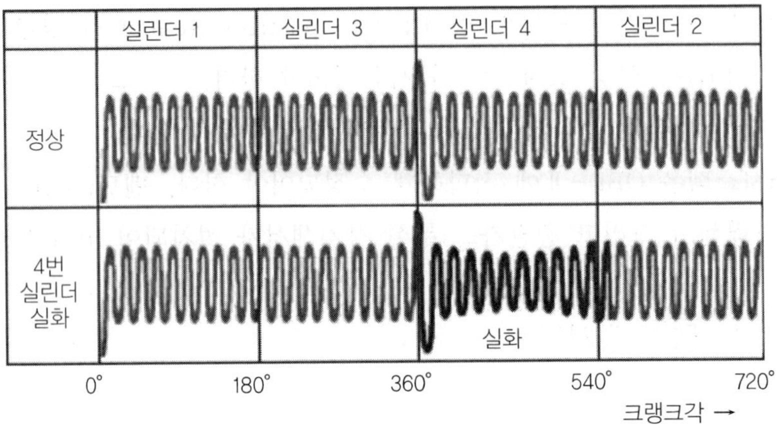

그림 83. 4기통 엔진에서의 실화 감지

이 외에도 실화율이 일정 수준(5~20% 범위에서 다양)을 초과하게 되면, 해당 실린더의 분사밸브는 연료분사를 중단하여 촉매기가 열 부하에 의해 손상되는 것을 방지한다.

[4] EGR기능 감시

EGR기능 감시는 EGR시스템의 기능이 정상일 때 타행주행 시 EGR밸브를 열면, 흡기다기관과 배기다기관이 서로 연결되므로 흡기다기관 압력이 변화되어야 한다. 이때 흡기다기관 압력이 변화하지 않으면 고장이 저장된다.

[5] 증발가스 제어장치의 기능 감시(evaporative system monitoring)

점검은 대부분 공전속도에서 이루어진다. 연료탱크 환기시스템의 기능은 O_2센서의 전압으로 점검할 수 있으며 먼저 연료탱크 환기밸브를 닫은 상태에서 O_2센서의 전압을 측정한다. 이어서 환기밸브를 열고 O_2센서의 전압을 측정한다. 활성탄 여과기에 증발가스가 많이 포집되어 있을 때 환기밸브를 열면, 연료/공기 혼합비는 농후해져 O_2센서의 전압이 800mV~900mV이며, 활성탄여과기에 증발가스가 포집되어 있지 않을 때 환기밸브를 열면, 연료/공기 혼합비는 희박해져 O_2센서의 전압이 100mV~300mV가 된다.

ECU는 이 값을 기록한다. 기능시험은 여러 번 반복하여 일정 횟수의 기능시험에서 그 값이 타당한 것으로 나타나면, ECU는 연료탱크 환기시스템의 기능이 정상인 것으로 판정한다.

[6] 2차 공기시스템의 기능감시

2차 공기시스템의 기능은 O_2센서의 전압으로 감시한다. 엔진이 차가울 때, 그리고 난기 운전 중 2차 공기 공급펌프는 엔진의 부하와 회전속도에 따라 자동으로 스위치 ON된다. 2차 공기시스템이 정상일 때 2차 공기 공급펌프가 스위치 ON되면, O_2센서의 전압은 희박한 범위인 100mV~300mV를 지시해야 하며 측정은 냉 시동단계(약 1.5분)에서 일정한 시간간격으로 반복된다. O_2센서의 전압값이 낮게 나타나는 횟수가 충분히 많으면, ECU는 2차 공기시스템의 기능이 정상인 것으로 판정한다.

[7] 기타 기능 감시

에어컨시스템으로부터 냉매의 누설, 기타 배출가스 누설방지 부품의 기능저하를 감시하도록 명시하고 있다.

5.3. EOBD

EOBD(european on board diagnosis)란 CARB OBD-Ⅱ와 거의 같은 개념으로 유럽지역에서 자동차의 배출가스 규제를 위한 전자제어시스템의 진단규정을 말한다. EOBD는 2000년 1월 1일 이후 판매 차량에 적용하고 있으며 캘리포니아 CARB OBD-Ⅱ 규제와 거의 동일한 개념을 적용하고 있다.

특이 사항으로는 진단항목별 상세 규정 없이 정해진 배출가스 기준치를 넘을 때 경고등(MIL, malfunction indicate lamp)을 점등시킨다. 배출가스와 관련된 모든 항목을 규정하고 있으나 CARB OBD-Ⅱ의 증발가스 누설 감지기능(evaporative systems leakage monitoring)은 제외되어 있다.

5.4. 자기진단 커넥터

자동차에서 전자제어시스템이 적용된 경우 ECU RAM에 메모리된 자기진단 내용을 경고등 점멸이나 스캔툴로 통신하여 알 수 있도록 별도의 자기진단 커넥터를 설치하고 있으며 그 형상이나 설치 위치는 제작회사에 따라 다소 달리하고 있다.

스캔 툴(scan tool)의 자기진단 커넥터를 차량의 진단 커넥터에 연결한 후 자기진단 항목을 수행시키면 기록된 고장내용을 파악할 수 있으며 동시에 실시간 데이터 들을 확인할 수 있다.

자기진단 커넥터는 제작회사별로 형상 및 차상 장착위치가 다르나 그 개념은 동일하다. 자기진단 커넥터의 장착위치는 릴레이박스, 퓨즈박스, 콘솔부 등 다양한 위치에 설치된다.

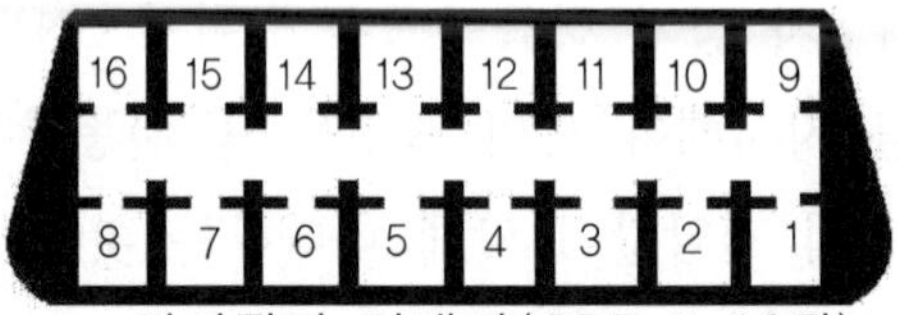

자기진단 커넥터(OBD II 16핀)

1. blank 2. J1850 bus 3. blank 4. Chassis Ground 5. Signal Ground 6. CAN High
7. ISO 9141-2 K Line 8. blank 9. blank 10. J1850 bus 11. blank 12. blank
13. Signal Ground 14. CAN Low 15. ISO 9141-2L Line 16. Battery Power

그림 84. OBD-II 자기진단 커넥터 번호

6 GDI(gasoline direct injection)엔진

GDI엔진이란 원래 디젤엔진에서 쓰이는 기술로 연료를 흡기포트가 아닌 실린더 내로 가솔린을 직접 분사함으로써 흡기 충진효율이 증대되고, 실린더 내 연료증발을 통하여 연소실온도를 낮추어 노킹특성을 개선하고 압축비를 증대시켜 성능/연비를 개선한 가솔린 엔진이다. 자연흡기(NA)에 비해 직분사는 연료를 분사하는 양을 ECU, 센서, 액추에이터(주로 솔레노이드나 피에조 방식)로 제어한다. 연료를 고압분무인 인젝터(injector)를 사용하면 연료의 기름방울이 그냥 분사할 때보다 몇 배에서 몇 십배까지 가늘고 작게 만들 수 있다. 그 만큼 짧은 연소순간에 반응에 참여할 수 있는 표면적이 넓어지므로 출력과 연비가 좋다. GDI엔진은 1997년 일본 미쓰비시자동차(주)가 처음 양산에 성공했다.

일반 엔진의 공기와 연료의 혼합기 질량비는 14.7 : 1인데, 린번엔진의 혼합기 질량비는 최대 22~23 : 1까지 희박하게 할 수 있고, GDI엔진은 25~40 : 1이라는 극히 희박한 혼합기 질량비가 가능하다. 가솔린엔진의 연료시스템은 카브레터에서 흡기포트 분사 이후 연소실 직접분사로 진화하고 있다. 사용하는 연료압력도 대기압(1bar), 3.5bar의 포트분사에서 120~ 150bar 수준으로 변화되어왔다. GDI엔진은 실린더 안에 세로방향의 강한 소용돌이를 발생시키는 것이 특징인데, 이 소용돌이는 인젝터에서 분사된 가솔린을 효율적으로 점화플러그 주변으로 모아 혼합기가 완전히 연소될 수 있게 도와준다. 또 노킹을 일으키기 쉬운 플러그 주변에 연료를 직접 분사하면 흡기온도가 기화열에 의해 낮아지므로 혼합기의 충전효율이 높아지고, 압축비도 높아진다.

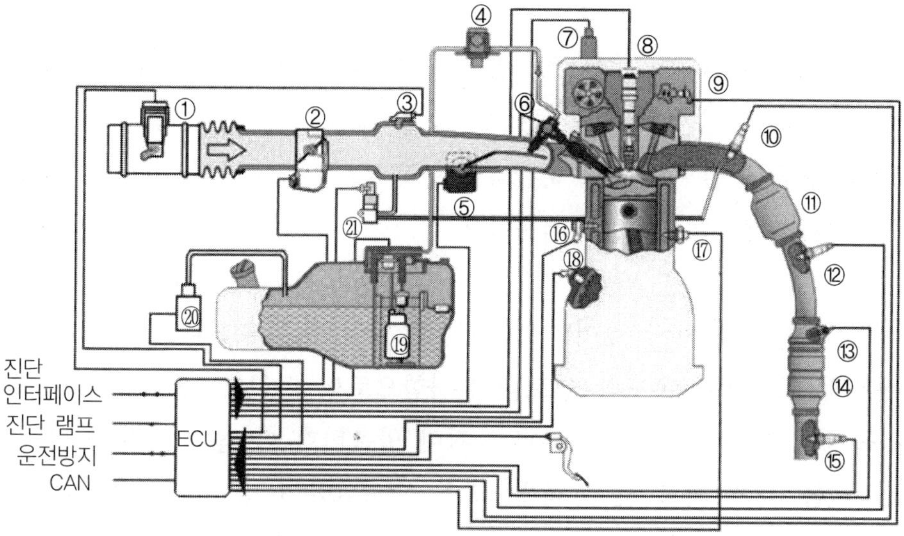

1. 공기량 센서(MAFS) 2. 스로틀밸브(ETC) 3. MAP센서 4. 고압펌프 5. 에어플로우 컨트롤밸브
6. 연료레일 및 인젝터 7. 캠샤프트 액추에이터 8. 점화코일 및 플러그 9. 캠각 센서(CMPS)
10. 1st산소센서 11. 1st 카탈리스트 12. 2nd 산소센서 13. 배기가스 온도센서 14. 메인카탈리스트
15. 3rd 산소센서 16. 노크센서 17. 냉각수온센서(ECTS) 18. 크랭크각 센서(CKPS)
19. 저압 연료펌프 모듈 20. 차압센서 21. EGR밸브

그림 85. GDI시스템의 구성

이렇게 하면, 이론적으로는 가솔린 분사량과 분사시기, 혼합기 질량비 따위를 폭넓게 조정할 수 있게 되어 정속 주행시의 희박연소, 출력향상, 이산화탄소 배출감소 등의 상반되는 요소를 모두 실현할 수 있게 된다.

그러나 이론상으로 이 엔진은 뛰어나지만, 희박연소 때 여전히 출력이 떨어지고, 실린더 안에 대량으로 발생한 연소 찌꺼기와 카본이 가솔린을 흡수하여 주행거리가 길수록 연비가 떨어지는 문제점이 있다. 이 같은 문제점을 해결하려면 실린더 내부를 계속 청소해야 한다. 하지만, 연료시스템이 변화하면서 강화되고 있는 배출가스규제에 대응이 가능해졌고, 7~12%의 성능 향상과 연비가 10% 정도 향상됐다.

6.1. GDI방식의 장단점

6.1.1. GDI방식의 장점

[1] 최소의 연료로 최대의 출력을 낼 수 있다.

부분부하 영역에서는 혼합기의 질을 제어하므로, 평균유효압력을 크게 높일 수 있다.

층상급기모드에서는 스로틀밸브를 완전히 열기 때문에 교축손실이 거의 없고 따라서 효율은 높아지고, 출력은 증가하고, 연료소비율은 낮출 수 있다. 간접분사에 비해 훨씬 큰 행정체적 출력을 얻을 수 있기 때문에 연료소비율을 개선할 수 있고 낮은 배기량에도 높은 마력과 토크의 출력을 낼 수 있다. 순간적으로 고압으로 연료를 분사시키기 때문에 적은 연료량으로 폭발을 일으킬 수 있기 때문이다.

[2] 냉각효과가 있어 압축비가 높아지기 때문에 효율이 상승한다.

인젝터가 상대적으로 낮은 온도의 연료를 분사함으로써 실린더 내의 온도가 낮아지게 된다. 차가운 공기는 뜨거운 공기보다 부피가 작아 압축비가 더 높기 때문에 기존의 방식보다 높은 압축비를 갖게 되고 높은 폭발력으로 연료효율이 상승하는 효과를 가져다준다. 저 중속에서는 4~8%, 고속에서는 10~14%의 토크 증대를 가져다준다.

[3] 연료분사 타이밍의 제한을 받지 않는다.

고속 주행시 흡기밸브의 열려있는 시간이 짧아지게 되는데 간접분사 방식과 달리 GDI에서는 연료를 공기와 혼합시켜 내부로 넣어야 하는 시간이 필요하지 않기 때문에 연료분사 타이밍에 제한이 없다.

[4] 배기가스가 줄어든다.

간접분사식에 비해 직접분사식에서는 압축비가 일반 엔진에 비해 높기 때문에 적은 연료로도 폭발을 일으킬 수 있고 엔진이 냉각된 상태일 때 또는 가속할 때 혼합기를 덜 농후하게 해도 되므로 빠른 촉매 활성화를 통한 연료소비율을 낮추고 유해 배출가스를 저감시키게 된다.

6.1.2. 단점

[1] 소음과 진동이 크다.

연료분사압력이 상대적으로 높아(50~120bar) 높은 폭발력을 갖고 있기 때문에 소음과 진동을 낼 수밖에 없다.

[2] 엔진의 내구성이 떨어진다.

높은 압축비를 갖고 있기 때문에 높은 열과 폭발력을 갖게 된다. 따라서 엔진의 내구성 또한 떨어지게 되고 직접분사 방식 자체가 복잡한 구조를 갖기 때문에 고장이 날 경우 수리가 용이하지 않다.

[3] 가격이 비싸다.

높은 압축비를 갖고 있기 때문에 엔진 내부에 보강된 부품을 써야 하므로 가격이 비싸다. 압축비가 높아지는 만큼 실린더 내부온도가 상승하기 때문에 노킹현상이 발생할 우려가 있고 폭발 후에도 실린더 내에 미연소 기체가 남게 되고 의도치 않는 타이밍에 폭발이 일어날 수도 있게 된다.

[4] 미세먼지 필터 장착

층상 급기모드에서는 공기비 λ = 2.7~3.4(40 : 1~50 : 1)의 희박한 혼합기를 사용하기 때문에 NOx의 배출이 현저하게 증가한다. 3원 촉매기만으로는 생성된 NOx를 모두 환원시킬 수 없다. 따라서 NOx 촉매기의 도입이 불가피하게 되었다. NOx 촉매기는 일정한 시간 간격으로 재생시켜야 하며, 또 저유황 연료를 사용해야 한다. 미세먼지 배출량이 유로 5기준보다 높아 유로 6에서는 GDI엔진에 CRDI 디젤엔진처럼 미세먼지 필터를 의무적으로 장착한다고 한다.

6.2. GDI시스템의 적용기술

6.2.1. 와류의 형성

초희박 연소를 가능하게 하는 것이 직접분사의 목적이므로 흡입공기에 텀블(tumble) 또는 스월(swirl)과 같은 강력한 와류를 주고 분사되는 연료에도 와류를 준다. 이러한 와류 형성 기술은 기존에 개발된 Lean Burn엔진의 기술을 이용한다.

[1] 스월 유동(swirl flow, 선회유동)

공기는 나선형 흡기관을 통해 실린더로 유입되며, 연소실에서 수직 축을 중심으로 선회운동한다. 이 경우, 흡기통로는 흔히 두 갈래로 설계된다. 제 2의 통로(충진 통로)는 층상 급기 모드에서는 플랩(flap)에 의해 닫힌다.

균질혼합기 모드에서는 플랩을 열어, 충진률을 극대화시켜 고출력을 목표로 한다. 스월은 공기와 연료의 혼합을 크게 촉진시키고 연소과정 동안 화염 면을 빠르게 확산시키기 위한 기법이기도 하다.

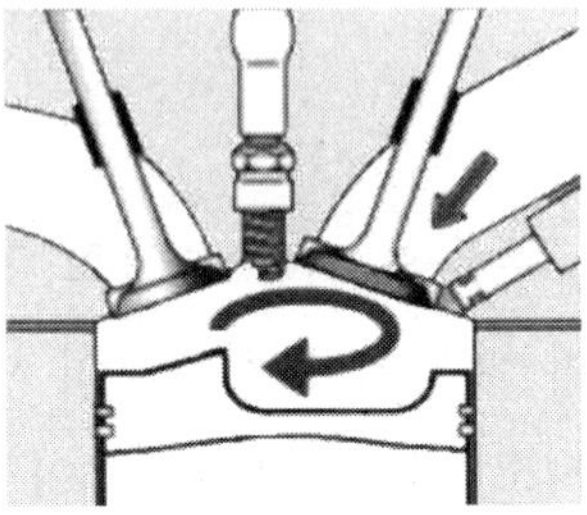

(a) 스월 유동

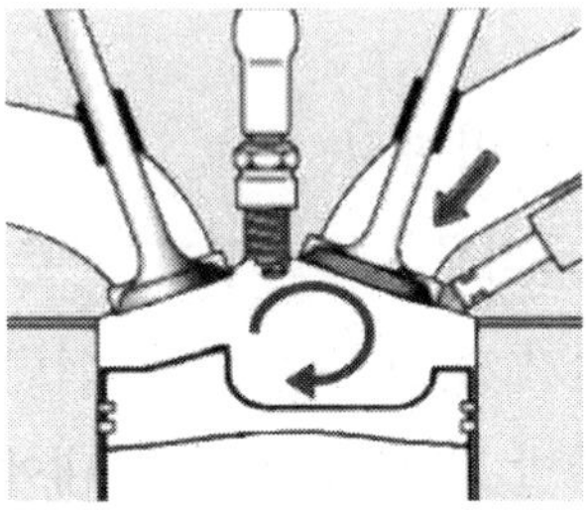

(b) 텀블유동

그림 86. 스월 유동과 텀블 유동

[2] 텀블 유동(tumble flow)

압축행정 말기에 피스톤이 TDC에 가까워질 때, 연소실의 외측 가장자리 주위의 체적은 갑자기 줄어든다. 실린더 반경 외측의 체적을 차지하고 있는 혼합가스는 이 외측 체적이 거의 영(0)으로 줄어들 때까지 반경 안쪽방향으로 밀려들어간다.

혼합가스의 반경 안쪽 방향 운동을 스퀴시(squish)라고 한다. 스퀴시는 실린더 내부의 다른 질량운동과 합해져 공기와 연료를 혼합하고 신속하게 화염 면을 확산시킨다. 피스톤이 TDC에 가까워짐에 따라 스퀴시 운동은 텀블(tumble)이라고 하는 2차 회전운동을 일으킨다. 텀블은 성층 연소로 작동하는 엔진에서 공기-연료 혼합기의 성층 화를 이루는 데 있어서 중요한 변수 중의 하나이다.

6.2.2. 흡기포트

미쓰비시는 텀블 유동을 발생시키기 위해 흡기포트를 직립으로 세우고 실린더로 들어온 흡기가 실린더 안에서 아래로 내려갔다가 위로 올라오면서, 분사된 연료를 스파크플러그 주위로 모이도록 해서 농후한 혼합기로 함으로써 점화가 쉽게 되도록 한다.

한편, 도요타는 스월 발생을 위해 헬리컬 포트로 하며, 스월 컨트롤밸브를 설치하여 희박공연비에서 마찬가지로 성층연소가 되도록 한다. 이때 성층혼합기가 한곳에 머무르도록 피스톤 상면은 깊게 파낸 형태로 한다.

6.2.3. 연료공급

연료 공급면에 있어서, 짧은 기간에 기화 및 연소를 이루기 위해서는 연료분사압력을 기존 포트분사 엔진의 약 3bar보다 훨씬 높은 50bar 정도로 해 줄 수 있는 고압연료펌프가 필요하고, 연료의 미립화와 분산특성이 우수한 고압스월 인젝터를 사용하여야 한다. 또, 실린더에 분사된 연료가 공기와 잘 혼합이 되고 희박한 공연비에서도 점화가 잘 이루어지도록 저·중부하에서는 혼합기를 층상으로 형성시켜야 하기 때문에 흡기포트를 세우고 피스톤 상면에 움푹 페인 곳을 만들어 흡기유동을 조절해야 한다.

6.3. GDI엔진의 희박 연소과정

이론공연비를 훨씬 상회하는 공연비 30~40 정도에서 초 희박연소를 가능하게 하기 위해서는 연소실내의 혼합기가 확산하지 않도록 점화플러그 주변에 집중시켜야 한다. GDI 엔진의 초 희박 연소과정은 다음과 같다.

6.3.1. 연소실의 강한 상하유동 흡입공기 와류(tumble) 형성

직립흡기관에 의해 흡입되는 공기를 수직방향으로 강력한 하강기류를 형성토록 해야 하며, 하강기류의 흡입공기는 다시 만곡형 피스톤에 의해 공기의 흐름을 위쪽 방향으로 바꾸게 되어 흡입공기는 상하방향으로 강력한 와류가 형성되게 된다.

6.3.2. 압축행정시 연료분사로 연료 성층화 형성

압축행정 말기에 강력한 와류가 형성되어 있는 실린더내로 고압 스월 인젝터로 부터 연료를 분사한다. 연소실내에서 강력한 공기와류가 형성될 때 와류의 중앙부위는 바깥부분보다 속도가 훨씬 빠르기 때문에 바깥부분에 비해 상대적으로 압력이 떨어지게 된다. 이때 분사된 공기보다 무거운 연료입자는 압력이 높은 바깥부분에서 낮은 중앙부위로 압력차에 의해 이동하게 되어 와류의 중심부위인 점화플러그 주위로 대부분의 연료가 집중되어 농후한 혼합기가 형성된다.

6.3.3. 초희박 연소

성층화된 농후한 혼합기에 점화플러그에서 스파크가 발생하면 혼합기가 연소하기 시작하여 강력한 화염이 형성된다.

이때 연소실 바깥부분의 혼합기는 연료가 없는 상태이거나 초 희박 상태이지만 이미 형성된 화염에 의해 모두 완전 연소된다. 이때 유해 배출가스는 완전연소에 의해 30% 정도 감소하게 된다.

6.4. GDI엔진의 제어(연비 및 성능)

GDI엔진은 엔진속도와 부하에 따라 공연비를 제어하여 차량 운행조건에 따라 최적의 연비저감 및 엔진 출력향상 등을 실현하게 되었다. 가솔린 직접분사 엔진의 초 희박 공연비(40 : 1)로 제어하는 영역은 저속 저 부하영역에서만 제어하며, 초 희박 공연비 제어 영역을 벗어나 엔진부하가 증가하면 이론공연비(14.7 : 1)와 희박공연비(23 : 1)에서 제어하고, 엔진부하가 더욱 증가하여 엔진출력이 많이 요구되는 고속 고 부하 영역에서는 공연비가 12 : 1~14.7 : 1로 제어한다.

일정한 조건에서 공연비에 따라 엔진출력은 공연비 12 : 1~13 : 1 부근에서 가장 높게 출력된다. 따라서 언덕길을 올라가거나 추월시 등 엔진부하가 높은 영역에서는 공연비 12 : 1~13 : 1로 제어한다.

6.4.1. 저연비 영역

압축행정 후기에 연료를 분사함으로서, 만곡형 피스톤과 직립 흡기포트에 의해 발생하는 텀블 유동에 의해 분무의 확산을 억제하며, 점화플러그 주변에 농후한 혼합기를 형성시키는 층상 혼합을 수행하여, 공연비 30~40 정도의 초희박 혼합기가 형성되더라도 쉽게 착화되고 안정한 연소가 진행하게 된다.

6.4.2. 고출력 영역

흡기과정 중에 연료를 분사함으로서 연소실내에 균질한 혼합기를 형성시킨다. 또한 연료의 기화열로 연소실내 가스온도가 저하되고 흡기밀도의 증가로 흡기냉각을 이용하여 충진효율이 증가하며, 엔진은 내 노킹성이 우수하여 압축비 증대를 통해 고 효율화를 추구할 수 있다. 공연비는 13~24 정도가 기존의 MPI엔진과 비교하면 희박연소라고 할 수 있다.

6.4.3. 완전연소와 대용량 EGR밸브 사용으로 유해 배기가스 저감

일반 엔진에서 연소시 발생되는 주요 유해가스는 탄화수소(HC), 일산화탄소(CO) 및 질소산화물(NOx) 등이 배기가스로 배출된다. 이러한 유해 배기가스에서 발생되는 양은 공연비에 따라 차이가 있다. 탄화수소나 일산화탄소의 배출가스는 공연비가 농후하면 발생되는 양이 증가하고, 공연비가 희박하면 발생되는 양은 줄어든다.

그러나 질소산화물의 배출가스는 공연비가 희박해지면 발생량이 증가하게 된다. 가솔린 직접분사 엔진에서 탄화수소나 일산화탄소의 배출가스는 초 희박 공연비에서 이상적인 연소가 가능하기 때문에 배기가스 저감을 실현하였다. 그러나 질소산화물의 배출가스는 공연비가 희박하면 발생량이 증가되기 때문에 대용량의 촉매를 사용함으로써 30% 유해 배기가스 저감을 실현하였다.

이와 같이 GDI엔진은 실용 주행 영역과 고부하 영역에서 서로 다른 혼합기의 형성 및 양호한 연료 기화 그리고 연료와 공기간의 혼합시간 단축을 실현하였고, 이것이 바로 저연비와 고출력 그리고 환경 친화적인 엔진이라는 서로 상충되는 요소를 양립시키는 엔진이다.

6.5. 매니폴드 스로틀밸브(MTV : manifold throttle valve-와류(swirl) 제어밸브)

6.5.1. 매니폴드 스로틀밸브의 개요

희박연소(22 : 1)상태에서 안정적인 엔진작동을 위해서 최적의 혼합기 형성과 화염 전파속도가 관건이다. 희박연소 조건에서는 혼합기 중 연료의 밀도가 낮기 때문에 일반적인 상태에서와 동일한 조건으로 점화를 시켜서는 출력 뿐 아니라 배기가스에도 불리하므로 이를 방지하기 위해 와류를 이용한 연료의 불균일 분포 즉, 성층화(stratification)가 가능하도록 하였다.

이것은 흡입밸브가 열리는 특정기간 동안 와류(swirl)운동을 하는 흡입공기의 일정 부분에 연료를 분사하게 되며 이 강력한 와류에 실려 있는 매우 농후한 연료의 띠(fuel band)는 흡입공기의 다른 희박한 부분들과 혼합이 제한을 받으며 압축행정 끝 무렵까지 연료의 성층화(밀도 차이)가 유지되는 것을 이용한 것이다. 이에 따라 성층화된 연료 띠를 점화시기에 맞추어 점화플러그 주위에는 농후한 혼합기(연료 밀도가 높음)가 형성되어 점화가 될 때 강력한 초기 화염을 형성하고 이 화염이 나머지 희박 혼합기를 연소시키므로 서 희박연소 조건에서 안정적인 연소가 실행된다.

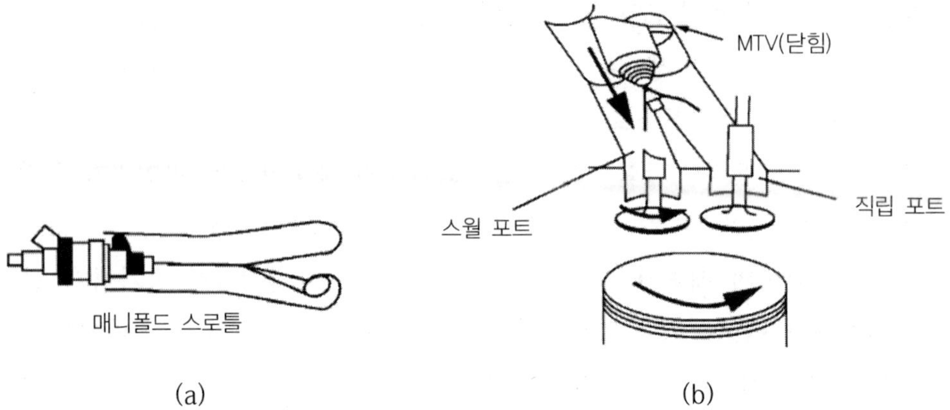

그림 87. 매니폴드 스로틀밸브의 설치위치

따라서 희박한 상태에서 연소를 시킬 수 있는 것은 와류의 성층화이다. 희박연소 제어 영역에서 연료분사 시기는 흡입행정 ATDC 60~90° 에서 분사를 완료시키고 분사 전 연료는 와류유동에 의해 연소실에서 성층화가 이루어져 점화될 때 점화플러그 주위에는 상대적으로 농후한 공연비(약 13~14 : 1)가 형성되며 전체적으로는 공연비가 희박한 상태이지만 성층화에 의한 강력한 초기 화염 형성으로 급속 연소가 유도된다.

공전상태에서는 매니폴드 스로틀밸브를 닫아 안정된 연소를 이룬 공연비 영역에서는 열려 엔진의 출력저하를 방지하며, 희박연소 영역에서는 밸브를 닫아 연소실 내의 혼합기 유동을 와류현상으로 발생시킨다.

6.5.2. 매니폴드 스로틀밸브의 작동

진공탱크와 매니폴드 스로틀밸브 액추에이터 통로 사이에 있는 솔레노이드밸브가 컴퓨터 제어에 의해 개폐되어 매니폴드 스로틀밸브 액추에이터를 작동시킨다. 즉 컴퓨터가 희박연소 영역에서는 솔레노이드밸브를 접지시켜 매니폴드 스로틀밸브 연결 축 끝에 설치된 액추에이터에 진공이 가해지면서 축이 회전하여 밸브를 닫는다.

희박연소 영역이 아닌 경우에는 솔레노이드밸브의 작동을 중지시키면 진공이 해제되어 매니폴드 스로틀밸브가 연결된 축이 회전하여 밸브가 열린다.

[1] 매니폴드 스로틀밸브 작동단계

•엔진 냉각수 온도 •주행속도 •엔진 회전속도	⇛	•컴퓨터 •연산 수행	⇛	진공 솔레노이드밸브	⇛	매니폴드 스로틀 밸브 액추에이터

[2] 매니폴드 스로틀밸브 작동영역

매니폴드 스로틀밸브가 닫히는(축이 짧아짐)조건을 말한다.

(1) 희박연소 조건일 때

희박연소 작동영역일 경우에는 화염 전파속도 저하로 인한 정상 연소 및 출력문제를 해결하기 위해 흡입포트 및 피스톤헤드 형상 변경으로 인하여 첫째, 점화할 때 점화플러그 주위에 상대적으로 농후한 공연비 형성으로 강력한 초기화를 형성한다. 둘째, 유동속도 증대로 급속한 연소를 실행한다.

(2) EGR이 작동할 때

희박연소 작동 영역에서와 마찬가지로 매니폴드 스로틀밸브를 닫아 연소실 내 와류를 형성시켜야만 20% 배기가스 회수율 상태에서도 안정된 연소를 실행한다. 일반적인 엔진에서는 배기가스 회수율이 10%가 한계이다.

(3) 와류 제어용 매니폴드 스로틀밸브 닫힘 조건

① 희박연소 작동영역 조건일 때

② 엔진을 시동할 때

③ 엔진이 공전할 때

공전할 때에는 공전스위치가 ON상태에서 매니폴드 스로틀밸브가 곧 바로 닫히는 것이 아니라 약 2초 후에 닫힌다. 이것은 주행속도가 낮은 1단에서 3단 사이의 변속을 할 때 매니폴드 스로틀밸브의 개폐가 반복되는 것을 방지하기 위함이다.

점화스위치(IG S/W) OFF 후에도 3초 동안 솔레노이드밸브를 3번 ON, OFF시킨다. 이것은 가동 중지 후에도 컴퓨터 전원이 OFF되고 또한 솔레노이드밸브가 계속 닫혀 있게 되므로 매니폴드 스로틀밸브에 부하가 계속 가해질 경우 밸브 고착을 방지하기 위함이다.

6.6. GDI시스템의 연료공급 회로

GDI시스템의 연료공급시스템은 특히 층상급기모드에서는 흡기다기관 분사방식과 비교해서 아주 높은 압력으로 연료를 연소실에 분사해야 한다. 이 외에도 연료분사시간이 현저하게 짧다. 따라서 GDI시스템에서는 연료를 아주 높은 압력으로 공급해야 한다. 연료시스템의 회로는 저압회로와 고압회로로 구성되어 있다.

6.6.1. 저압회로

GDI시스템에서 저압회로는 흡기다기관 분사방식에서의 연료공급시스템과 본질적으로 동일하다. 일반적으로 공급펌프로는 1차 압력 3~5bar를 쉽게 형성할 수 있는 용적형 펌프가 주로 사용되며, 고온 재시동성이 양호하고, 고온 작동 시에도 연료의 비등에 의한 기포발생을 방지할 수 있을 만큼의 고압을 형성할 수 있어야 한다. 또 동시에 저압회로의 압력을 엔진의 작동상태에 따라 쉽게 변화시킬 수 있어야 한다. 대부분 고온 재시동 시에는 압력을 단기간 내에 5bar까지 상승시킬 수 있다.

가장 이상적인 시스템은 복귀회로가 없이, 필요한 만큼만 연료를 공급하는 제어 가능한 저압회로 시스템이지만, 시스템에 따라서는 체크밸브(check valve)를 사용하여 리턴 시키는 시스템 또는 항상 높은 공급압력을 일정하게 유지하는 시스템도 사용되고 있다.

6.6.2. 고압회로

고압회로는 고압펌프, 연료분배관(rail), 압력센서 그리고 시스템에 따라서는 압력제어밸브 또는 압력제한밸브로 구성되어 있다. 고압회로는 계속공급시스템과 필요한 만큼만 공급하는 시스템으로 구분할 수 있다.

ECU는 엔진의 작동상태에 따라 연료압력조절기를 통해 연료압력을 50~120bar 범위에서 제어한다. 제어회로는 압력센서를 포함한 완벽한 피드백(feed back)회로를 구성하고 있기 때문에 실제값은 항상 ECU에 피드백된다.

6.7. 연료제어(fuel control)

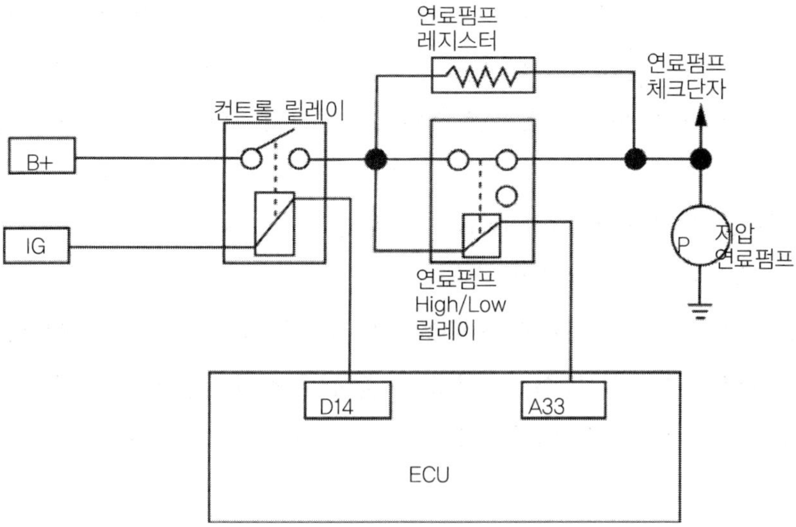

그림 88. 연료장치의 구성도

6.7.1. 스월형 인젝터(swirl injector)

2분사(spray)방식이며, 기존의 인젝터와는 달리 연료가 분사되면서 주위의 공기와 쉽게 혼합될 수 있도록 하기 위해 소용돌이를 이루면서 연료가 분사된다. 인젝터의 분사 시기는 점화시기와 동일하게 분사되며, 엔진의 부하에 따라 피스톤의 흡입행정(일반연소) 또는 압축행정(희박연소)에서 분사된다.

그림 89. 스월형 인젝터의 분사형상

부분부하 영역에서는 압축행정 말기에 분사되고, 전부하 영역에서는 흡입행정 중에 분사되어 흡입공기의 열을 흡수하여 기화하는 한편 흡입공기의 냉각으로 흡입효율이 향상된다. 인젝터의 구동은 엔진 컴퓨터가 직접하는 것이 아니라 엔진 컴퓨터가 인젝터 드라이브 A&B에 연료분사 신호를 보내면 인젝터 드라이브는 해당 인젝터를 구동한다.

6.7.2. 인젝터 드라이브(injector drive) A & B

[1] 인젝터 드라이브 A & B의 기능

인젝터 드라이브는 드라이브 릴레이로부터 전원을 공급받아서 각 인젝터에 전원을 공급함과 동시에 인젝터회로의 단선, 단락을 검출하여 엔진 컴퓨터로 고장유무 신호를 입력시킨다. 인젝터의 구동은 엔진 컴퓨터로부터 연료분사 시간 신호를 입력받아 인젝터를 구동시킨다.

인젝터 드라이브를 사용하는 목적은 연료압력이 기존 흡기관 내 분사식 엔진보다 10 ~ 20배 이상 되기 때문에 인젝터에서의 전류소모가 많으며, 발열량이 커지기 때문에 이를 방지하기 위함이다. 인젝터 드라이브는 #1, #4, #6, #7 인젝터를 구동하는 드라이브 A와 #2, #3, #5, #8 인젝터를 구동하는 드라이브 B 등 2개가 있다.

[2] 인젝터 드라이브 A & B의 구동원리

인젝터 드라이브 A & B의 구동원리는 같으므로 여기서는 드라이브 A만 설명하도록 한다. 인젝터 드라이브 A의 전원 공급은 점화스위치(IG. S/W)를 ON으로 하면 엔진 컴퓨터가 A07번 단자를 접지시키면 인젝터 드라이브 A의 A12번 단자와 A21번 단자로 전원이 공급된다.

만약 엔진 컴퓨터 07번 단자에서 접지가 되지 않으면 인젝터 드라이브 A쪽으로 전원이 공급되지 못한다. 엔진 컴퓨터에서는 #1, #4, #6, #7 인젝터를 구동하기 위하여 인젝터 드라이브 A의 A20, A10, A19, A11번 단자로 신호를 주면 인젝터 드라이브 A는 A17, A14, A16, A15번 단자를 접지시켜 인젝터를 구동한다(각 인젝터의 전원은 인젝터 드라이브에서 공급한다). 인젝터의 단선 및 단락이 발생하였을 때에는 인젝터 드라이브 A의 A01번 단자에서 엔진 컴퓨터로 고장신호를 출력한다.

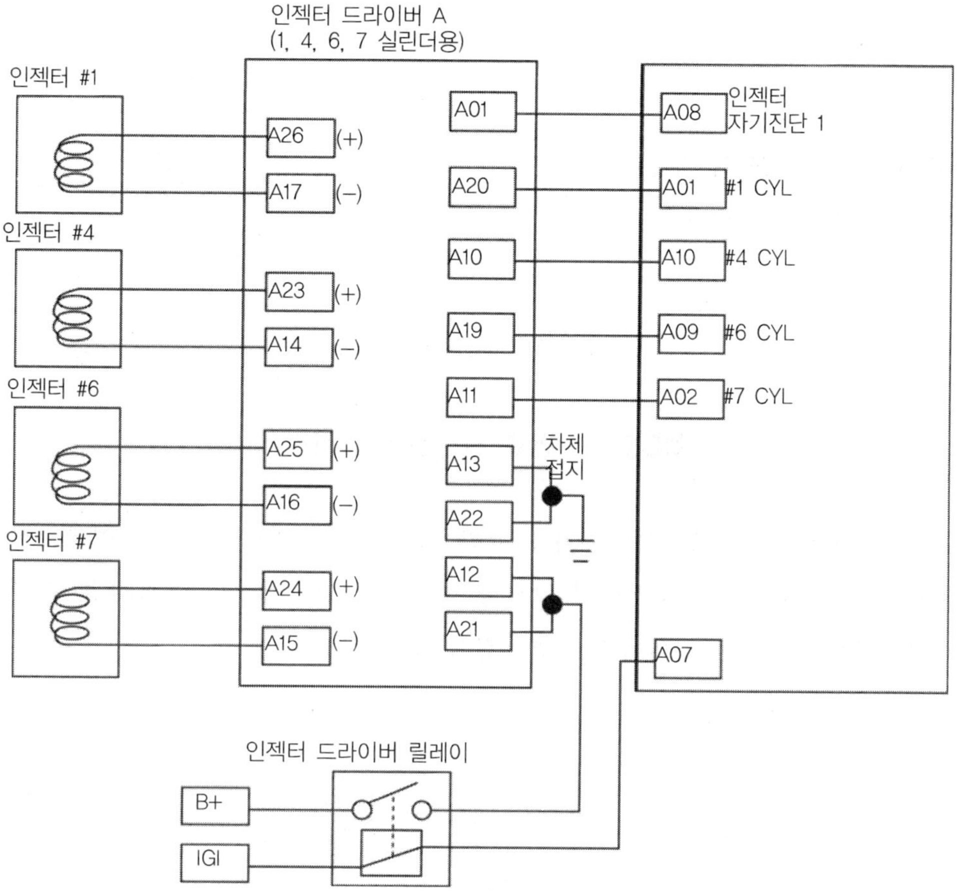

그림 90. 인젝터 드라이브 A의 회로구성

6.7.3. 연료압력센서(fuel pressure sensor)

연료압력센서는 저압 연료펌프 상단에 장착되어 있으며 저압 연료라인의 압력을 측정한다. 검출된 압력을 전압신호로 컴퓨터에 입력시켜 인젝터의 연료 분사량 보정신호로 사용한다.

그림 91. 연료압력센서

압력(kPa)	출력전압(V)
50	0.3
600	2.5
1100	4.5

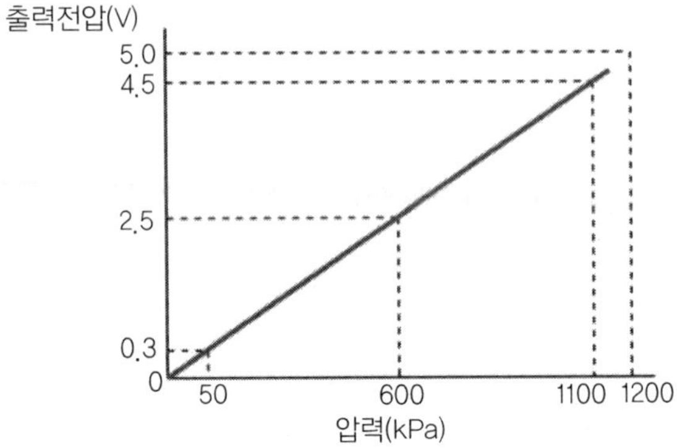

그림 92. 연료 압력센서 출력전압

이 센서의 출력특성은 연료 압력증가에 따라 일정하게 증가하며, 고압 연료조절기에 의해서 50kgf/cm^2 이상으로는 증가하지 않으나 비정상적으로 압력이 증감(增減)될 경우에는 ECU에서 연료압력에 따른 인젝터의 구동시간을 보정한다.

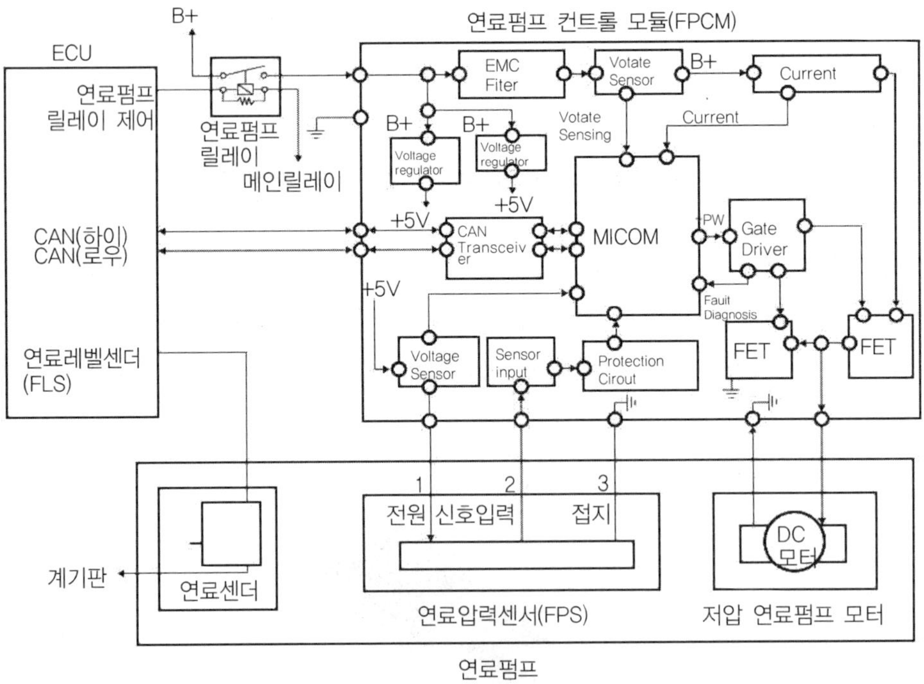

그림 93. 연료 압력센서의 회로도

이에 따라 컴퓨터는 고압모드와 저압모드를 연료 압력센서에 따라 판정하며, 고압 모드가 되는 경우는 엔진 회전속도가 1,000rpm 이상, 연료 압력센서가 정상이고, 연료압력이 40kgf/cm^2 이상, 엔진작동 정지 및 시동 후 이외 등 3가지 조건을 만족하여야 한다. 다만, 한번 고압이 된 이후에는 재 시동할 때까지 저압 모드는 되지 않는다.

6.7.4. 연료펌프 릴레이

연료 압력센서의 고장으로 인한 엔진 경고등의 점등 또는 고압모드에서 연료의 압력이 70kgf/cm^2 이상일 때 엔진 컴퓨터는 연료펌프 릴레이를 OFF시킨다. 또한 크랭크 각 센서로부터 검출된 엔진 회전속도가 50rpm 이하에서도 연료펌프를 OFF시킨다.

6.7.5. 연료펌프 레지스터

고압펌프의 유량특성은 엔진을 크랭킹할 때에는 회전속도가 낮기 때문에 토출량이 적으며 이 상태에서 저압 연료펌프가 작동하면 연료펌프의 전류소모가 커지게 된다. 고압펌프 이전까지의 저압계통에는 저압 레귤레이터 바이패스 압력까지 상승하여 토출 부하가 걸리게 되어 저압 연료펌프의 손상이 염려된다. 이를 방지하기 위해 저압 연료펌프의 배선에 레지스터(저항)를 두어 연료펌프가 천천히 구동되도록 엔진 컴퓨터에서 연료펌프 릴레이를 제어한다.

6.7.6. 고압 연료펌프(high pressure fuel pump)

[1] 작동원리

좌우 실린더헤드에 각각 설치된 고압 연료펌프는 엔진의 흡입 캠축의 캠으로 구동된다.

[2] 기능

압축된 연소실로 연료를 직접 분사하기 위해서는 연료탱크 내에 설치된 저압 연료펌프만으로는 분사압력(약 3kgf/cm^2)이 매우 낮으므로 저압 연료펌프에서 공급된 연료를 고압 연료펌프에서 약 50kgf/cm^2 정도의 압력으로 상승시켜 인젝터에 공급한다.

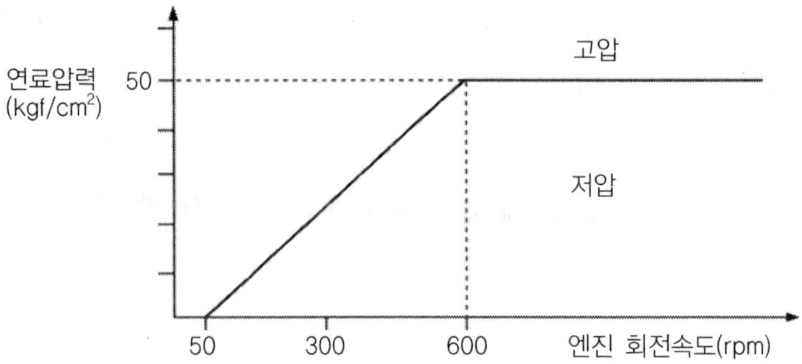

그림 94. 고압 연료펌프의 토출 유량특성

6.7.7. 고압 레귤레이터(high pressure regulator)

엔진 회전속도가 상승하면 고압 연료펌프의 작동이 빨라져 연료압력이 계속 상승한다. 만약 연료압력이 계속 상승한다면 연료 분사량 등이 바뀔 수 있기 때문에 연료 파이프에 고압 레귤레이터를 설치하여 연료압력이 약 $50kgf/cm^2$ 이상을 초과하면 바이패스 시킨다.

또한 고압 레귤레이터 내에는 체크밸브(check valve)가 설치되어 있으나 엔진의 작동을 정지시킨 경우에는 압력이 저하되므로 엔진을 재 시동하였을 때에는 연료 압력이 정상으로 되기까지는 다소 시간이 걸린다.

6.7.8. 연료압력 조절밸브(FPRV : fuel pressure regulator valve)

연료압력 조절밸브는 고압 연료펌프에 장착되어 있으며, 여러 엔진 구동조건으로 계산된 ECU 컨트롤 신호에 의해 인젝터로 유입되는 연료량을 조절한다.

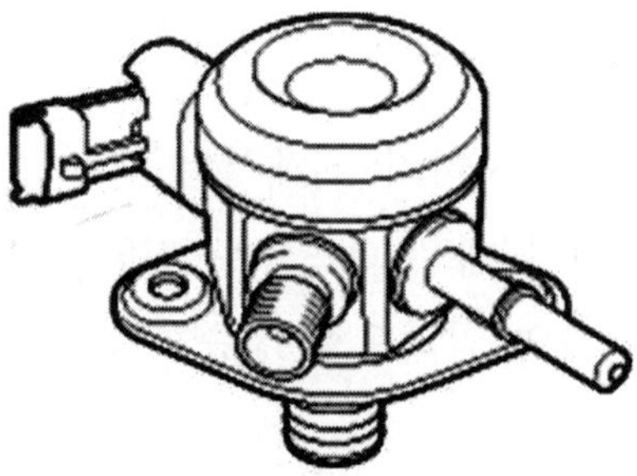

그림 95. 연료압력 조절밸브

CHAPTER

08

가솔린 점화장치

CONTENTS

- 점화장치의 개요
- 점화장치의 분류
- 점화장치의 구성
- 컴퓨터 제어방식의 점화장치
- IGBT 점화장치

1 점화장치의 개요

점화장치는 가솔린엔진 및 가스(LPI, CNG)엔진 등의 실린더 내의 압축된 혼합가스에 스파크플러그의 전극으로부터 불꽃방전을 발생시켜 점화 착화시키는 장치를 말한다. 스파크플러그 전극으로부터 불꽃방전을 발생시켜 완전 연소에 접근하기 위해서는 실제로 점화장치는 여러 가지 요구조건이 필요하게 된다. 이때 스파크플러그의 전극으로부터 불꽃은 연소실 내의 혼합가스를 충분히 착화시킬 수 있는 불꽃의 세기와 착화 후 완전연소에 접근할 수 있도록 불꽃 방전시간을 유지하지 못해 점화가 불량하면 시동성이 떨어지거나, 공회전 시 엔진부조, 가속 시 출력이 떨어지며, 이러한 현상은 연비 악화 및 유해 배출가스 증가로 이어지게 된다.

엔진의 고성능화와 배출가스의 규제와 함께 반도체산업의 급속한 발달로 초기의 단속기 접점방식 점화장치에서 최근에는 전자 점화방식으로 발전하였다. 단속기 접점방식 점화장치는 배전기 내의 원심추로 구성된 원심 진각장치와 흡기다기관 내의 부압을 이용한 진공 진각장치에 의해 점화시기를 제어하는 반면 전자 점화장치는 AFS, CAS 센서의 신호를 기준으로 컴퓨터에 의해 1차 코일 전류의 통전개시 및 점화시기를 제어하기 때문에 최적의 제어를 통해 성능과 연료소비율 향상 및 배기가스 제어에 훨씬 유리하다.

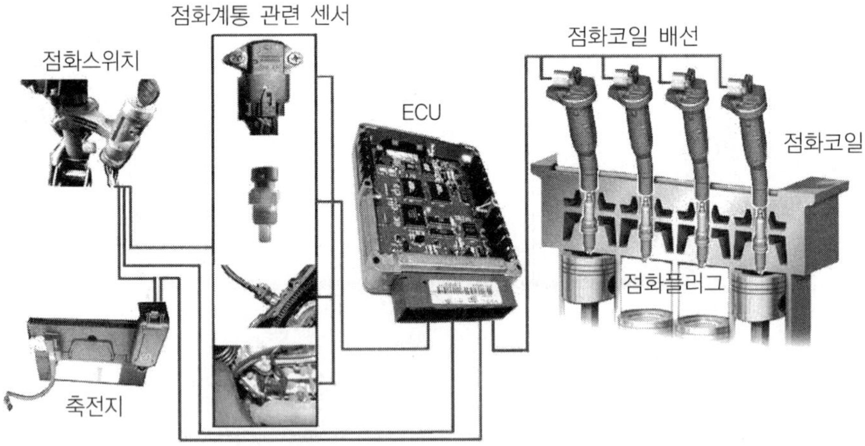

그림 1. 점화장치의 구성

[1] 점화장치의 요구조건

① 발생전압이 높고 여유전압이 클 것

② 점화시기 제어가 정확할 것
③ 불꽃 에너지가 높을 것
④ 잡음 및 전파방해가 적을 것
⑤ 절연성이 우수할 것

1.1. 점화장치의 분류

점화장치는 아래 표에 나타낸 바와 같이 단속기 접점방식(CI), 트랜지스터방식(TI), 세미 트랜지스터방식(SI), 전자배전 점화장치(DLI)로 나누어진다.

표 점화장치의 분류

구 분	1차 전류 단속 방법	진각방식	고압 발생	고전압 분배 방식
단속기 접점방식 점화장치 (CI : conventional ignition)	기계방식 (접점사용)	기계방식 (진공이용)	유도형	기계방식
트랜지스터 점화장치 (TI : transistorized ignition)	전자방식	기계방식 (진공이용)	유도형	기계방식
세미 트랜지스터 점화장치 (SI : semi-transistorized ignition)	전자방식	전자방식	유도형	기계방식
전자배전 점화장치(무배전기 점화장치) (DLI : distributor less ignition)	전자방식	전자방식	유도형	전자방식

[1] 접점 점화장치(contact point ignition system)

배터리를 고전압 발생의 에너지원으로 사용하며 점화스위치를 ON위치로 놓은 상태에서 접점이 닫혀 있으면 전류는 축전지로부터 점화 1차 코일을 통해 접지 쪽으로 흐른다. 엔진이 회전하여 접점이 열리면 점화 1차 전류는 차단되어 점화 2차 코일에 전자 유도작용에 의해 25~30kV의 매우 높은 2차 전압이 유도된다. 이렇게 유도된 2차 전압은 배전기를 통해 각 점화플러그에 보내져서 불꽃방전을 일으켜 혼합기를 연소시킨다.

[2] 트랜지스터 점화장치(transistorized ignition)

1차 코일의 전류를 차단하여 제어하는데 기계적 접점 대신에, 자석과 코일을 사용한 트랜지스터를 스위치 역할을 시켜 유도된 2차 코일의 고전압을 이용하여 점화플러그에 점화를 일으킨다.

[3] 세미 트랜지스터 점화장치(semi-transistorized ignition)

1차 전류의 단속은 트랜지스터가 하고 포인트는 신호를 보내기만 하는 미소전류로 하여 포인트가 타는 것을 적게 만든 방식이다.

[4] 무배전기 점화장치(distributor less ignition system)

기계적인 배전부를 없애고 전자제어부에 의하여 고전압을 배전하는 전자배전방식으로 점화시기를 전자적으로 계산하여 전자진각을 이용하기 때문에 내구성이 강하고 진각 폭에 제한이 없다. 점화시기를 결정하는 가장 중요한 정보는 엔진의 부하(즉, 흡기량)와 회전속도이다. ECU는 부하에 대한 정보를 순간 필요 공기량 또는 감지한 흡기질량으로부터 얻는다.

1.2. 연소와 점화시기(ignition timing)

연소실 내에서 점화플러그에 스파크를 발생시켜 혼합가스가 연소 폭발하여 최대 압력이 될 때까지는 일정시간이 걸린다. 엔진을 가장 좋은 효율로 작동시키려면 크랭크 각도가 상사점 후 10° 전후에서 최고 폭발압력이 될 수 있도록 혼합가스를 점화시켜야 한다.

일반적으로 기계식 단속방법에서 포인트가 열려 이점에 도달하는데 까지는 시간적 지연이 있는데 이때 최고 압력에 도달할 때까지의 시간을 점화지연(ignition delay)이라고 부르고 보통 포인트가 열리기 시작하여 상사점까지의 크랭크축의 각도로 표시한다.

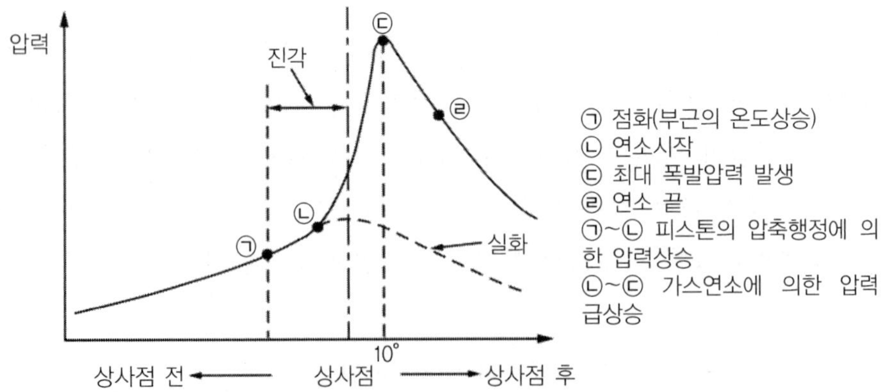

그림 2. 정상 연소과정

1.2.1. 점화시기의 필요성

점화시기에서 최고의 폭발압력이 크랭크각 ATDC(상사점 후) 10° 전후에 있을 때 가장 효율이 좋으며, 이것을 파워 타이밍이라 한다. 점화시기가 파워타이밍보다 너무 빠르면 노킹현상이 일어나고, 너무 늦으면 최고 폭발압력이 낮아지는 결과가 되어 두 경우 모두 출력저하를 가져온다.

그러므로 엔진에서는 이상 연소를 억제하면서 어떠한 운전조건에서도 파워 타이밍을 유지하여 최대의 효율을 얻는 것이 필요하다. 또한 파워 타이밍은 엔진의 회전수 변동과 부하의 변동에 따라 연동되기 때문에 그 변화에 대응한 적절한 장치들이 필요하다.

1.2.2. 연소과정과 적정 점화시기

전자 점화장치에서 트랜지스터의 베이스 전류가 ON되었다가 OFF될 때 점화플러그에서는 고전압에 의한 불꽃이 발생되고 이 불꽃에 의해 실린더 안의 압축된 혼합기가 착화되어 연소하기 시작한다. 이때 실린더 안의 압력이 최대로 될 때까지는 어느 정도의 시간이 필요하다.

[1] 전기적 지연(A이전)

이 과정은 신호발전기에서 OFF 신호로부터 점화플러그의 불꽃발생까지 걸리는 시간으로 그림 3의 A점 이전의 시간이다.

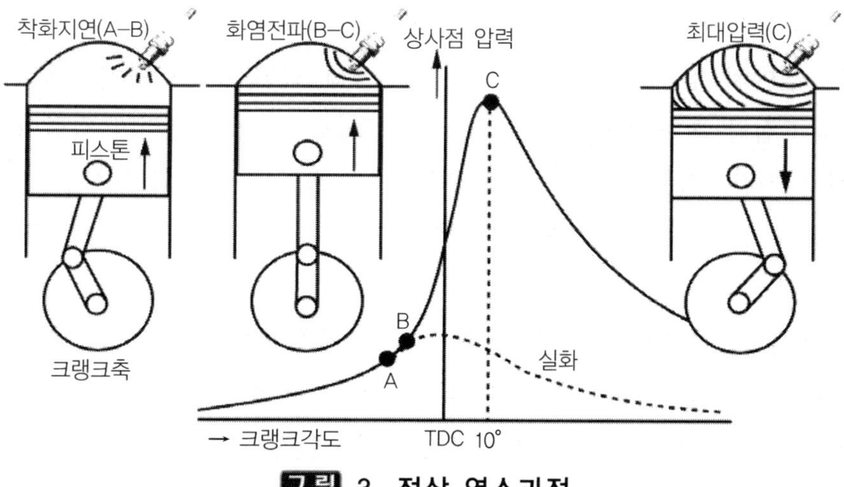

그림 3. 정상 연소과정

접점식인 경우에는 접점이 열리기 시작하여 접점불꽃이 완전히 사라질 만큼의 넓이까지 열려서 1차 전류가 단속될 때까지의 기계적 지연이 포함된다. 전기적 지연이란 2차 코일의 상호유도전압이 상승하여 2차 회로의 총합 저항을 이겨내고 점화플러그에 불꽃이 발생될 때까지의 약 0.05ms 정도의 지연을 말한다. 이것은 엔진 회전수에는 그다지 크게 영향을 미치지 않는 범위이다.

[2] 착화 지연(A–B사이)

그림 3의 A점에서 점화플러그의 불꽃이 발생하면, 발생된 불꽃은 접지전극이 냉각되어 소염작용이라는 방해를 받는다. 이 방해를 극복한 중심전극과 접지전극사이의 혼합기가 활성화하여 화염 핵(화염전파될 만큼의 에너지를 갖는 불씨)을 형성하는 데는 어느 정도의 시간이 필요하다. 이렇게 연소실 내의 압축된 혼합기에 착화 가능할 정도의 유효한 화염 핵이 발생될 때까지의 기간(A–B사이)을 착화지연이라 한다.

물론 이 기간 중에는 아직 화염 핵에 의한 혼합기의 연소가 주위에 넓게 퍼진 상태가 아니기 때문에 착화에 의한 실린더 내의 압력변화는 거의 없다고 볼 수 있다. 이 착화지연기간을 좌우하는 변동요소로는 주로 옥탄가가 있으며, 이 밖에 혼합기의 온도, 혼합비, 압력 등이 다소 영향을 준다. 따라서 착화 지연시간은 연료가 결정되면 항상 일정하며, 이것을 크랭크 각으로 볼 때 착화지연기간에 필요한 크랭크 각은 저속 시에는 작고 고속 시에는 크게 됨에 따라 회전수에 대한 점화시기 조정이 필요하게 된다.

[3] 화염전파(B–C사이)

그림 3의 B점에서 점화플러그의 양전극 사이에서 화염이 혼합기에 착화되어 화염전파가 시작된 후 C점의 최대압력(peak power)에 도달할 때까지 급격히 압력이 상승하는 과정을 화염전파 기간이라고 한다. 이 기간의 변동요소로는 엔진의 부하상태, 실린더 내에 흡입된 혼합기의 와류에 의한 변화가 있으며, 회전수가 올라가면 올라간 만큼 와류도 심해지고 화염전파 속도로 빨라지게 된다.

저속 고하중(급경사로)에서는 실린더 내에 많은 혼합기가 흡입되어 압축 압력도 높아지고 화염전파 속도도 빨라지며 또한 요구되는 크랭크 각은 작아진다. 그리고 내리막길 등의 경부하시에는 흡입 혼합기도 적고 압축압력도 낮아져서 화염전파 속도도 늦어지며, 필요로 하는 크랭크 각은 커진다.

이렇게 엔진에 걸리는 부하에 따라 최대압력의 C점이 변하기 때문에 부하에 의한 점화시기의 조정을 필요하게 되는 것이다.

1.2.3. 엔진 회전변동에 따른 진각

[1] 회전변동과 점화시기

엔진의 최대 효율을 얻기 위해서는 점화플러그에서 발생된 불꽃이 화염 핵을 만들고, 그 화염 핵이 혼합기의 분자를 활성화시켜 화염으로 확대되어 최대 폭발압력에 이르며, 이 최대 폭발압력의 위치가 상사점을 지난 후 크랭크 각 10° 부근일 때 최대의 효율을 얻을 수 있다. 따라서 파워 타이밍보다 점화시기가 빠르면, 조기점화에 의한 노킹이 일어나 출력이 떨어진다. 또한 점화시기가 너무 늦어도 최대 폭발압력이 낮아져 엔진출력이 떨어진다.

점화신호로 TR이 OFF되어 연소실 내의 압력이 최대 폭발압력에 도달할 때까지의 시간을 모두 3.0ms(3/1,000초)가 걸린다고 가정할 때, 엔진이 750rpm으로 회전할 경우 3ms를 크랭크 회전각으로 바꾸면

$$1\text{초당 회전수 } \frac{750[\text{rpm}]}{60[\text{초}]} = 12.5,\ 1\text{회전에는 } \frac{1}{12.5} = 0.08 = 80\text{ms}$$

$$3\text{ms를 크랭크 각도로 바꾸면 } \frac{3[\text{ms}]}{80[\text{ms}]} \times 360° = 13.5°$$

이다. 따라서 3ms의 경우에 크랭크 각도로 13.5° 움직이는 결과가 되므로 750rpm에서 엔진이 회전하여 상사점 후(ATDC) 10° 의 위치에서 최대 폭발압력을 얻으려면, 그것보다 13.5° 전, 즉 상사점 전(BTDC) 3.5° 의 위치에서 TR을 OFF시켜 점화플러그에 불꽃을 일으켜야 한다. 마찬가지의 경우로 엔진 회전수 3,000rpm 경우는

$$1\text{초당 회전수 } \frac{3000[\text{rpm}]}{60[\text{초}]} = 50,\ 1\text{회전에는 } \frac{1}{50} = 0.02[\text{초}] = 20[\text{ms}]$$

$$3\text{ms를 크랭크 각도로 바꾸면 } \frac{3[\text{ms}]}{20[\text{ms}]} \times 360° = 54°$$

이다.

즉, 상사점 후 10° 의 위치에서 적정 동력이 되기 위해서는 그것보다 54° 전(BTDC 44°) 위치에서 점화신호를 보내야만 한다. TR 점화신호 발신 후 최대 폭발압력에 이르기까지의 시간이 3ms로 변하지 않는다고 가정할 때 엔진 회전에 비례하여 계산상으로 점화시기를 빠르게 하면

750rpm → BTDC 3.5° 점화신호

3,000rpm → BTDC 44° 점화신호

6,000rpm → BTDC 98° 점화신호

이처럼 점화신호 발생 시기를 빨리 해야만 ATDC 10° 에서 적정 동력을 얻을 수 있다.

그러나 실제 엔진에 있어서는 회전 상승과 더불어 흡입 혼합기의 유속이 빨라지고, 이에 따른 와류도 좋아 착화 후의 화염전파 속도가 빨라진다. 즉 TR의 점화신호에서 최대 폭발압력에 이르는 시간(앞의 예로 3ms)이 짧게 된다.

이상과 같은 이유로 엔진 회전속도의 상승에 대응하여 점화시기를 빠르게 해줄 장치가 필요하며 기계식은 배전기 내의 거버너가 있고 전자식은 엔진 rpm의 신호를 받아 ECU 내부의 점화시기 제어프로그램이 제어하게 되는 것이다.

1.3. 고압의 발생원리

1.3.1. 점화 요구전압

점화플러그가 요구하는 점화전압은 불꽃방전을 위해 필요한 이론적 최대 고전압이다. 점화플러그의 점화전압은 불꽃이 실제로 전극을 가로질러 도약하는 전압이다. 고전압은 전극사이에 자력을 유도하여, 불꽃간극은 이온화되어 전도성을 갖는다.

점화장치에서 발생하는 고전압인 점화 유효전압(available ignition voltage)은 30,000V를 초과할 수 있다. 예비전압은 점화 유효전압과 점화플러그의 최소 요구전압 사이의 차이이다. 점화플러그의 노화과정에 따라 중심전극과 접지전극의 간극이 커지므로 최소 점화전압은 증가한다. 실화(ignition miss)는 노화과정이 요구전압이 유효전압을 초과하는 지점보다 앞서는 경우에 발생한다. 따라서 점화요구 전압에 영향을 미치는 요소는 다음과 같다.

[1] 점화플러그와 점화요구 전압

점화플러그 전극사이의 거리를 간극(gap)이라 하며 불꽃방전이 일어날 때 전압변화는 그림 4와 같으며 불꽃시작의 최대전압이 점화요구전압이다.

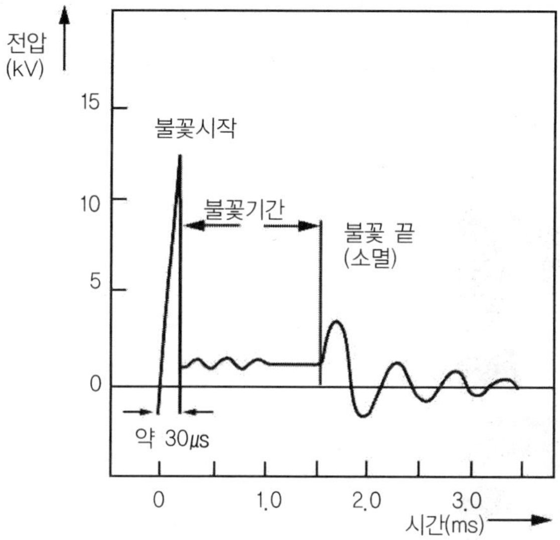

그림 4. 점화플러그 전극사이 전압

(1) 전극의 간극

점화플러그 전극의 간극이 클수록 점화요구전압은 그림 5와 같이 높아진다.

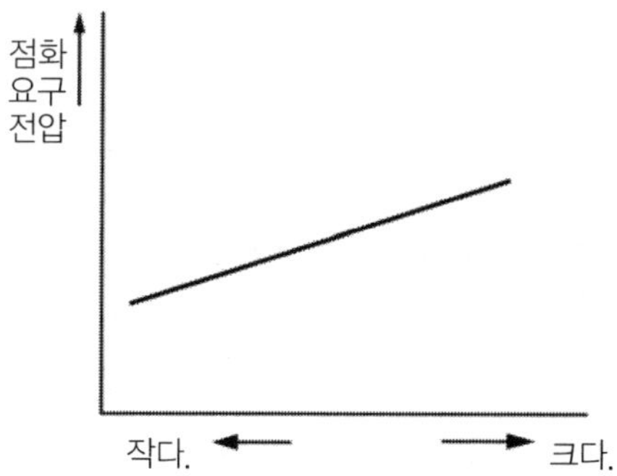

그림 5. 점화플러그 간극과 점화 요구전압

(2) 전극의 극성

작은 전극 크기가 전기장(electrical field)의 강도(intensity)를 증가시킨다. 이렇게 증가된 자력은 요구전압을 감소시키기 위해 사용될 수 있다. 점화플러그의 중심전극의 열은 쉽게 전도되지 않으므로 그 부위는 매우 뜨겁다.

그림 6에서 보는 바와 같이 접지전극은 열전도가 크기 때문에 온도가 낮다. 뜨거운 쪽의 전자들은 쉽게 방출, 이동되므로 중심전극이 (−)전극으로 된다. 실제의 점화플러그 극성은 점화코일에 의해 결정된다.

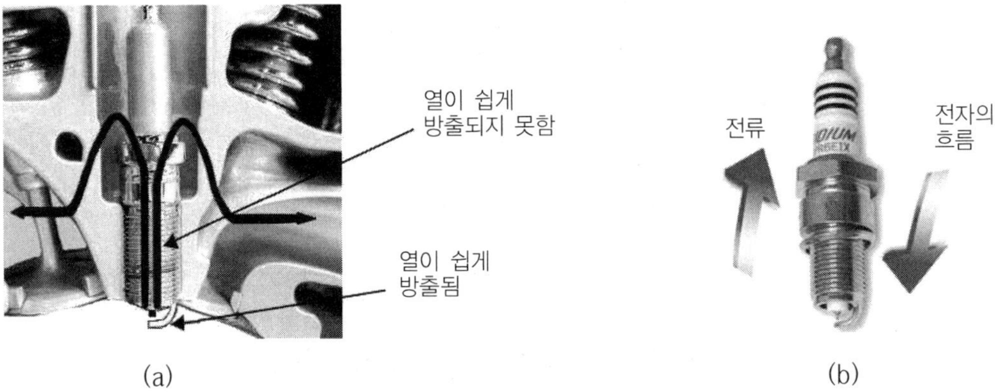

그림 6. 전극의 특성

(3) 전극 소재

전극의 전자 작동기능(electron work function)은 전도체 소재에 따라 다르므로, 전극 소재는 점화전압에 영향을 미친다.

(4) 절연 표면

전극사이의 일부 또는 전체 전자 이동이 절연체를 따라 발생하면 절연체 표면의 전자는 점화전압을 감소시킨다.

(5) 전극의 상태

불꽃방전은 날카로울수록 쉽게 일어나므로 새로운 점화플러그는 점화 요구전압이 낮다. 그리고 다른 모든 조건이 일정할 때 점화플러그 전극의 간극은 점화 요구전압에 직접적인 영향을 미친다.

1.3.2. 압축압력과 점화 요구전압

압축압력을 제외한 모든 조건이 일정한 경우 점화요구 전압도 압력에 대해 일정한 관계를 가진다. 즉, 그림 7(a)에 나타낸 바와 같이 압축압력이 높아지면 점화요구 전원도 높아진다. 그 이유는 압력이 증가하면 혼합가스의 밀도가 증가하여 이온들의 움직임이 활발해지지 못하기 때문이다. 대기압 하에서는 2,000~3,000V에서 방전이 되지만 압축압력이 $10kgf/cm^2$ 정도로 되면 방전전압은 10,000V 이상이 되어야 한다. 즉 불꽃방전의 점화요구 전압은 불꽃간극과 압축압력에 관계한다.

(a) 압축압력과 점화요구전압 (b) 혼합가스 온도와 점화요구전압

그림 7. 압축압력 및 혼합가스의 온도와 점화요구 전압

1.3.3. 혼합가스의 온도와 점화 요구전압

점화플러그의 전극 또는 혼합가스의 온도가 높아지면 점화요구 전압이 낮아진다. 온도가 높아지면 두 전극사이에서 쉽게 이온화가 일어나기 때문이다. 추운 겨울날 아침 엔진의 시동이 어려운 이유는 온도가 낮아 점화요구 전압이 상승하고, 습도가 증가하면 전극의 온도가 낮아져서 방전전압은 다소 높아야 한다.

1.3.4. 엔진의 회전속도 및 부하와 점화요구 전압

[1] 엔진 시동할 때

엔진을 시동할 때에는 전극과 흡입 혼합가스의 온도가 낮기 때문에 매우 높은 점화요구 전압이 요구된다.

[2] 공회전할 때

엔진의 온도가 상승하면 전극과 흡입 혼합가스의 온도가 증가하기 때문에 점화요구 전압이 낮아진다.

[3] 주행할 때

엔진의 회전속도와 부하가 증가하는 동안 전극과 흡입 혼합가스의 온도가 증가하여 점화요구 전압이 낮아진다. 그런데 부하(스로틀 열림 정도)가 크게 증가하면 압축압력 역시 증가하게 되고 점화요구 전압은 다시 증가하게 된다.

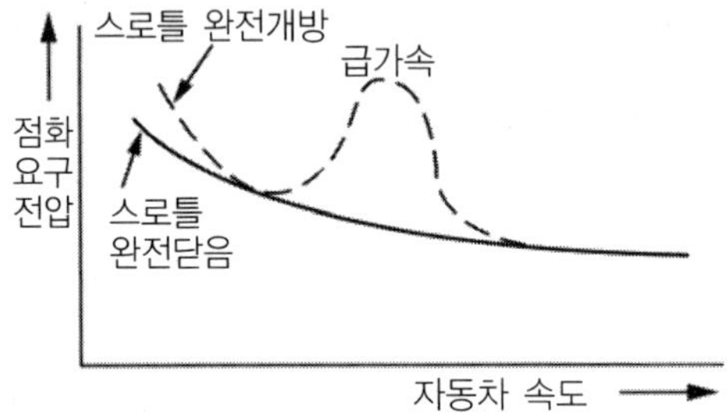

그림 8. 엔진부하와 점화요구 전압

[4] 가속할 때

스로틀밸브를 갑자기 열고 급가속을 할 때 압력 역시 급격히 상승한다. 이와 더불어 점화요구 전압 역시 급격히 높아지게 되는데 급가속할 때 나타나는 엔진의 흔들림 현상도 점화장치의 부조에 기인한다.

1.4. 자기유도 작용(self induction action)

자기유도 작용이란 그림 9(a)에 나타낸 바와 같이 스위치를 닫아 철심에 감은 코일에 전류를 공급하면 철심에 자력선이 형성되는 순간 그림 9(b)에 나타낸 바와 같이 코일에는 철심에 자력선이 형성되는 것을 방해하는 방향으로 전류가 흘러 전압이 유기된다. 즉, 스위치를 닫으면(ON으로 하면) 전류가 흐르는 방향과 반대방향으로 유도 기전력이 유기된다. 또 코일의 자기유도 작용은 그림 9(c)에 나타낸 바와 같이 전류가 흐르는 상태에서 그림 9(d)에 나타낸 바와 같이 스위치를 신속하게 열면(OFF시키면) 소멸하는 자력선을 지속시키려는 방향으로 전류를 흐르게 하여 전압이 코일에 유기된다.

이와 같이 코일에 흐르는 전류를 단속(ON/OFF)하면 코일의 자력선이 증가 또는 감소될 때 그 변화를 방해하는 방향으로 전류를 흐르게 하여 전압이 유기된다. 즉, 코일 자신에 흐르는 전류를 변화시키면 코일과 교차하는 자력선도 변화되기 때문에 코일에는 그 변화를 방해하는 방향으로 기전력이 발생되는 현상을 자기유도작용이라 한다.

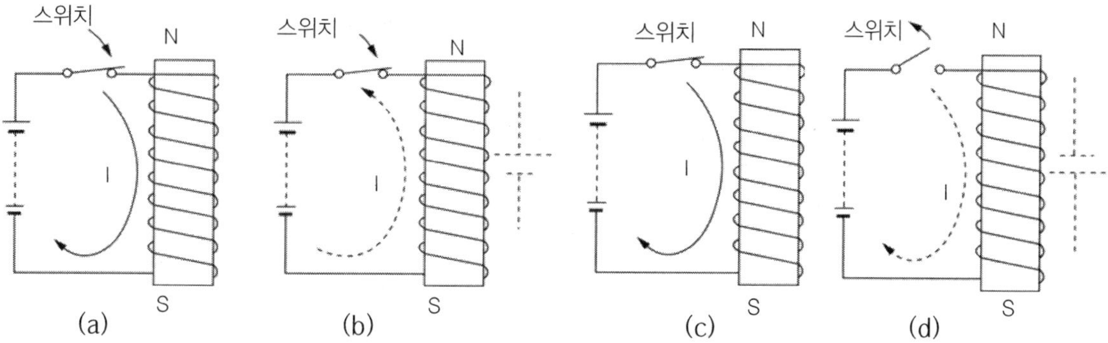

그림 9. 자기유도 작용

1.5. 상호유도 작용(mutual induction action)

상호유도 작용이란 철심에 2개의 코일을 감고 A코일에 교류를 공급하면 B코일에는 2개 코일의 권선비율에 비례하는 전압이 유도되는 현상을 말한다. 즉, 그림 10과 같이 1차 코일과 2차 코일의 2개의 코일을 동일 철심에 감고 1차 코일에 흐르는 전류를 변화시키면 철심에 의해 공통화 된 자력의 영향으로 2차 코일에도 기전력이 발생한다. 여기서 직류일 때는 스위치를 개폐하면 전구에 불이 들어오며 교류는 통전하면 곧바로 전구가 켜진다.

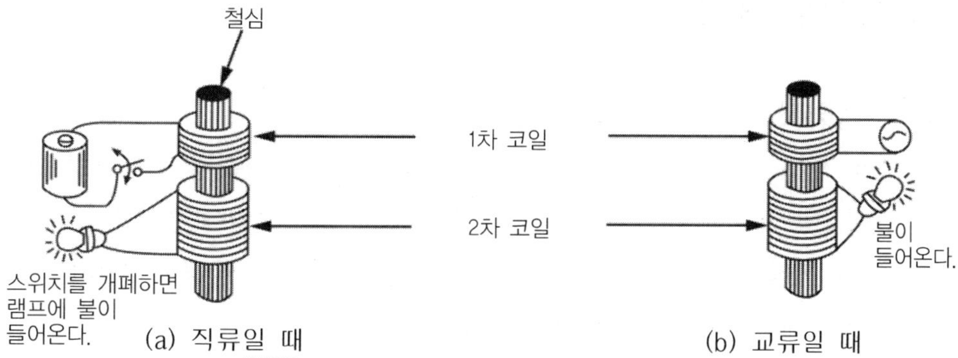

그림 10. 직류와 교류의 상호유도 작용

기전력은 그림 11과 같이 1차 코일과 2차 코일의 권수비율에 따라 2차 코일에 발생하는 기전력이 결정된다. 점화코일의 1차 코일과 2차 코일의 권수비율은 1 : 100 정도이므로 자기유도 전압을 200V로 하면 2차코일 기전력인 최대출력은 200V × 100= 20,000V (20kV)가 된다.

$$2\text{차전압} = 1\text{차전압} \times \frac{2\text{차코일권수}}{1\text{차코일권수}}$$

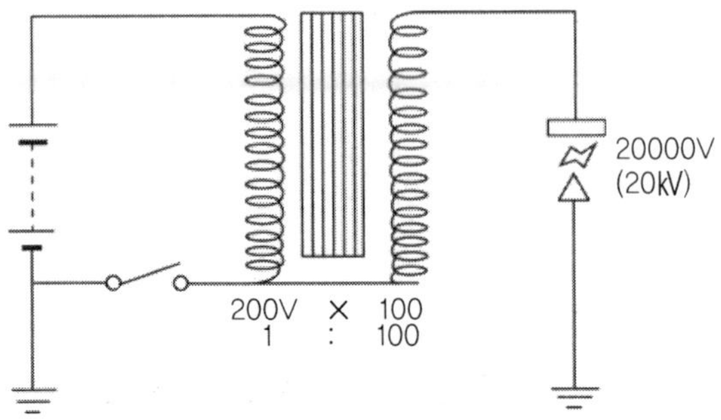

그림 11. 권수비율에 의한 기전력

이에 따라 2개의 코일 중에서 한 쪽에 흐르는 전류의 크기나 방향을 변화시키면 철심에 형성되는 자력선의 방향도 변화되기 때문에 다른 코일에는 전압이 유기된다. 이와 같이 하나의 전기회로에 자력선의 변화가 생기면 그 변화를 방해하려고 다른 전기회로에 기전력이 발생되는 현상을 코일의 상호유도 작용이라 한다.

2 점화장치의 분류

2.1. 접점식 점화장치(contact point ignition system)

점화스위치를 작동시키면 축전지의 전류는 배전기 내부의 단속기 접점으로 흐른다. 이때 접점이 닫혀 있으면 전류는 접점을 통해 접지되어 1차 코일에 자력선을 발생시킨다. 엔진이 회전하여 접점이 열리는 순간 흐르던 전류는 차단되고 급격한 자력선 감소(변화)로 인한 고전압(10,000~30,000V)이 2차 코일에 유도된다.

이 고전압은 배전기와 점화케이블을 통하여 점화플러그에서 불꽃방전을 일으키고, 이 불꽃에 의하여 연소실 내의 혼합기가 점화되어 연소가 이루어진다. 이때 고압이 발생되기 전에 축전지 전류가 흐르는 길을 1차 회로라 하고, 상호유도작용에 의해 발생된 고전압이 흐르는 길을 2차 회로라 한다.

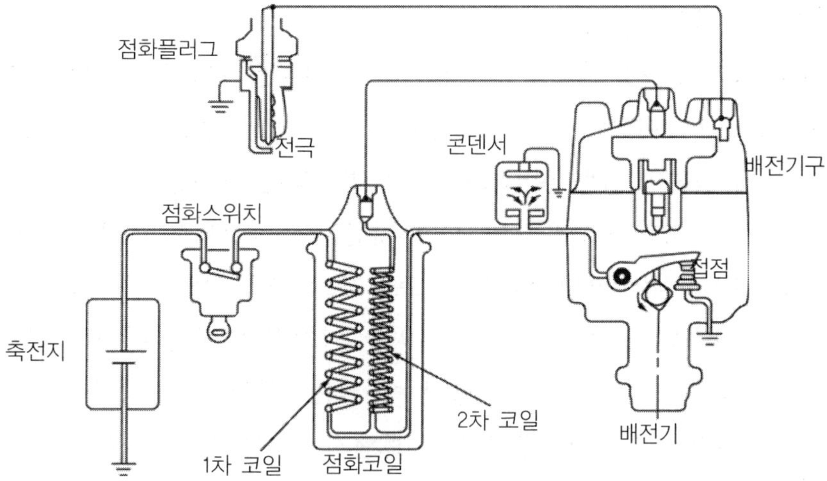

그림 12. 접점식 점화장치의 개요도

표 접점식 점화장치 구성요소

구성요소	기 능
점화코일	12V 배터리 전원을 승압시켜 점화 에너지를 고전압 서지(suge) 형태로 점화 케이블을 통해 배전기에 전달한다.
점화 및 시동 스위치	점화코일의 1차 회로에 있는 스위치로 열쇠를 이용하여 운전자가 배터리 전원을 수동으로 작동한다.
밸러스트 저항	시동시에 1차 전류는 이 저항을 거치지 않고 직접 점화코일에 전원이 공급된다.
단속기	에너지 저장과 전압 변환을 위해 점화코일의 1차 회로를 엔진이 회전을 하면 기계적으로 개폐한다.
콘덴서	점화 1차 코일에 의한 불꽃을 흡수하여 단속기 접점의 소손을 방지하며 1차 전류의 차단 시간을 단축한다.
배전기구	점화코일의 2차코일 에서 보내온 고전압을 정해진 점화순서(1-3-4-2)에 따라 해당 스파크 플러그에 분배한다.
원심식 진각기구	엔진의 속도에 따라 점화시기를 자동적으로 변화시킨다.
진공식 진각기구	엔진의 부하정도에 따라 점화시기를 자동적으로 변화시킨다.
스파크 플러그	점화불꽃을 발생시키는 가장 중요한 전극을 포함하고 있으며 연소실의 기밀을 유지한다.
고압 케이블	점화코일에서 배전기, 배전기에서 각 스파크플러그로 고압을 전달한다.

2.2. 트랜지스터식 점화장치

접점식 점화장치는 기계식 접점을 사용하여 1차 전류를 단속함으로써 고전압을 얻으므로 접점 접촉면의 소손, 이상마멸, 고속회전에서 단속기의 떨림(chattering)이나 코일 통전시간의 감소 등에 의하여 실화 및 점화시기가 변화되는 단점을 가지고 있다.

상기와 같은 단점을 보완하기 위하여 접점 대신 트랜지스터를 이용하여 1차 전류를 단속하는 세미 트랜지스터식이 개발되었으나, 트랜지스터를 작동시키는 베이스 전류는 배전기 접점에 의하여 단속되므로 단속기 암에 의한 기계적 단점을 완전히 제거할 수 없다. 따라서 접점 대신 정확한 점화시기를 검출할 수 있는 점화신호 발생기구를 사용하여 무접점화한 것이 풀 트랜지스터식 점화장치이다. 트랜지스터식 점화장치는 점화신호를 발생시키는 방법에 따라 발전식, 전자파 차단식, 광선 차단식이 있다.

2.2.1. 세미 트랜지스터식(semi-transistor type) 점화장치

세미 트랜지스터식을 반트랜지스터식이라고도 하며 접점, 트랜지스터, 점화코일 등으로 구성되어 있으며, 세미 트랜지스터식은 축전기 점화장치의 점화코일과 단속기 부분에 1개의 PNP 트랜지스터를 설치한 것이다.

축전기 점화장치에서는 배터리의 큰 전류가 단속기의 접점에 작용하여 스파크가 발생하고 접점이 소실된다. 이것을 방지하기 위하여 세미 트랜지스터식은 적은 양의 전류(수백 mA)를 이미터에서 베이스로 흘려보내면, 이미터에서 컬렉터로 커다란 전류(6~8A)가 점화코일의 1차 측에 흐른다. 이때 배전기의 접점, 즉 베이스 전류를 차단하면, 점화코일의 2차 측에 고전압이 유도되고, 이 전류는 점화플러그에서 혼합기를 점화시킨다.

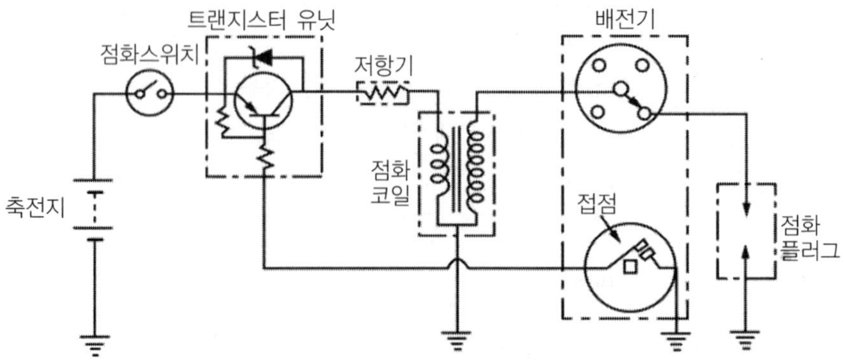

그림 13. 세미 트랜지스터식 점화장치 회로

트랜지스터 베이스에 연결된 단속기는 적은 양의 전류(수백 mA)가 작용하므로 접점식 점화장치처럼 스파크가 발생하지 않기 때문에 단속기 접점의 소실을 방지할 수 있다. 또한, 점화코일의 2차 측 전압도 안정적으로 얻을 수 있다.

2.2.2. 풀 트랜지스터식(full transistor ignition type) 점화장치

풀 트랜지스터식 점화장치는 배전기축에 실린더 수와 같은 수의 돌기를 가지는 시그널 로터(signal rotor)와 마그넷, 픽업코일(pickup coil)로 구성된 신호 발생기구(signal generator)가 있고, 이 방식은 접점 대신 점화신호 발생기를 이용하기 때문에 무접점식 점화장치라고도 하며 접점식에서 발생되는 문제가 거의 발생되지 않는다. 또, 기계적인 접점에서는 회전수가 높아질 때 접점의 단락기간이 단축되어 2차 전압이 저하된다. 이 때문에 고 에너지 점화를 하기 위해서는 트랜지스터방식, 또는 사이리스터방식 등을 이용하여 단락시간을 확보하고, 광범위한 속도범위에 걸쳐 고 에너지를 확보할 수 있도록 점화플러그가 혼합기를 점화시킬 때 신호장치가 그 시기를 픽업하여 점화코일의 1차 측 전류를 차단하면, 점화코일 2차 측에 고전압이 발생하는 장치이다.

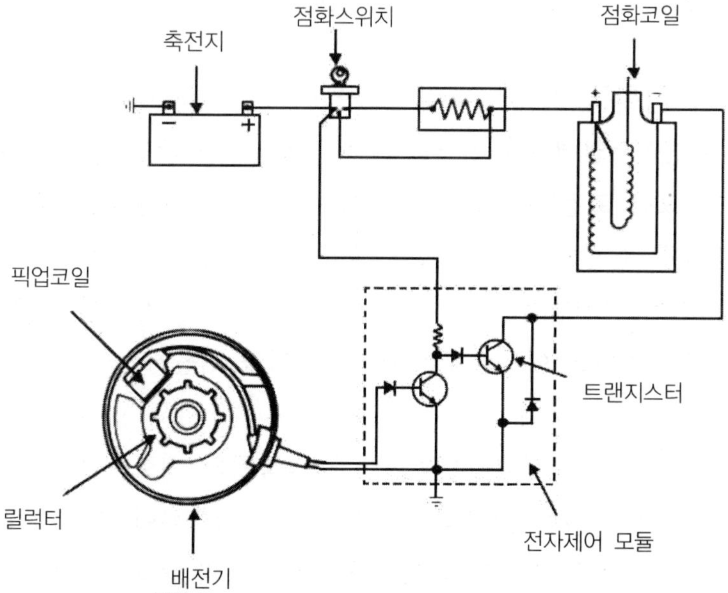

그림 14. 풀 트랜지스터방식의 작동원리

2.3. 자석식 점화장치(magneto ignition system)

자석식 점화장치는 축전지 대신 영구자석(마그넷)을 이용한 자석식 교류발전기에서 발생된 전기적 에너지를 전원으로 하는 점화장치로서 축전지가 장착되어 있지 않는 2륜 차량, 양수기용 엔진 등과 같은 소형 엔진에서 많이 사용되고 있다. 이 방식에는 전기자 회전형과 자석(magnetic rotor) 회전형이 있다.

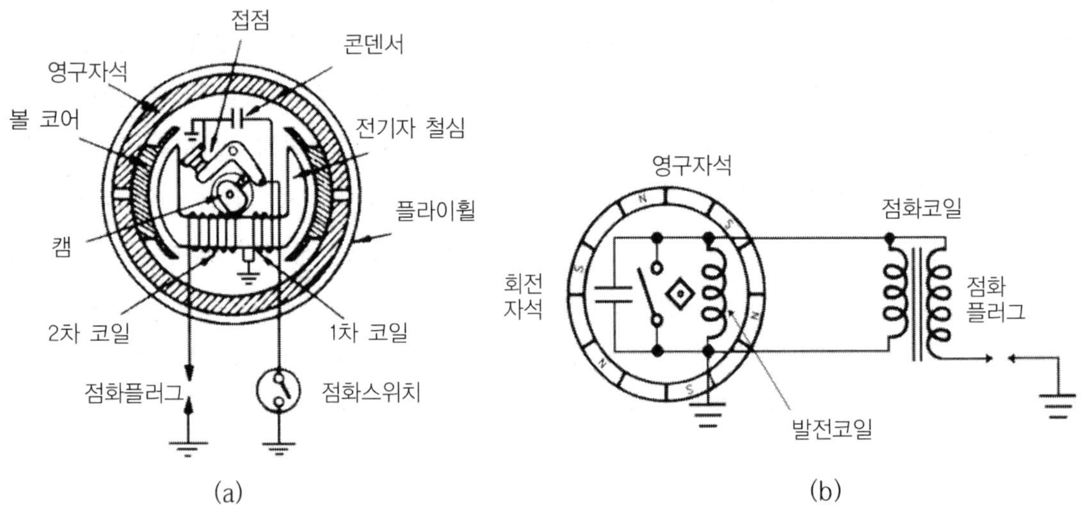

그림 15. 자석식 점화장치(접점방식)의 구조 및 회로

2.4. 콘덴서 방전식 점화장치(condenser discharged ignition system)

기존의 점화장치는 점화코일에 1차 전류를 흐르게 한 다음 단속기구로 전류를 단속하여 2차 코일에 점화에 필요한 고전압을 얻는 방식이나, 콘덴서 방전식 점화장치는 약 400V 정도의 전압을 콘덴서에 충전해 두고 적절한 점화시기에 점화코일의 1차 코일에 급격히 방전함으로써 2차 코일에 고전압을 발생시키는 점화방식이다. 콘덴서의 충전용 직류전압을 얻기 위해서는 트랜지스터를 이용한 DC-DC 컨버터를 이용하는 방식과 마그넷을 이용한 발전방식이 있다.

그림 16은 DC-DC 컨버터방식 콘덴서 방전식 점화장치의 회로를 나타낸 것이다. 점화스위치를 닫으면 축전지의 직류는 발진회로에서 교류로 변환되어 변압기로 승압된다. 이것을 다이오드로 정류하면 높은 전압이 얻어진다. 즉, 12V의 축전지 전압은 DC-DC 컨버터에 의하여 약 400V의 직류 전압으로 변환되어 콘덴서에 충전된다.

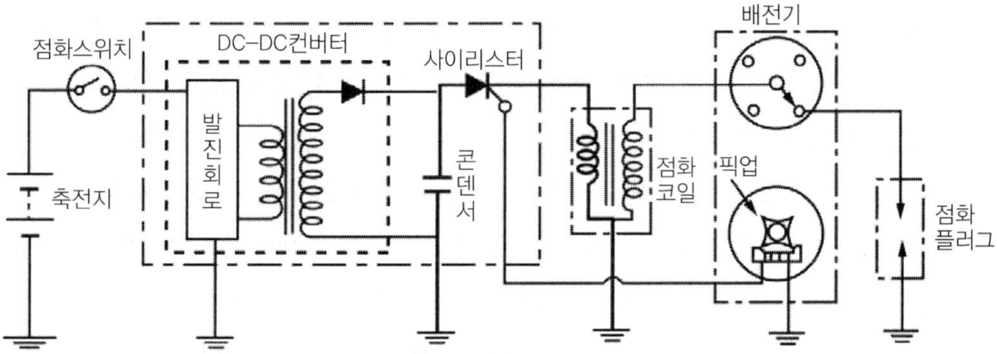

그림 16. 콘덴서 방전식 점화장치의 회로

이때, 사이리스터(thyristor)는 차단 상태로 되어 있으나 점화시기에 사이리스터 게이트에 신호가 입력되면 캐소드(cathode)와 애노드(anode)는 도통되어 콘덴서에 충전되어 있던 전기에너지는 사이리스터의 점화코일 1차 회로를 통해서 방전된다. 이 1차 코일의 급격한 전류변화에 의해서 2차 코일에 승압이 신속하게 이루어져 고전압이 유기되며, 방전이 끝나면 사이리스터는 차단상태로 되어 콘덴서는 다시 충전된다.

3 점화장치의 구성

3.1. 점화코일(ignition coil)

오토사이클을 사용하는 자동차용 가솔린엔진이나 가스 엔진에서는 점화플러그에서 불꽃방전을 발생시키기 위하여 배터리 점화시스템을 이용하는데 배터리식 점화시스템은 점화플러그, 케이블, 점화코일, 배전기 등으로 이루어져 있으며 점화코일은 점화플러그에서 불꽃을 발생시키기 위하여 전압을 높여주는 변압기(승압기)이다.

현재 자동차 전원으로 사용되는 전압은 대부분 12V를 많이 사용하는데 이 전압으로는 압력이 높은 연소실에서 점화에 필요한 충분한 불꽃을 얻을 수 없어 점화코일을 이용하여 높은 전압을 얻는다. 점화코일은 연소실의 혼합기가 충분히 점화될 수 있도록 고전압의 에너지를 발생시켜야 한다. 이것을 위해서는 매우 강력한 자장이 필요로 한다. 이 자장은 점화 1차 코일의 전류의 흐름에 의하여 생성된다. 그래서 점화 1차 코일은 매우 낮은 저항을 갖는데 일반적으로 약 1~4Ω 정도이다. 그리고 이그나이터 또는 파워 TR은 1차 코일의 전류의 흐름을 단속하는 스위치 역할을 담당한다.

점화 1차 코일에 전류가 흐르면 전기에너지는 점화코일에서 자기 에너지로 저장된다. 이때 ECU의 신호에 의해 파워 TR의 스위치가 갑자기 끊기게 되고, 자기유도 작용과 상호유도 작용에 의해 점화 2차 코일에는 7~35kV의 고전압이 유기되게 된다. 이 전압은 점화 2차 코일을 타고 각 기통의 스파크 플러그에서 점화불꽃을 방전하게 된다.

점화코일은 표류 자계를 감소시키기 위해 2차 코일은 박판철심에 직접 감겨 있고, 철심을 통해 점화코일 캡의 중앙 2차 코일단자에 접속되어 있다. 철심에는 고전압이 작용하므로 철심은 절연되어야 하며 베이스에는 추가로 절연체가 삽입된다. 1차코일은 2차코일 주변에 있다.

절연된 점화코일 캡은 배터리 전압을 위한 단자가 설치되어 있고 고전압 타워와 대칭적으로 배열되어 단속기 또는 파워 TR에 연결되는 단자가 설치된다. 열은 금속 플레이트 재킷을 통해 케이스로 분산되며 점화코일은 넓은 클램프로 차체에 고정되어 있어 이 금속 밴드를 통해 가능한 많은 열이 분산된다. 점화코일은 개자로형과 폐자로형이 있다.

개자로형과 폐자로형 코일의 장·단점

항 목	개자로형	폐자로형
내열성	고온에서 컴파운드 샐 경우 있음	충진물 흘러 나오지 않음
내진성	내부 부품규격 엄격하게 관리할 필요 있음	내부 코일부품이 일체로 되어 진동에 영향 없음
내부방전	내부 오일공간이 있는 경우 냉각시 공간이 있음	내부공간이 없어 유리함
1차측 서지전압	자속 유출 큼	자속 유출 작음
2차 전압	20,000~25,000V	30,000V 이상
가격	싸다	비싸다

3.1.1. 개자로형 점화코일

자동차용 점화코일은 개자로형이 주류를 이루어 사용되어 왔다. 구조는 원통형의 철이나 알루미늄 등의 금속 안에 컴파운드 또는 오일을 넣어 만들었다. 코일의 중심부 철심은 자력선의 손실과 열 발생을 감소시키기 위해 얇은 규소 강판을 겹치거나 말아서 만들었고, 이 철심 봉에 2차 코일과 1차 코일이 감겨져 있다.

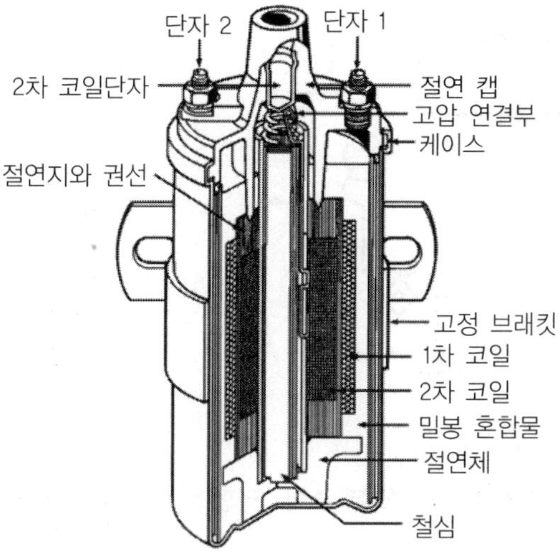

그림 17. 개자로형 점화코일의 구조

개자로형 점화코일은 1차 코일의 전류에 의해서 발생하는 자속이 철심의 중심을 통한 후 공기 중으로 통하기 때문에 자속의 손실이 많으므로 2차 전류의 손실이 커진다. 따라서 코일의 자속경로가 대기 중으로 열렸다고 하여 개자로(開磁路)형이라고 한다.

개자로형의 1차 코일은 0.5~1mm의 동선이 200~300회 정도 감겨 있고, 2차 코일은 단면적이 2.5cm^2, 길이가 약 12cm 정도의 규소 강판을 여러 장 겹쳐 만든 중심 철심 위에 0.05~0.1mm 정도의 동선으로 약 20,000~30,000회 정도 감겨있다. 또한 1차 코일의 방열을 잘 시키고 발생한 자속을 가능한 많이 2차 코일의 중간을 통과시키기 위해 2차코일 바깥쪽에 1차 코일을 감아 놓았다.

1차 코일과 2차 코일은 같은 방향으로 감겨 있고, 2차 코일의 권선 시작은 2차 단자(고압단자)에 접속되고, 2차 코일 권선 끝은 1차 코일의 권선시작(+측 단자)과 연결되어 있다. 점화코일에서는 1차 코일에 장시간에 걸쳐 비교적 큰 전류가 흘러서 코일의 온도가 상승하는 것을 방지하기 위해 점화코일 외부에 1차 저항을 부착하기도 한다. 이 1차 저항은 엔진이 작동할 때는 1차 코일의 전압을 전원(12V)보다 낮게 하여 점화코일의 온도상승을 방지한다. 또한 엔진 시동시에는 1차 저항 쪽의 전류를 차단하고 전원 전압을 직접 다이오드를 통해 흐르게 하여 보다 강한 2차 전압을 이용해 엔진 시동을 쉽게 한다.

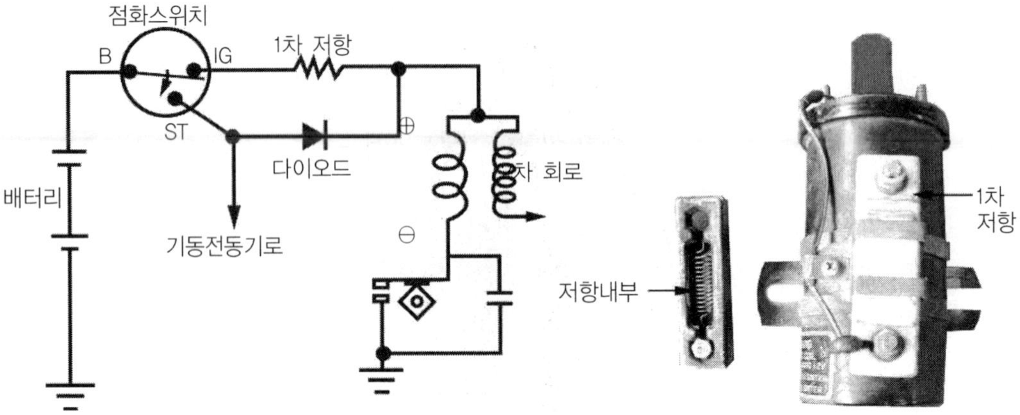

(a) 1차 저항을 사용한 점화회로 (b) 1차 저항의 부착

그림 18. 외부 1차 저항회로 및 부착도

1차 저항으로 많이 사용되고 있는 밸러스트 저항(ballast resistance)은 온도에 민감한 일종의 가변 저항이다. 이 저항은 엔진의 속도가 낮을 때에는 비교적 긴 시간 많은 전류가 흐르게 되므로 저항에 열이 발생한다. 따라서 저항이 증대되어 코일에 흐르는 전류의 양이 적게 되며, 엔진속도가 클 때에는 반대현상으로 비교적 많은 전류가 흐르게 된다.

3.1.2. 폐자로형 점화코일

폐자로형은 얇은 철판을 가운데 발이 짧은 E자형으로 가공하여 여러 장을 겹친 2개의 철판을 마주보게 하여 철심으로 하고 에어간극이 생긴 철심 가운데에 1차 코일과 2차 코일을 감고 표면을 플라스틱 수지로 씌운 형식이다(수지로 몰드 하였다고 몰드형 점화코일이라고도 한다). 폐자로형은 좁은 철심 안에 코일을 감아야 하므로 생산비용이 증가하는 단점이 있지만 자속(자로)이 철심내부(에어간극)에서 형성되므로 자속의 손실이 작아 1차 코일의 사용량을 작게 하여도 발생전압이 높고 소형경량화가 가능하여 최근의 엔진에서 많이 사용되고 있다.

폐자로형 점화코일은 4각 철심의 안쪽에 1차 코일을 감고 바깥쪽에 2차 코일을 감아 개자로 형과는 반대로 되어 있다. 이것은 자속의 경로가 대기로 개방되어 있는 개자로 형과는 달리 4각의 철심으로 자로(磁路)를 만들었기 때문에 철심만을 통해 돌아오도록 소형화된 것이 특징이며, 자속이 공기 중으로 통할 때보다 약 1만 배 정도 자속이 잘 통하는 성질이 있어 자속의 손실이 거의 없기 때문에 높은 2차 전압을 발생시킬 수가 있다.

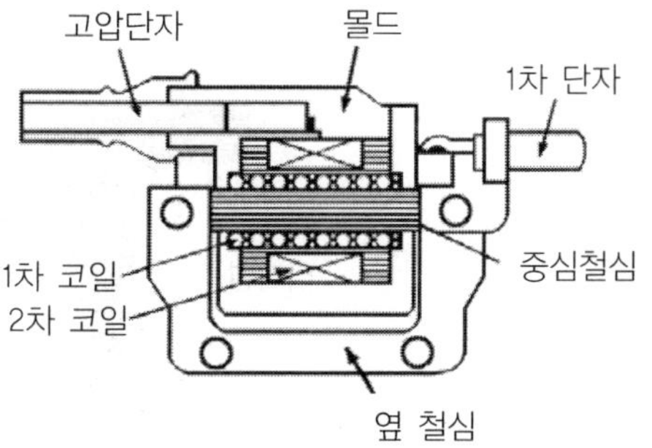

(a) 구조

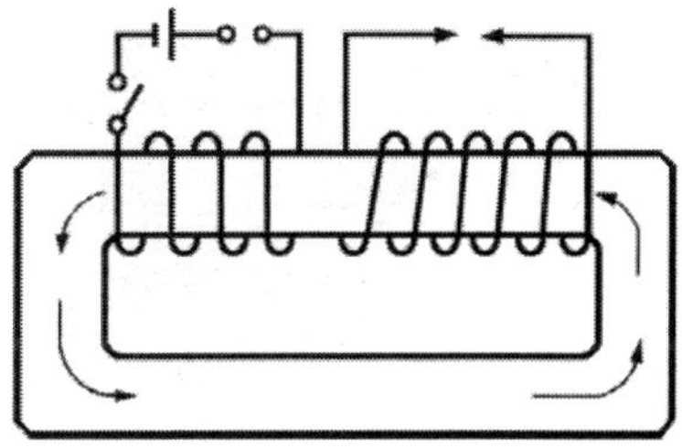

(b) 작동원리

(c) 외형

그림 19. 폐자로형 점화코일의 구조와 작동

개자로형 점화코일에서는 보통 20,000～25,000V의 고전압을 얻는데 비하여 폐자로형 점화코일에서는 30,000V 이상의 고전압을 얻을 수 있는 장점이 있다.

[1] 싱글 스파크(single spark) 점화코일

각 실린더마다 한 개씩, 1차 코일과 2차 코일이 함께 집적된 점화코일이 직접 스파크 플러그에 설치된다. ECU는 크랭크앵글 센서와 캠 앵글 센서가 제공하는 신호에 근거하여 점화 1차 코일을 점화순서에 따라 ON/OFF시킨다. 점화코일이 실린더별로 장착되어 개별적으로 이를 제어할 수 있으므로 실린더별로 점화시기를 제어할 수 있으므로 노크가 발생하는 실린더만큼 선택적으로 점화시기를 지각시킬 수 있는 장점이 있다.

1차코일은 2차코일 보다 굵기가 굵은 반면 감긴 횟수는 적다. 권선비는 대략 1 : 150 ~1 : 200 정도이다. 재료는 구리를 사용하고, 철심(코어)이 대기로 노출된 형식도 있다. 2차 코일은 1차 코일의 바깥쪽에 위치하며 세그먼트(segment)속에 분산되어 감겨있다.

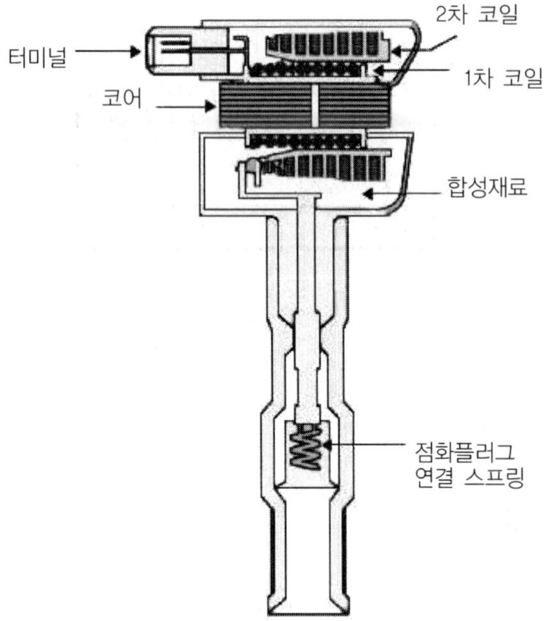

(a) 구조

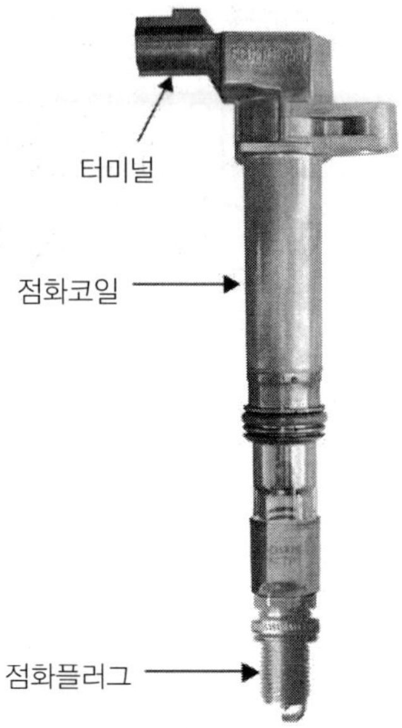

(b) 외형

그림 20. 싱글 스파크 점화코일의 구조 및 외형

절연재료가 세그먼트에 균일하게 분산되어 1차 코일과 2차 코일을 절연시키는 구조로서 고전압에 대한 절연능력이 우수하다. 합성재료(mould compound)는 고전압이 흐르는 모든 부품과 에폭시수지간의 접착을 좋게 한다. 철심이 보통은 이 합성재료 몰딩 속에 매입되어 있으며 내부 고전압 단자(high-voltage connection)에 스파크 플러그가 연결된다. 점화코일 단자(terminal)에는 1차 전류 ON/OFF신호, 전원, 실화 감시용 단자 등이 있다.

싱글스파크 점화코일의 구조적 특성상 자장이 아주 빨리 형성되기 때문에 1차 전류를 스위치 ON하는 시점에 이미 제어되지 않은 1~2kV의 (+)고전압이 발생될 수 있다.

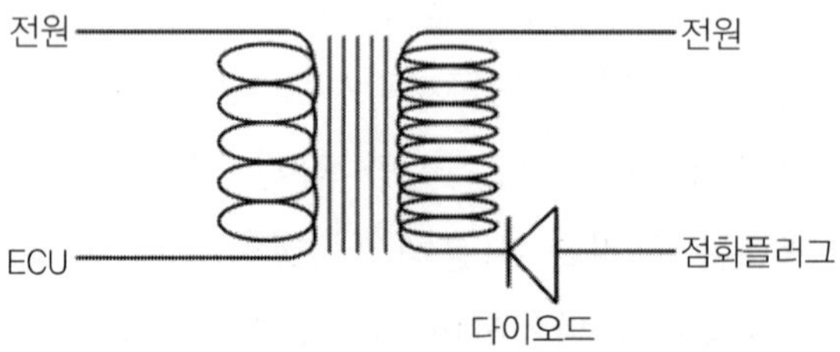

그림 21. 싱글 스파크 점화코일 회로

이 고전압으로 인해 스파크플러그에 원하지 않는 조기점화를 유발할 수 있기 때문에 점화코일의 2차 회로에 다이오드를 설치하여 이를 차단한다. 즉, 다이오드는 자장이 형성될 때 접지전극으로부터 중심전극으로 불꽃이 건너 튀게 되는 것을 방지하고, 자장이 소멸될 때에는 중심전극으로부터 접지전극으로 강한 불꽃이 건너 튀게 하는 역할을 한다.

[2] 듀얼 스파크(dual spark) 점화코일

듀얼 스파크 점화코일은 1사이클에 각 스파크플러그에서 불꽃이 2회 발생한다. 따라서 싱글 스파크 점화코일에 비해 스파크 플러그의 열부하가 증대되며 전극의 마모도 빠르다.

(1) 단순 듀얼 스파크 점화코일

1차 코일이 철심(코어)을 감싸고 다시 2차 코일이 1차 코일을 감싸고 있는 구조이다. 2차 코일은 1차 코일과 절연되어 있으며 출력단자가 2개이다. 2개의 고전압 단자에는 각각 별개의 스파크플러그와 연결된다. 일부 형식에 따라서는 1개의 스파크플러그는 점화코일과 직접 연결되고, 나머지는 점화케이블을 통해 연결되는 형식도 있으며 4기통 엔진에는 2개, 6기통 엔진에는 3개의 점화코일이 필요하다.

1차 전류는 ECU가 제어하며, 점화시기를 제어하는 시스템은 싱글 스파크 점화코일처럼 ECU는 크랭크앵글 센서와 캠 앵글 센서가 제공하는 신호에 근거하여 점화 1차 코일을 점화순서에 따라 ON/OFF시킨다. 단지 1차 전류를 단속하였을 때 2개의 스파크플러그에서 동시에 불꽃이 발생된다.

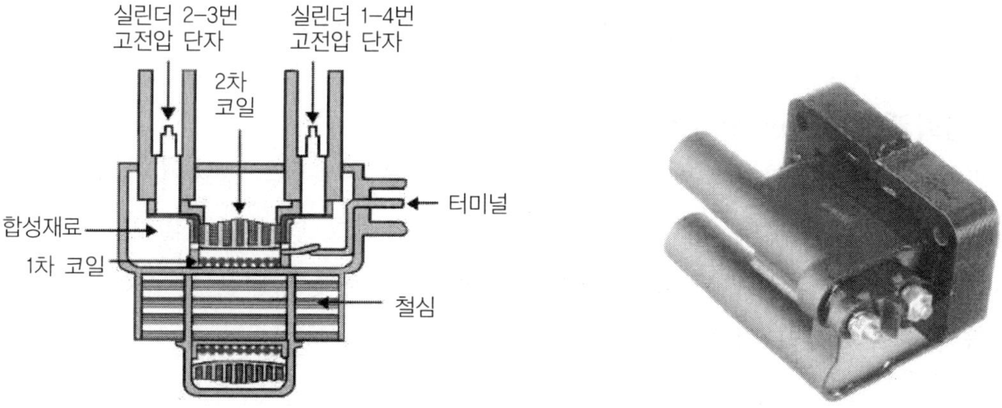

(a) 구조 (b) 외형

그림 22. 듀얼 스파크 점화코일의 구조 및 외형

1개의 불꽃은 폭발행정의 실린더에서 다른 1개의 불꽃은 배기행정의 실린더에서 발생한다. 이때, 점화전압은 압축행정의 실린더에서 두 전극사이에 절연성 연료입자가 훨씬 많이 존재하기 때문에 훨씬 높게 나타난다. 또, 2차 코일에 설정된 전류방향으로 인하여 점화불꽃은 1개의 스파크플러그에서는 중심전극에서 접지전극으로 다른 1개의 스파크플러그에서는 접지전극에서 중심전극으로 튀게 된다. 결국 4기통 엔진은 1-4실린더, 2-3실린더가 동시에 불꽃을 발생한다.

(2) 4-스파크 점화코일

4-스파크 점화코일은 4기통 엔진용이며, 1차 코일이 2개, 2차 코일은 1개인 구조를 가진다. 2차 코일의 양단에는 각각 2개씩의 출력단자가 있으며, 각 출력단자에는 다이오드가 반대로 되어 있다. 이들 출력단자가 4개의 스파크플러그와 연결된다. 2개의 듀얼 스파크 점화코일이 1개의 하우징 안에 집적된 형식이다. 설치와 연결이 간단한 장점이 있다.

그림 23. 4-스파크 점화코일

3.2. 점화케이블(ignition cable)

점화케이블은 점화코일의 2차 단자와 점화플러그를 연결하는 절연전선이다. 점화케이블의 한 쪽 끝은 황동제의 태그(tag)를 통하여 점화플러그 단자에 끼워지고 다른 한 쪽은 점화코일의 점화플러그 단자 또는 배전기 캡의 중심단자에 끼워진 후 수분이 들어가지 못하도록 고무제의 캡이 씌워져 있다.

고주파 노이즈를 방출하는 매개체 역할을 하는 점화케이블의 일반적 구성은 주석 또는 납 등으로 도금처리한 동선을 몇 가닥 꼬아 이루어진 심선도체를 중심에 위치시켜 그 외주 면에 설정두께의 고무로 절연 층을 확보한 후 다시 그 위에 비닐 또는 실리콘 등으로 피복처리한 통상의 것과 또 글래스화이버 또는 아라미드화이버와 같은 높은 인장력을 갖는 섬유사로 된 심선도체 위에 미세한 탄소분말로 피막 처리한 전도층 위에 절연물과 전선의 외 측면 역할을 하도록 제적저항률이 약 $10^{15}\Omega\cdot cm$ 정도의 고무를 직접 피복하여서 된 것, 또는 심선도체 위에 전도층으로 피막처리 후 그 위에 절연물을 피복하고 전선에 힘을 부가하기 위해 글래스화이버를 편조하거나 전선의 외측 면을 피복한 것 또는 심선도체위에 전도 층으로 피막처리 후 그 전도 층에 지름이 약 0.04~0.07mm 정도의 니켈-크롬 합금 선으로 감아 그 전체의 외경을 약 1~4mm가 되게 하여 절연물을 피복처리하고 글래스화이버를 편조하거나, 편조 후 전선의 외측 면을 피복 처리하여 구성되어 있다.

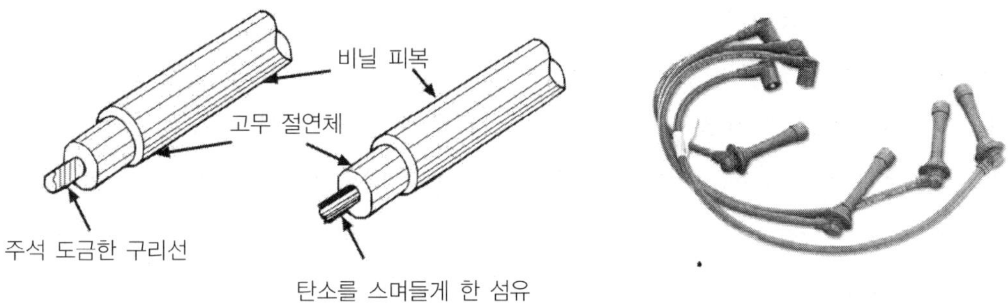

(a) (b)

그림 24. 점화케이블의 구성

자동차에서 불꽃방전이 일어나면 고주파의 전기진동이 발생되어 전기회로에 고주파 간섭에 의한 잡음전파가 공중에 방사되어 무선기기에 대한 통신장애의 원인이 되므로 이것을 없애기 위해서는 고주파 발생에 따른 잡음을 방지하기 위해 불꽃 발생원에 대해 병렬로 콘덴서를 연결하거나, 불꽃 발생원의 주위를 금속으로 실드하거나, 회로에 저항을 직렬로 연결하여 진동전류를 감쇠시키는 방법을 사용하는데 어느 경우에나 본래의 기능을 손상시키지 않아야 하는데 고압회로에서는 콘덴서나 금속실드의 방법은 성능 저하를 초래하므로 점화케이블 전체에 10kΩ 의 저항을 둔 TVRS(television radio suppress cable)를 사용한다.

3.3. 점화플러그(spark plug)

3.3.1. 점화플러그의 개요

스파크플러그에서 최초에 착화하여(이것을 점화원이라 한다) 연소실 전체를 연소시키기까지 시간이 걸리는데 이것을 화염 전파시간이라 하고, 또한 연소실의 크기에 따라 비례하지만 혼합기의 유동(swirl, squish, tumble)이 연소에 영향을 미친다. 그래서 연소실의 형태와 혼합기의 유동상태를 고려하여 스파크플러그의 위치를 선정하여 설계하는 것이다.

점화플러그는 실린더헤드에 설치되어 있으며, 실린더 내의 압축된 혼합가스에 고압전기로 불꽃을 일으키는 역할을 한다. 이때 불꽃에너지(높은 전압)는 점화코일에서 발생하여 고압케이블(high tension cable)을 통해 각 실린더의 점화플러그에 공급된다. 점화플러그는 구조가 간단하지만 가혹한 조건에서 사용되기 때문에 엔진성능에 직접 영향을 준다.

점화플러그(spark plug)는 2000℃~2500℃ 정도의 높은 연소가스 온도와 약 50kgf/cm^2 정도의 연소압력에 충분한 내구력을 가지며 아크방전이 원활이 일어나야 하는 환경조건을 가지고 있는 부품이다.

점화플러그는 20kV~30kV 정도의 고압을 아크방전하는 전극부와 스파크플러그의 단자를 통해 중심부에 높은 고압을 전달하기 위해 주위에 높은 절연도를 요구하는 애자부를 갖고 있다. 또한 애자부의 하측에는 45기압 이상 높은 연소 압력의 전달에도 충분히 견딜 수 있는 육각부와 나사산을 가지고 있다. 연소실 내의 스파크플러그의 전극은 높은 온도의 연소가스와 접촉을 하게 돼 전극은 열에 달구어져 또 다른 점화원이 될 수도 있다.

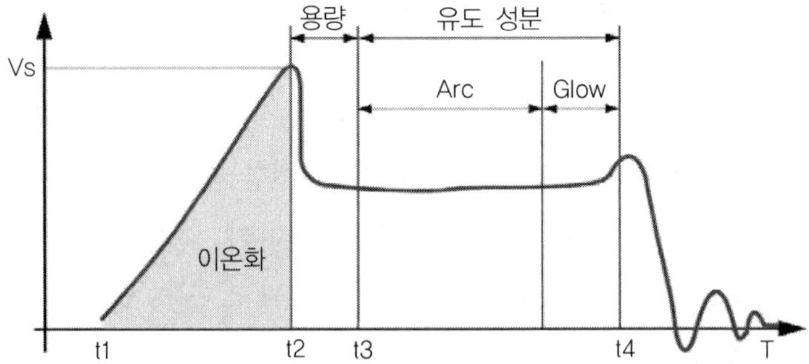

t1 ~ t2 : 스파크방전 형성 지연시간
t2 ~ t3 : Break Down(절연파괴 방전을 일으킴)
t3 ~ t4 : 점화코일에서 방출하는 유도전류가 흐름
점화 에너지 = 용량방전 에너지 + 유도방전 에너지

그림 25. 점화플러그 스파크방전 형성 및 지연시간

이것은 스파크플러그의 전극으로부터 불꽃 방전을 발생하기도 전에 제 2의 열원으로 인한 프리 이그니션(pre ignition) 현상이나, 노킹현상의 원인이 될 수 있어 점화플러그는 전극의 열을 밖으로 배출하도록 설계하여 열의 배출 정도에 따라 등급을 정하고 있다. 또한 점화플러그는 엔진의 종류나 사용조건에 따라 전극의 형상을 여러 가지로 분류하고 있다.

점화플러그의 전극은 불꽃방전을 원활하게 하기 위해 전도성과 내구성이 우수한 재료를 사용하며, 점화성을 향상시키기 위해 중심전극을 뾰족하게 만들어 불꽃방전이 쉽게 하고 있다. 그 밖에도 접지전극을 V-자형으로 만든 V-형 스파크플러그를 사용하는 경우도 있다.

점화플러그의 위치와 스파크의 길이는 점화플러그의 크기에 좌우되며 만약 오염되어 있다면 고전압이 형성되는 동안 점화플러그의 션트 회로(spark plug shunt path)를 통해 점화코일의 에너지가 방전되어 점화기간이 짧아지며 심하게 오염되어 있으면 완전한 실화로 연결된다. 일부분의 실화는 연료소비를 높이고 촉매 변환장치에 손상을 입힌다.

3.3.2. 점화플러그의 구비조건

[1] 전기 절연성이 좋을 것

점화플러그는 고전압으로 작동되며 순간적으로 40,000V 이상의 높은 전압이며, 이 전압이 점화플러그에 가해질 때 전극간극(gap) 이외는 누전이 되지 않아야 되고 높은 고온과 전압 부하에서도 전기저항이 충분히 유지되어야 한다. 때문에 높은 절연성을 갖는 알루미나 자기, 산화알루미늄, 운모 등을 주로 사용한다.

[2] 내열성이 클 것

점화플러그는 2,000℃ 이상의 높은 연소온도에 충분한 내열성을 지녀야 한다. 또 흡입 행정에서는 대기온도에 가깝게 냉각(60℃ 정도)을 하므로 급열과 급·냉을 반복하여 열응력에 잘 견디는 내열성이 요구된다.

[3] 열전도율이 클 것

점화플러그는 고온가스에 노출되므로 고열을 실린더헤드를 통해 냉각하지 않으면 전극의 산화가 급격히 진전되어 쉽게 마모된다.

따라서 고온가스에 노출되어도 점화플러그 끝단의 온도는 850℃ 이상 올라가지 않도록 자체적인 열 분산(열전도율)이 좋아야 하며, 850℃ 이상이 되면 조기점화의 원인이 된다.

[4] 기계적인 강도가 클 것

연소실 내의 압력은 약 0.9~70bar사이를 반복한다. 일반적으로 생활하는 대기압 상태가 1기압으로, 평균 대기압 대비 최대 70배 이상의 압력이 가해지는 상황에서 연소실의 기밀을 유지할 수 있어야 한다. 또한 엔진 회전에 의한 진동에 견딜 수 있는 기계적 강도도 요구된다.

[5] 기밀유지가 잘 될 것

압축행정과 폭발행정에서 높은 압력에 의한 가스의 누설이 없도록 기밀성이 요구된다.

[6] 내구성이 좋을 것

연소가 발생하면 고온에 의해 금속이 급속히 산화가 증대되어 전극이 쉽게 마모되고 혼합기의 화학반응이 발생하게 된다. 이때 카본이나 부식성 물질이 점화플러그 표면에 퇴적하여 점화플러그 표면을 변화시킬 수 있게 된다. 따라서 이러한 화학반응에 충분히 견딜 수 있는 내식성이 요구되므로, 장시간에 걸쳐 내부식성이 강한 Ni-Cr 합금을 사용한다.

[7] 내 오손성이 클 것

점화플러그를 오손시키는 물질은 카본(carbon)이다. 카본은 통전성이 좋은 물질이기 때문에 점화플러그 애자부분에 퇴적되면 전류가 누전되어 점화플러그 양쪽 전극사이의 불꽃방전이 약해져 실화가 일어나게 된다. 그러나 카본은 약 500℃ 이상의 온도에서 연소되는 자기청정 작용을 한다.

[8] 불꽃 방전성이 좋을 것

가는 전극을 사용할 경우에는 전극의 산화 소모를 감소시키고, 내구성을 향상시켜야 하기 때문에 특수 금속, 즉 백금 등을 사용하여 전극을 가늘게 하면 불꽃 방전성과 착화성을 향상시키는 효과가 있다.

[9] 착화성이 좋을 것

전극을 가늘게 하여 전극의 온도를 높이고, 화염 핵이 닿을 때 전극에 의해 열을 빼앗기지 않는 형상 즉, 날카로운 곳이나 모서리 어느 부분을 사용하여 이곳으로부터 불꽃 방전이 이루어지도록 하여야 하며, 희박한 혼합가스에도 착화성이 좋아야 한다.

3.3.3. 점화플러그의 구조 및 특성

점화플러그의 구조는 크게 중심전극, 접지전극과 절연체, 단자, 본체 등으로 이루어져 있다. 끝부분에는 스파크를 일으키는 접지전극과 플러그의 중심을 이루는 중심전극이 위치한다. 단자는 플러스 전극의 배선이 연결되어 중심전극으로 보내고 단자 주위에는 플러스 전극과 마이너스 전극을 절연하는 세라믹으로 된 절연체가 위치하고, 그 위에는 육각 너트와 마이너스 전기통로가 되는 점화플러그 본체(하우징)가 장착된다.

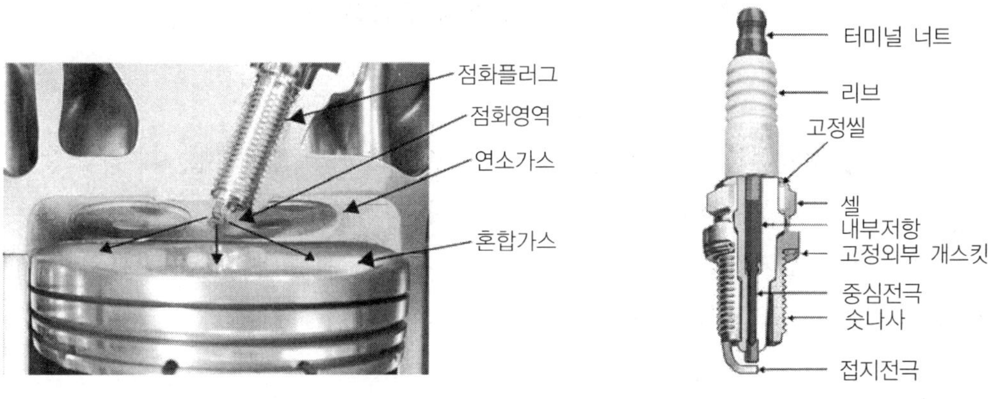

(a) (b)

그림 26. 점화플러그의 구조

[1] 점화플러그의 구조

(1) 터미널 너트(terminal stud)

강철 단자 스터드는 특수 전도성 유리실을 이용하여 기밀성을 유지하여 절연체에 부착되며 유리실은 중심 전극과의 접속의 역할을 한다.

(2) 하우징(housing)

점화플러그의 외곽을 구성하며, 절연체의 지지 및 실린더헤드에 설치되는 부분을 하우징이라 한다. 상단은 점화플러그 렌치(wrench)를 사용할 수 있도록 나사산이 있으며, 맨 끝 부분에는 접지전극이 용접되어 있다. 점화플러그는 높은 온도에 의한 접지전극의 산화가 쉬워 이에 견딜 수 있도록 니켈-크롬합금을 주로 사용한다.

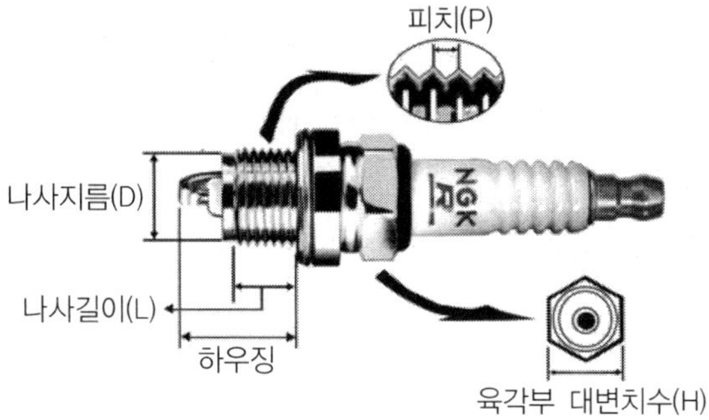

그림 27. 점화플러그 하우징의 규격

(3) 절연체(insulator)

절연체는 높은 온도에서도 높은 절연저항을 유지해야 하고 열전도성, 기계적 강도 등이 커야 한다. 따라서 내열성, 절연성이 높은 알루미나 자기로 이루어져 있으며 접속부 표면은 유약 처리를 하여 습기와 먼지가 표면에 달라붙지 않도록 하며 고압 전류의 플래시 오버를 방지하기 위한 리브가 설치되어 있다.

(4) 셀(shell)

셀은 강철로 제작되어 실린더헤드에 있는 점화플러그를 보호하기도 하며 윗부분은 육각형으로 되어 렌치를 이용하여 조립 및 탈거를 할 수 있도록 하였다.

(5) 중심전극(center electrode)

중심전극은 특수 전도성 실을 이용하여 기화성을 유지하여 절연체에 부착된다.

(6) 접지전극(ground electrode)

셀에 접착되어 있고 대개 직사각형이며 중심전극에 대한 접지전극의 위치에 따라 프런트 전극과 사이드 전극으로 구분한다. 접지전극의 사용수명은 열 분산 능력에 좌우된다.

[2] 전극(electrode)

전극은 중심전극과 접지전극으로 되어 있으며, 엔진의 연소가스의 순간 최고온도는 1,200℃에 이르고 연소실 온도는 2,000~2,500℃를 반복적으로 교차되는 공간에 전극은 노출되어 있고 20,000~40,000V의 고전압에 견뎌야 한다. 50kgf/cm^{2}의 폭발압력과 가솔린 연소가스에 의한 화학적인 부식에 견디어 내야 한다.

이러한 가혹조건을 만족하기 위해서는 고온에서의 절연성이 우수하고 열전도성이 우수하며 열 충격(급열, 급냉), 그리고 기계적 강도가 우수해야 한다. 구리계열은 구리가 녹는 점이 낮은 관계로 니켈과 크롬을 합금하여 사용하고, 특수 니켈합금 또는 은이나 백금족 원소로는 레늄, 오스뮴, 이리듐, 백금 등이 있다.

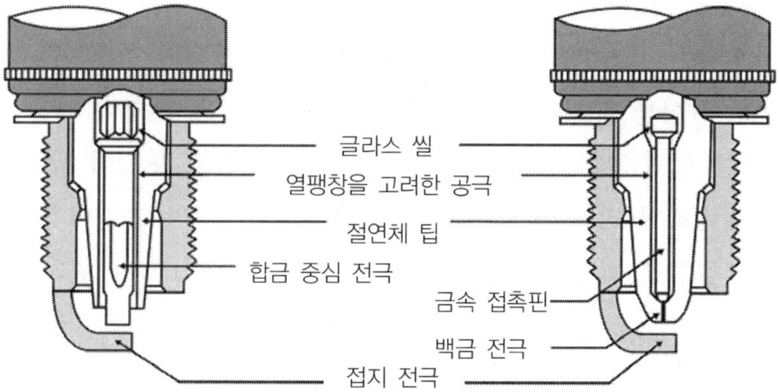

(a) 합금전극　　(b) 백금전극

그림 28. 합금전극과 백금전극의 구성

순도가 높은 금속은 합금보다 열 전도성이 뛰어난데 니켈은 연소가스의 화학물질이나 고체 침전물에 대해 합금보다 민감하므로 외피 소재로 많이 쓰이고, 은(銀)은 다른 물질에 비해 최고의 전기 및 열 전도성을 갖고 있으며 화학적 파괴 작용에 높은 내성을 나타내므로 은을 기본 물질로 하고 합성 미립자 소재(composite particulate material)를 사용하여 열응력에 대한 내성을 증가시킬 수 있어 고체상태의 은이 중심전극으로 사용되면 직경을 줄일 수 있고 니켈합성 전극보다 뛰어난 열 분산 효과를 얻을 수 있다.

부식이나 산화, 융해에 대해 뛰어난 내성을 지닌 백금을 사용하여 전극을 만들면 긴 수명의 점화플러그가 된다.

(1) 재질에 의한 분류

1) 일반 점화플러그(copper core plug)

스파크가 발생되는 발화 부 간극(electrode)에 아무 처리를 하지 않은 제품으로 전극은 고온의 연소가스에 노출되기 때문에 내열성, 내부식성이 우수한 니켈합금, 크롬합금이나 니켈-망간합금 등이 사용된다. 중심전극은 접지전극보다 고온이므로 지름이 약 2.5mm인 중심전극 내에 열전도성이 좋은 구리를 넣은 것도 있다.

중심전극은 특수 유리분말에 구리분말을 혼합한 후 고온에서 용융시켜 만들거나 중심전극과 중심축을 일체로 만들어 중심축의 주위에 특수 분말(cement)을 충전하여 만드는 방법이 있다. 몸체에 니켈 도금이 되어 있어 니켈플러그 라고도 한다.

2) 이리듐 점화플러그(iridium spark plug)

스파크가 발생되는 발화 부 양쪽 간극 중 중심전극 전극의 재질이 이리듐이라는 재료의 얇은 0.5mm 철심을 말한다. 이리듐을 소재로 한 것은 수명이 길고, 녹는점이 2447℃로 높고 밀도는 철의 3배인 22.4로 금속 중 가장 무겁고 노킹이 발생해도 녹아내리거나 전극이 잘 파손되지 않는 특성 때문이다. 또 중심전극이 가늘어 불꽃이 튈 때 최저 방전전압인 요구전압을 낮출 수 있어 시동능력 뛰어나고, 색이 변하거나 그을음이 잘 생기지 않으며, 부식에도 잘 견디는 등 여러 가지 장점을 가지고 있다. 이리듐 점화플러그의 수명은 일반플러그 보다 약 5배 정도 길고, 가속력은 0.7초 단축, 연비는 3.5% 향상이 되며 엔진출력은 1% 정도 향상된다.

그림 29. 백금 점화플러그와 이리듐 점화플러그,

3) 백금 점화플러그(platinum plug)

불꽃이 발생(폭발 에너지 발생)되는 발화부 간극에 백금으로 코팅하여 간극의 오염과 훼손을 방지한 점화플러그이다. 이리듐 플러그의 하위 기종으로 일반 점화플러그보다 수명이 길고 녹는점이 1770℃, 밀도는 21.4이다. 이리듐 플러그보다는 녹는점이 낮아 손상을 줄이고자 전극의 모양이 넓적하며 시동성은 떨어진다. 하지만 가격이 저렴하고 그을림 부식에 대한 내구성은 이리듐 같이 높다.

(2) 전극 간극

전극의 간극은 중심전극과 접지전극사이의 틈새로 전극간극이 클수록 점화 요구전압이 높아지며, 간극이 작으면 점화 요구전압은 낮아진다. 즉, 간극이 좁으면 아크를 만드는 전압은 낮아지지만 짧은 스파크는 혼합기에 최소 에너지를 전달하여 실화(ignition miss)를 일으킨다. 이 두 전극사이에 간극은 0.7~1.1mm 정도의 간극을 두고 불꽃을 일으키며 중심전극의 굵기가 작을수록 방전과 불꽃의 전파속도가 빨라진다.

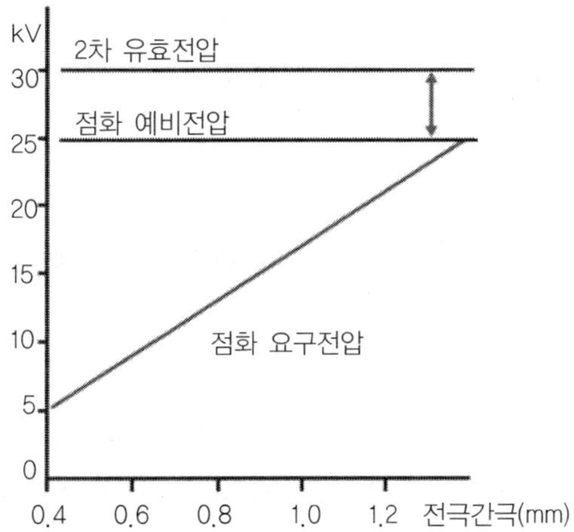

그림 30. 전극간극에 의한 점화 요구전압

[3] 점화플러그의 특성

(1) 점화플러그 열값에 따른 분류

점화플러그는 열값에 따라 열형, 표준형, 냉형으로 구분한다.

1) 열형 플러그(hot type plug)

절연체의 노스(nose) 면적이 넓어 더 많은 열을 흡수하므로 열 분산이 낮다.

2) 표준형 플러그(standard type plug)

절연체 노스(nose) 면적이 열형보다 작아 열 흡수가 더 낮으며, 열 분산은 더 높다.

3) 냉형 플러그(cold type plug)

절연체 노스(nose) 면적이 작아 열을 거의 흡수하지 못하며, 짧은 열전도 통로를 통한 열 분산성이 우수하다.

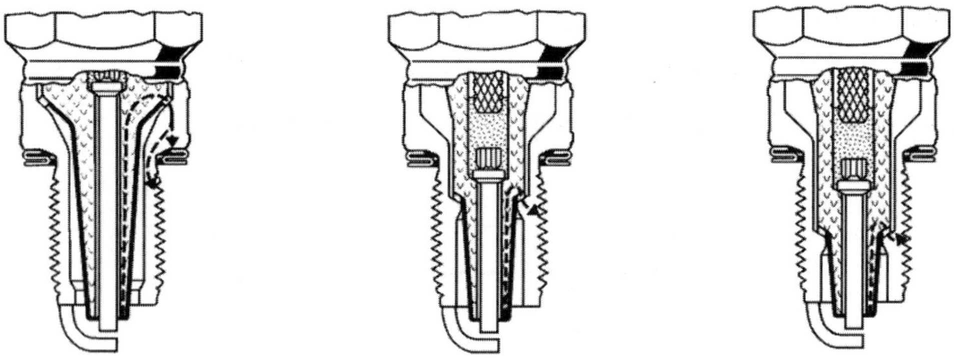

(a) 열형 플러그 (b) 표준형 플러그 (c) 냉형 플러그

그림 31. 점화플러그의 종류

(2) 점화플러그의 열가와 온도

열가(熱價)는 점화플러그가 연소실에서 받은 열의 방산정도를 말하며, 점화플러그의 열적 특성을 표시한다. 연소실에서 받은 열량에 대하여 방산되는 열량의 정도가 큰 것을 냉형 점화플러그라 하고, 반대로 받은 열량에 대해 방산되는 열량의 정도가 적은 것을 열형 점화플러그라 한다. 열가의 표시는 점화플러그 형식명의 중간에 숫자로 표시하며, 그 숫자는 각 제조회사마다 다르다.

예를 들면, 일본식 표기방법은 열가의 숫자가 높으면 냉형(cold type)플러그로 열가의 숫자가 낮으면 열형(heat type)플러그이다. 미국/유럽식 표기방법은 냉형은 작은 숫자로 열가를 표시하고 열형은 큰 숫자로 표기를 한다. 열값을 결정하는 최대의 요소는 열을 받는 면의 길이이다.

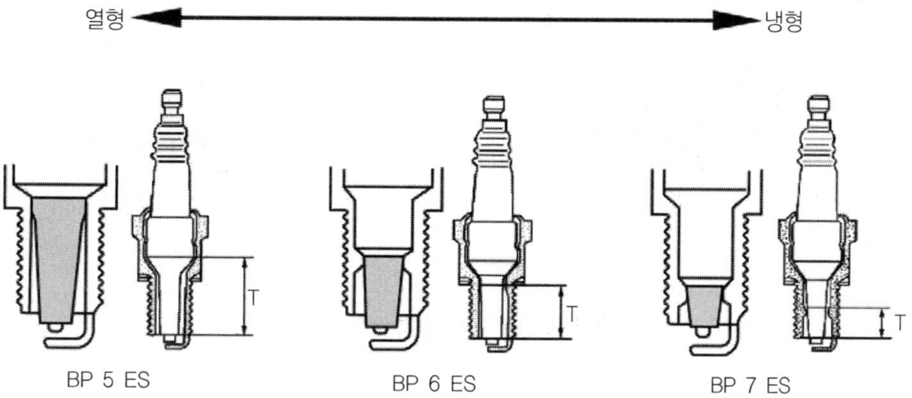

(a) 열형 (b) 표준형 (c) 냉형

그림 32. 점화플러그의 길이와 열가와의 관계

열을 받는 길이(T)가 짧고, 받는 열량도 그만큼 작아 하우징 쪽의 방열경로 또 짧기 때문에 방열량이 크다. 이것을 냉형 점화플러그라 하고 고속·높은 압축비 엔진에서 사용한다. 열형 점화플러그는 열을 받는 면적이 커(화염을 받는 표면적이 넓을 때) 열을 많이 받으며, 방열경로가 길어 냉형에 비해 열을 많이 지니고 있다. 점화플러그의 열 방출량은 두 가지 이유 때문에 중요하다.

첫 번째는 노킹의 억제(최대 온도의 억제)이다. 노킹은 연소보다는 폭발에 가까운 제어되지 못한 이상 연소로 점화플러그의 전극(tip)이 노킹의 원인이 될 수 있다. 엔진이 연소할 때는 엄청난 열이 발생하는데 점화플러그는 연소실의 정 중앙에 위치하게 되므로 그 엄청난 열을 다 받게 된다. 그런데 점화플러그가 냉각되지 않는다면 작은 전극은 끊임없이 빨갛게 달아오르기 때문에 여기에 공기와 연료가 적당한 비율로 잘 혼합된 상태로 폭발하기 좋게 뿜어준다면 스파크를 일으키기도 전에 자연스럽게 불이 붙게 된다. 특히 압축비가 높고 엔진회전수가 높은 고성능 경주용 엔진은 연소실에서 어마 어마한 양의 열에너지가 방출된다. 그러면 당연히 열을 방출하는 양도 많아져야 하기 때문에 냉각 기능이 더욱 강화된 냉형 점화플러그가 필요하다.

두 번째는 자기청정(최저 온도의 유지)으로 온도가 일정수준 이상 낮으면 카본이나 그을음이 소착되어 정상적인 스파크의 발생을 방해하기 때문에 점화플러그는 엔진특성에 맞도록 적당한 열을 연소실로부터 제거해 주는 동시에 전극의 온도를 적당히 보전해 주어야만 한다.

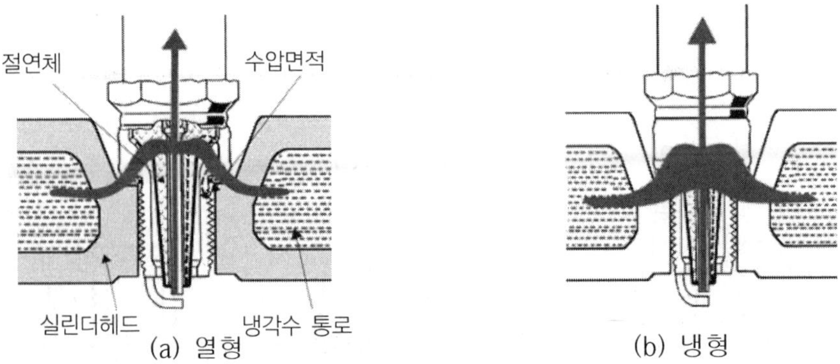

그림 33. 방열경로와 열가

1) 열가를 결정하는 요인

점화플러그의 열이 방산되는 경로는 그림 34와 같으며, 점화플러그 전극부분의 온도를 결정하는 것은, 점화플러그가 연소가스로부터 받은 열량과 방산한 열량과의 차이로 결정되며, 열값을 결정하는 요인은 다음과 같다.

① 화염이 접촉되는 부분의 표면적

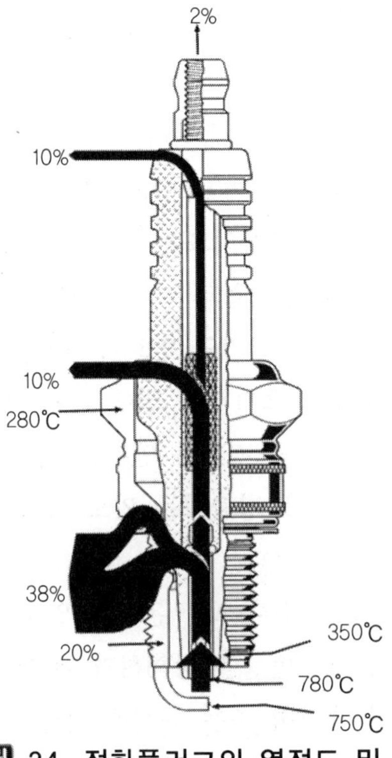

그림 34. 점화플러그의 열전도 및 방열

② 절연체 및 전극의 열전도율
③ 바깥쪽으로 노출되는 부분의 표면적
④ 연소실의 형상과 체적

2) 점화플러그의 열가를 조정해 주어야 할 경우

① 분사연료량이 많을 때 : 연료혼합비가 높아서 엔진 연소실로 분사되는 연료의 양이 너무 많으면 점화플러그에 그을음이 생기기 쉽다. 이때는 온도를 높여서 태워버려야 하므로 열형이 필요하다. 즉, 열가를 낮춰야 한다.

② 점화시기를 진각시켰을 때(앞당겼을 때) : ECU 튜닝을 통하여 성능향상을 위하여 점화시기를 앞 당겼을 때 점화플러그의 열가를 조정해주어야 한다. 보통 점화시기가 10° 진각 될 때마다 점화플러그의 온도는 약 70~100℃ 정도 상승한다. 그러므로 열가가 한 단계 높은 냉형 플러그를 장착하여야 하다.

③ 압축비가 상승되었을 때 : 고압축비 피스톤 적용, 메탈개스킷 적용, 헤드밀링, 터보차져나 슈퍼차져 등의 과급압 사용, 하이 캠 적용 등으로 압축비가 상승하였을 경우에는 열이 매우 높게 올라가므로 열가나 높은 냉형의 점화플러그를 사용하여야 노킹을 억제할 수 있다.

④ 높은 RPM의 연속적인 사용 : 자동차 경주와 같이 항상 높은 RPM으로 주행하는 경우에는 점화플러그의 온도가 상승되므로 주행 후 점화플러그의 상태를 확인하여 열가를 조정해주어야 할 경우가 있다.

⑤ 외부기온이 높을 때 : 외부온도가 높다는 의미는 산소밀도가 낮다는 의미이다. 산소밀도가 낮으면 완전연소가 일어나지 않아 점화플러그 온도가 내려가면서 카본이 낄 가능성이 높으므로 자기 청정기능을 높이기 위해서는 보다 열가가 한 단계 낮은 열형 플러그를 적용해야 하나, 전자제어식 엔진은 자동적으로 산소밀도에 따라서 연료분사량도 조정되므로 큰 상관없으나 ECU 튜닝을 하였다면 점화 플러그를 탈착하여 상태 확인을 할 필요가 있다.

⑥ 외부습도 : 주변 습도가 높으면 엔진으로 흡입되는 공기의 밀도는 낮아진다. 이러한 경우에는 엔진 압축비가 상대적으로 낮아지고 연소실 온도도 낮아진다. 그렇기 때문에 점화플러그의 온도 또한 낮아지므로 열가를 조정해야 할 필요성이 있으나 장마철이나 습도가 높은 계절이라 할지라고 일상적인 주행으로는 큰 문제가 되지 않는다.

(3) 자기 청정온도(self cleaning temperature)

엔진이 냉각된 상태에서 공회전을 하거나 저속주행을 하게 되면, 점화플러그의 전극부분에 미립자 침전물인 카본(carbon)이 퇴적한다. 엔진이 냉각된 상태에서 저속회전을 하면, 냉각된 점화플러그와 농후한 혼합가스에 의해 연소과정에서 카본 발생량이 많아져 점화플러그에도 카본이 퇴적된다. 카본은 전기를 잘 통하는 양도체이기 때문에 점화플러그에 카본이 퇴적되면 중심전극과 셀 사이에 전도성 통로를 형성하게 되어 고압전류가 누전되거나 점화 에너지의 일부를 흡수하여 유효전류를 감소시켜 실화를 일으킨다.

특히 절연저항이 10MΩ 이하로 떨어지면 더욱 더 실화가 일어날 가능성이 커진다. 이러한 카본은 450℃ 이상이 되면 연소되어 없어지는 성질이 있다. 따라서 엔진운전 중에는 가능한 한 빨리 점화플러그 전극부분의 온도를 450℃ 이상 올려 줄 필요가 있다. 그러나 전극부분의 온도가 너무 상승하여 950℃ 이상 되면, 조기점화 현상을 일으키기 때문에 950℃ 이상 되지 않도록 해야 한다.

점화플러그 전극부분의 온도가 너무 높아지면, 압축과정 중에 혼합가스를 자연 착화시켜 노킹을 동반한 엔진의 출력저하를 초래하는 것을 조기점화(pre-ignition)라 한다. 이런 현상은 고속으로 주행할 때 일어나기 쉽다. 이렇게 점화플러그의 전극부분 자체의 온도에 의해 카본 등에 의한 오손을 청소하는 작용을 자기청정 작용이라 하고, 그 청정작용이 완전히 이루어지는 온도를 자기청정 온도라 한다. 자기청정 온도는 500℃부터 시작하여 950℃ 이하의 범위가 이 자기청정 온도에 해당한다.

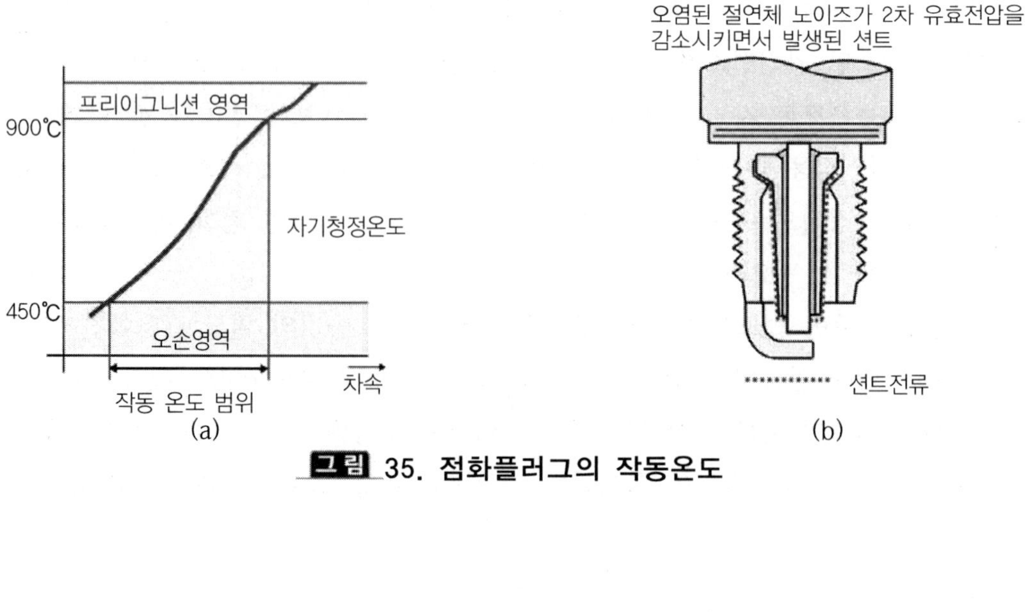

그림 35. 점화플러그의 작동온도

(4) 저항 점화플러그(resistor spark plug)

가솔린엔진의 점화장치에서는 고압전기에 의한 불꽃발생으로 매우 많은 전파 잡음이 발생한다. 일반적인 전장부품에서는 특별히 문제될 만한 전류변화도 없고 잡음 전파도 발생하지 않으나, 고압전기에 의한 불꽃은 단위시간 당 전류변화량이 매우 크고 전파의 발생량도 비례하여 증가한다. 불꽃전자가 공기 중의 기체분자와 충돌하여 공기를 이온화(원자 중의 전자를 궤도로부터 분리되어 전기를 띠는 현상)될 때 전자가 가속해 가는 과정중의 충돌 등에 따라 전자방전의 불규칙한 이동으로 잡음 전파를 다량 발생한다. 이러한 전기불꽃에 의한 잡음전파는 다양한 주파수를 포함하고 있어 차량의 AM·FM라디오, TV, 무전기, 내비게이션(navigation) 등에 악영향을 준다.

점화플러그에서 발생하는 불꽃은 실린더헤드와 블록으로 밀폐되어 있으나, 고압케이블을 통한 전류변화가 이루어져 고압케이블이 안테나로 되어 공기 중으로 잡음 전파를 발신한다. 잡음 전파를 방지하기 위한 방법으로 고압케이블의 재료를 실리콘을 사용하거나 저항을 넣은 저항 고압케이블을 사용하여 잡음 전파방지 등의 방지기로 사용되기도 하며, 점화플러그의 내부에 저항을 넣은 저항 점화플러그를 사용하기도 한다.

저항 점화플러그는 그 구조에 따라 권선형, 솔리드형(solid type) 및 모노리스형(monolithic type)의 3종류가 있다.

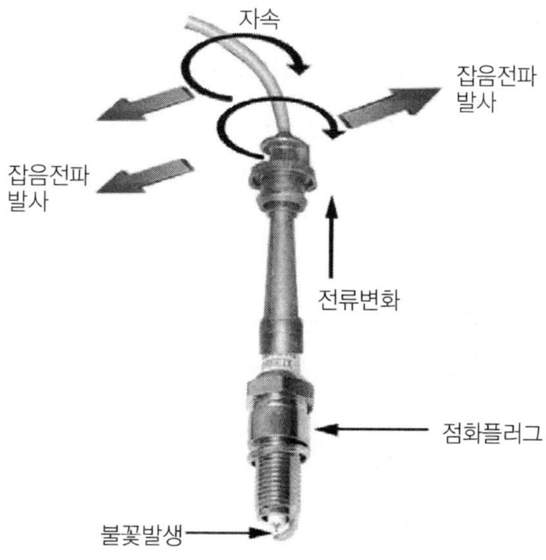

그림 36. 고압케이블의 잡음 전파발사

권선형과 솔리드형은 스프링을 사용하여 저항체(약 5kΩ)를 고정하는 형식이며, 이 형식은 접촉불량 등으로 인한 내구성의 문제점이 있다. 반면에 모노리스형은 높은 온도에서 구워 일체로 고정하기 때문에 성능이 안정된다. 여기에서 약 5kΩ 저항을 넣게 되면 착화성의 저하가 우려되겠으나, 착화에 필요한 에너지에 대해 점화코일에서 발생하는 에너지가 충분한 여유가 있기 때문에 저항을 넣어도 아무런 영향이 없으며 잡음방지 효과를 나타낸다. 또한 출력도 일반 플러그에 비해 저하되지 않는다.

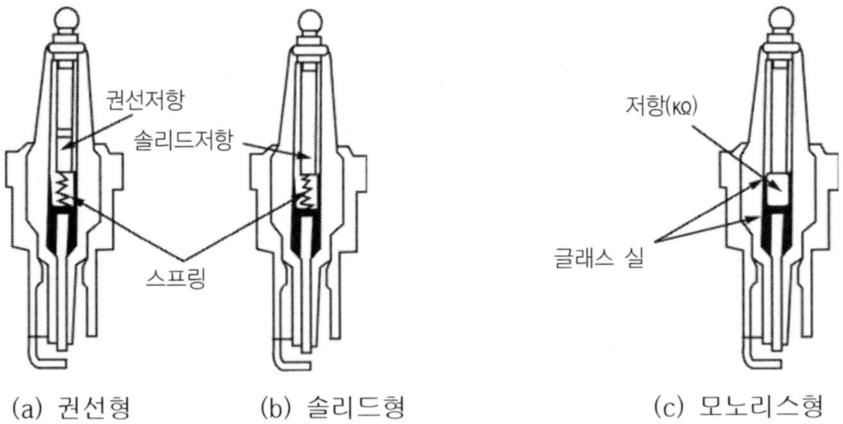

그림 37. 저항 점화플러그의 종류별 구조

(5) 점화플러그의 소염작용

전극간극이 어느 한도 이하가 되면 아무리 불꽃에너지를 크게 하더라도 착화가 불량해진다. 이 간극을 소염거리라고 하며, 이는 차가운 냉각작용에 의해 불꽃 핵이 성장하지 못하고 소염되는 것이다. 이를 점화플러그 소염작용이라 한다.

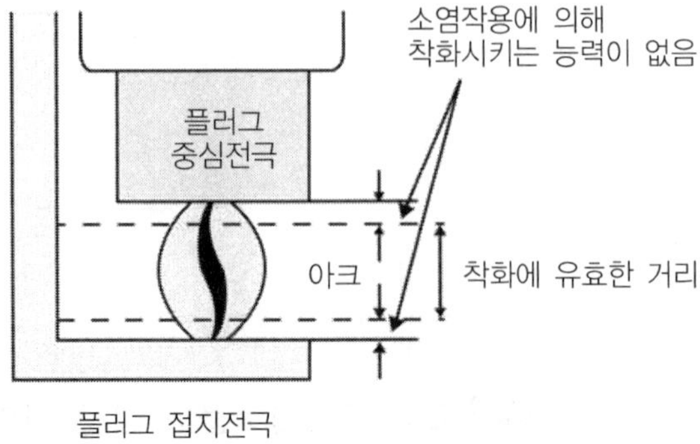

그림 38. 점화플러그의 소염작용

(6) 당량비와 착화성

정적연소기에 연료-공기를 당량비(공기과잉율의 역수, equivalence ratio, Ψ) 변화에 따라 예 혼합시킨 후 점화를 한 경우(당량비 < 1 : 희박, 당량비= 1 : 이론혼합비, 당량비 > : 농후혼합비), 당량비 0.7의 경우(희박가연 한계영역) 중심전극의 소염 작용에 의해 초기 화염 핵이 오뚜기 모양으로 변해간다. 당량비 1.1에서 가장 화염의 성장이 빠르며, 농후하거나 희박할수록 화염전파가 느려진다.

$$\text{당량비}(\psi) = \frac{1}{\lambda} = \frac{\text{실제 연료공기비}}{\text{이론 연료공기비}}$$

[4] 점화플러그의 형식

점화플러그의 형식은 BP5ES—11, PFR5A—11, BRE527Y—11 등으로 표시하며 형식에 따른 세부 내용은 아래 표와 같다.

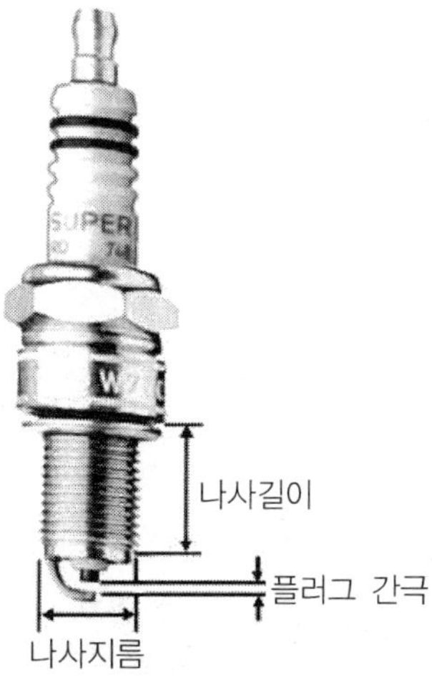

그림 39. 점화플러그의 형식

표 점화플러그 형식

B 나사지름	P 구조/특징	5 열 가	E 나사길이	S 구조/특징	-11 플러그 간극
A ……… 18mm B ……… 14mm C ……… 12mm D ……… 10mm E ……… 18mm BC …… 14mm	P 절연체 (돌출타입) R 저항타입 U Semi—연면 (연면 방전타입)	2 열형 4 5 ↑ 6 7 8 ↓ 9 10 11 12 13 냉형	E 19.0mm H 12.7mm	S 표준타입 Y V-파워플러그 V V 플러그 VX VX 플러그 K 외측 2극전극 M 2극 로타리용 전극 Q 4극 로타리용 전극 B CVCC 엔진용 J 2극 사방전극 C 사방전극	9 …… 0.9mm 10 … 1.0mm 11 … 1.1mm 13 … 1.3mm -L …중간열가 -N …외측전극

P 플러그 종류	F 나사지름	R 저항형식	5 열가	A 추가기호	-11 플러그간극
P : 백금 플러그 Z : 돌출형 플러그	육각대변치수 F : ∅14×19mm 육각대변 16.0mm G : ∅14×19mm 육각대변 20.6mm J : ∅12×19mm 육각대변 18.0mm F: ∅10×12.7mm 육각대변 16.0mm	R : 저항타입	5 열형 6 ↕ 7 냉형	A, B, C··	-11: 1.1mm

B 나사지름	R 저항형식	E 나사길이	5 열가	2 절연체 돌출지수	7 발화위치	Y 중심전극	-11 플러그간극
				(2: 2.5M)	(7: 7.0mm) (9: 9.5mm)	(선단 V홈)	(11: 1.1mm)

4 컴퓨터 제어방식의 점화장치

4.1. 컴퓨터 제어방식 점화장치의 개요

이 방식은 엔진의 작동상태(회전속도·부하 및 온도 등)를 각종 센서로 검출하여 컴퓨터(ECU)에 입력시키면 컴퓨터는 점화시기를 연산하여 1차 전류의 차단신호를 파워 트랜지스터로 보내어 점화코일의 2차 코일에서 높은 전압을 유기하는 방식이다. 그리고 예전의 배전기에 설치되었던 원심 및 진공진각 장치를 없애고 컴퓨터가 점화시기를 제어하며, 점화코일도 폐자로형(몰드형)을 사용한다. 종류에는 HEI와 DLI(또는 DIS)가 있으며, 다음과 같은 장점이 있다.

① 저속·고속 운전영역에서 매우 안정된 점화불꽃을 얻을 수 있다.
② 노킹이 발생할 때 점화시기를 자동으로 늦추어 노킹발생을 억제한다.
③ 엔진의 작동상태를 각종 센서로 검출하여 최적의 점화시기로 제어한다.
④ 높은 출력의 점화코일을 사용하므로 완벽한 연소가 가능하다.

4.2. HEI(high energy ignition, 고강력 점화방식)의 구조와 작동

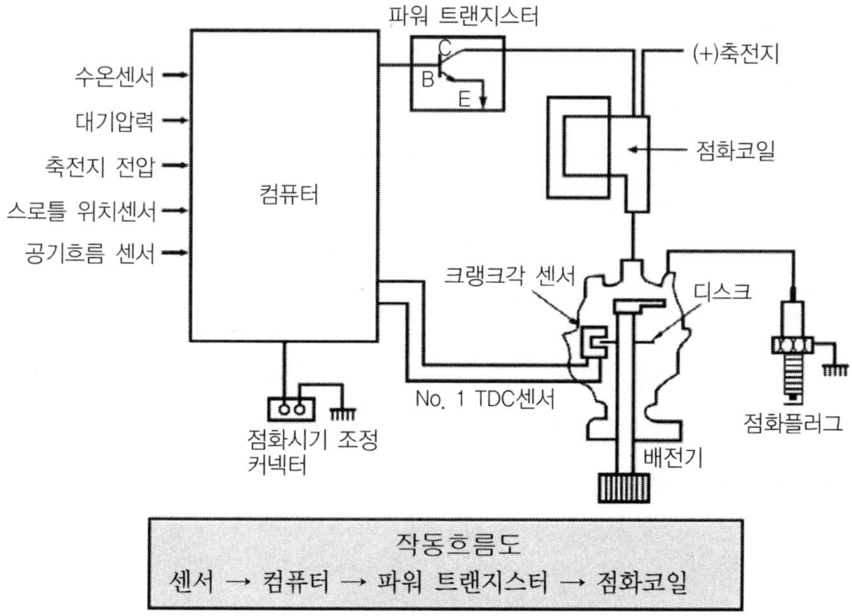

그림 40. HEI의 구성도

4.2.1. 점화스위치(IG switch)

자동차에서 사용하는 점화스위치는 축전지로부터의 (+)전원을 여러 조건에 만족할 수 있도록 상황에 따라 전원을 분배하여 여러 전장부품들이 특별한 조건에서 작동될 수 있도록 하는 일을 한다.

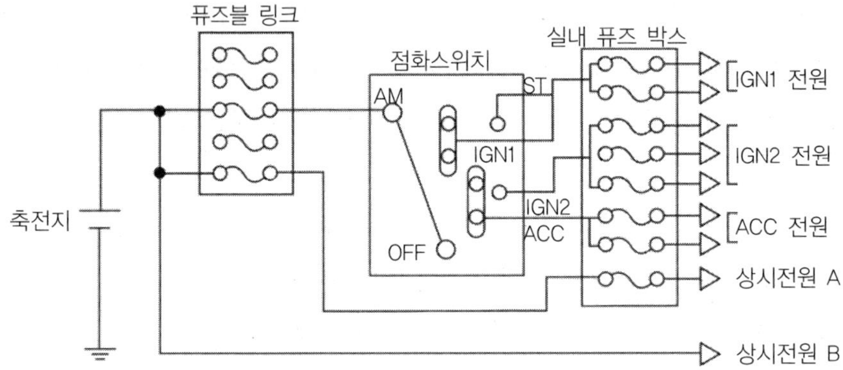

그림 41. 점화스위치 전원분배도 및 점화스위치

표 점화스위치 조건별 작동 특성

단자 / 조건	AM(B+)	ACC	IG1	IG2	START
OFF	●				
ACC	●	●			
ON	●	●	●	●	
START	●		●		●

[1] AM(상시, B+)전원

AM단자는 축전지 (+)전원과 연결되어 있으며, 점화스위치의 위치에 따라 전원을 분배하기 위한 상시 전원이다. 즉 점화스위치 없어도 항상 작동되어야 할 비상등, 제동등, 실내등, 경음기, 도어 잠금 제어 릴레이 등의 부하 전원이다.

[2] ACC 전원

ACC 전원은 기본적으로는 자동차에 사용되는 액세서리 부품의 작동에 필요한 전원을 공급한다. 그 대표적인 예로 라디오, 카세트, 담배 라이터 등을 들 수 있으며, 최근의 자동차에는 다양한 기능의 전장부품(오디오, 비디오장치, 블랙박스, 내비게이션)이 사용되므로 ACC전원이 증가되고 있다.

[3] IG_1 전원

IG_1 전원은 엔진 컴퓨터, 연료펌프 릴레이, 점화코일 등 주로 엔진구동에 관계된다. 엔진을 시동할 때 대부분의 축전지 전류는 기동전동기를 구동하는데 사용되어야만 원활한 시동이 가능하므로 기동전동기 이외의 전장부품에는 축전지 전류를 소비하지 않는 것이 좋다.

그러나 엔진이 시동되기 위해서는 기동전동기를 포함한 최소한의 부품과 또 장치의 특성상 크랭킹(cranking) 중에도 작동되어야만 하는 부품에 대해서는 크랭킹 중에도 전원이 공급되어야 한다. 따라서 IG_1전원은 이러한 장치들에 대한 작동전원을 공급하는 단자이다. 이외에도 많은 전장부품에 전원을 공급하는데 IG_1전원은 점화스위치 ON상태에서 AM단자와 연결되지만, 크랭킹 상태에서도 AM단자와 연결되기 때문에 IG_1전원과 연결된 장치는 크랭킹 중에도 작동된다.

[4] IG_2전원

IG_2전원은 계기판, 전조등, 에어컨, 윈드 실드와이퍼, 에탁스(ETACS) 등 주로 자동차 주행에 관계된다. IG_2전원은 점화스위치 ON상태에서는 AM단자 전원과 연결되지만 크랭킹 상태에서는 차단되며, 일반적인 전장부품에 사용된다.

[5] ST(start)전원

ST전원은 엔진을 크랭킹(cranking)할 때 기동전동기를 작동시키기 위한 것이다.

4.2.2. 파워 트랜지스터(power TR)

파워 트랜지스터는 컴퓨터로부터 제어신호를 받아 점화코일에 흐르는 1차 전류를 단속하는 역할을 하며, 구조는 컴퓨터에 의해 제어되는 베이스(base), 점화코일 1차 코일의 (−)단자와 연결되는 컬렉터(collector), 그리고 접지되는 이미터(emitter)로 구성된 NPN 형이다. 파워 트랜지스터의 작용은 다음과 같다.

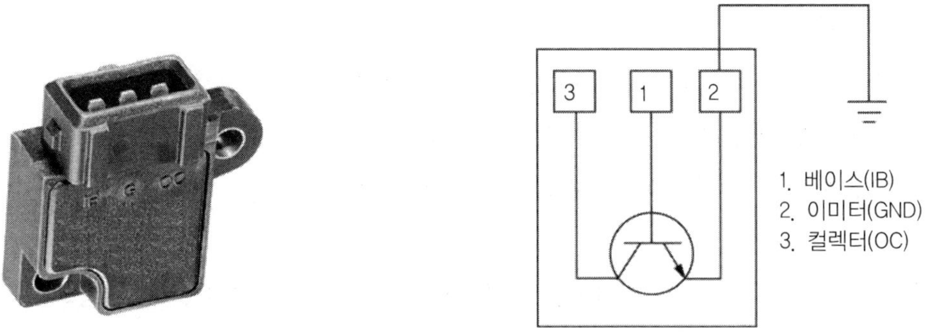

(a) 외형 (b) 배선도

그림 42. 파워 트랜지스터의 외관과 배선

점화스위치를 ON으로 하면 축전지 전압이 점화 1차 코일에 흐른다. 크랭크 각 센서의 점화신호가 컴퓨터에서 파워 트랜지스터를 단속시켜 점화 1차 코일에 흐르는 파워 트랜지스터를 통하여 단선과 접지를 반복한다. 그리고 점화시기는 컴퓨터가 연산하며, 파워 트랜지스터 베이스의 전류흐름이 차단되면 점화 1차 전류가 차단되며, 이 작동으로 점화코일의 2차 코일에 높은 전압이 유기되며, 이 높은 전압은 배전기 로터에 의해 점화플러그로 보내진다.

1차 전류의 양은 약 6A의 전류를 흐르기 때문에 그 양의 제어를 하기 위해서 베이스의 전류는 $\frac{6}{100}$A의 전류를 공급을 해야 하기 때문에 장시간에 걸쳐 작동이 되면 발열에 의한 성능 저하가 생기게 된다. 이에 대한 대책으로 증폭을 약 1만 배에 해당하는 능력의 부품을 사용하면 $\frac{6}{10,000}$A의 전류만 가지고도 제어상의 문제인 발열을 억제할 수 있기에 달링턴 트랜지스터(darlington transistor)를 사용하고 있다.

달링턴 트랜지스터는 두 개의 바이폴라 접합 트랜지스터를 접속하여 하나의 super beta(바이폴러 트랜지스터의 베이스전류에 대한 컬렉터 전류의 비로, 일반적으로 이미터 접지전류 이득 또는 전류 증폭률이라고 부른다) 트랜지스터로 작동하도록 한 회로이다. 앞쪽은 이미터(emitter), 뒤쪽은 베이스(base)를 연결하고 컬렉터(collector)는 상호 연결한다. 간단한 구조로 매우 높은 공통 이미터(common emitter) 전류 증폭률과 개선된 입출력 직선성을 얻을 수 있어 큰 신호의 출력회로로 이용된다. 증폭용 앞단 트랜지스터와 출력용 뒷단 트랜지스터의 종류(NPN 또는 PNP)를 같게 하거나 다르게 할 수 있다. 달링턴 트랜지스터 연결은 매우 큰 전류이득, 대개 수천의 값을 갖는다.

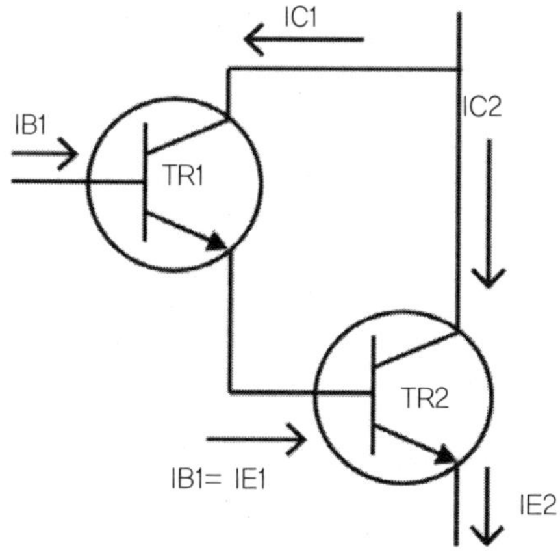

(a)

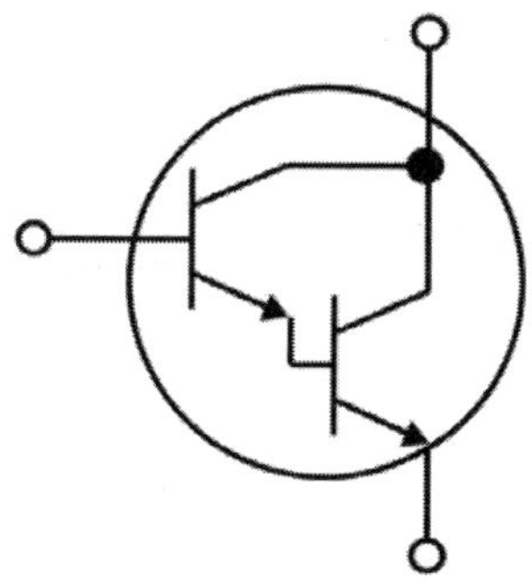
(b)

그림 43. 달링턴 트랜지스터회로

4.2.3. 디스트리뷰터(distributor)

디스트리뷰터는 점화코일로부터 만들어진 고압을 각 실린더로 배전하는 역할을 하는 부품으로 점화장치의 종류에 따라 점화 1차 전류를 단속기구 및 진각장치를 내장하여 사용하는 방식과 CAS & TDC센서를 내장한 전자제어식 디스트리뷰터방식 등이 사용되고 있다.

디스트리뷰터를 사용하는 방식은 현재 주종을 이루고 있는 DLI방식과 달리 점화코일로부터 30kV의 높은 고전압은 고압 케이블을 거쳐 디스트리뷰터 캡(distributor cap)의 중심전극을 통해 로터(rotor)로 접속돼 각 실린더의 전극으로 배전되어 스파크플러그로 전달된다.

따라서 고전압은 점화코일로부터 스파크플러그까지 전달되기까지 약 20%의 전송 손실이 발생하게 되고, 전송로가 길어지게 된 만큼 누설전류도 그 만큼 증가할 수 있는 조건이 되는 등 단점을 가지고 있어 고속 회전을 요하는 엔진에는 부적합하다.

4.2.4. 점화시기 보정

[1] 점화시기 보정요소

엔진의 점화시기의 가장 큰 변화요인은 엔진 회전속도 변화와 부하 변화이며, 그 밖에 엔진의 난기상태, 대기압력 상태 및 연료 등이 약간의 영향을 준다. 예전의 점화시기 조정장치에서는 엔진 회전속도에 따른 점화시기 조정은 원심 진각장치가 부하에 대한 조정은 진공 진각장치가 이용되었으며, 냉각수 온도 및 대기압력 상태에 대한 진각보정은 엔진 부압에 의한 보조진공 진각을 사용하였다.

점화시기	=	초기기준 점화시기	+	기본점화 진 각 도	+	냉각수 온도보정 진 각 도	+	고지보정 진 각 도
		⇩ 5° 상사점 전		⇩ 부하 및 회전속도에 의한 진각				

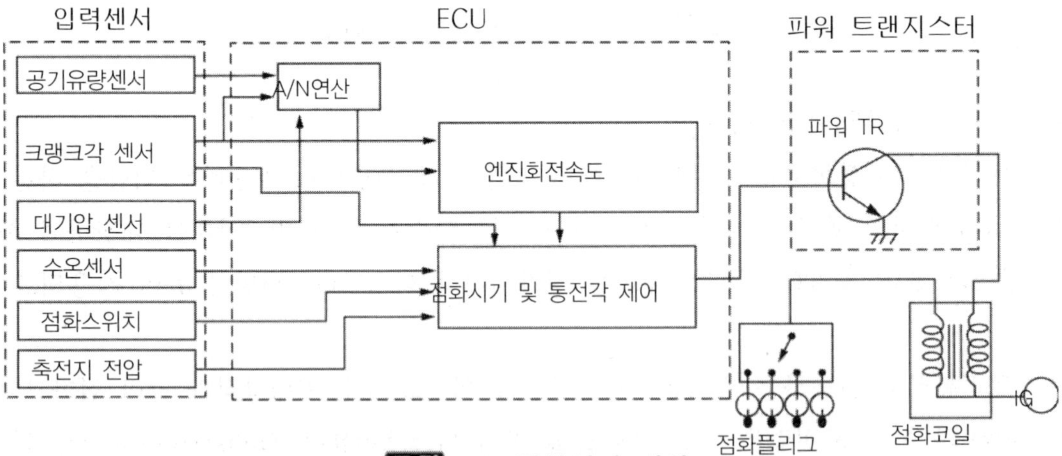

그림 44. 점화시기 제어

그러나 전자제어장치에서는 크랭크 각 센서(crank angle sensor)로 엔진 회전속도를 측정하고, 공기유량 센서(air flow sensor)를 이용하여 흡입공기량을 측정한 후 기본 점화시기를 결정한 다음, 엔진의 각종 상태를 보정하여 가장 적절한 점화시기를 결정한다.

운전 상태에 대한 기본 점화진각은 그림 45(a)처럼 ECU 내에 기억된다. 시동시에는 CAS신호에 의해 BTD 5° 에 고정한다. 또한 통상 운전시에는 크랭크 앵글 센서(CAS) 신호(T)를 계측한 후 크랭크 각 1° 의 시간(t)을 구한다. 따라서

$$t = \frac{T}{180} \ [\text{여기서, } 180° = \frac{720°(\text{크랭크축 2회전})}{\text{4실린더}}]$$

가 된다. 이때 그림 45(b)처럼 상사점 전 75° 를 기준으로 점화시기(T_1)를 계산하여 냉각수 온도에 대한 보정을 한다.

예를 들어 상사점 전 20° 에서 점화하는 경우에는 $T_1 = t \times (75 - Z) = t \times (75° - 20°) = 55t$(초)가 된다. 초기 기준 점화신호는 점화시기 조정커넥터 단자를 접지할 때 상사점 전 5° 로 고정되며 이는 공전상태에서 점화시기를 확인할 때 사용한다.

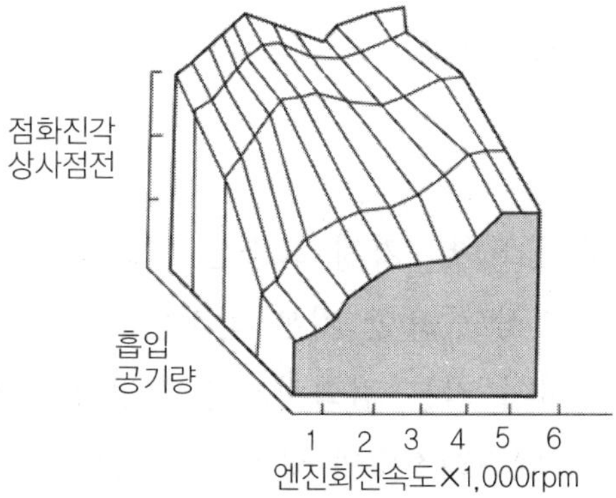

(a) 기본점화 진각

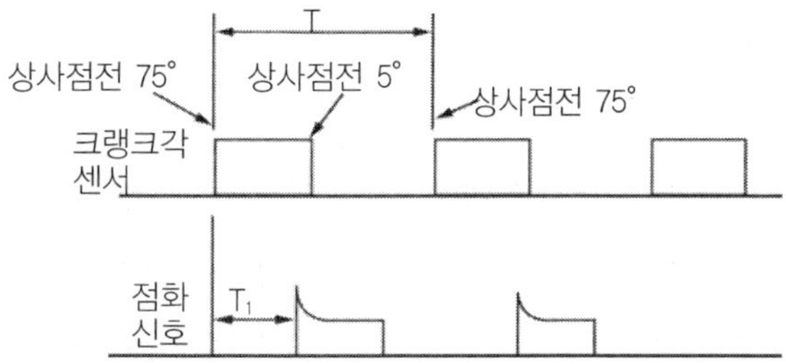

(b) 점화시기 특성도

그림 45. 기본점화 진각과 점화시기 특성

[2] 점화시기 제어기구

점화시기를 제어하기 위해서는 각종센서, 컴퓨터, 액추에이터의 3부분으로 나눌 수 있으며, 액추에이터 부분인 파워 트랜지스터를 제어하여 이 파워 트랜지스터가 ON-OFF됨에 따라 1차 전류를 ON-OFF한다.

파워 트랜지스터를 제어하기 위해서는 엔진의 각종 상황을 검출하는 센서, 즉 크랭크 각 센서, 공기유량 센서, 수온센서, 스로틀 포지션 센서, 차속센서 등으로 검출한 후 컴퓨터(micro computer)에 입력하여 차량 운전조건에 가장 적절한 점화시기 값을 연산하여 파워 트랜지스터를 제어한다. 여기서 점화시기 제어에 가장 기초가 되는 것은 흡입공기량의 측정(공기유량 센서)과 크랭크 각 센서에서 입력되는 120° 및 1° 신호에 의해, 엔진 회전속도 및 피스톤 위치가 판독된다.

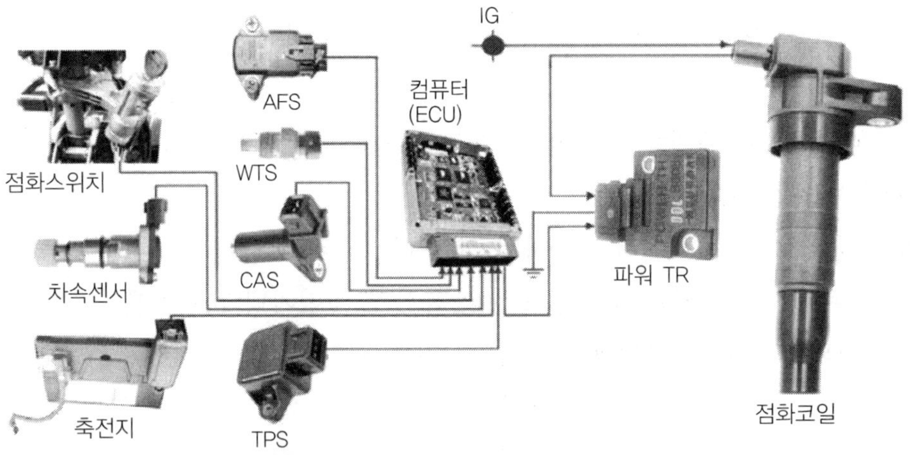

그림 46. 점화시기 제어의 구성

[3] 점화시기 제어

엔진 전자제어시스템이 최종적으로 결정하는 가장 중요한 2가지 요소는 연료량과 점화시기의 결정이다. 점화시기를 결정하는 데에 있어서 가장 중요한 기본 인자는 엔진회전수와 흡입공기량이다. 이 2가지 입력정보를 기본으로 하여 기본 점화시기가 결정되는 것은 연료량 제어와 비슷하다. 그런데, 연료량 제어에서도 엔진회전수와 엔진으로 흡입되는 공기량에 의해 결정되어진 기본 연료량만으로 실제로 분사될 연료량을 정하지 않고, 환경조건 등을 고려하여 여러 가지 제어를 한다.

점화시기 제어에도 연료소비율, 진동 및 소음, 승차감, 배출가스 특성 등을 고려하여 임의의 순간마다 최적의 점화시기가 선정되도록 여러 가지 제어 기능이 마련되어 있다. 종래의 점화시기 제어는 엔진회전수의 변화 및 부하의 변화에 대한 제어를 원심진각장치 및 진공 진각장치에 의해 제어되었다.

그러나 전자식 점화장치는 크랭크각 센서의 신호에 의해 측정된 엔진회전수 신호와 에어플로센서에 의한 흡입공기량에 의해 공기량(A)과 엔진회전수(N)의 비율, 즉 엔진부하(A/N)를 연산한 후 그 결과를 이용하여 최적의 점화시기를 결정한 후 점화시기를 제어한다.

(1) 고정 진각 제어

엔진 시동시, 배터리 전압의 저하시, 엔진 회전수의 변동에 의해 적절한 점화시기를 연산하지 않기 때문에 점화시기를 고정한다.

(2) 기본 점화시기 제어

① 주행중 : 엔진회전수(rpm)와 흡입 공기량에 따라 선정된 기본 점화시기로 노킹(knocking)이 발생되지 않으면서 최대 토크(torque)를 얻을 수 있는 점화시기이다.

② 공회전 : 엔진회전수(rpm)와 흡입 공기량에 따라 공회전 상태에서 엔진회전수의 변동이나 차량 진동을 최소화하고 연비나 출력, 그리고 배기가스 측면을 고려한 점화시기로, 점화시기 = 아이들 진각 + 수온진각 + 피드백진각 으로 공회전 상태에서는 엔진회전수의 목표치가 설정되어 있다. 이 목표치 대비 엔진회전수 변동이 정해진 범위 이상으로 변동할 때, 이를 제어하기 위하여 점화시기를 진각 혹은 지각시킨다.

(3) 흡기온과 냉각수온 제어

흡입공기의 온도가 높거나 엔진 냉각수의 온도가 높아지면 노킹발생 가능성이 커진다. 따라서 이러한 과열 유발상황에서는 노킹발생을 억제하기 위하여 점화시기를 지연시키고 냉간 시에는 운전성을 향상하기 위하여 수온센서의 신호에 의해 냉각수온이 낮을 때 진각을 시킨다.

(4) 가속시 차량 진동제어

스로틀센서의 신호에 의해 가속상태를 검출하며, 가속 시에는 운전성을 향상시키기 때문에 엔진토크가 급격하게 변동하므로, 동적으로 움직이고 있는 차체에서 급격한 전·후 방향으로 진동이 발생하기 쉽다. 이러한 진동은 운전자에게 불안감과 승차감 저하를 야기시키므로, 차량 진동발생을 억제할 필요가 있어 점화시기를 일정량 지각 조정한다.

(5) 급가속시 제어

급가속시 엔진회전수, 흡입공기량, 흡기온도 센서, 스로틀밸브 열림 속도 신호에 의해 급가속 상태를 검출하여 급가속시 발생되는 노킹(knocking)을 방지하기 위한 점화시기를 지각 제어한다.

(6) 노킹제어

노킹 센서(knock sensor)로부터 신호를 입력받아 이를 토대로 노킹발생 여부를 판별하여 노킹발생을 회피하는 기능을 하도록 보정하며 노킹 발생시 점화시기를 지각시키고, 지각 후 노킹발생이 없으면 다시 진각시키는 연속적인 제어를 통하여, 토크, 출력 및 연비가 항상 최적이 되도록 점화시기를 제어한다.

(7) 피드백 제어

아이들 안정성을 확보하기 위해 현재 엔진의 회전수보다 목표 회전수가 높은 경우는 지각 시키고, 낮은 경우에는 진각을 시켜 진각치의 피드백 제어를 보정한다.

4.3. 전자배전 점화장치(DLI : distributor less ignition)

접점식 점화장치가 많이 사용되었으나 1차 측의 접점을 단속하는 과정에서 생기는 불꽃(arc)에 의한 접점의 소손과 고속에서의 전압저하가 문제가 되었고, 전자산업의 발달과 더불어 이러한 문제를 해소할 수 있는 전 TR식 점화장치가 등장하였으나 이러한 점화방식은 1개의 점화코일에 의해 고전압을 발생시켜 배전기와 점화케이블을 통해 점화플러그에 공급하게 되는데 고전압을 배전하는 과정에는 기계적인 부분 때문에 전압 강하와 누전이 발생하게 되고 배전기 내부의 로터와 캡의 시그먼트사이의 공기 절연을 뛰어 넘어야 하기 때문에 에너지의 손실은 불가피하고 이로 인해 전파 잡음을 일으키며, 연비와 배기가스 규제 때문에 점화장치에 강력한 점화불꽃이 필요하게 되었다.

이러한 단점을 보완하여 아예 배전기를 없애고 컴퓨터를 이용한 고전압을 배전하는 방식을 DLI라 한다. DLI방식은 다음과 같은 특징이 있다.

① 배전기에 의한 배전 시 누전이나 손실이 없다.

② 배전기가 없기 때문에 로터와 각 전극사이에 고전압의 에너지 손실이 없다.

③ 배전기 캡에서 발생되는 전파잡음이 없다.

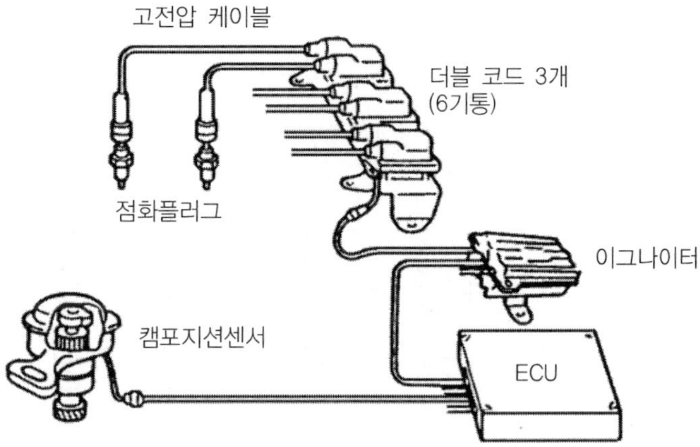

그림 47. DLI 점화장치의 구성부품

④ 배전기식은 로터와 전극사이로부터 진각 폭의 제한을 받으나 DLI는 점화 진각 폭의 제한을 받지 않는다.

⑤ 높은 전압의 출력이 감소되어도 방전 유효 에너지 감소가 없다.

⑥ 내구성이 크다

⑦ 전파 방해가 없어 다른 전자제어장치에도 유리하다.

이러한 특징처럼 배전기방식에 비하여 배전기 캡과 로터 등에서 고전압 배전부품이 없기 때문에 에너지의 손실을 감소할 수 있어 에너지 손실량 만큼 고전압 출력을 줄여도 방전 유효에너지는 손실되지 않으며 내구성을 감소시키는 부품이 없어 그만큼 신뢰성이 향상되고 배전기에서 발생되는 전파방해가 없어 점점 전자화 되어가는 현재 차량에 많이 사용되고 있다.

전자배전 점화장치(DLI : distributor less ignition)는 DIS(direct ignition system) 또는 무배전기 점화장치(disless)라고도 부른다. 자동차 제작회사마다 다르지만 기본 형식에 따라 다음과 같이 나눌 수 있다.

- 전자배전 점화장치
  - 코일 분배방식
    - 동시 점화방식
    - 독립 점화방식
  - 다이오드 분배방식 – 동시 점화방식

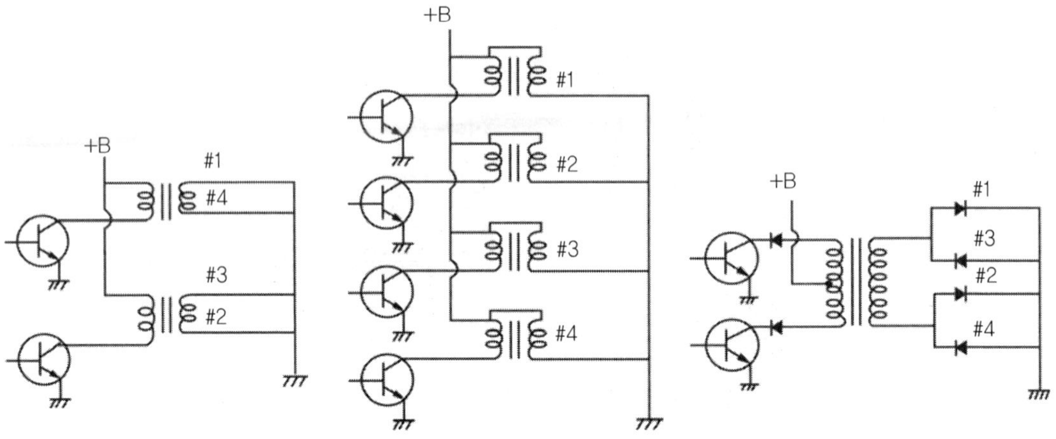

(a) 동시(듀얼) 점화방식 (b) 독립 점화방식 (c) 동시(다이오드분배) 점화방식

그림 48. 점화방식의 종류

ECU는 각종 상황을 검출하는 각종 센서로부터 신호를 받아 내부에 미리 설정되어 있는 데이터와 비교하여 최적의 점화 진각 값을 연산하여 2개의 파워 TR의 베이스에 신호 전류를 보내 점화코일의 1차 전류를 통제함으로 2차 코일에 (+)와 (-)양극성의 고전압을 발생시킨다.

코일 분배방식은 높은 전압을 점화코일에서 점화플러그로 직접 배전하는 방식이며, 1개의 점화코일이 2개의 실린더에 동시에 점화를 시키는 동시 점화방식과 1개의 코일이 1개의 실린더에 점화시키는 독립 점화방식이 있다. 다이오드 분배방식인 경우는 고압 전류의 방향을 다이오드에 의해 제어하는 방식을 말하며 동시 점화방식이다.

4.3.1. 동시 점화방식

이 방식은 듀얼 점화방식(dual ignition type) 이라고도 하며, 2개의 실린더에 1개의 점화코일로 압축상사점과 배기상사점에 있는 각각의 점화플러그에 동시에 점화시키는 장치이다. 4번 실린더는 배기상사점에 1번 실린더는 압축상사점에 점화시켰지만 4번은 압축압력이 낮기 때문에 방전에너지도 작게 되어 점화플러그의 불꽃은 약하고 공회전과 저속 운전시의 토크변동이 억제되는 등의 운전성이 향상된다.

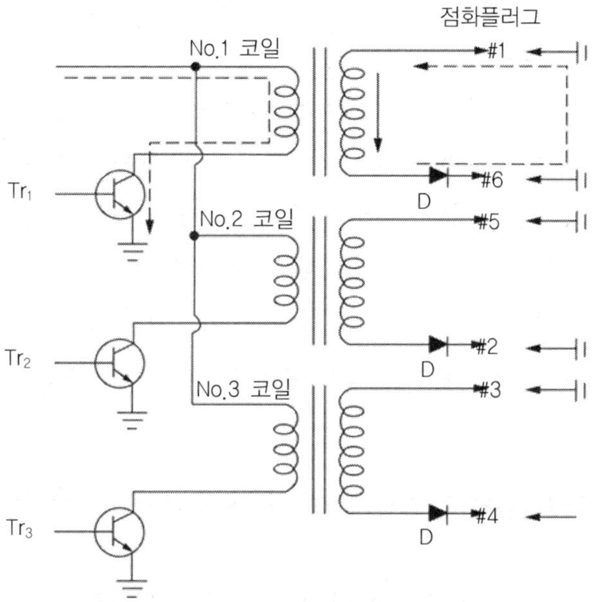

그림 49. 동시 점화장치의 고전압 발생

4.3.2. 독립 점화방식

이 방식은 각 실린더마다 1(점화코일)+1(점화플러그)방식에 의해 직접 점화하는 장치이며, 이 점화방식도 동시점화의 특징과 같고 다음 사항이 추가된다.

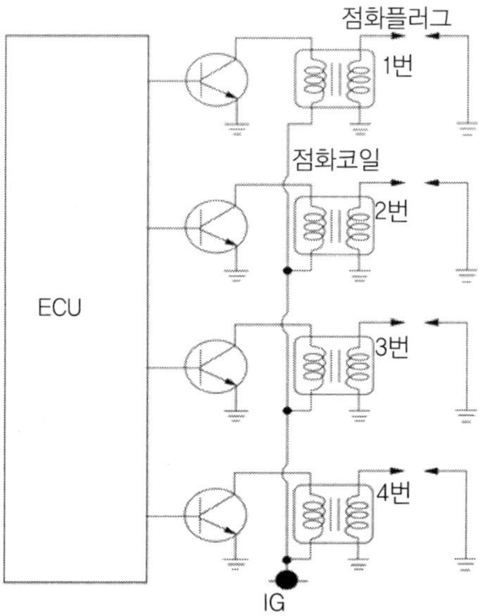

그림 50. 전자배전 독립 점화장치

① 고압케이블인 센터 코드와 각 점화플러그로 고압의 전기를 공급하는 플러그 코드가 없기 때문에 에너지의 손실이 거의 없다.

② 각 실린더 별로 점화시기 제어가 가능하기 때문에 반전 연소제어가 쉽다.

4실린더 엔진의 경우 독립 점화방식에는 각 실린더의 점화플러그마다 각각의 점화코일이 있고, 1차 전류를 단속하는 4개의 파워 트랜지스터가 별도로 작동한다. 파워 트랜지스터는 컴퓨터로부터 점화신호를 받아 OFF할 때 점화코일 2차 쪽에 높은 전압을 발생시켜 점화플러그에서 방전된다. 독립 점화방식은 동시 점화방식과 같이 1개의 2차코일 양단에 점화플러그를 사용하지 않기 때문에 1번~4번 점화플러그에 방전이 된다.

5 IGBT(insulated gate bipolar transistor) 점화장치

IGBT는 전력용 반도체의 일종으로 정확하게 고전력 스위칭용 반도체를 뜻한다. 전기의 흐름을 막거나 통하게 하는 스위치기능은 다른 부품이나 회로로도 구현할 수 있지만 바이폴라 트랜지스터의 일종이지만 바이폴라 트랜지스터가 베이스전류를 통해 컬렉터 전류를 제어하는 전류 구동형 소자인데 비해 IGBT는 게이트 전압을 통해 컬렉터 전류를 제어하는 전압 구동형 소자이다. 정밀한 동작을 필요로 하는 제품일수록 동작속도가 빠르고 전력의 손실이 적은 전용부품을 필요로 하게 된다.

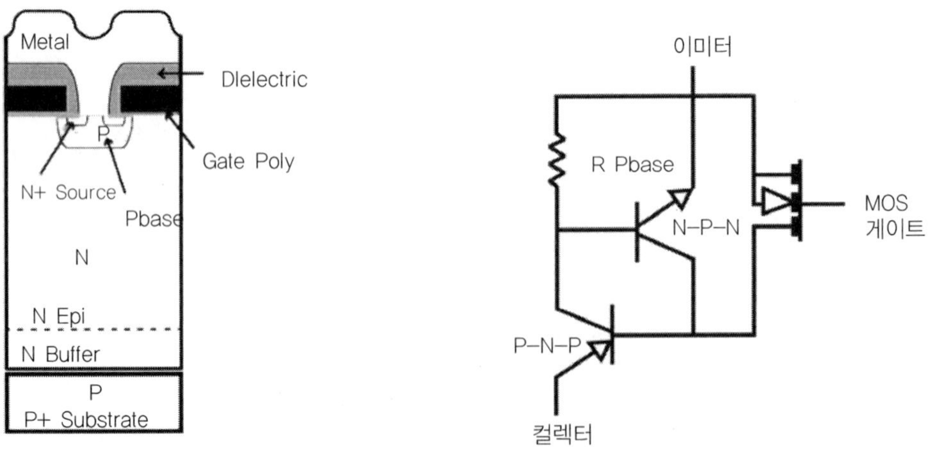

(a) IGBT 단면도 (b) 등가회로

그림 51. IGBT

그러나 기존 스위칭 반도체인 트랜지스터는 가격이 저렴한 대신 회로구성이 복잡하고 동작속도가 느린 단점이 있고, MOSFET는 저 전력이고 속도가 빠른 대신 비싼 단점이 있다. IGBT는 바로 이 두 제품의 장점만을 결합한 제품이다. 턴오프 시간이 1㎲로 초당 15,000번 이상 스위칭이 가능하다. 최대 정격은 1.2kV, 400A이다.

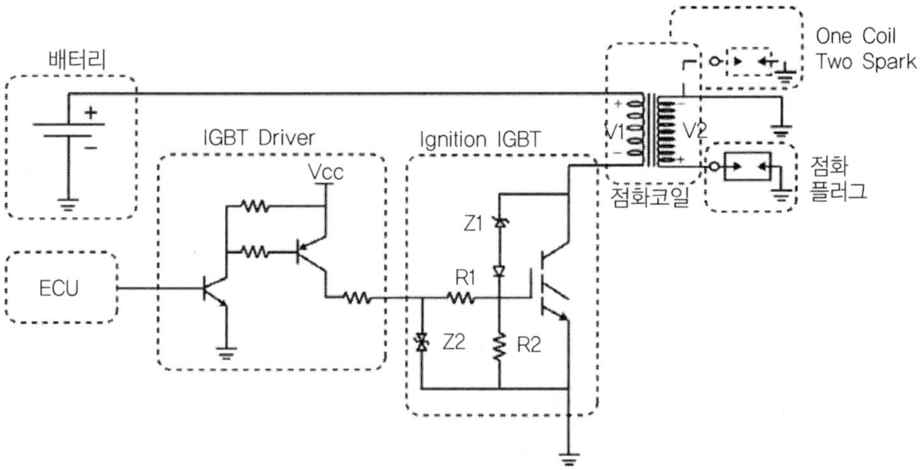

그림 52. IGBT 점화장치의 회로도

현재 주로 사용하고 있는 유도방전 점화장치에서 일어나는 큰 변화는 파워 트랜지스터가 고속 스위칭소자인 IGBT로 바뀌고 있다는 것이다. 물론, ECU는 IGBT 드라이브를 통해 IGBT를 제어한다. 특히 클램핑회로(Z_1)가 들어가 있어 1차 전압을 300~600V로 제한하여 IGBT와 코일의 절연성을 높이고 있다. IGBT점화장치는 ECU, 구동드라이브, IGBT, 점화코일 그리고 점화플러그로 되어 있다.

점화장치의 고장진단은 과거에는 주로 페일러 센서를 사용하였으나 근래에는 ECU의 실화모니터링(misfire monitoring)기능으로 실화되는 실린더를 특정할 수 있다.

[참고문헌]

01. 박재림 외 3인, "자동차공학", 미전사이언스.
02. 박재림 , "자동차기관(1)", 부산전문대학 출판부.
03. 김보한 외 3인, "오토엔진", 미전사이언스.
04. 배태열 외 2인, "자동차기관공학",진영사
05. 조진호, "내연기관공학", 학연사.
06. 현대자동차 정비지침서
07. 현대자동차 정비연수교재
08. Tom Weathers & Claud Hunter, "Computerized Engine Contlol and Diagnositics" Prentice Hall.
09. W. H. Crouse, "Automotive Mechanics", McGraw Hill Book Co.
10. Jack Erjavec & Robert Scharff, "Automotive Technology", Delmar Pub. Inc.
11. F.J. Thiessen & D.N. Dales, "Automotive Principles & Service", Prentice Hall.
12. Roger Fennema, "Engine Performance Diagnosis and Tune-up", Harper collins Pub.
13. R. K. Dupuy, "Fuel Systems and Emission Contorls", Harper collins Pub.
14. Mitchell Automotive Technology Series, "Automotive Fuel amd Emissions Systems" Prentice Hall Inc.
15. Don Knowles, "Automotive Engine Performance", Delmar Publishers.
16. Gilles, "Automotive Engine", Delmar.
17. Halderman Ellinger, "Automotive Engines Theory and Servicing", Prentice Hall.

18. 荒井 “自動車の電子システム” 理工學社
19. 社團法人 自動車技術會, “自動車技術ハンドブック”,
20. 全國自動車整備學校聯盟, “ガソリ ンエンジンの構造”, 山海堂.
21. 松永 博, “自動車整備(ンエンジン編)”, 鐵道日本社.
22. 尾寄紀男, “自動車工學”, 森北出版社.
23. 吉田 降, “氣化器の理論と實際”, 鐵道日本社.
24. 小林久德 外 3人, “新電子制御ガソリン噴射”, 山海堂,
25. 小茂鳥和生, “內燃機關工學 “, 実教出版株式會社.
26. 水谷集治, “カ-エレクトロニクス”, 山海堂,
27. 三橋, “タ-ボ車知識と特性”, 山海堂,
28. http://gsw.hyundai.com
29. http://gsw.kia.com
30. http://www.oilbank.co.kr